KB091700

제2판

공유압의 제어

Pneumatic &
Hydraulic Control

엄기찬 · 민경성 · 황재문 지음

청문각

머리말

생산의 자동화는 제조, 조립, 운반, 포장 등에서 일반적으로 공기압 또는 유압에 의하여 이루어지며, 그 시스템이 단독이나 공기압과 유압을 병용하는 공유압 또는 전기를 동시에 이용하는 전기공압이나 전기유압 등 여러 가지의 시스템 구성이 가능하다. 그 기본은 순수공압과 순수유압의 원리이다.

공기압을 이용하는 제어는 전자기술과 결합하여 비교적 작은 압력 및 작은 힘으로 제어가 가능한 분야에 이용된다. 따라서 소형, 경량화, 제어성, 환경적 청결성이 우수하여 식품산업, IT산업, 반도체산업, 전기적 폭발위험이 있는 산업에서 공압 자동화가 주를 이루고 있다.

유압을 이용하는 제어는 마이크로 컴퓨터에서 유체제어밸브를 구동하여 높은 정밀도, 고성능의 제어시스템을 구성할 수 있으며, 큰 부하에 적합한 시스템으로서 항공기, 선박, 자동차, 공작기계, 제철설비 등에 이용되고 있다.

이 책에서는 순수공기압을 이용하는 제어방법과 전기공압을 이용하는 제어방법, 유압의 시스템 및 자동화의 방법을 소개하여 대학 및 전문대학의 교과서는 물론, 산업체에서 참고도서로서의 활용이 가능하도록 엮었다. PART 1에서는 순수공기압에 의한 자동화의 기초이론 및 기기, 센서, 시스템의 설계방법을 설명하였고, PART 2에서는 순수공기압의 논리제어, 기본회로 및 응용회로에 대하여 기술하였다. PART 3에서는 전기공압에 대한 시스템 구성에 대하여, PART 4에서는 전기공압에 의한 논리제어, 기초회로 및 응용회로에 대하여 기술하고, PART 5에서는 유압시스템의 구성 및 유압회로의 설계방법에 대하여 기술하였다.

제1판의 PART 5에 수록한 "유압시스템 및 유압회로"에는 회로부분에 있어서 순수유압회로의 내용을 다루고 있다. 그러나 실제 산업체에서 사용되는 유압관련 회로는 전기유압회로도 많이 사용되며, 특히 시퀀스제어 분야에서는 더욱 그러하다.

따라서 제1판의 PART 5의 6장에는 순수 유압회로에 대하여 기술하였으나 전기유압회로에 대한 학습이 필요하다고 생각되어 제2판으로써 PART 5에 "07 전기유압회로"의 장을 추가하여 기술하였다.

이 전기유압회로의 내용이 유압에 의한 자동화 시스템의 학습에 도움이 되길 바라는 바이다.

집필과정에서 공유압의 기술에 대하여 본의 아니게 내용의 오류나 미진한 부분이 있을 것으로 사료된다. 독자들의 아낌 없는 지적과 충고를 받아 지속적으로 수정 보완해 갈 것이다. 끝으로 청문각의 관계자 여러분께 깊은 감사를 드린다.

2017년 7월

저자 씀

PART **4** | **전기공압회로**

PART 5 ｜ 유압시스템 및 유압회로

PART 6 | 부록: 유공압 기호

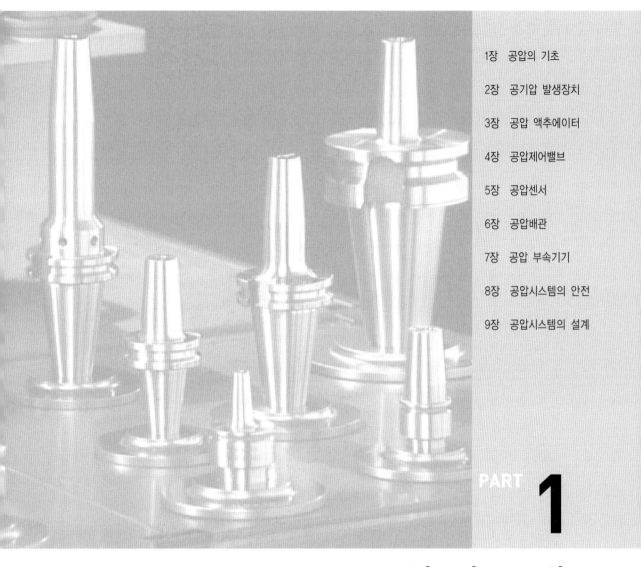

PART 1

공압시스템

CHAPTER 01 | 공압의 기초

일반적으로 자동화 기계는 외부의 에너지를 공급받아 일을 하는 **액추에이터**(actuator, 작동요소), 액추에이터의 작업완료 여부 및 상태를 감지하여 **제어부**(controller)에 정보를 공급해주는 센서(sensor), 그리고 센서로부터 입력되는 제어정보를 분석·처리하여 필요한 제어명령을 하는 **제어신호 처리장치**(signal process)의 세 부분으로 나눌 수 있다.

이러한 시스템에서 에너지 공급원인 압축공기를 이용하게 되면 공압제어에 의한 자동화를 의미하게 된다. 인간이 압축공기를 작업에 이용한 것은 1000년 전까지 그 유래를 찾을 수 있지만, 그 작동이나 원리에 대한 연구가 시작된 것은 지난 세기부터이다. 일찍이 광산업이나 건설, 철도(압축공기 브레이크) 영역에서 사용되어 왔으나 압축공기가 본격적으로 생산산업에 적용된 것은 1950년경부터이다.

압축공기가 처음에는 주로 작업용 매체로만 이용되었으나 공정의 자동화와 합리화의 문제가 증대되면서부터 본격적으로 제어용 매체로도 사용되기 시작하였다.

1.1 | 공압 이용의 특징

기구의 구동력으로 사용되는 공기압은 압축공기의 에너지를 기계적 운동으로 변환하여 이용할 수 있으며, 기구의 소형화, 고출력, 편리성, 제어의 용이성, 설계변경 등의 유연성 등 많은 장점을 갖고 있다. 생산설비나 장치의 구동기구에 전기모터를 사용하여 직진기구를 만드는 경우, 여러 기구의 조합이 필요하지만 **공압**(pneumatics)을 이용하는 경우에는 공압실린더(pneumatic cylinder) 1개로서 직진운동기구가 성립될 수 있다. 그뿐 아니라 힘의 크기, 힘의 방향, 속도의 제어가 간단한 편리성, 제작공정의 단축, 장치기구의 간소화, 경량화 등 그 효과가 상당히 크다.

그러나 압축공기의 제조공정에서 생기는 손실, 배관에서 발생하는 압력손실, 압축성으로 인한 속도제어의 불안정성, 누설손실 등의 단점도 있으므로 최적설계가 중요하다.

공압시스템(pneumatic system)의 특징을 구체적으로 설명하면 다음과 같다.

① 압력을 조정할 수 있으므로 출력을 간단히 조정할 수 있다.
② 액추에이터에 공급하는 공기유량을 조정함에 따라 속도의 조정이 용이하다.
③ 피스톤의 속도를 50~500 mm/s로 할 수 있어서 유압(hydraulics), 전기에 비해 빠른 속도를 얻을 수 있다.
④ 공기는 압축성이므로 공기탱크에 의하여 에너지 축적이 가능하다.
⑤ 압축성에 의한 쿠션(cushion)효과를 이용할 수 있다.
⑥ 과부하가 걸리는 경우 안정성이 우수하다. 즉, 전기모터의 경우는 소손의 우려가 있지만 공압에서는 액추에이터가 정지할 뿐이다.
⑦ 온도 등의 환경에 대한 영향이 적다.
⑧ 순수 공기압시스템은 폭발의 위험성이 있는 장소에서도 사용이 가능하다.
⑨ 사용압력이 비교적 낮으므로 유압기기에 비해 소형화할 수 있다.
⑩ 압축공기가 시스템에서 사용된 후 대기 중으로 방출되어도 환경상의 문제가 발생하지 않는다.

그러나 다음과 같은 단점도 있다.

① 공기는 압축성이므로 압력의 전달에 지연이 생겨 피스톤의 균일한 속도를 얻기가 어려우며 정확한 위치에서의 정지가 어렵다. 특히, 저속에서 속도가 불안정하다.
② 압축공기로부터는 드레인(drain)이 발생하므로 충분히 제거해야 한다.
③ 배기할 때 소음이 크다.
④ 공기 자체에는 윤활성이 없으므로 무급유기기를 채용할 필요가 있다.

1.2 | 공압에서 사용되는 단위와 주요 물리량

1.2.1 단위(units)

공학에서 사용되고 있는 단위는 중력단위계인 공학단위와 세계적 공통단위인 **SI단위계**가 있으며, 산업체에서는 아직도 공학단위계를 사용하고 있다. 여기서는 공압에서 필요한 단위를 공학단위와 SI단위로 각각 표시하고 그 상호관계를 나타낸다.

(1) 힘

힘을 나타내는 기본 SI단위는 N(Newton)이며, 1 N은 1 kg의 질량을 갖는 물체에 1 m/s²의 가속도를 주기 위한 힘이다. 공학단위의 기본단위는 kgf로서, 1 kg의 질량을 갖는 물체에 9.80665 m/s²의 가속도를 주기 위한 힘으로 정의된다.

$$1 \text{ N} = 1 \text{ kg·m/s}^2$$
$$1 \text{ kgf} = 9.80665 \text{ kg·m/s}^2 ≒ 9.8 \text{ kg·m/s}^2 = 9.8 \text{ N}$$

(2) 압력

압력(pressure)을 나타내는 기본 SI단위는 Pa(pascal)이며, 1 Pa은 1 m²의 면적에 1 N의 힘이 작용하는 경우의 압력이다. 공학단위의 기본단위는 kgf/cm²이며, 표준대기압(1 atm)은 1.0332 kgf/cm²이다. 또, 압력은 bar의 단위로도 표시되며, mmHg의 단위로도 많이 사용되고 있다.

$$1 \text{ Pa} = 1 \text{ N/m}^2$$
$$1 \text{ bar} = 10^5 \text{ Pa} = 100 \text{ kPa}$$
$$1 \text{ kgf/cm}^2 = 9.8 \text{ N}/10^{-4} \text{ m}^2 = 98000 \text{ Pa} = 98 \text{ kPa} = 0.98 \text{ bar}$$
$$1 \text{ atm} = 1.0332 \text{ kgf/cm}^2 = 101325 \text{ Pa} = 101.325 \text{ kPa} = 1.01 \text{ bar} = 760 \text{ mmHg}$$

공기의 압력을 나타내는 방법에는 기준설정에 따라 **게이지 압력**(guage pressure)과 **절대압력**(absolute pressure)으로 구별된다. 게이지 압력은 대기압을 0으로 하여 측정한 값을 나타내며 대기압보다 높은 압력을 게이지 압력(＋)이라 하며, 대기압보다 낮은 압력을 **진공압력**(－) 또는 (－)게이지 압력이라고 한다. 절대압력은 완전진공을 기준으로 표시한 압력을 말하며, 대기압과 게이지 압력의 합으로 표시한다.

$$절대압력 = 대기압 + 게이지 \text{ } 압력$$

(3) 일량, 에너지, 열량

일량을 나타내는 기본 SI단위는 J(Joule)이며, 1 J은 1 N의 힘으로 1 m의 변위를 일으킬 때의 일량을 말한다. 그런데 SI단위에서는 일량, 에너지, 열량을 모두 J의 단위로 공통적으로 사용한다.

$$1 \text{ J} = 1 \text{ N·m}$$

그러나 공학단위에서는 일량과 에너지는 모두 kgf·m의 단위를 사용하며, 1 kgf·m는

1 kgf의 힘으로 1 m의 변위를 일으키는 일 또는 에너지이며, SI단위와의 상호관계는 다음과 같다.

$$1 \text{ kgf·m} = 9.8 \text{ N·m} = 9.8 \text{ J}$$

그런데 공학단위에서의 열량단위는 cal(calorie)이며, J과의 관계는

$$1 \text{ cal} = 4.1868 \text{ J}$$

의 관계가 있다.

(4) 동력

동력(power)을 나타내는 기본 SI단위는 W(watt)이며, 1 W는 1초 동안에 1 J의 일을 할 때의 동력이다. 공학단위계에서는 kgf·m/s가 기본단위이며, 주로 마력(Ps)의 단위가 사용된다.

$$1 \text{ W} = 1 \text{ J/s}$$
$$1 \text{ Ps} = 75 \text{ kgf·m/s} = 735 \text{ W} = 0.735 \text{ kW}$$

따라서, 1 kW ≒ 1.36 Ps의 관계가 있다.

(5) 온도

온도를 나타내는 기본 SI단위는 K(Kelvin 온도) 또는 °C(Celsius 온도)이다. Kelvin 온도를 **절대온도**(absolute temperature)라 하며 섭씨온도와의 관계는 다음과 같다.

$$절대온도(K) = 섭씨온도(℃) + 273.15$$

1.2.2 주요 물리량

(1) 공기의 밀도 및 비체적

공기의 **밀도**(ρ, density)는 단위체적당 질량(m)으로 정의되며, 단위는 kg/m^{3}로 나타낸다. 임의의 온도 t[°C], 압력 p[kPa](절대압력)에 대한 공기의 밀도는 다음 식으로부터 구할 수 있다.

$$\rho = \rho_o \times \frac{273.15}{273.15+t} \times \frac{p}{101.3} = 3.4859 \times \frac{p}{273.15+t} \tag{1.1}$$

여기서, ρ_o는 0℃, 101.3 kPa에서의 공기의 밀도이며, 1.293 kg/m^{3}이다.

비체적(v, specific volume)은 밀도의 역수로서 단위질량이 차지하는 체적이며, 단위도 밀도의 역단위인 m^3/kg이다.

(2) 공기의 점성

기체의 점성을 표시하는 점성계수 μ는 고압이 아닌 경우에는 압력의 영향을 받지 않는다. 사용되는 단위는 Pa·s이며, 온도 T[K]에서의 공기의 **점성계수**는 다음 식으로부터 계산할 수 있으며, 이 식은 Sutherland의 식이라 한다.

$$\mu = \mu_o \left(\frac{273.15 + C}{T + C} \right) \cdot \left(\frac{T}{273.15} \right)^{3/2} \tag{1.2}$$

여기서, $T = t$ [°C] $+ 273.15$ [K]이며, μ_o는 온도 0°C에서의 점성계수(공기의 경우, 압력 101.3 kPa에서 17.23×10^{-6} Pa·s), C (공기의 경우, 0~400°C에서 123.6)는 실험계수이다.

(3) 공기량

공기의 양은 질량으로 표시하는 것이 가장 직접적이다. 그러나 대기압상태의 공기의 체적으로 표시하면 공압실린더 내부의 공기량이나 유속을 압력의 값으로부터 보다 직감적으로 알 수 있고 이해하기 쉬우므로 "표준공기[표준상태의 공기(standard atmosphere)]"의 체적으로 공기량을 표시하는 방법이 일반적으로 이용된다.

표준상태(standard condition)란 온도 20°C, 절대압력 101.3 kPa, 상대습도 65%인 공기의 상태를 말하며, 공기압 기기에서의 공기유량의 표현은 이 상태로 환산한 수치로 표시하는 경우가 많다. 이때 단위기호 뒤에 (ANR)로 표시한다[예를 들면, 750 L/min(ANR)].

참고로 **기준상태**(normal condition)라 하면 온도 0°C, 절대압력 101.3 kPa, 상대습도 0%인 건공기의 상태를 말한다.

절대압력 p [kPa], 온도 T[K], 체적 Q[L]의 상태를 표준공기의 양으로 환산하려면 보일·샤를의 법칙(후술)에 의하여 다음 식으로부터 환산할 수 있다.

$$Q_n = Q \left(\frac{p}{101.3} \right) \cdot \left(\frac{293.15}{T} \right) \tag{1.3}$$

1.3 | 공기의 주요 상태변화 및 파스칼의 원리

1.3.1 주요 상태변화

(1) 보일·샤를의 법칙

기체는 압력(p), 체적(V), 온도(T)와 밀접한 관계를 가지며, 온도가 일정하면 압력과 체적은 서로 반비례한다. 이것을 **보일**(Boyle)**의 법칙**이라 한다.

$$p_1 V_1 = p_2 V_2 = 일정$$

이 보일의 법칙은 높은 압력 범위에서는 적용될 수 없으나, 일반적으로 이용되는 공압의 자동화 범위에서는 충분히 적용이 가능하다.

또, 기체는 압력을 일정하게 유지하면서 온도를 상승시키면 체적이 증가한다. 그 체적 증가는 온도가 1℃ 증가함에 따라 0℃일 때의 체적의 1/273.15씩 증가한다.

$$\frac{V_2}{V_1} = \frac{T_2}{T_1} = 일정$$

즉, 압력이 일정하면 체적은 그 절대온도에 비례한다. 이것을 **샤를**(charle)**의 법칙**이라 한다.

위의 두 법칙을 종합하면 다음의 **보일·샤를의 법칙**이 성립하며, 공기는 압력, 온도, 체적 간의 일정한 관계가 성립함을 의미한다.

$$p_1 \frac{V_1}{T_1} = p_2 \frac{V_2}{T_2} = 일정 = R \tag{1.4}$$

이 식에서 R은 **가스상수**(gas constant)이며, 공기의 경우는 $R = 0.2872$ kJ/kgK이다.

(2) 공기의 단열변화

단열변화(adiabatic change)에 의한 온도변화는 압축공기의 배관 내부나 공기압축기의 내부, 노즐 출구 등에서 단열팽창의 현상으로 온도변화가 생겨 압축공기로부터 발생하는 수분(drain 발생)의 문제와 관계된다.

단열팽창이라는 것은 외부 온도에 영향을 받지 않는 상태에서 기체가 팽창할 때 생기는 상태변화를 말하며, 공기압축기(air compressor)에서 밸브 변환 시 공기의 변화는 외부와 열의 출입이 없는 단열변화에 가깝다고 취급한다.

단열팽창에 의한 온도변화는 다음 식으로부터 구할 수 있다.

$$\frac{T_2}{T_1} = \left(\frac{V_1}{V_2}\right)^{k-1} \tag{1.5}$$

여기서, k는 단열지수(공기의 경우 $k=1.4$)이다.

1.3.2 파스칼의 원리

밀폐용기 중에 정지하고 있는 유체의 어느 점에 압력을 가하면 유체 내부의 모든 부분과 용기의 벽에 압력이 그대로 전달되며, 벽에 대해서 결국 수직으로 압력이 작용하는 원리를 **파스칼의 원리**(Pascal's law)라 하며, 공기압의 압력전달의 원리이다.

따라서, 그림 1-1.1과 같은 장치에서 압력과 수압면적과의 관계는 다음과 같이 나타낼 수 있다.

$$F_1/A_1 = F_2/A_2$$

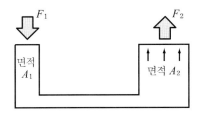

그림 1-1.1 파스칼의 원리도

이 원리는 **공유변환기**(pneumatic-hydraulic converter)를 사용하는 경우에 적용할 수 있다.

1.4 | 공기의 습도, 드레인

수분을 포함하지 않은 공기를 **건공기**(dry air), 수분을 포함하는 공기를 **습공기**(moist air)라 하며, 습공기 중에 기체로서 존재하는 수분을 **수증기**(vapor)라 한다.

1.4.1 수증기의 포화

압력이 일정한 공간에 함유되어 있는 수증기량, 즉 수분의 상한은 수증기의 온도에 의해서만 결정된다. 이것을 포화수증기량이라 하며, 표 1-1.1에 그 값을 나타내었다. 포화수증기량은 온도가 강하하면 감소하며, 수증기를 냉각하면 드디어 포화상태에 달하고 더욱 냉각시키면 과잉수분의 응축이 일어나며, 이것이 **수적**(水滴)으로서 분리된다.

또, 포화상태에서는 응축에 의해 수증기의 압력이 일정하게 유지되며, 이 압력을 **포화수증기압**(saturated vapor pressure)이라 한다.

표 1-1.1 포화수증기량(1 atm)

℃	g/m^3	℃	g/m^3	℃	g/m^3	℃	g/m^3	℃	g/m^3	℃	g/m^3
−10	2.25	0	4.85	10	9.40	20	17.3	30	30.3	40	51.0
− 9	2.54	1	5.19	11	10.0	21	18.3	31	32.0	41	53.6
− 8	2.73	2	5.56	12	10.6	22	19.4	32	33.8	42	56.4
− 7	2.94	3	5.95	13	11.3	23	20.6	33	35.6	43	59.2
− 6	3.16	4	6.35	14	12.1	24	21.8	34	37.5	44	62.2
− 5	3.40	5	6.80	15	12.8	25	23.0	35	39.5	45	65.3
− 4	3.66	6	7.26	16	13.6	26	24.3	36	41.6	46	68.5
− 3	3.93	7	7.75	17	14.5	27	25.7	37	43.8	47	71.8
− 2	4.22	8	8.27	18	15.4	28	27.2	38	46.1	48	75.3
− 1	4.52	9	8.82	19	16.3	29	28.7	39	48.5	49	78.9

℃	g/m^3	℃	g/m^3	℃	g/m^3	℃	g/m^3	℃	g/m^3
50	82.9	60	130	70	197	80	291	90	420
51	86.9	61	136	71	205	81	302	91	434
52	90.9	62	142	72	213	82	313	92	449
53	95.2	63	148	73	222	83	325	93	464
54	99.6	64	154	74	231	84	337	94	481
55	104	65	161	75	240	85	350	95	497
56	109	66	167	76	250	86	363	94	514
57	114	67	174	77	259	87	376	97	532
58	119	68	182	78	270	88	390	98	550
59	124	69	189	79	280	89	405	99	570

1.4.2 노점

어떤 물체를 서서히 냉각시키면 열전달에 의하여 주변의 공기가 동일한 온도로 되며,

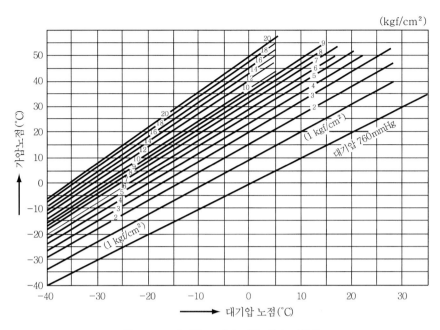

그림 1-1.2 대기압 노점과 가압 시 노점환산표

결국 수증기가 포화상태에 도달하게 된다. 그러면 그 물체에는 결로가 되어 이슬이 맺힘을 볼 수 있다. 이 온도를 **노점**(dew point)이라 하며, 이것을 **포화온도**(saturated temperature)로 하는 경우에 수증기량을 간접적으로 측정할 수 있다. 또, 역으로 노점을 지표로 하여 수증기량을 표시하는 경우도 있다.

그림 1-1.2는 대기압 노점에 대한 가압노점의 관계를 나타내고 있는데, 이 선도를 이용하여 노점을 구함에 따라 저온의 공기를 분출했을 때 벽면에서의 수분응축이나 결빙이 생기는지 등의 판단이 가능하게 된다.

예를 들면, 그림 1-1.2로부터 압력 7 kgf/cm²에서의 가압노점 4℃를 대기압 노점으로 환산하면 −22℃가 된다.

1.4.3 수분의 분압

공기 중에 수증기가 포함되어 있는 경우에는 **Dalton의 분압의 법칙**이 성립한다. 즉, 마치 공기와 수증기가 서로 간섭하지 않으면서 존재하는 성질을 나타내는 법칙으로서 압력이나 밀도는 양자의 값을 더하여 구하고, 비열이나 가스상수는 양자의 값의 하중평균값이 된다.

또, 이와 같은 수증기에 의한 압력이나 밀도의 변화는 시스템 내의 공기에 포함된 수분량이 수%밖에 없으므로 무시하는 경우가 많다.

1.4.4 습도

공기 중에 수분이 어느 정도 포함되어 있는가는 다음의 **습도**(wetness)로 표시한다.

(1) 절대습도

습공기 중에 포함되어 있는 건공기 1 kg에 대한 수분(수증기)의 양 x [kg]의 비로서 x를 **절대습도**(absolute humidity)라 한다. 이 x [kg]의 수분과 1 kg의 건공기가 혼합한 습공기 $(1+x)$ [kg]에 대하여 표시하는 경우가 많으므로, 이 경우 습공기 중의 건공기의 질량을 특히 kg′으로 표시한다.

$$x = \frac{0.622 p_w}{p_t - p_w} \tag{1.6}$$

여기서, p_t는 습공기의 전압, p_w는 습공기 중의 수증기 분압이다.

(2) 상대습도

상대습도(relative humidity)는 포화수증기량에 대한 습공기 중의 수증기량의 비를 나타내며, 이것은 어느 습공기 중의 수증기 분압 p_w와 그 온도와 같은 온도의 포화공기의 수증기 분압 p_s의 비와 같다. 즉,

$$\phi = \frac{p_w}{p_s} \times 100\% \tag{1.7}$$

따라서, 식 (1.6)은 다음 식으로 다시 쓸 수 있다.

$$x = \frac{0.622 \phi p_s}{p_t - \phi p_s} \tag{1.8}$$

1.4.5 드레인

드레인(drain)이란 응축 수분과 수분의 응축에 따라 공기로부터 분리된 기름, 먼지 등을 포함한 분리액을 말한다. 공압시스템 내부에서의 1 m³(ANR)의 공기에 포함된 수증기량의 변화는 과포화상태에서 응축 분리한 드레인양과 남아 있는 수증기를 다음과 같이 추측하여 알 수 있다.

상대습도 ϕ_1 [%], 압력 p_1 [kPa, gauge], 온도 t_1 [℃]인 상태 1의 공기 1 m³(ANR)에 포함되어 있는 수분량 G_1 [g/m³]는 공기의 포화수증기량을 G_{s1} [g/m³]라 할 때 다음 식에 의해 구할 수 있다.

$$G_1 = G_{s1} \frac{\phi_1}{100} \times \frac{101.3}{p_1 + 101.3} \times \frac{t_1 + 273}{293} \tag{1.9}$$

이 상태 1로부터 상태 2로 변화하면 1 m³(ANR)의 공기 중에 다음 식으로 표시되는 최대 수증기량 G_2를 함유할 수 있다.

$$G_2 = G_{s2} \frac{101.3}{p_2 + 101.3} \times \frac{t_2 + 273}{293} \tag{1.10}$$

따라서, 표 1-1.2와 같이 G_1과 G_2의 관계로부터, 상태 2의 상대습도 및 발생된 드레인 양을 구할 수 있다. 더욱이 압축기의 흡입행정으로부터 순차적으로 이 계산을 반복하면 각 공정에 대한 수분의 상태를 구할 수 있다.

표 1-1.2

상태 2의 값	$G_1 \leqq G_2$(불포화)	$G_1 \geqq G_2$(포화)
수증기량(g)	G_1	G_2
상대습도 ϕ_2(%)	$G_1/G_2 \times 100$	100
드레인양(g)	0	$G_1 - G_2$

예제 1.1 | 공기온도 32℃, 상대습도 80%인 대기의 공기를 압축기에서 0.7 MPa로 압축한 후 실린 더에서 냉각하여 40℃로 했을 때 실린더로부터 분리되는 드레인양을 구하라.

[풀이]   표 1-1.1로부터 32℃의 포화수증기량은 33.8 g/m³이다. 따라서, 1 m³(ANR)의 공기 중에 함유된 수증기량은

$$G_1 = G_{s1} \frac{\phi_1}{100} \times \frac{101.3}{p_1 + 101.3} \times \frac{t_1 + 273}{293}$$

$$= 33.8 \times \frac{80}{100} \times \frac{101.3}{0 + 101.3} \times \frac{32 + 273}{293} = 28.1 \ \text{g/m}^3(\text{ANR})$$

표 1-1.1로부터 0.7 MPa, 40℃로 압축·냉각 후 포화수증기량은 51 g/m³이다. 이 상 태에서 1 m³(ANR)의 공기 중에 포함되는 최대 수증기량은

$$G_2 = G_{s2} \frac{101.3}{p_2 + 101.3} \times \frac{t_2 + 273}{293}$$

$$= 51 \times \frac{101.3}{700 + 101.3} \times \frac{40 + 273}{273} = 6.9 \ \text{g/m}^3(\text{ANR})$$

$G_1 > G_2$이므로 상대습도는 100%이고, 발생하는 드레인양은 다음과 같다.

$$G_1 - G_2 = 28.1 - 6.9 = 21.2 \text{ g/m}^3(\text{ANR})$$

1.5 | 연속의 식과 에너지 식

1.5.1 연속의 식

기체의 경우 온도와 압력의 변화가 작은 경우라면 **비압축성 유체**(non compressible fluid)로 간주할 수 있다. 그러나 압력변화가 큰 경우에는 밀도의 변화가 생기므로 **압축성 유체**(compressible fluid)이며, 비압축성 유체로 취급할 수 없다. 기체가 정상류로 흐르는 경우에는 **질량유량**(mass flow rate) Q_m [kg/s]는 다음 식으로 표시할 수 있으며, 이것은 **질량보존의 법칙**(conservation law of mass)을 의미하기도 한다.

$$Q_m = \rho_1 A_1 v_1 = \rho_2 A_2 v_2 \tag{1.11}$$

여기서, 첨자 1 및 2는 각각 단면 1과 단면 2를 나타내고, ρ [kg/m^3]는 밀도, A [m^2]는 단면적, v 는 평균유속(m/s)을 표시한다.

밀도가 일정하다면 $\rho_1 = \rho_2$이므로 **체적유량**(volumetric flow rate) Q [m^3/s]는 다음 식으로 나타낼 수 있다.

$$Q = A_1 v_1 = A_2 v_2 \tag{1.12}$$

식 (1.11), (1.12)를 **연속의 식**(continuity equation)이라 한다.

1.5.2 에너지 식

기체가 비압축성이고 점성이 없는 이상기체의 정상류(steady flow)라면 그림 1-1.3으로부터 시간 t [sec] 사이에 흐르는 유체의 질량을 $m = Q_m \cdot t$ [kg]으로 표시할 때 단면 ①, ②를 통과하는 각각의 유체의 전체 에너지 E_1 [J], E_2 [J]은 같다. 즉,

$$E_1 = \frac{mp_1}{\rho} + \frac{mv_1^2}{2} + mgz_1 \text{ [J]}, \quad E_2 = \frac{mp_2}{\rho} + \frac{mv_2^2}{2} + mgz_2 \text{ [J]}$$

에너지 보존의 원리에 따라 $E_1 = E_2$이므로 다음 식이 성립한다.

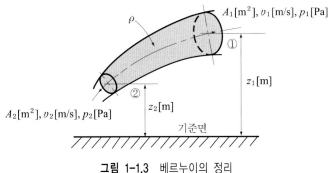

그림 1-1.3 베르누이의 정리

$$\frac{p_1}{\rho} + \frac{v_1^2}{2} + gz_1 = \frac{p_2}{\rho} + \frac{v_2^2}{2} + gz_2 = e = \text{const} \, [\text{J/kg}]$$

$$\frac{p_1}{\rho g} + \frac{v_1^2}{2g} + z_1 = \frac{p_2}{\rho g} + \frac{v_2^2}{2g} + z_2 = H = \text{const} \, [\text{J/N}]$$

$$\frac{mp_1}{\rho} + \frac{mv_1^2}{2} + mgz_1 = \frac{mp_2}{\rho} + \frac{mv_2^2}{2} + mgz_2 = E = \text{const} \, [\text{J}]$$

(1.13)

식 (1.13)을 **베르누이의 식**(Bernoulis' theorem)이라 하며, 에너지는 다음과 같은 세 종류의 에너지로 구별된다.

① 질량유량 Q_m [kg/s]의 기체가 유속 v [m/s]로 흐르고 있을 때, 어떤 단면을 시간 t [sec] 사이에 흐르는 기체의 질량은 $m = Q_m \cdot t$이므로 이 기체가 갖는 운동에너지는 $mv^2/2$ [J]이다.

② 압력 p [Pa]인 질량 m [kg]의 기체는 mp/ρ [J]의 압력에너지를 갖는다.

③ 질량 m [kg]의 기체가 중력에 대항하여 기준면으로부터 높이 z [m]의 위치에 있을 때, 이 기체가 갖는 위치에너지는 mgz [J]이다.

위의 세 형태의 에너지를 기체에 작용하는 중력 mg [N]으로 나누면, $v^2/2g$의 속도수두 (velocity head), $p_1/\rho g$의 압력수두(pressure head), z의 위치수두(potential head)로서 모두 (J/N)의 단위를 갖는다.

1.6 │ 교축에 의한 공기유량

공압회로에서는 공기의 유로가 좁아지기도 하고 넓어지기도 하며, 교축(restrictor)

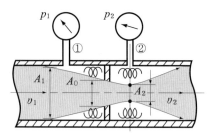

그림 1-1.4 관로의 교축

부분의 공기 흐름은 공압회로 전체의 특성에 영향을 끼친다.

그림 1-1.4와 같은 교축부를 통과하는 공기는 교축부분에서 최대속도, 즉 운동에너지가 최대로 된다. 마찰이 없는 경우에는 교축부를 나온 공기는 감속하고 압력은 교축부에 들어가기 전의 상류의 압력 p_1으로 환원되지만, 실제 교축부를 나온 흐름에는 큰 와류가 발생하여 많은 양의 운동에너지는 압력이 아니라 체적 증가로 변화한다. 따라서, 실제의 교축에서는 교축부분의 압력과 그 직후 출구 주변 하류의 압력은 거의 같아진다.

이때 베르누이 식으로부터 유속을 구하여 면적 A_2를 교축부의 단면적이라 할 때 축류부를 통과하는 질량유량은 다음과 같다.

$$Q_m{}' = A_2 \sqrt{2\rho(p_1 - p_2)} \ \ [\text{kg/s}] \tag{1.14}$$

교축부(오리피스)의 실제 단면적 A_o는 A_2보다 크며 A_2/A_o를 축류율이라 하고, 실제의 질량유량 $Q_{ma}{}'$은 **유량계수**(coefficient of discharge) C를 적용하여 다음과 같이 구한다.

$$Q_{ma}{}' = CA_o \sqrt{2\rho(p_1 - p_2)} \ \ [\text{kg/s}] \tag{1.15}$$

여기서, C는 0.6∼0.8 정도이다.

1.7 | 유효 단면적과 공기유량

1.7.1 유효 단면적

관로 내에 어떤 노즐(nozzle)이나 오리피스(orifice)와 같은 교축부에 압축공기가 흐르는 경우, 또는 탱크로부터 밸브의 직경이 급축소하는 부분을 공기가 흐르는 경우에는 그림 1-1.4와 같이 교축의 실제 단면적 A_o보다 축소되어 교축의 하류에서 최소 단면적 A_2로 된다. 그곳을 지나면 다시 팽창하여 유출된다. 이 축소 단면적을 **유효 단면적**(effective area)(그림 1-1.4의 A_2)이라 한다. 유효 단면적은 교축의 유통능력을 표시한다. 밸브의 변환이나 배관 및 공압기기의 유통능력도 오리피스로 치환한 경우에 상당하는 유효 단면적으로 표시된다.

실제의 배관에 대해서는 관이나 밸브가 복잡하게 결합되어 있다. 일반적으로 여러 개의 단면적 S_1 [mm^2], S_2, $\cdots$, S_n [mm^2]를 직렬로 접속하는 경우와 병렬로 접속한 경우의 합성 유효 단면적 S [mm^2]는 근사적으로 다음과 같이 구한다. 그림 1-1.5에 직렬접속과 병렬접속의 설명도를 표시하였다.

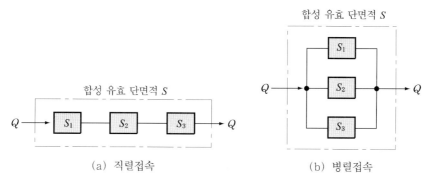

(a) 직렬접속   (b) 병렬접속

그림 1-1.5 유효 단면적의 접속

(1) 직렬접속의 경우

$$\frac{1}{S^2} = \frac{1}{S_1^2} + \frac{1}{S_2^2} + \frac{1}{S_3^2} + \cdots + \frac{1}{S_n^2}$$

$$\therefore \ S = \frac{1}{\sqrt{\dfrac{1}{S_1^2} + \dfrac{1}{S_2^2} + \cdots + \dfrac{1}{S_n^2}}} \ [\text{mm}^2] \tag{1.16}$$

공압회로는 전자밸브(solenoid valve), 속도제어밸브(speed control valve), 배관 등 여러 개의 기기가 직렬로 접속되어 구성되고 있다. 이와 같은 공압회로는 각 기기의 유효 단면적을 합성하여 회로의 합성 유효 단면적으로서 취급한다.

(2) 병렬접속의 경우

$$S = S_1 + S_2 + S_3 + \cdots + S_n \tag{1.17}$$

(3) 배관의 경우

① 길이 L [m]인 배관의 유효 단면적 S_p는 배관 1 m의 유효 단면적 S_o를 아는 경우

$$S_p = S_o \, / \, \sqrt{L} \ [\text{mm}^2] \tag{1.18}$$

② 배관의 내경 $d\,[\mathrm{mm}]$를 아는 경우

$$S_p = \frac{(\pi/4)d^2}{\sqrt{f(L/d)+1}}\ [\mathrm{mm}^2] \tag{1.19}$$

여기서, f는 관마찰계수이며, 수지제 튜브는 0.013, 강관의 경우는 0.02~0.03이다.

1.7.2 공압기기의 동작에 필요한 공기유량

공압실린더를 제어하는 방향제어밸브(directional control valve), 유량제어밸브(flow control valve), 배관 등의 공압기기의 선정에서는 사용하는 공압실린더의 크기나 행정시간으로부터 이들 기기를 순간적으로 흐르는 최대 공기유량을 계산하고, 그 유량을 여유 있게 유동시킬 수 있는 유효 단면적을 갖는 기기를 선정할 필요가 있다.

또, 공기압축기나 공압탱크의 선정에서는 액추에이터의 크기와 동작의 빈도로부터 단위시간당 필요한 공기유량을 구하고, 그 유량을 충분히 공급할 수 있는 용량을 갖는 기기를 선정해야 한다.

이들을 표시하는 공기유량에는 순간 공기소비량과 평균 공기소비량이 있다.

(1) 순간 공기소비량

공압시스템의 **순간 공기소비량**은 공압실린더가 동작할 때 순간적인 최대 유량이다. 따라서 각종 제어밸브, 공압배관 등의 공압기기는 이 순간 공기소비량을 흐르게 하는 능력(유효 단면적)이 필요하다.

실린더의 전진 및 후진 시의 순간 공기소비량 Q_1 및 $Q_2\,[\mathrm{L/min(ANR)}]$은 실린더의 내용적을 기초로 다음 식으로 계산한다.

$$Q_1 = \frac{\pi}{4}D^2L \times \frac{p+0.1013}{0.1013} \times 10^{-6} \times \frac{60}{t_1}\ [\mathrm{L/min(ANR)}] \tag{1.20}$$

$$Q_2 = \frac{\pi}{4}(D^2-d^2)L \times \frac{p+0.1013}{0.1013} \times 10^{-6} \times \frac{60}{t_2}\ [\mathrm{L/min(ANR)}] \tag{1.21}$$

여기서, D: 실린더 내경(mm)

$\quad\quad d$: 피스톤 로드경(mm)

$\quad\quad L$: 실린더 행정(mm)

$\quad\quad p$: 사용압력(MPa)

$\quad\quad t_1$: 실린더 전진에 요하는 시간(s)

$\quad\quad t_2$: 실린더 후진에 요하는 기간(s)

위 식으로부터 알 수 있듯이 같은 크기의 실린더를 이용하는 경우에도 동작에 요하는 시간이 짧을수록 순간적으로 흐르는 유량은 많아진다. 순간 공기소비량은 식 (1.20), (1.21) 중에서 값이 큰 쪽을 Q_{max}으로 표시한다. 식 (1.20)을 실린더의 평균속도 v [mm/s]를 이용하여 다시 쓰면

$$Q_{max} = \frac{\pi}{4} D^2 v \times \frac{p+0.1013}{0.1013} \times 10^{-6} \times 60 \, [\text{L/min(ANR)}] \tag{1.22}$$

이 된다. 즉, 순간 공기소비량은 실린더의 속도에 비례한다.

여러 개의 실린더가 작동하는 경우는 timing chart를 작성하여 그들의 유량이 개별적으로 또는 동시에 흐르는 기기를 고려하여 각각에 적절한 크기의 기기를 선정할 필요가 있다.

(2) 평균 공기소비량

일반적인 공압시스템에서 실린더는 간헐적인 작동을 한다. 이것에 대하여 공기압축기는 항상 운전하고 있으며, 압축한 공기를 탱크에 축적하면서 사용하고 있다. 따라서, 공기압축기의 선정에 있어서는 실린더의 1분당 왕복횟수를 고려한 공기소비량을 구하며, 이것을 **평균 공기소비량**이라 한다. 실린더의 전진 및 후진 시의 평균공기소비량을 각각 Q_{m1}, Q_{m2}로 표시하여 다음 식으로 계산할 수 있다.

$$Q_{m1} = \frac{\pi}{4} D^2 L \times \frac{p+0.1013}{0.1013} \times 10^{-6} n \, [\text{L/min(ANR)}] \tag{1.23}$$

$$Q_{m2} = \frac{\pi}{4} (D^2 - d^2) L \times \frac{p+0.1013}{0.1013} \times 10^{-6} n \, [\text{L/min(ANR)}] \tag{1.24}$$

여기서, n 은 실린더의 1분당 왕복횟수이며, D 및 L의 단위는 [mm], p의 단위는 [MPa] 이다. 실린더의 평균 공기소비량 Q_m은 이들의 합으로서

$$Q_m = Q_{m1} + Q_{m2} \tag{1.25}$$

로 표시된다. 실제는 밸브로부터 실린더까지의 배관을 고려하여 이 값에 50% 정도의 여유를 더 가산하여 산정한다.

예제 1.2 | $\phi40 - \phi16 - 500$ stroke의 실린더를 0.5 MPa로 작동시킨다. 전진 및 후진에 요하는 시간을 각각 2초, 1초로 한 경우에 대하여 각각 순간 공기소비량 Q_{max}을 구하라. 또, 1분간에 3회의 왕복운동을 할 때 평균 공기소비량 Q_m을 구하라.

[풀이]

$$Q_{\max 1} = \frac{\pi}{4} D^2 L \times \frac{p + 0.1013}{0.1013} \times 10^{-6} \times \frac{60}{t_1}$$

$$= \frac{\pi}{4} \times 40^2 \times 500 \times \frac{0.5 + 0.1013}{0.1013} \times 10^{-6} \times \frac{60}{2} = 112 \ \text{L/min(ANR)}$$

$$Q_{\max 2} = \frac{\pi}{4} \times (40^2 - 16^2) \times 500 \times \frac{0.5 + 0.1013}{0.1013} \times 10^{-6} \times \frac{60}{1} = 188 \ \text{L/min(ANR)}$$

$$Q_{m1} = \frac{\pi}{4} D^2 L \times \frac{p + 0.1013}{0.1013} \times 10^{-6} n$$

$$= \frac{\pi}{4} \times 40^2 \times 500 \times \frac{p + 0.1013}{0.1013} \times 10^{-6} \times 3 = 11 \ \text{L/min(ANR)}$$

$$Q_{m2} = \frac{\pi}{4} (D^2 - d^2) L \times \frac{p + 0.1013}{0.1013} \times 10^{-6} n$$

$$= \frac{\pi}{4} \times (40^2 - 16^2) \times 500 \times \frac{0.5 + 0.1013}{0.1013} \times 10^{-6} \times 3 = 9.4 \ \text{L/min(ANR)}$$

$$\therefore \ Q_m = 11 + 9.4 = 20.4 \ \text{L/min(ANR)}$$

CHAPTER

02 | 공기압 발생장치

2.1 | 공기압축기

2.1.1 공기압축기의 종류

공기압을 이용하여 일을 하는 시스템에서 그 시스템을 작동시키기 위한 에너지를 만드는 중요한 역할을 **공기압축기**(air compressor)가 담당하고 있으며, 전기에너지를 공기의 압력에너지로 변환시키는 기기이다.

공기압축기는 공기압 0.1 MPa 이상(일반적으로는 0.3~1 MPa)을 발생시키므로 토출압력에 따라 저압, 중압, 고압으로 분류되며, 저압 압축기는 토출압력이 0.7~0.8 MPa, 중압 압축기는 1~1.6 MPa, 고압 압축기는 1.6 MPa 이상을 말한다.

또한, 압축공기의 발생용적에 따라 분류하면 소형, 중형, 대형으로 분류할 수 있으며, 소형 압축기는 0.2~7.5 kW(1/4~10 Ps)로서 공랭식이며, 중형 압축기는 7.5~75 kW(10~100 Ps)로서 공랭식 또는 수랭식이 있다. 대형 압축기는 75 kW(100 Ps) 이상으로서 수랭식이다.

공기압축기는 그 압축원리 및 구조에 따라 분류하면 다음과 같다.

용적형 압축기는 밀폐된 용기 내의 공기를 압축하여 압축공기를 생산하며, 그 압축을

왕복운동에 의하여 행하는 왕복식과 회전운동에 의하여 행하는 회전식으로 나눌 수 있다. 터보형 압축기는 날개를 회전시킴에 따라 공기에 에너지를 가해 압축공기를 생산한다.

압축공정이 하나일 때 1단 압축이라 하며, 이 경우에는 압축에 의한 발열 때문에 최고 공기압력에 한계가 있다. 따라서, 고압을 얻기 위해서는 2단, 3단과 같은 다단압축을 해야 한다.

(1) 왕복식 공기압축기

왕복식 공기압축기는 그림 1-2.1과 같이 피스톤 또는 다이어프램에 의하여 흡입밸브로부터 실린더 내에 공기를 흡입하여 압축한 후 토출밸브로부터 압축공기를 토출한다.

일반적으로 피스톤식 압축기에서는 피스톤과 실린더 사이의 마찰을 감소시키기 위하여 윤활유를 공급한다. 또한, 마찰에 의한 발열을 냉각시키기 위해 공랭식 또는 수랭식의 냉각방법이 채용되고 있으며, 고압의 압축공기를 얻기 위해서는 전술한 바와 같이 다단 압축방식으로 해야 한다. 한편, 피스톤 대신에 다이어프램을 이용한 다이어프램식 압축기는 윤활유를 공급할 필요가 없으며 깨끗한 공기를 얻을 수 있으므로 식료품, 제약, 화학공장에서 주로 이용되고 있다.

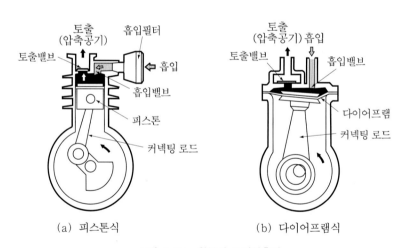

(a) 피스톤식 (b) 다이어프램식

그림 1-2.1 왕복식 공기압축기

(2) 회전식 공기압축기

회전식 공기압축기는 그림 1-2.2에서 보는 바와 같이 나사식(screw type)과 베인식(vane type)이 있다.

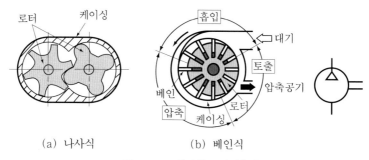

(a) 나사식   (b) 베인식

그림 1-2.2 회전식 공기압축기

(a)에 나타낸 나사식 공기압축기는 숫나사형 회전자(rotor)와 암나사형 회전자가 맞물려 회전하면서 케이싱으로 둘러싸인 공간으로 공기를 흡입하고 로터의 회전에 의해 공간의 체적이 작아져 공기가 압축되어 토출한다. 고속회전이 가능하고 진동이 적으며, 맥동이 적고 소음 제거가 용이하다.

(b)에 나타낸 베인식 공기압축기는 가동날개 공기압축기라고도 불리며, 케이싱의 중심과 편심을 이룬 회전자(rotor)의 홈에 삽입되어 있는 베인(vane)이 원심력에 의하여 케이싱에 접촉한 채로 회전하며 베인과 베인 사이에 형성된 공간에 흡입된 공기를 압축시켜 토출한다. 이 압축기는 공기를 연속적으로 공급하므로 맥동 및 소음이 적다.

베인의 개수는 압축단수와 압력비에 따라 다르지만 6~12개 정도이다. 베인의 냉각 및 기밀을 유지하기 위하여 윤활유를 사용하는 것이 일반적이다.

(3) 터보형 공기압축기

터보형 압축기는 공기의 유동원리를 이용하여 날개를 고속으로 회전시키면 공기의 운동량이 증가하여 압력과 속도가 증가하므로 압축공기를 얻을 수 있다.

터보형 압축기는 그림 1-2.3과 같이 축류식과 원심식이 있으며, (a)의 축류식 압축기는

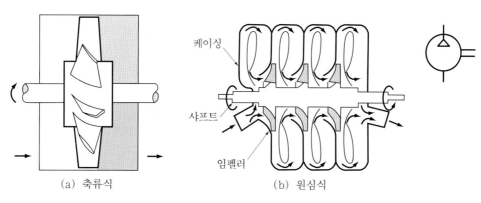

(a) 축류식   (b) 원심식

그림 1-2.3 터보형 공기압축기

공기가 날개에 의하여 축방향으로 가속되며 케이싱에 설치된 고정날개를 지날 때 압력이 상승한다. (b)의 원심식(3단) 압축기는 날개에 의하여 공기가 반경 방향으로 압축되며 다음 날개의 축방향으로 흡입되어 다시 가속되는 압축기이다.

이들 압축기는 진동이 적고, 고속회전이 가능하며, 토출 시 공기압력에 의한 맥동이 없다. 또한, 압축부분에 윤활이 필요치 않으므로 깨끗한 압축공기를 얻을 수 있다.

2.1.2 공기압축기의 선정

공기압축기는 작동압력, 소요공기량, 부하변동의 여부 등을 고려하여 압축기의 종류, 용량, 제어방법을 결정한다.

(1) 작동압력과 소요 공기량에 의한 공기압축기의 선정

공압실린더나 공압기기의 작동압력은 주로 4~6 bar 정도이고, 프레스의 작동압력은 7~8 bar 정도이다. 그러나 공기압축기에서 토출되는 압력 및 유량은 배관과 공압기기에서의 압력손실을 고려하여 20% 정도의 여유를 준다. 작동 공기압력과 소요 공기량이 결정되면 그림 1-2.4의 적용범위 내에서 압축기의 종류를 결정할 수 있다. 일반적으로 공압시스템에서의 최고 작동압력은 10 bar 정도이다.

공압시스템에서 소요 공기량이 결정되면 압축기의 토출 공기량을 결정해야 한다. 대부분의 압축기 토출 공기량은 대기압 상태의 이론공기량으로 표시되는데, 압축기의 체적효율(volumetric efficency)을 고려하여 **유효 공급공기량**(effective air quantity)으로 표시하면 다음과 같다.

$$\dot{V} = \frac{Q(p+0.1013)}{0.1013\alpha} \ [\mathrm{m^3/min}] \tag{1.26}$$

여기서, $\dot{V}$: 왕복식 압축기의 유효 공급공기량($\mathrm{m^3/min}$)

$\quad\quad Q$: 액추에이터 작동압력 p에서의 소요 공기량($\mathrm{m^3/min}$)

$\quad\quad p$: 사용 공기압력(MPa)

$\quad\quad \alpha$: 체적효율(왕복식: 0.88~0.93)

유효 공급공기량과 작동압력이 결정되면 그림 1-2.4로부터 압축기의 종류를 결정할 수 있다. 또한, 압축기의 용량은 표 1-2.1로부터 결정할 수 있다.

왕복식 압축기의 공기동력은 다음 식으로 표시할 수 있다.

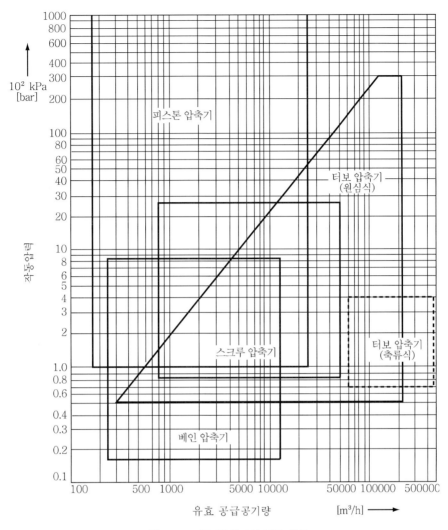

그림 1-2.4 공기압축기의 적용 범위

흡입 측 유량 Q_1 [m³/min], 흡입 측 압력 p_1 [Pa], 토출 측 압력 p_2 [Pa], 중간 냉각기의 수 m개, 공기의 단열지수 k(공기의 경우: 1.4)일 때 단열 공기동력 L_{ad} [kW]는 다음과 같다.

$$L_{ad} = \frac{(m+1)}{k-1} \cdot \frac{p_1 Q_1}{6 \times 10^4} \left[\left(\frac{p_2}{p_1} \right)^{\frac{k}{(m+1)k}} - 1 \right] \text{[kW]} \tag{1.26a}$$

표 1-2.1 소형 왕복 공기압축기의 토출공기량 　　　　　　　　　[단위: L/min(ANR)]

단수	전동기의 정격출력 (kW)	공기량				
		압축기의 최고압력 0.2 MPa (2 kgf/cm^2)	압축기의 최고압력 0.5 MPa (5 kgf/cm^2)	압축기의 최고압력 0.7 MPa (7 kgf/cm^2)	압축기의 최고압력 1 MPa (10 kgf/cm^2)	압축기의 최고압력 1.4 MPa (14 kgf/cm^2)
1단	0.2	40 (38)	20 (19)	15 (14)	—	—
	0.4	83 (79)	40 (38)	32 (30)	23 (21)	—
	0.75	—	85 (81)	67 (64)	50 (48)	—
	1.5	—	182 (173)	149 (142)	114 (109)	—
	2.2	—	270 (256)	230 (218)	175 (166)	—
	3.7	—	470 (446)	390 (370)	310 (294)	—
	5.5	—	700 (665)	600 (570)	490 (465)	—
	7.5	—	940 (890)	790 (750)	640 (610)	—
	11	—	1390 (1320)	1160 (1100)	935 (890)	—
2단	0.4	—	—	41	36	29
	0.75	—	—	78	66	57
	1.5	—	—	160	140	118
	2.2	—	—	250	200	175
	3.7	—	—	430	340	295
	5.5	—	—	660	510	440
	7.5	—	—	870	690	600
	11	—	—	1230	1010	880

( ) 안은 무급유식의 경우이다.

(2) 공기탱크의 용량 결정

공기탱크(air tank)는 압축공기를 저장하는 기기이며, 주로 압축기의 뒤나 아래에 설치된다. 공기탱크는 다음의 기능을 갖는다.

① 압축기에서 토출된 공기압력의 맥동을 평준화한다.
② 일시적으로 다량의 공기가 소비되는 경우의 급격한 압력 강하를 방지한다.
③ 정전에 의한 압축기의 정지 등, 비상시에 어느 시간만큼 압축공기를 공급한다.
④ 주위의 외기에 의해 냉각되어 드레인이 분리된다.

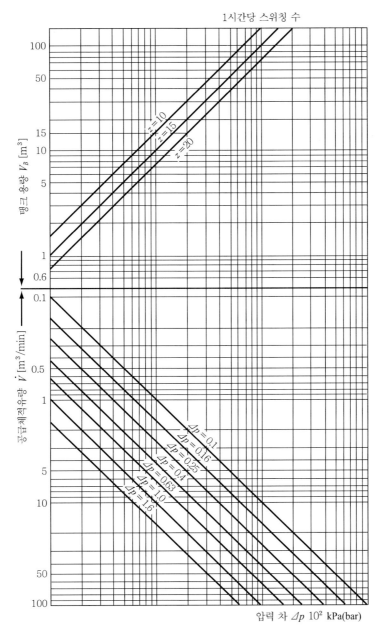

그림 1-2.5 저장탱크의 설정을 위한 선도

공기탱크에는 압력계(pressure guage), 안전밸브(safe valve), 압력스위치(pressure switch)를 설치할 필요가 있으며, 그 용량의 크기는 구동전동기의 정격출력에 따라 표 1-2.2와 같이 규정하고 있다. 그 크기의 설정요소는 압축기의 공기 체적유량, 압축기의 압력비(pressure ratio), 시간당 스위칭 횟수 등에 의하여 결정할 수 있다(그림 1-2.5 참조).

표 1-2.2 압축기 공기탱크의 전용적

구동전동기의 정격출력(kW)	공기탱크의 전용적(L)
0.2	10
0.4	15
0.75	20
1.5	40
2.2	60
3.7	100
5.5	120
7.5	150
11	200

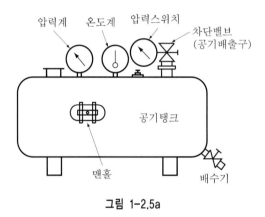

그림 1-2.5a

공기압축기 → 공기탱크 → 감압밸브 → 압축공기 시스템에서 공기탱크의 용량(V)을 다음 식에서 구할 수도 있다.

$$V = \frac{\Delta V(p_L + 101.3)n}{p_C - p_L} \ [\mathrm{m}^3]$$ (1.26b)

여기서, ΔV: 회로상의 1사이클 동안 방향변환밸브에서 공급되는 공기의 전 용적(m^3)

p_L: 회로의 사용 가능한 최저압력(kPa) (단, 감압밸브 설정 공기압 + 50 kPa)

p_C: 공기압축기의 unloader(空回轉)가 시동하는 공기압력(kPa)

n: 정전대책일 때는 공기압축기의 unloader가 시동하는 공기압력(p_C)에서 정전되어 p_L로 압력이 저하하기까지 사용하고 싶은 조작 사이클 수(스위칭 수)

예제 1.3 | 압축기의 공급체적유량 20 m³/min, 시간당 스위칭 수 20, ON · OFF 시의 압력 차가 100 kPa(1 bar)인 경우의 공기탱크 용량을 구하라.

[풀이]   그림 1-2.5로부터 공기탱크 용량은 15 m³이다.

(3) 공기압축기의 압력제어방법

공기압축기는 너무 고압으로 되면 부하가 걸리게 되고, 너무 저압이 되면 액추에이터에서 힘의 저하 및 공압기기의 불량작동 등의 현상이 발생한다. 따라서, 적정압력으로 제어해야 한다. 압력제어의 방법에는 다음과 같은 방법이 있다.

① 배기 조절방법: 탱크 내의 압력이 설정압력 이상으로 되면 안전밸브가 열려 압축공기를 대기 중으로 방출시킴으로써 설정압력으로 조절하는 방법이다.

② 차단 조절방법: 회전 피스톤 압축기 및 왕복식 피스톤 압축기에서 사용되는 방법으로 압축기의 흡입구를 차단하여 압력을 낮추는 방법이다.

③ 그립-암(grip-arm) 조절방법: 피스톤 압축기에 사용되며 압력이 설정값 이상으로 되면 흡입밸브가 그립-암에 의해 열려 압축공기를 생산할 수 없게 하는 방법이다.

④ ON-OFF 조절방법: 압축기의 구동모터가 최대 압력이 되면 정지하고 최소 압력이 되면 다시 작동한다. 스위칭 횟수를 줄이기 위해서는 대용량의 탱크가 필요하며 대부분 이 방법이 사용되고 있다.

2.2 | 공기필터

공기 중에는 먼지와 수분이 포함되어 있다. 이러한 공기를 그대로 공압기기에 공급하면 밸브나 실린더의 작동이 불량해지기도 하고 내면에 녹이 슬기도 한다. 따라서, 먼지나 수분을 제거하는 기기가 회로의 상류 측에 필요하며, 이 기기를 **공기필터**(air filter)라 한다.

먼지류는 스크린(filter element라고도 함)의 좁은 구멍을 통과시키면 큰 먼지를 제거할 수 있다. 그러나 수분은 완전히 제거하기가 곤란하며 다음의 네 가지 방법이 이용되고 있다.

① 원심력을 이용하여 분리하는 방법
② 충돌판에 접촉시켜 분리하는 방법

③ 흡습제를 사용하여 분리하는 방법

④ 냉각하여 분리하는 방법

이 중 주로 원심력을 이용하는 방법이 사용되고 있으며, 그 일례를 그림 1-2.6에 나타내었다. 이 형식은 유입한 압축공기가 디플렉터(deflecter)에 의해 선회운동을 일으켜 그 원심력에 의하여 공기가 케이스의 내벽에 충돌함으로써 대부분의 수분을 분리시킨다. 분리된 수적은 하부 쪽에 고이게 되므로 드레인 배출구(배수기)에서 필요에 따라 배출시킨다.

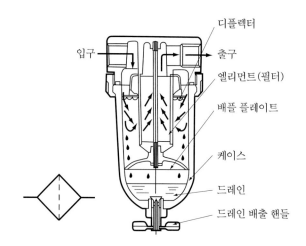

그림 1-2.6 원심분리식 필터

먼지는 필터(filter element)를 통과함에 따라 제거된다. 이 필터는 스테인리스 또는 청동제(bronze)의 금망 등으로 만들어지며, 통기구멍의 크기에 따라 공기청정의 정도가 좌우된다. 그러나 통기구멍이 작을수록 공기의 흐름은 저항이 커지므로 사용목적에 따라 그 크기를 적절히 선정할 필요가 있다. 일반적으로 $40\sim70\ \mu m$의 통기구멍을 갖는 필터가 가장 많이 사용되며, 에어모터(air motor)에는 필터의 통기구멍이 $10\sim40\ \mu m$ 정도가 사용된다.

2.3 │ 공기건조기

공기건조기(air dryer)는 압축공기 중에 포함된 수분을 제거하여 건조한 공기를 얻는 기기이다. 수분을 제거하는 방법으로서는 냉동식, 흡착식, 침투분리식 공기건조기 등이 있다.

2.3.1 냉동식 공기건조기

냉동식 공기건조기는 압축공기를 냉동기에 의하여 강제적으로 냉각시킴으로써 수분을 응축시켜 분리·제거시킨다. 그림 1-2.7은 냉동식 건조기를 나타낸다.

입구로 들어간 압축공기는 프리 쿨러(free cooler)에서 제습된 차가운 공기에 의하여 예냉되고 그후 증발기로 들어가 냉매에 의해 2~5℃ 정도까지 냉각되어 제습된다. 제습된 공기는 다시 프리 쿨러로 들어가 입구로부터 높은 온도의 공기에 의해 약간 재가열되어 배출된다.

이 냉동식 공기건조기는 일반적으로 대기압 노점으로 −10℃의 건조공기를 얻을 수 있으며, 공기압축기에서 사용하는 데 충분한 건조도의 압축공기를 얻을 수 있다. 또한 건조용량도 소용량에서부터 대용량까지 가능하다.

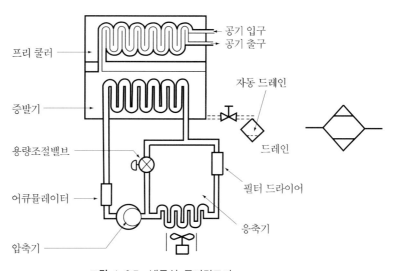

그림 1-2.7 냉동식 공기건조기

2.3.2 흡착식 공기건조기

흡착식 공기건조기는 실리카겔이나 합성 제올라이트 등의 건조제 속에 압축공기를 통과시켜 수분을 흡착하게 하여 건조된 공기를 얻는다. 그림 1-2.8에 그 구조를 도시하였다.

일반적인 흡착식 건조기에서는 흡착기가 2개이며, 각각의 흡착기 속에 건조제가 충전되어 있다. 그림에 표시하듯이 공기입구(in) 쪽으로부터 들어가는 습한 압축공기는 방향전환밸브를 통하여 좌측 흡착기 1로 들어가 흡착제에 의해 건조된 후 shut-off 밸브를 통해 출구(out) 쪽으로 토출되는데, 이러한 건조제의 저장능력은 한계가 있어 포화상태에 달하면 기능을 잃지만 다시 재생하여 사용할 수 있다. 즉 더운 공기가 포화상태의 건조제를 통과하면 더운 공기는 건조제 속의 습기를 흡수하여 이동하므로 건조제는 다시 본래의 성질을 되찾는다. 재생에 필요한 에너지는 전류나 더운 압축공기로부터 얻을 수 있다. 두 개의 흡착기를 평행으로 연결하면 한 흡착기는 건조과정에 연결하여 사용하고 다른 흡착기는 더운 공기를 보내 재생시킨다.

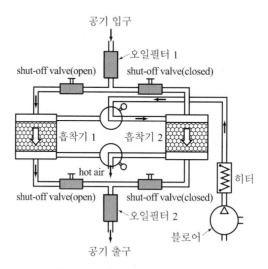

그림 1-2.8 흡착식 공기건조기의 구조

2.3.3 흡수식 공기건조기

그림 1-2.9와 같이 압축공기가 건조제를 통과할 때 공기 속의 수분을 흡수하므로 출구로 나가는 공기는 건조공기가 된다. 이때 증기상태의 기름입자들도 분리되며 응축된 물과 기름은 배수구를 통해서 배수시킨다.

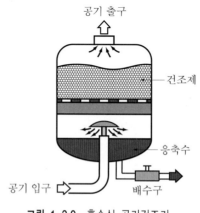

그림 1-2.9 흡수식 공기건조기

2.4 | 애프터쿨러

공기압축기에서 토출된 압축공기는 고온이며 다량의 수증기를 함유하고 있다. 이 수증기는 냉각되면 물이 되어 공기압축기에 여러 가지 악영향을 끼친다.

애프터쿨러(after cooler)는 압축기의 바로 하류 쪽에 설치하며 압축공기를 강제적으로 냉각하여 공기 중의 수분을 분리·제거하는 기기이다. 그 냉각방법에 따라 공랭식과 수랭식으로 분류되며, 일반적으로는 40℃까지 냉각하여 수분을 제거한다.

공랭식은 공기배관에 방열 냉각용 핀(fin)을 부착하고 팬(fan)으로 송풍하여 냉각하는 것이며, 수랭식은 공기가 통하는 용기 내에 냉각용 수관을 설치하여 냉각수를 순환시켜 냉각하는 것이다.

그림 1-2.10은 수랭식 애프터쿨러의 구조이며, 공기 입구로 유입한 공기는 냉각수가 흐르는 냉각관 사이를 통과하면서 냉각되고 수분 분리기에서 분리된 냉각된 공기는 출구를 통해 나가고, 물은 하부쪽에 고여 배수장치에서 배수시킬 수 있다.

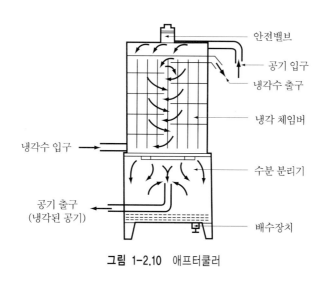

그림 1-2.10 애프터쿨러

2.5 | 압력조절기

압축기로부터 토출되는 압축공기는 저압 압축기에서도 7~8 bar, 중압 압축기에서는 10~16 bar로 압력이 높으며, 또한 맥동성이 있다. 공압시스템에서 공급압력이 변화하면 실린더의 동작시간, 유량의 제어, 밸브의 스위칭 특성에 영향을 미치므로 일정한 압력의 공기를 공급해야 한다. 그 역할을 하는 기기를 **압력조절기**(pressure regulator)라 하며, 공압 필터의 하류쪽에 설치하여 맥동을 제거하고 시스템에 필요한 압력으로 낮추어 공급한다.

일반적으로 공압시스템의 최종 방향제어밸브에는 6 bar 정도, 제어밸브에는 3~4 bar, 저압용 기기에는 2.5 bar 이하의 압력으로 공급해야 하며, 압력조절기에서는 6 bar 정도로 감압한다.

압력조절기는 피스톤식과 다이어프램식이 있으며, 피스톤식은 구조가 간단하지만 정확한 압력조절은 다이어프램식이 더 우수하다. 여기서는 다이어프램식 압력조절기에 대하여 알아보기로 한다.

이 압력조절기에는 그림 1-2.11(a)와 같이 배기공이 있는 것과 (b)의 배기공이 없는 것이 있다. 배기공이 있는 압력조절기는 입구 측의 공급압력의 크기에 관계없이 출구 측의 작동압력을 일정하게 유지시키는 것이 목적이다. (a)에서 출구 측 공기압력은 다이어프램에 작용하고, 그 반대쪽에는 스프링2의 힘이 작용한다. 이 스프링력은 조절나사에 의하여 조절될 수 있다. 이때 출구 측 공기압력이 스프링2의 힘보다 커지면 플런저 (plunger)가 스프링1의 힘에 의하여 하향 이동하므로(다이어프램도 하향 변형) 밸브시트 (valve seat)의 유로 단면적이 감소되거나 또는 완전히 닫히게 되므로, 출구 쪽으로의 압축공기의 공급유량이 감소하여 압력이 낮아진 상태로 출구로부터 토출된다. 출구 측 압력이 떨어지면 스프링2의 힘에 의해 다이어프램은 원래 상태로 복귀하며 밸브시트의 유로도 원상태로 되어 출구 측 압력도 다시 높아진다. 이 경우 출구 측 공기압력이 현저히 높아지면 다이어프램의 중앙부에 있는 배기공이 완전히 열려 하부 쪽 배기공을 통해 압축공기가 외부로 방출되어 압력조절을 조속하게 할 수 있다.

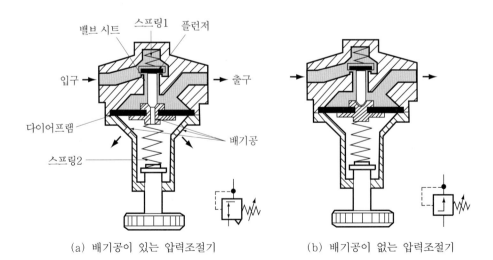

(a) 배기공이 있는 압력조절기   (b) 배기공이 없는 압력조절기

그림 1-2.11 압력조절기

(b)의 배기공이 없는 압력조절기는 출구 측 공기압력이 현저히 높아져도 압축공기가 대기 중으로 배기될 수 없으므로 출구 쪽으로 압축공기가 토출되지 않는 한 공기의 흐름은 막히게 된다.

2.6 | 윤활기

공기압축기에서 공압 액추에이터(actuator)나 밸브는 내부에 마찰부분이 있으며, 이들의 작동을 원활하게 하기 위해서 그리고 내구성을 좋게 하기 위해서 윤활유의 급유를 하는 것이 일반적이다. 단지 무급유 공기압기기에는 그리스를 미리 봉입시켜 두므로 반드시 급유의 필요성이 있는 것은 아니다.

(1) 윤활기의 구조와 기능

급유방법은 필요한 시간에 간헐적으로 급유하는 경우와 유동하는 공기를 이용하여 윤활유를 분무상태로 급유하는 경우가 있는데, 일반적으로는 분무식 급유방법이 많이 이용되고 있다.

유동하는 공기를 이용하여 윤활유를 분무형태로 급유하는 대표적인 윤활기(lubricator)의 예를 그림 1-2.12에 나타내었다.

유입된 압축공기는 가변 교축부(벤투리부)를 통해 흐르며, 이때 발생하는 차압에 의하여 케이스 내의 윤활유를 사이폰관을 통해 압상시켜 적하관으로부터 벤투리부로 적하시키면 공기 흐름 속으로 확산하여 분무상태로 공기와 함께 공압기기로 보내진다. 윤활유의 적하량은 조정나사로 조절한다. 벤투리부는 유량의 크기에 따라 공기유량에 대한 윤활유의 적하량이 일정하도록 구성되어 있다.

(2) 윤활기의 종류

① 고정 오리피스형 윤활기: 발생한 분무상태의 윤활유를 송출시킬 때 그 농도는 공기유량에 따라 변화하는 형식이다.

② 가변 오리피스형 윤활기: 공기유량이 변화해도 윤활유를 일정하게 공급할 수 있도록 벤투리부에 가변 교축부를 설치하여 적어도 공기유량이 통과하는 공기유속을 충분히 유지시켜 윤활유를 공급할 수 있게 되어 있다(그림 1-2.12).

③ 분무 윤활유 입자 선별식 윤활기: 적하된 윤활유가 공기 흐름 속으로는 직접 혼입되지 않으며 노즐로 유도되어 무화된다. 여기서, 큰 입자는 케이스 하부의 윤활유 속으

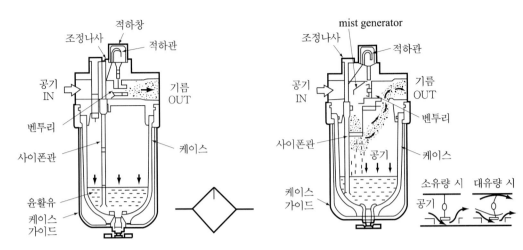

그림 1-2.12 가변 오리피스형 윤활기   그림 1-2.13 분무 윤활유 입자 선별식 윤활기

로 낙하하고, 미립자만이 떠서 공기 흐름에 혼입되어 송출된다(그림 1-2.13).

일반적으로 공압기기에는 위에서 언급한 ①과 ②의 윤활기가 사용되며, ③의 선별식 윤활기는 공압공구(공압모터, 공기건조기 등) 등으로 급유 및 배관이 길고 윤활유가 고여 있기 어려운 경우 등에 사용된다.

(3) 최소 적하 공기유량

윤활유를 벤투리부로 적하시키는 경우, 벤투리부 전후의 압력차로 인하여 적하시키게 되며, 공기유량이 적으면 압력차가 발생하지 않으므로 적하도 중지된다. 최소 적하 공기유량은 적하시키는 데 필요한 최소유량을 말한다.

고정식과 가변식으로 나누어 여러 구경별로 최소 적하유량을 설정하는데, 적하량은 교축밸브를 조정하여 1분에 5방울로 조정했을 때의 값을 표 1-2.3에 표시하였으며, 최소

표 1-2.3 최소 적하 공기유량   [단위: L/min(ANR)]

구경호칭 (A)	공 기 유 량	
	고정식	가변식
6(1/8˝)	120	15
8(1/4˝)	175	30
10(3/8˝)	400	65
15(1/2˝)	650	80
20(3/4˝)	1,250	160
25(1˝)	2,000	250

적하 공기유량이 적고 교축밸브의 조정에 의해 적하횟수가 미세하게 조정이 가능한 것이
우수한 것이라 할 수 있다.

2.7 | 서비스 유닛

서비스 유닛(service unit)은 전술한 에어 필터(air filter), 압력조절기(pressure regulator),
윤활기(lubricator)의 세 가지 기기를 사용이 편리하도록 조합한 것으로, FRL유닛이라고
도 한다. 이 서비스 유닛은 공압시스템에서 배관의 상류에 설치하여 공기의 질 및 적정
압력을 조정하는 기기로서 외관 사진과 함께 상세기호는 그림 1-2.14(a)에, 간략기호는
(b)에 나타내었다. 일반적으로 공압회로에서는 간략기호를 사용하는 경우가 많으며, 간
략기호도 생략하는 경우가 있다.

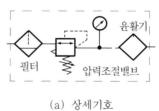

(a) 상세기호   (b) 간략기호

그림 1-2.14 서비스 유닛의 기호

CHAPTER
03 | 공압 액추에이터

압축공기를 이용하는 **액추에이터**(actuator)에는 직선운동을 얻기 위한 **공압실린더**(pneu-matic cylinder)와 회전운동을 얻기 위한 **공압모터**(air motor)의 두 가지가 있다.

그 중 직선운동을 얻는 공압실린더는 한쪽 방향으로만 일을 할 수 있는 **단동실린더**(single acting cylinder)와 양쪽 방향으로 모두 일을 할 수 있는 **복동실린더**(double acting cylinder)로 나눌 수 있다. 공압장치는 구조가 간단하며 취급이 용이하고, 매우 빠른 작업속도(일반적인 공압실린더의 작업속도는 1~2 m/s까지 가능)를 얻을 수 있으며, 과부하에 대하여 절대적으로 안전하고 힘과 속도를 무단으로 조정할 수 있는 점 등의 여러 가지 장점이 있다.

반면, 작동유체(working fluid)가 압축성이므로 속도가 하중에 의하여 크게 영향을 받아 정확한 속도제어 및 위치제어가 곤란하고, 특히 실린더의 속도가 20 mm/s 이하의 저속인 경우에는 스틱슬립(stick-slip) 현상이 발생되기 쉬우며, 사용압력이 그다지 높지 않으므로(보통 작업압력은 7 bar 이하) 3 ton 이상의 큰 힘이 요구되는 경우에는 사용이 곤란한 단점도 있다. 또, 압축공기의 생산단계가 복잡하고 공기압축의 효율이 높지 않으므로 압축공기의 생산비용이 많이 들게 되어 250~300 mm 이상의 큰 직경을 갖는 실린더나 공압모터는 압축공기의 소비량의 과다로 인하여 비경제적이다.

공압실린더는 각각의 용도에 따라 종류가 많으며, 따라서 사용방법도 다르므로 효율적으로 사용하기 위해서는 설치방법, 기기, 공압회로의 선택방법이 중요하다.

3.1 | 공압실린더

3.1.1 크기에 의한 분류

실린더의 크기는 실린더 튜브의 내경, 실린더 피스톤의 행정길이(stroke), 피스톤 로드

(piston rod)의 직경에 따라 분류할 수 있다. 실린더의 내경은 표 1-3.1A에, 피스톤 로드경은 표 1-3.1B에, 행정길이는 표 1-3.2에 제시하였다.

표 1-3.1A 실린더 내경 (단위: mm)

4, 6, 8, 10, 16, 20, 25, 32, 40, 50, 63, 80, 100, 125, 140, 160, 180, 200, 250, 320, 400, 500

표 1-3.1B 피스톤 로드경 (단위: mm)

4, 5, 6, 8, 10, 12, 14, 16, 18, 20, 22, 25, 28, 32, 36, 40, 45, 50, 56, 63, 70, 80, 90, 100, 110, 125, 140, 160, 180, 200, 220, 250, 280, 320, 360

표 1-3.2 행정길이 (단위: mm)

25, 32, 40, 50, 63, 80, 100, 125, 160, 200, 250, 320, 400, 500, 630, 800, 1000, 1250, 1600, 2000

3.1.2 작동방식에 의한 분류

(1) 단동실린더(single acting cylinder)

실린더의 한쪽에만 공기압을 가압하여 구동시키는 실린더이며 외력, 스프링력, 자중 등의 힘을 이용하여 복귀된다. 복귀행정에 스프링을 사용하여 공기압의 공급이 차단 또는 전원이 차단되는 등의 긴급 안전대책에 유용하게 이용할 수 있다.

그림 1-3.1은 단동형 실린더로서 (a)는 상시 후진단형, (b)는 상시 전진단형을 나타낸다.

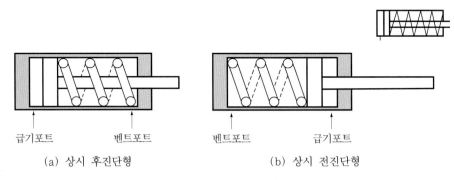

급기포트 벤트포트	벤트포트 급기포트
(a) 상시 후진단형	(b) 상시 전진단형

그림 1-3.1 단동실린더

(2) 복동실린더(double acting cylinder)

실린더의 양쪽에 공기압을 공급할 수 있으며 전진, 후진을 공기압으로 구동하는 방식의 실린더이다. 전진, 후진이 모두 공기압에 의한 피스톤의 추력으로 작동한다. 그림 1-3.2는 복동실린더를 나타낸다.

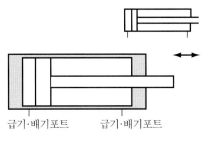

급기·배기포트   급기·배기포트

그림 1-3.2 복동실린더

3.1.3 구조에 의한 분류

(1) 피스톤 형식에 의한 분류

① 일반 피스톤형(piston type)

일반적으로 많이 사용되는 구조로서 피스톤과 피스톤 로드를 갖춘 실린더이다. 그림 1-3.3에 피스톤형 실린더의 한 예를 나타내었다.

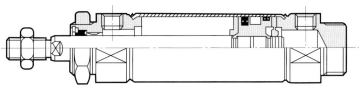

그림 1-3.3 피스톤형 실린더

② 램형(ram type)

플런저형 실린더(plunger cylinder)라고도 하며, 피스톤 로드경과 피스톤의 직경 차가 없는 가동부를 갖는 구조로서, 즉 수압 부분의 외경이 피스톤의 외경과 거의

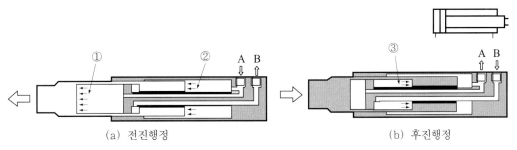

(a) 전진행정   (b) 후진행정

그림 1-3.4 램형 실린더

같은 단동실린더이다. 그림 1-3.4는 램형 실린더이며, (a)는 전진행정, (b)는 후진행정의 작동상태를 나타내고 있다.

③ 다이어프램형(diaphragm type)

피스톤의 수압면적에 상당하는 부분에 다이어프램을 이용한 형식으로서 비피스톤형이다. 가동부에 벨로스(bellows)를 사용하기도 하며, 그림 1-3.5는 그 구조를 나타낸다. seal 능력이 우수하고, 마찰력이 작은 장점이 있다.

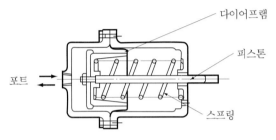

그림 1-3.5 다이어프램형 실린더

(2) 피스톤 로드 형식에 의한 분류

① 편 로드형(single rod cylinder)

일반적으로 시판되고 있는 형식으로 한쪽에 피스톤 로드가 가동하는 형식이다.

② 양 로드형(double rod cylinder)

로드 측과 헤드 측의 양쪽에 피스톤 로드가 있으며, 한쪽이 전진하면 반대쪽의 피스톤 로드는 후진작동한다.

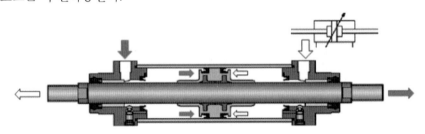

그림 1-3.6 양 로드형 실린더

③ 로드리스형(rod less cylinder)

피스톤 로드를 갖지 않으며, 피스톤부에 테이블을 연결하여 테이블에 부하를 장착한다. 피스톤 로드의 이동 스트로크가 없으므로 점유하는 공간이 적다. 피스톤이 슬라이더에 요크 등(또는 마그넷이나 체인)으로 연결되어 슬라이더가 좌우 직선운동을 함으로써 테이블이 직선운동을 할 수 있다.

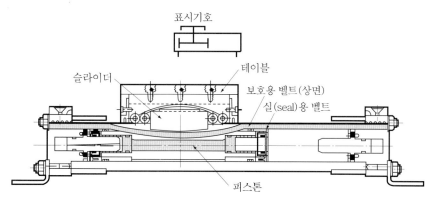

그림 1-3.7 로드리스형 실린더

3.1.4 쿠션의 유무에 따른 분류

실린더의 행정 끝에서 피스톤이 실린더 헤드에 주는 충격을 완화시키기 위하여 설치하는 쿠션(cushion)의 유무에 따라 분류된다. 공기의 압축성을 이용한 가변식과 탄성체를 이용하는 고정식이 있으며, 쿠션의 수에 따라 편 쿠션형과 양 쿠션형이 있다. 그림 1-3.8은 양 쿠션형 실린더를 나타내고 있다.

이 실린더의 충격완화 작동은 후진행정 끝에 도달하기 바로 전에 쿠션피스톤이 공기의 배출통로를 차단하여 공기는 작은 틈으로 빠져나가므로 압력이 발생하여 피스톤의 속도가 감소한다. 이 실린더는 쿠션이 피스톤의 양쪽에 있으므로 전진행정 끝에서도 동일한 작용으로 충격을 완화할 수 있다.

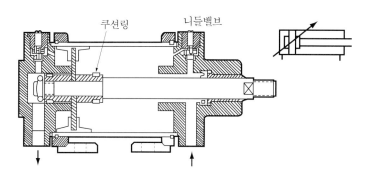

그림 1-3.8 양 쿠션형 실린더

3.1.5 지지형식에 의한 분류

공압실린더를 지지하는 형식은 고정형과 요동형이 있으며, 고정형은 실린더 본체가 일정한 위치에 고정되어 있고 피스톤 로드를 통해 부하를 움직이는 형식으로서 풋형(foot type)과 플랜지형(flange type)이 있다. 또 요동형은 부하에 따라 실린더 본체가 요동하는 형식으로 피벗형(pivot type)과 트러니언형(trunnion type)이 있다.

부하의 운동 방향에 따른 실린더의 지지형식을 표 1-3.3에 나타내었다.

표 1-3.3 공압실린더의 지지형식

부하의 운동 방향		지지형식		구조 예	비 고
직선	부하가 직선운동을 하는 경우	foot형	축방향 foot형		가장 일반적이고 간단한 지지방법. 주로 경부하에 이용됨.
			축직각 방향 foot형		
		flange형	로드 측 flange형		가장 강력한 지지방법. 부하의 운동 방법과 축심을 일치시킬 것
			헤드 측 flange형		
요동	부하가 한 평면 내에서 요동하는 경우	pivot형	헤드 측 eye형		부하의 요동 방향과 실린더의 요동 방향을 일치시키고 로드에 횡하중을 주지 말 것
			헤드 측 clevis형		
		trunnion형	로드 측 trunnion형		
			중간 trunnion형		
			헤드 측 trunnion형		

3.1.6 위치제어를 위한 실린더의 종류

(1) 다위치 실린더

다위치 실린더(multi position cylinder)는 그림 1-3.9와 같이 2개 이상의 복동실린더를 동일축선상에 연결하고 각각의 실린더를 독립적으로 제어함에 따라 몇 종류의 위치를 제어할 수 있으며, 위치의 정밀도가 비교적 양호하다.

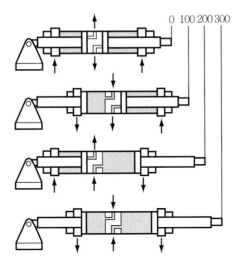

그림 1-3.9 다위치 실린더의 위치제어

행정길이(stroke)가 서로 다른 2개의 복동실린더를 직결하는 경우에는 4개의 위치제어가 가능하다.

(2) 가변 스트로크 실린더

실린더의 행정길이를 조정할 수 있는 실린더로서, 실린더의 전진단과 후진단에서의 스트로크를 스토퍼(stopper)에 의해 강제적으로 조정하는 기구를 갖는 실린더이다.

그림 1-3.10은 후진단 및 전진단에 스토퍼를 설치하여 행정길이를 조정하는 실린더를 보여 준다.

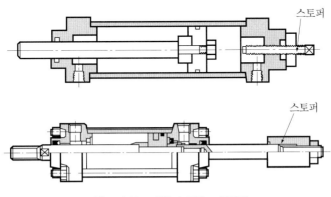

그림 1-3.10 가변 스트로크 실린더

3.1.7 복합실린더의 종류

(1) 탠덤형 실린더

2개의 복동실린더를 직렬로 연결한 실린더를 **탠덤 실린더**(tandem cylinder)라 하며, 그 구조를 그림 1-3.11에 나타내었다. 2개의 피스톤에 압축공기가 공급되므로 피스톤 로드가 낼 수 있는 출력이 동일 직경인 복동실린더의 2배가 된다. 압축공기를 화살표의 반대 방향으로 유동시키면 실린더가 후진하게 된다.

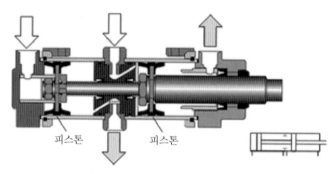

피스톤   피스톤

그림 1-3.11 탠덤형 실린더(전진 상태)

실린더의 내경을 크게 할 수 없는 작은 공간을 2중 또는 3중 연결하여 2배, 3배의 출력을 얻을 수 있으며, 또 공압실린더의 사용압력이 낮은 경우에 고출력이 필요한 용도로 사용한다.

(2) 텔레스코프 실린더

텔레스코프 실린더(telescoping cylinder)는 그림 1-3.12에 구조를 나타낸 바와 같이 실린더 본체는 길이가 짧으며, 다단으로 겹친 튜브형의 로드 또는 램으로 구성된다. 따라서, 긴 행정거리의 작동행정에 사용되는 다단 튜브형 로드를 갖는 실린더이다. 이것은 속도제어가 용이하지 않으며 행정 끝단에 출력이 저하하는 단점이 있다.

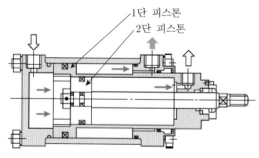

1단 피스톤
2단 피스톤

그림 1-3.12 텔레스코프 실린더

3.1.8 로터리 실린더(rotary cylinder)

복동실린더의 피스톤 로드를 랙기어의 형상으로 만든 것이다. 그림 1-3.13과 같이 피스톤로드는 랙기어로부터 원형기어를 구동시키므로 직선운동을 회전운동으로 변환시킨다. 회전각도는 45, 90, 180, 270, 360도이다.

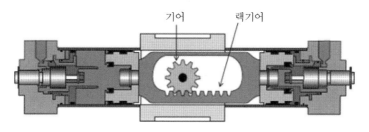

그림 1-3.13 로터리 실린더

3.2 | 공압실린더의 구조 및 특성

공압실린더로서 가장 많이 이용되는 실린더는 단동실린더와 복동실린더이다. 따라서, 이 두 실린더에 대한 구조와 특성에 대하여 알아보기로 한다.

3.2.1 단동실린더

단동실린더(single acting cylinder)는 한쪽 방향으로는 압축공기를 이용하여 운동을 하고, 복귀운동은 내장된 스프링이나 내부에 저장된 힘을 이용하여 수행된다. 따라서, 압축공기를 이용하는 행정에서만 일을 할 수 있다. 실린더 내부에 내장된 복귀스프링은 압축공기의 압력으로 환산하면 0.5 kgf/cm^2 미만의 작은 압력이므로 스프링에 의한 복귀행정에서는 일을 할 수 없다. 스프링이 내장된 단동실린더는 최대 행정거리가 스프링으로

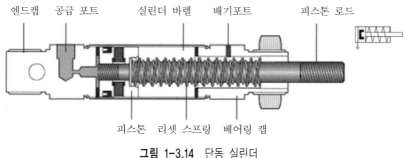

그림 1-3.14 단동 실린더

인하여 100 mm 정도로 제한된다. 이러한 단동실린더는 압축공기가 작용하는 전진운동 시의 속도가 이용되는 리베팅(rivetting), 엠보싱(embossing), 스탬핑(stamping), 클램핑 (clamping), 물체의 이동 등에 주로 이용된다.

단동실린더의 구조를 그림 1-3.14에 표시하였다.

3.2.2 복동실린더

복동실린더(double acting cylinder)는 전진·후진운동이 모두 압축공기에 의하여 일어나므로 전진·후진 시에 모두 일을 할 수 있다. 복동실린더는 원칙적으로 실린더의 행정거리에 제한을 받지 않지만 피스톤 로드의 휨을 고려하여 2,000 mm 이내로 한다.

그림 1-3.15는 쿠션이 내장된 복동실린더의 구조를 나타낸다. 실린더에 의해 무거운 물체를 빠른 속도로 움직일 경우에는 큰 관성력으로 인하여 정확한 위치제어를 할 수 없으며, 또한 실린더가 손상을 입을 가능성이 있으므로 쿠션장치가 내장되어 있는 실린더를 이용하는 것이 바람직하다.

그림 1-3.15에서 실린더가 전진운동을 하는 경우에는 로드 측 쿠션링(cushion ring)에 의하여 피스톤 로드 측의 배기통로가 막힐 때까지는 피스톤 로드 측의 공기는 쿠션밸브로 통하는 작은 통로를 통해야 배기되므로 충분한 배기가 될 수 없게 된다. 따라서, 높은 배압이 생성되어 실린더의 속도가 감속된다. 이러한 쿠션이 있는 실린더는 쿠션이 없는 실린더에 비하여 속도가 느리므로 빠른 속도에너지를 이용해야 하는 리베팅(rivetting), 펀칭(punching) 등의 작업에는 부적합하다.

이 실린더는 전진운동 시에는 피스톤의 전면적에 대하여 압축공기의 압력이 가압되나 후진운동 시에는 피스톤에서 피스톤 로드의 면적을 제외한 면적에 대해서만 압력이 작용하므로 전진운동 시의 출력이 후진운동 시의 출력보다 크다. 따라서, 전진·후진 시에 동일한 힘이 필요한 경우에는 양쪽에 모두 피스톤 로드가 있는 **양 로드형 실린더**(double rod cylinder)를 이용해야 한다.

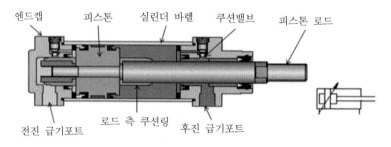

엔드캡 피스톤 실린더 바렐 쿠션밸브 피스톤 로드

전진 급기포트 로드 측 쿠션링 후진 급기포트

그림 1-3.15 복동실린더(양 쿠션형)

3.2.3 실린더의 출력과 공기소비량

(1) 실린더의 출력

실린더의 출력은 실린더의 내경, 피스톤 로드경 및 사용 공기압력에 의하여 다음 식으로 구한다.

① 단동실린더의 경우

$$F_1 = \left(\frac{\pi}{4}D^2p - f_2\right)\mu_1 \tag{1.27}$$

$$F_2 = f_1\mu_2 \tag{1.28}$$

② 복동실린더의 경우

$$F_1 = \frac{\pi}{4}D^2p\mu_1 \tag{1.29}$$

$$F_2 = \frac{\pi}{4}(D^2 - d^2)p\mu_2 \tag{1.30}$$

식 (1.27)~(1.30)에서 사용하는 기호는 다음과 같다.

F_1: 전진운동 시 출력(N)

F_2: 후진운동 시 출력(N)

p : 사용공기 압력(MPa)

D : 실린더 내경(mm)

d : 피스톤 로드경(mm)

f_1: 후진단에서의 스프링력(N)

f_2: 전진단에서의 스프링력(N)

μ_1: 전진운동 시 추력계수

μ_2: 후진운동 시 추력계수

여기서, μ는 실린더의 효율을 나타내며, 사용압력에 따라 그림 1-3.16과 같은 경향으로 구하거나 다음 식에 의하여 구할 수 있다.

$$\mu = \frac{p - p_{\min}}{p} \tag{1.31}$$

여기서, p는 공급 사용 공기압력(MPa), $p_{\min}$은 공압실린더의 최저 작동압력(MPa)이다.

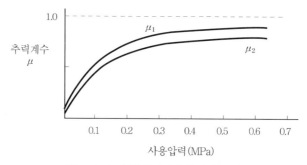

그림 1-3.16 공압실린더의 추력계수 경향

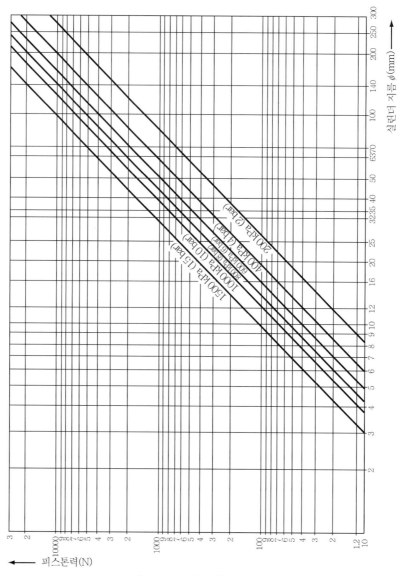

그림 1-3.17 압력-힘 선도

실린더가 내는 출력의 일부는 마찰력을 극복하는 데 사용되며, 이는 윤활, 사용압력, 피스톤 로드 쪽의 배압, 피스톤에 사용하는 패킹(packing)의 형태에 따라 달라지므로 정확한 값을 얻는 것은 사실상 어렵다. 따라서, 그림 1-3.17의 압력-힘 선도를 이용하여 실린더의 출력 또는 지름을 선정하기도 한다.

실린더가 운동하고 있는 동안에는 실린더의 피스톤 로드 측에 어느 정도의 잔압이 남아 있고 헤드 쪽의 압력도 공급압력보다는 작으므로 실린더가 움직이면서 부담할 수 있는 동하중은 실린더가 정지상태에서 낼 수 있는 출력보다 상당히 작다.

실린더가 전진운동을 하는 경우에 피스톤 로드 측에 형성되는 배압은 실린더의 속도조절방식에 의하여 달라지지만, 일반적으로 많이 이용되는 배압조절방식의 경우는 약 30% 정도로 알려져 있으며, 헤드 쪽에 형성되는 압력은 공급압력의 90% 정도로 알려져 있다. 따라서, 실린더가 운동하면서 부담할 수 있는 동하중은 정지상태에서의 힘의 60% 정도가 된다. 그러므로 공압실린더를 이용하여 작업하는 경우에 피스톤 로드에 걸리는 작업하중이 실린더가 정지상태에서 낼 수 있는 힘의 60%를 초과하면 속도가 불안정하게 되므로 주의해야 한다.

(2) 피스톤 로드의 좌굴하중

실린더를 선택하는 경우에 고려해야 할 것은 피스톤 로드가 부담할 수 있는 **좌굴하중**(buckling load)이며, 특히 실린더에서 하중이 상하로 작용할 때 피스톤 로드의 좌굴현상이 일어날 가능성이 높다.

피스톤 로드가 허용할 수 있는 좌굴하중은 피스톤 로드경 d와 행정거리 l에 따라 크게 좌우되며 다음 식으로 구한다.

$$F_k = \frac{n\pi^2 EI}{l^2 S} \tag{1.32}$$

여기서, F_k는 좌굴하중(N), E는 로드의 종탄성계수(N/mm^2)(강의 경우는 2.06×10^5 N/mm^2), I는 로드의 단면 2차 모멘트(mm^4)$\left(\text{환봉의 경우}: \frac{\pi d^4}{64}\right)$, l은 행정길이(mm) d는 로드경(mm), S는 안전율, n은 단말계수로서 실린더와 피스톤의 양단이 핀결합(pin joint)의 경우는 $n=1$, 실린더가 고정이면서 로드가 자유인 경우는 $n=1/4$ 이다.

그러나 위 식을 이용하여 피스톤 로드경을 선정하는 것은 번거로우므로 간단하게 구하는 방법은 그림 1-3.18에 나타내는 좌굴하중 선도를 이용한다.

실제로 좌굴하중은 실린더의 마운팅 방법에 따라서 많은 영향을 받는다. 이 선도는 피스톤 로드의 좌굴현상이 일어나기 가장 쉬운 마운팅(mounting) 방법으로서 실린더의 뒤에 피벗 마운팅을 한 경우로서 안전율 S는 5로, 재질은 스테인리스강을 기준으로 하였다. 피벗 마운팅이 좌굴하중에는 가장 불리한 경우이며, 다른 마운팅 방법을 이용할 경우에는 허용하중을 50%까지 증가시킬 수 있다.

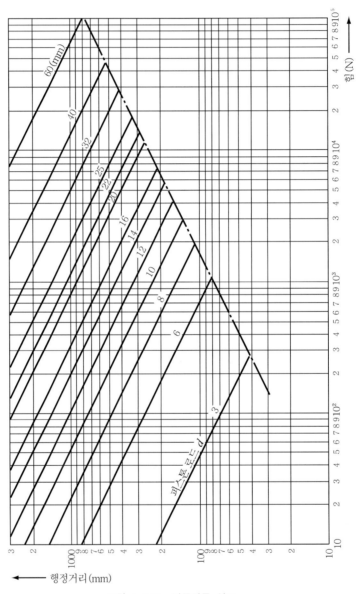

그림 1-3.18 좌굴하중 선도

(3) 실린더 및 배관의 소요공기량

실린더의 분당 왕복횟수 n [rpm]에 대한 평균 공기소요량은 식 (1.23)~(1.25)에서 구하였다. 그리고 실제로는 실린더와 방향제어밸브를 연결하는 배관 내의 공기도 필요하므로 정확하게 구하기 위해서는 배관 내의 필요한 공기량도 가산해야 한다.

배관의 내경을 d_p [mm] 길이를 l [mm], 압축공기의 게이지압을 p [MPa]이라면 배관에 필요한 공기량을 Q_{m3} [L/min(ANR)]라 할 때

단동실린더의 경우: $Q_{m3} = \dfrac{\pi}{4} d_p^2 l \times \dfrac{p}{0.1013} \times 10^{-6} n$ [L/min(ANR)] (1.33)

복동실린더의 경우: $Q_{m3} = 2 \times \dfrac{\pi}{4} d_p^2 l \times \dfrac{p}{0.1013} \times 10^{-6} n$ [L/min(ANR)] (1.34)

이 된다. 따라서, 각각의 소요공기량은 다음과 같다.

① 복동실린더의 소요공기량

$$Q_m = \frac{\pi}{4}[D^2 + (D^2 - d^2)]L \times \frac{p + 0.1013}{0.1013} \times 10^{-6} n$$
$$+ 2 \times \frac{\pi}{4} d_p^2 l \times \frac{p}{0.1013} \times 10^{-6} n \text{ [L/min(ANR)]}$$ (1.35)

② 단동실린더의 소요공기량

$$Q_m = \frac{\pi}{4} D^2 L \times \frac{p + 0.1013}{0.1013} \times 10^{-6} n$$
$$+ \frac{\pi}{4} d_p^2 l \times \frac{p}{0.1013} \times 10^{-6} n \text{ [L/min(ANR)]}$$ (1.36)

예제 1.4 | 실린더 내경 80 mm, 피스톤 로드 외경 25 mm, 사용 공기압력 0.6 MPa인 경우, 복동 실린더의 전진·후진 시의 출력을 각각 구하라.

[풀이]   전진 시 추력계수 $\mu_1 ≒ 0.9$, 후진 시 추력계수 $\mu_2 ≒ 0.8$이므로

$$F_1 = \frac{\pi}{4} D^2 p \mu_1 = \frac{\pi}{4} \times 80^2 \times 0.6 \times 0.9 = 2714.3 \text{ N}$$

$$F_2 = \frac{\pi}{4}(D^2 - d^2) p \mu_2 = \frac{\pi}{4} \times (80^2 - 25^2) \times 0.6 \times 0.8 = 2177.1 \text{ N}$$

예제 1.5 | 복동실린더의 내경 80 mm, 피스톤 로드 외경 25 mm, 행정길이 400 mm, 사용 공기압 력 0.5 MPa, 배관의 내경 10 mm, 배관의 길이 2,000 mm일 때 분당 왕복횟수 $n = 2$일 때 소요공기량을 구하라.

[풀이]   식 (1.35)로부터

$$Q_m = \frac{\pi}{4}[D^2 + (D^2 - d^2)]L \times \frac{p + 0.1013}{0.1013} \times 10^{-6}n + 2 \times \frac{\pi}{4}d_p^2 l \times \frac{p}{0.1013} \times 10^{-6}n$$

$$= \frac{\pi}{4}[2 \times 80^2 - 25^2] \times 400 \times \frac{0.5 + 0.1013}{0.1013} \times 10^{-6} \times 2 + 2 \times \frac{\pi}{4} \times 10^2 \times 2000$$

$$\times \frac{0.5}{0.1013} \times 10^{-6} \times 2 = 48.51 \text{ L/min(ANR)}$$

3.3 | 공압모터

공압모터(air motor)는 압축공기의 압력에너지를 기계적 회전 운동에너지로 변환시키는 액추에이터로서 시동, 정지, 역회전 등은 방향제어밸브에 의하여 제어된다. 이 공압모터는 회전수나 토크의 무단변속이 용이하며, 과부하가 걸려도 기기에 손상이 발생하지 않는다. 또, 전기를 직접 구동원으로 하지 않으므로 폭발성 가스가 존재하는 곳에 전동기 대신에 사용할 수 있다. 그러나 에너지 변환효율이 낮고 부하변동에 따라 속도변화가 생기는 단점도 있다. 이 공압모터는 부품의 장·탈착장치, 컨베이어(conveyer), 교반기, 호이스트(hoist) 등에 널리 사용된다.

3.3.1 공압모터의 종류

공압모터는 용적형과 터빈형으로 크게 분류할 수 있으며, 용적형은 압축공기의 압력에너지를, 터빈형은 압축공기의 운동에너지를 이용하여 낮은 토크, 고속회전의 이용분야에 사용된다.

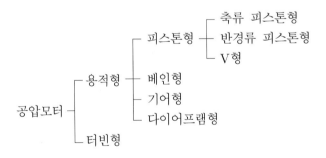

(1) 반경류 피스톤형(radial piston) 공압모터

그림 1-3.19와 같이 모터의 크랭크샤프트(crankshaft)는 왕복운동을 하는 피스톤과 커넥팅 로드(connecting rod)에 의하여 구동된다. 운전을 원활하게 하기 위해서는 여러 개

의 피스톤이 필요하며, 출력은 공기압력과 피스톤의 개수 및 면적, 행정거리와 속도에 좌우된다. 압축공기는 항상 2개의 피스톤에 공급되며, 압축공기가 공급되는 방향에 의해 회전 방향이 결정된다. 회전속도는 150~1,500 rpm 정도이다.

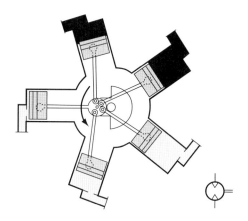

그림 1-3.19 반경류 피스톤형 모터

(2) 축류 피스톤형(axial piston) 공압모터

작동원리는 반경류형과 비슷하다. 그림 1-3.20과 같이 5개의 축방향으로 설치된 피스톤에 의하여 나오는 힘은 회전사판에 의해 회전운동으로 바뀐다.

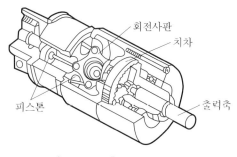

그림 1-3.20 축류 피스톤형 모터

(3) 베인형(vane) 공압모터

그림 1-3.21과 같이 케이싱에 접하고 있는 베인(vane)을 회전자(rotor) 내에 지지하고 베인 사이에 유입된 압축공기에 의해 회전자가 회전하는 형식으로서, 구조가 간단하고 무게가 가벼우므로 대부분의 공압모터는 이 형식이다.

이 모터는 3~10개의 날개를 갖고 있으며, 회전속도는 3,000~8,000 rpm 정도이다. 역회전이 가능하며, 출력은 보통 0.1~24마력 정도이다.

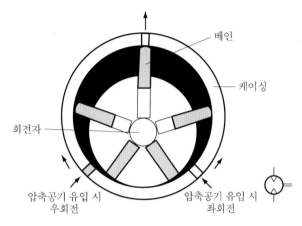

그림 1-3.21 베인형 모터

(4) 기어형(gear) 공압모터

케이싱 내에 2개의 외접하는 기어가 맞물려 작동하며 급기포트로부터 압축공기를 공급받아 다른 쪽 기어에 연결되어 있는 출력축에 회전운동을 일으키는 형식이며, 높은 출력(60마력)을 얻을 수 있다(그림 1-3.22 참조).

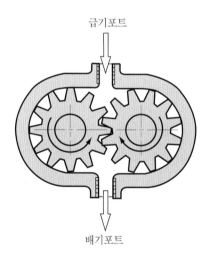

그림 1-3.22 기어형 모터

(5) 터빈형(turbine) 공압모터

회전차의 외주에 터빈날개를 설치하고, 여기에 압축공기를 분출하여 고속회전을 얻을 수 있는 공압모터이다(그림 1-3.23 참조).

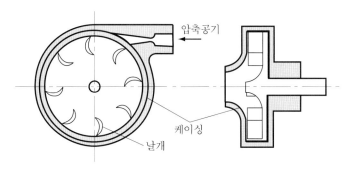

그림 1-3.23 터빈형 모터

3.3.2 공압모터의 특성

그림 1-3.24는 공압모터의 일반 특성곡선을 나타낸다. 공압모터의 발생 토크는 회전수의 증가에 따라 감소한다. 이것은 회전수의 증가에 따라 공기의 충전·배출시간이 짧아지므로 공급 쪽의 내압감소 및 배기 쪽의 내압상승이 일어나며, 토크 발생에 유효한 차압이 감소하기 때문이다. 출력은 $L = \dfrac{T \cdot n}{60}$ [W]이며, 여기서 T는 토크(N·m), n은 회전수(rpm)이다.

출력은 무부하 회전수의 약 1/2 정도에서 최대로 되는 포물선 형태로 되며, 동일출력의 발생 회전수가 2개이지만 저속을 선택하여 공기소비량을 감소시킨다. 공기소비량은 회전수에 비례하여 증가하므로 최대출력의 회전수 이하에서 운전하는 것이 운전비용을 줄이는 데 중요하다.

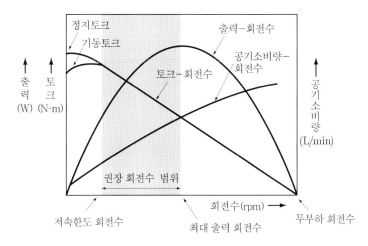

그림 1-3.24 공압모터의 성능곡선

CHAPTER 04 | 공압제어밸브

4.1 유량제어밸브

공압실린더의 전진·후진속도나 공압모터의 회전수 등의 작동속도는 부하가 일정한 경우에는 그 액추에이터로의 공기의 공급 또는 배출하는 유량에 따라 결정된다. 또, 공기를 방출시켜 장치의 청소나 공작물을 이송하는 경우에도 공기유량의 조절이 필요하다. 이 유량을 제어하기 위한 밸브를 **유량제어밸브**(flow control valve)라 하며, 이 밸브는 교축에 의하여 유량을 제어한다.

유량제어밸브의 구조에는 니들밸브(needle valve)가 가장 많지만 포핏밸브(poppet valve)나 스풀밸브(spool valve), 슬라이드밸브(slide valve) 등도 사용되는 경우가 있다. 유량제어밸브는 용도나 구조에 따라 다음과 같이 분류된다.

① 교축밸브(고정 교축밸브, 가변 교축밸브)
② 속도제어밸브(교축 릴리프밸브)
③ 급속배기밸브
④ 감속밸브(쿠션밸브)

4.1.1 교축밸브

교축밸브(throttle valve)는 그림 1-4.1과 같이 교축조절나사에 의하여 밸브의 개도를 조절하여 공기유량을 제어하는 밸브로서, 유량제어에 방향성이 없으므로 양쪽 방향의 유량제어에 모두 사용할 수 있다. 공압회로에서 사용하는 경우는 밸브의 배기포트에 연결하여 사용한다.

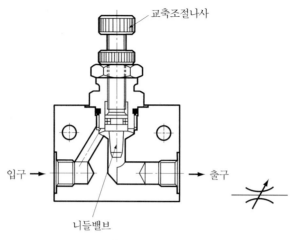

입구 →

출구 →

교축조절나사

니들밸브

그림 1-4.1 교축밸브

4.1.2 속도제어밸브

속도제어밸브(speed control valve)는 **교축 릴리프밸브**(throttle relief valve)라고도 불리며, 또 **스피드 컨트롤러**(speed controller)라고도 한다.

이 밸브는 그림 1-4.2와 같이 가변 교축밸브와 체크밸브(check valve)를 결합시킨 밸브로서 한쪽 방향으로 실린더의 속도조절에 사용된다. (a)에서 보는 바와 같이 체크밸브가 우측으로의 공기 흐름을 차단하므로 가변조절나사에 의해서 조절된 교축밸브의 유로단면을 통해 흐르게 되며 (b)와 같이 반대 방향으로는 열린 체크밸브를 통해 자유롭게 흐를 수 있다.

복동실린더의 속도조절방법에는 공급공기 교축방법(미터인 회로)과 배기교축방법(미터아웃 회로)이 있다(3.3.2절 참조).

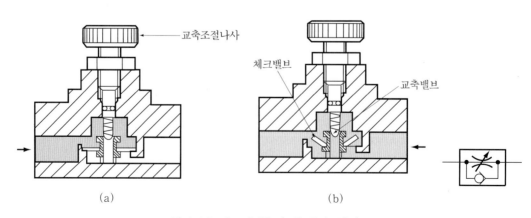

교축조절나사

체크밸브

교축밸브

(a)   (b)

그림 1-4.2 속도제어밸브(교축 릴리프밸브)

4.1.3 급속배기밸브

급속배기밸브(quick exhaust valve)는 실린더의 귀환행정에서 피스톤의 속도를 증가시키는 목적으로 사용된다. 방향제어밸브를 경유하여 배기시키는 데 비하여 배기저항이 적어 피스톤을 거의 2배의 고속으로 작동시킬 수 있다.

그림 1-4.3은 급속배기밸브의 구조 및 작동상태를 나타낸다. 이 밸브는 압력공급포트(차단가능) P, 배기포트(차단가능) R, 작업포트 A를 가지며 (a)에서 보듯이 공기압력이 P에 작용하면 디스크가 배출구 R을 막게 되어 압축공기는 A로 흐른다.

(b)와 같이 실린더로부터 배기가 A포트로 들어오면 밀봉디스크는 P를 막아 바로 배출구 R을 통해 대기로 배출되어 피스톤의 후진속도가 증가한다.

이 밸브는 실린더에 가깝게 설치하는 것이 좋다. 그림 1-4.4는 단동실린더에 급속배기밸브를 설치한 회로도이다.

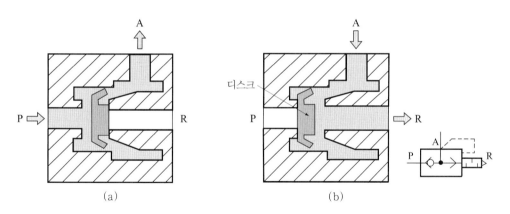

그림 1-4.3 급속배기밸브

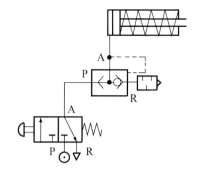

그림 1-4.4 급속배기밸브를 이용한 회로

4.1.4 감속밸브

감속밸브(speed reducing valve)는 쿠션기능을 가지며 피스톤의 감속을 목적으로 사용한다. 피스톤을 고속으로 작동시키는 행정 도중에 피스톤의 속도를 변화시키기도 하고 행정 끝 부분에서 감속시킬 수 있는 기능을 가진다.

속도제어밸브는 수동으로 속도조정을 하는 데 비하여 이 밸브는 그림 1-4.5에서 보듯이 캠이나 레버를 사용하여 유량조절을 함으로써 감속할 수 있다. A포트는 실린더 측에, B포트는 방향제어밸브 측에 배관으로 접속한다.

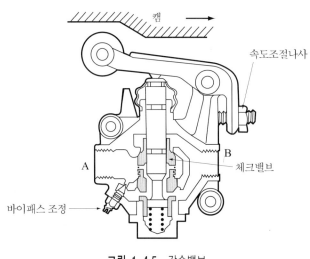

그림 1-4.5 감속밸브

4.2 │ 방향제어밸브

방향제어밸브(directional control valve)는 사용목적에 따라 압축공기의 유동 방향을 제어하는 밸브로서 방향변환밸브, 시동, 정지, 역류방지를 위한 체크밸브, 2개의 입구에 공급되는 압력 중 고압 측의 공기를 출구로 보내주는 셔틀밸브가 있다.

여기서는 방향변환밸브에 대해서 다루고, 체크밸브(check valve)나 셔틀밸브(shuttle valve) 등은 4.4절의 논리턴밸브(non-return valve) 항목에서 다루기로 한다.

방향제어밸브를 크게 분류하면 다음과 같다.

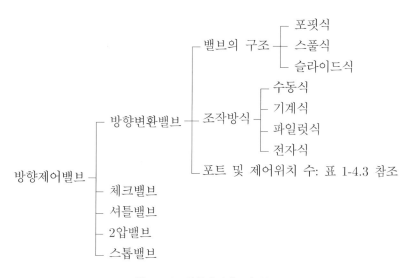

그림 1-4.6 방향제어밸브의 분류

4.2.1 방향제어밸브의 기호 표시법

제어회로도에 표시되는 밸브의 기호는 밸브의 기능만을 나타내며, 구조를 나타내는 것은 아니다.

밸브의 제어위치는 정사각형 또는 직사각형으로 나타내며, 밸브의 제어위치 수에 따라 4각형의 개수가 결정된다. 밸브의 기능과 작동원리는 4각형 내에 표시되며 공기가 흐르는 유로는 직선으로, 흐름의 방향은 화살표로 나타낸다. 공기의 흐름이 차단되는 위치는 T자로 나타내고, 밸브의 입구 및 출구의 연결구는 4각형의 외측에 직선으로 나타내며, 공기가 흐를 수 있는 통로를 포트(port)라 한다. 사각형의 아래쪽에 표시되는 역삼각형은 배기구를 의미하며, 4각형의 좌측 또는 우측에 표시되는 기호(표 1-4.2 참조)는 밸브의 작동기구 또는 조작방법을 나타낸다.

예를 들면, 그림 1-4.7의 밸브기호는 3/2-way 밸브라 부르며, 포트(port) 수가 3개이고, 제어위치는 2개이며, 작동방법은 직동형 공기압과 복귀스프링이다.

그림 1-4.7 밸브의 연결구 표시방법

표 1-4.1 밸브의 연결구 표시방법

구　　분	ISO-1219 규정	ISO-5599/II 규정
작업라인	A, B, C, …	2, 4, 6, …
압축공기 공급구	P	1
배기구	R, S, T, …	3, 5, 7
누출라인	L	9
제어라인	Z, Y, X, …	10, 12, 14, …

밸브의 연결구 표시는 그림 1-4.7과 같이 문자 또는 숫자로 표시하며, 그 표시방법을 표 1-4.1에 표시하듯이 두 가지 방법으로 표시할 수 있다.

스프링에 의하여 원위치되는 스프링 복귀형 밸브에서의 **정상위치**(normal position)는 밸브가 기계나 시스템에 설치되지 않은, 단독으로 존재할 때의 위치를 말하며, **초기위치** (initial position)는 밸브를 시스템 내에 설치하고 작업을 시작하려 할 때의 제어위치를 의미한다. 따라서, 밸브를 명명할 때는 밸브에 어떠한 외력도 작용하지 않았을 때의 정상상태를 기준으로 해야 한다. 즉, 정상상태에는 공기의 흐름이 차단된 상태로 있는 **닫힘 위치**(N/C, Normally Closed)와 공기가 흐를 수 있는 **열림위치**(N/O, Normally Open)의 두 가지가 있다. 따라서, 그림 1-4.7의 왼쪽 밸브는 정상상태 닫힘형 3/2-way 스프링 복귀형 밸브가 된다.

4.2.2 구조에 의한 분류

방향제어밸브를 구조에 따라 분류하면, (1) 포핏(poppet)방식, (2) 스풀(spool)방식, (3) 슬라이드(slide)방식으로 나눌 수 있으며, 일반적으로 수동조작밸브는 슬라이드방식의 밸브가 주를 이루고 전자밸브(solenoid valve) 등의 자동조작 밸브에는 포핏방식이나 스풀방식이 이용된다. 세 방식을 그림으로 표시하면 그림 1-4.8과 같다.

(1) 포핏밸브(poppet valve)

포핏식 밸브는 그림 1-4.8(a)와 같이 밸브가 밸브시트(valve seat)에서 상하 방향으로 이동하는 방식이며, 밸브는 디스크(disc), 볼(ball), 평판(plate), 원추(cone) 등에 의해 열리거나 닫힌다. 밸브시트는 탄성이 있는 실(seal)에 의해 밀봉되며 먼지에 민감하지 않다. 밸브 몸체를 여는 작용력은 복원스프링력과 압축공기의 압력을 이겨야 하므로 비교적 커야 한다.

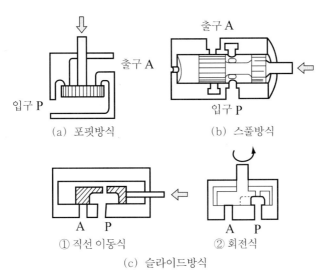

입구 P

출구 A

(a) 포핏방식

출구 A

입구 P

(b) 스풀방식

A   P

① 직선 이동식

A   P

② 회전식

(c) 슬라이드방식

그림 1-4.8 방향제어밸브의 구조

(2) 스풀밸브(spool valve)

그림 1-4.8(b)에 나타내듯이 스풀이 원통형 미끄럼판을 축방향으로 이동하여 밸브를 개폐하는 구조이며, 실(seal)의 상태에 따라 메탈식과 패킹식이 있다. 이 스풀밸브는 구조가 간단하고 정밀가공이 용이하며, 작은 힘으로 밸브를 제어할 수 있으므로 고압력용이나 자동조작밸브 등에 이용된다.

(3) 슬라이드밸브(slide valve)

이 밸브에서는 그림 1-4.8(c)와 같이 평면 슬라이드방식과 회전 슬라이드방식이 있다. 전자는 움직이는 슬라이드면과 고정된 면과의 위치 변화에 따라 유로를 변화시키는 것이며, 후자는 습동판이 회전하여 유로를 변경시킨다.

이 밸브는 구조가 간단하고 레버의 조작으로 밸브의 개도를 자유롭게 조작할 수 있다. 그러나 크기가 크고 실(seal)이 거친 면이므로 이물질로 인한 공기오염이 생기기 쉽고, 조작력이 크므로 주로 수동조작밸브로 이용된다.

4.2.3 조작방식에 의한 분류

방향제어밸브를 조작하는 방식은 수동식, 기계식, 파일럿(pilot)식, 전자식이 있으며, 표 1-4.2는 밸브의 작동방법을 조작방식에 따라 분류하였다. 여기서, 간접작동형은 파일럿식을 의미하며, 전자식(solenoid) 밸브는 전기공압편(3편 참조)에서 다루기로 하고, 다음 절에서 수동식, 기계식, 파일럿식(간접작동형)에 대한 밸브들을 소개하기로 한다.

표 1-4.2 밸브의 조작방식에 의한 작동방법

수동작동방법	기계적 작동방법	공기압 작동방법	전기적 작동방법
일반수동작동법	플런저	압력을 가함	직동형 솔레노이드
누름버튼	스프링	압력을 제거	간접작동형 솔레노이드
레버	롤러 레버		
페달	양방향성 롤러 레버		

4.2.4 포트 및 제어위치 수에 의한 분류

(1) 2/2-way 밸브

그림 1-4.9는 2포트 2위치 제어밸브로서 포핏밸브의 일종인 볼 시트(ball seat)를 이용한 밸브이다. 초기상태에서는 (a)와 같이 내장된 스프링에 의하여 볼이 시트를 막고 있으므로 공급라인 1로부터 작업라인 2로의 유로는 차단되어 있다.

(b)와 같이 플런저를 눌러 그 힘이 스프링력보다 크면 볼이 시트로부터 떨어지게 되므로 1에서 2로의 유로가 개방되어 압축공기가 흐른다. 이 밸브는 구조가 간단하고 소형이며, 가격이 싸다.

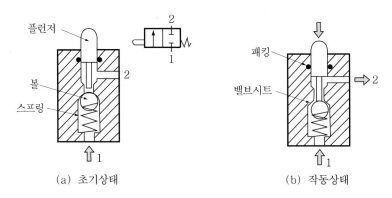

그림 1-4.9 2/2-way 밸브(N/C)

(2) 3/2-way 밸브

① 그림 1-4.10은 3포트 2위치 제어밸브로서 볼 시트를 이용한 밸브이며, (a)의 초기상태에서는 스프링력에 의하여 반구가 시트에 밀착되어 있으므로 1에서 2로의 유로가 차단되어 있다. 2의 작업라인으로부터 배출되는 공기는 3의 배기관을 통해 대기 중으로 방출된다.

(b)와 같이 플런저를 누를 때 그 힘이 밸브 스프링력보다 크면 반구가 아래로 밀려 공기는 1에서 2로 흐른다.

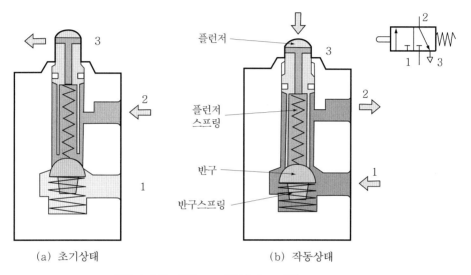

(a) 초기상태　　　　　　(b) 작동상태

그림 1-4.10　3/2-way 밸브(ball seat형)

② 그림 1-4.11은 3포트 2위치 제어밸브로서 디스크 시트(disc seat)를 이용한 밸브

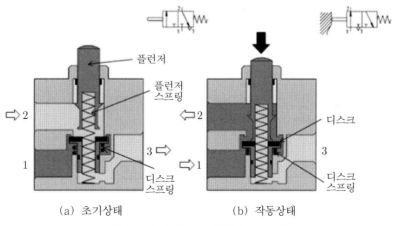

(a) 초기상태　　　　　(b) 작동상태

그림 1-4.11　3/2-way 밸브(disc seat형)

이다. (a)의 초기상태에서는 디스크 스프링력에 의하여 디스크가 시트에 밀착되어 공급라인 1로부터 작업라인 2로의 유로가 차단된 상태이다. 작업라인으로부터의 배기는 배기포트 3을 통해 대기 중으로 방출된다.

(b)와 같이 플런저가 외력에 의하여 눌리면 디스크는 하향 이동하여 시트가 열리므로 1에서 2로의 유로가 개방되어 압축공기가 흐른다.

③ 그림 1-4.12는 편측 파일럿형 3포트 2위치 제어밸브의 작동상태를 나타낸다. 제어관로 12에서 공기압 신호가 입력되면 (b)와 같이 디스크형 피스톤이 하향이동하여 공급라인 1로부터 작업라인 2로의 유로가 열려 압축공기가 흐르고, 12의 공기압 신호가 제거되면 (a)와 같이 1에서 2로의 유로는 막히고 2로부터의 배기가 3의 배기포트로 배출된다.

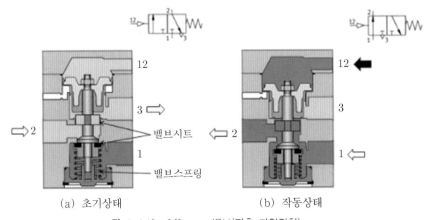

(a) 초기상태   (b) 작동상태

그림 1-4.12 3/2-way 밸브(편측 파일럿형)

④ 그림 1-4.13은 내부파일럿형 3포트 2위치 롤러형 제어밸브이다. (a)는 정상상태 닫힘형(N/C형), (b) 정상상태 열림형(N/O형)이다. (a)에서 초기상태에서는 2→3으로 공기가 흐르는데, 외력에 의하여 롤러가 눌리면 공급된 압축공기는 롤러에 의해 열린 유로를 통해 파일럿 피스톤의 상부에 힘을 가하게 되며, 파일럿 피스톤은 하향이동하여 밸브 피스톤의 출구를 막아 포트 2로부터 포트 3으로의 유로를 차단시킨다. 그 압력이 더 작용하면 밸브 피스톤이 스프링력을 이겨 하향이동하면 밸브 몸체와 밸브 피스톤 사이의 간극유로를 통해 1로부터 2로의 유로가 열려 압축공기가 흐르게 된다.

(b)에서는 롤러가 눌리면 (a)의 경우와 동일한 작동원리에 의하여 2에서 3으로 유로가 열리며 초기상태에서는 1→2의 유로를 통해 압축공기가 흐르는 상태이다. 이 밸브는 실린더의 전·후단에 설치하는 리밋밸브로서 많이 이용되고 있다.

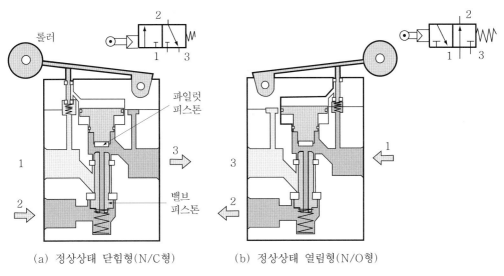

|(a) 정상상태 닫힘형(N/C형)|(b) 정상상태 열림형(N/O형)|

그림 1-4.13 3/2-way 밸브(내부파일럿형)

(3) 4/2-way 밸브

그림 1-4.14는 4포트 2위치 제어밸브이다. (a)와 같이 초기상태에서는 양쪽의 디스크 시트는 막혀 있으므로 압축공기는 1 → 2로 개방되어 흐르고 4 → 3으로 배기가 배출된다.

(b)와 같이 양쪽의 플런저가 동시에 외력에 의해 눌리면 디스크 시트가 플런저에 의해 개방되므로 1 → 4로는 압축공기가, 2 → 3으로는 배기가 배출된다.

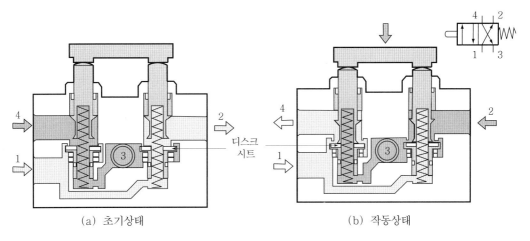

|(a) 초기상태|(b) 작동상태|

그림 1-4.14 4/2-way 밸브(disc seat형)

그림 1-4.15는 세로 평슬라이드형(longitudinal flat slide type) 4포트 2위치 제어밸브이다. 이 밸브는 밸브를 전환하기 위한 파일럿 스풀이 있으며 스프링이 내장되어 있다.

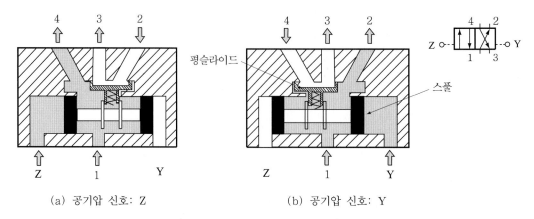

그림 1-4.15 4/2-way 밸브(세로 평슬라이드형)

(a)에서는 Z에 공기압 신호가 입력되면 스풀은 우측으로 이동하며, 그 스풀에 연결된 평슬라이드도 같이 이동하여 공급라인 1로부터 작업라인 4로 압축공기가 흐르고 또 다른 작업라인 2로부터 배기포트 3으로 배기가 배출된다.

(b)와 같이 Y방향에 공기압 신호가 입력되면 스풀과 평슬라이드가 좌측으로 이동하며 1 → 2로 압축공기가, 4 → 3으로 배기가 이루어진다.

이 밸브는 평슬라이드가 밸브시트에 스프링으로 밀착되어 누설이 방지된다. 그러나 그 스프링력은 2나 4포트의 공기압을 능가할 수 있는 힘이라야 한다.

(4) 5/2-way 밸브

그림 1-4.16은 디스크 시트형 5포트 2위치 제어밸브의 구조 및 작동상태를 나타낸다. 중앙에 디스크 시트(disc seat)가 있는 스풀이 축방향으로 슬리브(sleeve)와 미끄럼 운동을 한다. (a)는 12에 압축공기압 신호가 입력되면 스풀은 좌측으로 이동하여 압축공기는 1 → 2유로를 통하여 흐르고 배기는 4 → 5유로로 배출된다.

(b)는 14에 압축공기압 신호가 입력되는 경우이며, 스풀이 우측으로 이동하여 압축공기는 1 → 4유로를 통하여 흐르고, 배기는 2 → 3으로 배출된다.

이 밸브는 축방향으로 비교적 긴 거리를 이동해야 밸브 위치가 전환되므로 반응속도가 느리다. 포트 및 제어위치 수에 따라 방향제어밸브의 기호를 정리하면 표 1-4.3과 같다.

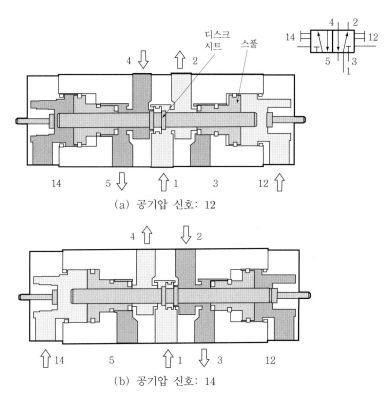

(a) 공기압 신호: 12

(b) 공기압 신호: 14

그림 1-4.16 5/2-way 밸브(디스크 시트형)

표 1-4.3 여러 가지 방향제어밸브의 기호

표시법	기 호 설 명	기 호
2/2-way 밸브	중립 위치에서 닫힌 상태에 있음(N/C형). 중립 위치에서 연결된 상태에 있음(N/O형).	
3/2-way 밸브	중립 위치에서 P는 외부와 차단된 상태, A는 R로 배기됨(N/C형). 중립 위치에서 P와 A가 연결됨(N/O형).	
4/2-way 밸브	2개의 작업라인이 있어 복동실린더의 제어에 사용됨.	

표 1-4.3 여러 가지 방향제어밸브의 기호(계속)

표시법	기 호 설 명	기 호
5/2-way 밸브	2개의 작업라인이 각각의 배기공을 갖고 있음. 복동실린더의 제어에 사용됨.	
3/3-way 밸브	중립 위치에서 모든 라인이 닫혀 있음.	
4/3-way 밸브	중립 위치에서 P가 배출됨(유압용임). 작업라인 A, B가 모두 배기되는 중립위치를 갖고 있음. 모든 연결구가 차단되어 있음. 실린더를 임의 위치에서 정지시킬 수 있음.	
5/3-way 밸브	중립위치에서 모든 라인이 닫혀 있음.	
5/4-way 밸브	중립위치에서 모든 연결구가 차단됨. 양쪽 신호가 모두 존재하면 A, B는 모두 배기됨.	

4.3 | 압력제어밸브

압력제어밸브(pressure control valve)의 기능으로서, 압축공기의 압력을 적정 압력으로 감압하여 사용하는 것이며, 설정값을 초과하는 경우에는 압력의 방출용 안전대책, 그리고 압력의 변화로부터 설정값을 감지하여 신호로 이용하는 것 등을 들 수 있다.

압력제어밸브의 종류는 다음과 같이 분류할 수 있다.

① 감압밸브: 1차측의 높은 압력을 2차측에 필요한 안정된 압력으로 감압시켜 공급하는 밸브이다.
② 릴리프밸브: 설정압력보다 높아진 압력을 방출하여 설정압력을 유지하는 밸브이다.
③ 안전밸브: 위험압력 범위를 초과하는 압축공기를 대량으로 방출하는 밸브이다.
④ 시퀀스밸브: 설정압력을 감지하여 그 압력을 신호로서 이용하는 밸브이다.
⑤ 압력스위치: 유체의 압력이 설정값에 달했을 때 전기접점을 개폐하는 기기이다.

4.3.1 감압밸브

감압밸브(pressure reducing valve)는 유량 또는 입구 측의 높은 압력에 관계없이 출구 측 압력을 낮은 압력으로 설정하여 압력을 조정하는 압력제어밸브로서 **레귤레이터**(regulater)라고도 불린다.

감압밸브는 직동형과 파일럿형으로 대별되며, 파일럿형은 내부파일럿형과 외부파일럿형이 있다.

(1) 직동형 감압밸브

그림 1-4.17에서 밸브의 1차측 압력은 출력포트의 2차측 압력보다 높아야 하며, 압력의 조절은 다이어프램과 조정스프링에 의해서 이루어진다. 실린더의 부하가 변동되어 출력 측의 2차압력이 증가하면 다이어프램과 조정스프링을 밀어올려 릴리프밸브 포트의 유로면적을 증가시켜 밸브가 열리고 릴리프포트를 통해 배기된다. 출력 측 압력이 감소하면 릴리프밸브 포트는 닫히고 1차측 압력이 공급된다. 이러한 작동에 의해 출력 측 압력을 조절할 수 있으며, 압력은 표시게이지에 의해 확인할 수 있다.

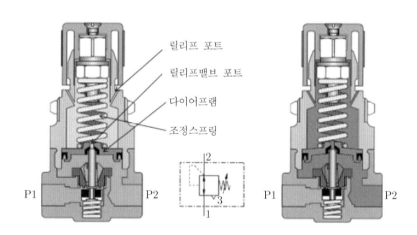

그림 1-4.17 압력조절밸브(직동형 감압밸브)

(2) 내부 파일럿형 감압밸브

내부 파일럿형 감압밸브는 내부에 파일럿 기구를 내장시키며 2차측 공기압력의 변화에 대응하여 정밀도가 높은 압력제어를 할 수 있다.

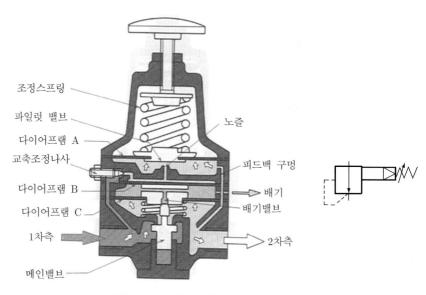

그림 1-4.18 내부 파일럿형 감압밸브

그림 1-4.18은 정밀식 내부 파일럿형 감압밸브로서, 핸들을 조정하여 스프링을 압축하면 파일럿밸브(pilot valve)가 노즐을 닫으므로 교축부를 통과한 압축공기는 노즐배압을 증가시켜 다이어프램 B를 하향으로 누른다. 따라서, 주 밸브가 열려 1차측 압축공기가 2차측으로 흐른다.

2차측 공기압력은 다이어프램 C의 밑면에 작용하여 파일럿압에 의해 발생한 다이어프램 B의 힘에 대항하며, 조정스프링에 의한 스프링력과도 2차측 공기압력이 피드백 구멍을 통해 다이어프램 A의 하면에 작용하여 평형을 이룬다. 2차측 공기압력이 증가하면 다이어프램 A가 위로 이동하여 파일럿밸브가 노즐을 열어 노즐배압이 감소하며, 다이어프램 B와 C가 상향으로 눌려 주 밸브가 닫힘과 동시에 배기밸브가 열려 2차측의 설정공기압력 이상으로 증가된 압축공기가 대기 중으로 방출하여 설정압력을 유지시킨다.

(3) 외부 파일럿형 감압밸브

외부 파일럿형 감압밸브는 그림 1-4.19에서 보는 바와 같이 소형 직동형 감압밸브와 주 감압밸브를 조합해서 사용한다.

외부 파일럿 방식은 소형 직동형 감압밸브에서 조정한 압력인 파일럿 압력이 주 감압밸브의 조정스프링력보다 큰 상태에서는 1차측으로부터 2차측으로 공기가 흐른다. 2차측 공기의 압력이 상승하면 피드백(feedback) 구멍으로 유입된 2차측 공기압력이 피스톤을 상향 이동시켜 일부 공기는 릴리프 구멍으로 배출되며, 주 밸브의 열림 간극이 작아져 2차측 공기압력이 설정값을 유지하게 된다.

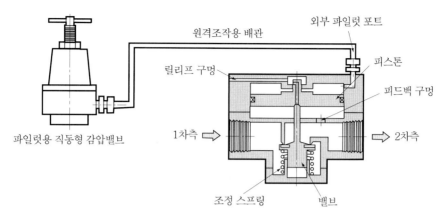

그림 1-4.19 외부 파일럿형 감압밸브

4.3.2 릴리프밸브

릴리프밸브(relief valve)의 기능은 회로 내의 공기압력이 설정값을 초과하면 공기를 배기시켜 회로 내 공기압력을 설정값 내로 일정하게 유지시키는 작용을 한다. 또한, 공압장치가 고압으로 인해 파괴되는 것을 방지하기 위하여 회로의 최고 압력을 제한하고 그 이상의 압력이 되면 대기 중으로 공기를 배출시킨다.

릴리프밸브의 구조는 그림 1-4.20과 같다. 릴리프압력은 조정핸들을 이용하여 조정스프링으로 설정하며, 공기압력은 밸브에 작용한다. 따라서, 조정스프링이 그 압력을 받게 되는데, 공기압력이 설정압력보다 높아지는 경우에는 스프링이 우향 이동하여 밸브가 열리므로 공기가 배기구 2를 통해 대기 중으로 방출되어 설정압력을 초과하지 않게 된다.

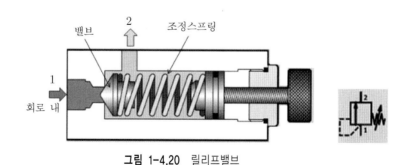

그림 1-4.20   릴리프밸브

4.3.3 안전밸브

안전밸브(safety valve)의 작동원리는 릴리프밸브와 같으며, 공기압 회로에 사용하는

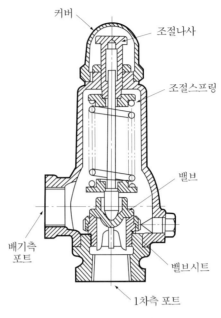

커버
조절나사
조절스프링
밸브
배기측 포트
밸브시트
1차측 포트

그림 1-4.21 안전밸브

기기나 배관 등의 파괴를 방지하기 위하여 회로 및 기기의 최고 압력을 제한하는 압력제어밸브이다. 구조는 간단하며 가압발생원에 대하여 충분한 배기능력을 갖는 밸브를 사용해야 한다.

그림 1-4.21은 안전밸브의 구조 예이며, 조절나사에 의하여 최고 압력에 상당하는 스프링력이 밸브에 작용하여 1차측 포트의 공기압과 평형을 이루고 있다. 이 경우 공기압이 최고 압력 이상으로 상승하면 밸브를 상향 이동시켜 밸브를 개방시킴으로써 공기는 배기측 포트로 배출시킨다.

4.3.4 시퀀스 압력제어밸브

이 밸브는 스위칭 작용에 특별한 압력이 요구되는 경우에 사용되며, 2개 이상의 분기회로를 갖는 경우에 실린더의 작동순서를 회로의 압력으로 제어하는 데 사용되고 있다.

그림 1-4.22와 같이 설정압력보다 높은 압력이 공급(12번 포트)되면 3/2-way 밸브가 작동하여 2번 포트로 공기가 출력된다. 공급압력이 설정압력보다 낮아지면 3/2-way 밸브는 차단되어 2번 포트로 공기의 출력이 차단된다.

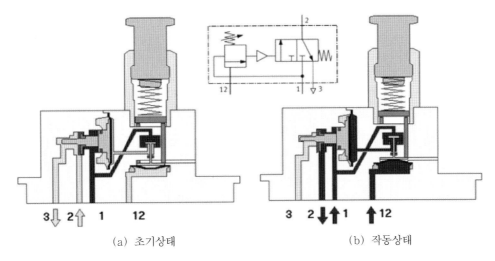

(a) 초기상태   (b) 작동상태

그림 1-4.22 시퀀스 압력제어밸브

4.4   논-리턴밸브

논-리턴밸브(non-return valve)는 어느 한쪽 방향으로만 공기의 흐름을 허용하는 방향성이 있는 제어밸브이다. 이 밸브에는 체크밸브, 셔틀밸브, 2압밸브, 스톱밸브 등이 있다.

4.4.1   체크밸브

체크밸브(check valve)는 한쪽 방향으로만 유동이 허용되고 반대 방향으로는 흐름이 차단되는 밸브로서 역류 방지용으로 사용된다. 차단방법에는 원추(cone), 볼(ball), 판(plate), 또는 다이어프램(diaphragm) 등이 사용되며, 스프링이 내장된 것과 스프링이 없는 것이 있다.

그림 1-4.23은 스프링이 내장된 판형 체크밸브로서 입구측 공기압력이 스프링력보다 큰 경우에 우측 방향으로 유로가 열린다. 그러나 반대 방향으로는 공기유로가 차단되어 흐를 수 없다. 이 밸브는 클램프 상태에 있는 회로에서 압력 저하에 따른 위험을 방지하기 위한 밸브, 그리고 공기탱크와 압축기 사이에 설치하여 압축기가 정지할 때 역류방지를 위한 밸브로 이용된다.

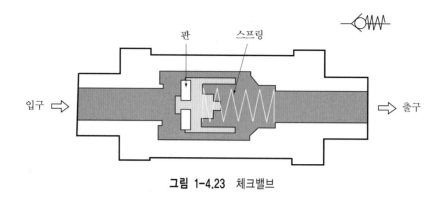

그림 1-4.23 체크밸브

4.4.2 셔틀밸브

셔틀밸브(shuttle valve)는 OR밸브라고도 한다. 3개의 포트를 가지며, 그림 1-4.24와 같이 2개의 입구 A와 B포트, 출구는 P포트이다.

압축공기가 A에 작용하면 밸브는 입구 B를 차단시켜 A→P로 흐르게 되며, 압축공기가 B에 작용하면 밸브가 입구 A를 차단시켜 B→P로 흐른다. 만일 P포트로부터 배기가 들어오게 되는 경우 밸브는 현재의 위치를 유지하여 입구포트로 통로가 열린다.

A와 B에 압축공기가 동시에 입력되는 경우에는 공기압력이 고압 측인 입력포트로부터 출구포트 P로 통로가 개방된다. 이 밸브는 실린더나 밸브가 2개 이상의 위치로부터 작동되어야 하는 경우에만 사용된다.

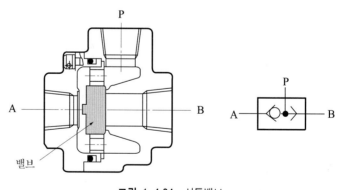

그림 1-4.24 셔틀밸브

4.4.3 2압밸브

2압밸브(two pressure valve)는 AND밸브라고도 하며, 셔틀밸브(OR밸브)와 마찬가지로 2개의 입구포트와 1개의 출구포트를 갖는 밸브로서 2개의 입구에 압력이 모두 작용할 때만 출력이 나오는 밸브이다.

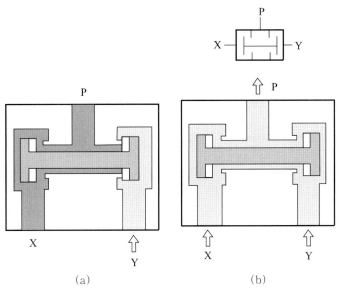

그림 1-4.25 2압밸브

이 밸브는 그림 1-4.25에 표시한 바와 같이 2개의 입력포트(X, Y)에 입력신호가 동시에 입력되어야 포트 P로 출력이 나오는데[(b) 참조], X와 Y의 압력이 동시에 작용하지 않는 경우[(a) 참조]는 늦게 입력된 신호가 출구로 출력된다. 이 밸브는 안전제어, 연동제어, 검사기능에 주로 이용된다.

4.4.4 스톱밸브

스톱밸브(stop valve)는 공기의 흐름을 정지시키거나 허용하는 밸브로서, 구조에 따라 글로브(globe)밸브, 게이트(gate)밸브, 콕(cock) 등이 있으며, **차단밸브**(shut off valve)

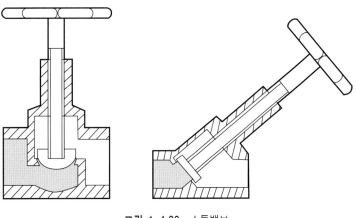

그림 1-4.26 스톱밸브

라고도 한다.

이 밸브는 소형이며, 염가이다. 주로 배관의 공기 흐름을 차단시키는 목적으로 이용되고 있다. 그림 1-4.26은 스톱밸브의 구조 예를 나타낸다.

4.5 밸브의 조합

여러 개의 밸브를 조합하면 특수한 목적에 이용할 수 있다. 그렇게 하면 밸브들 사이에 배관을 할 필요가 없고, 크기도 작아져 사용하기 편리하다. 그러나 조합요소 중 어느 한 부분이 고장 나면 전체를 사용할 수 없는 단점이 있다.

4.5.1 시간지연밸브

그림 1-4.27은 정상상태 닫힘형 **시간지연밸브**(time delay valve)의 외관 및 작동상태를 나타내며, 이 밸브는 3/2-way 밸브, 속도조절밸브(교축 릴리프밸브) 및 공기탱크로 구성되어 있다.

(a)와 같이 제어관로 12에 압축공기가 공급되지 않는 상태에서는 공급라인 1로부터 작업라인 2로 압축공기가 차단된 상태이다. (b)와 같이 압축공기가 제어관로 12에 입력되면 속도조절밸브(교축밸브)를 통하여 공기탱크로 들어가며, 탱크 내의 압력이 설정값에

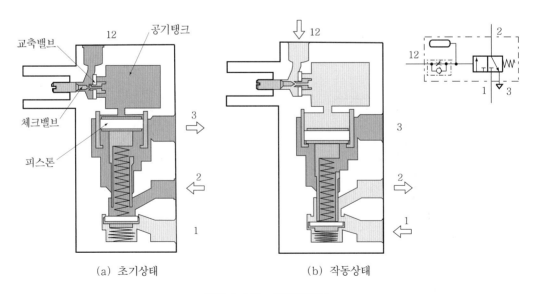

(a) 초기상태   (b) 작동상태

그림 1-4.27 시간지연밸브

도달하면 피스톤이 하향으로 이동하여 1 → 2로 유로가 열리며, 따라서 압축공기는 1 → 2로 흐른다.

공기탱크에서 설정압력에 도달하는 시간이 밸브의 제어지연시간이 되며, 12의 공급신호가 제거되면 공기탱크의 공기가 체크밸브를 통하여 배기되고 3/2-way 밸브는 스프링력에 의하여 원위치 된다.

그림 1-4.28의 (a)는 시간지연밸브의 기호이며, (b)는 그 밸브의 작동특성으로서 Δt는 공기탱크의 압력이 설정값에 도달하는 시간이며, 이것을 ON-Delay 타이머라 한다.

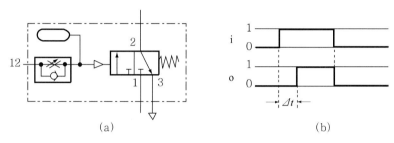

그림 1-4.28 시간지연밸브의 기호 및 작동 특성

4.5.2 8-way 밸브

이 밸브는 4/2-way 밸브 2개를 이용하는 밸브로서 이송기구를 제어하는 목적으로 이용된다. 그림 1-4.29에서 보듯이 압력 차이로 작동되는 2개의 피스톤에 각각 세로 평슬라이드밸브가 부착되어 있다. 정상위치에서는 P에서 B와 D로의 통로가 열려 있고 A는 R로, C는 S를 통해 배기된다.

이송기구로서는 이송 그리퍼(feed gripper)가 작동하고 있다. 제어피스톤 1의 Z에 압축공기가 공급되면 P는 A로 연결되고 B는 R을 통해 배기되며, 시간이 좀 지난 후에 제어피스톤 2가 작동되어(피스톤의 단면적이 서로 다르므로 단면적이 큰 쪽에서 먼저 작동됨) 압축공기는 P에서 C로 흐르고 D는 S를 통해 배기된다. 따라서, 이송운동이 일어난다.

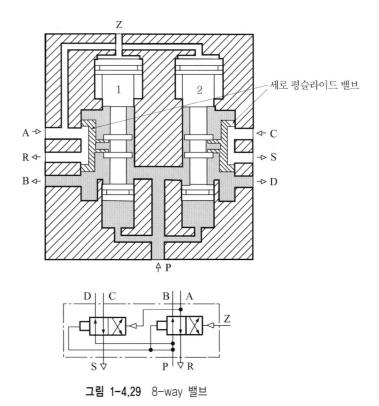

그림 1-4.29 8-way 밸브

일반적으로 사용되는 센서는 전기적인 센서로서 전기공압편에서 다룰 것이다. 그 종류는 리밋스위치, 전기리드스위치, 마이크로스위치 등의 접촉식 센서와 유도형 센서, 정전용량형 센서, 광전 센서 등의 비접촉식 센서가 있다. 그러나 순수한 공기압으로 작동하는 공압센서(pneumatic sensor)는 접촉식으로서는 대표적으로 리밋밸브를 들 수 있으며, 비접촉식 센서로서는 공기배리어, 방향감지기, 배압감지기를 들 수 있다.

이러한 순수 공기압에 의한 센서는 자유분사원리와 배압감지원리가 이용되며, 폭발 위험성이 있는 환경이나 전기적인 노이즈 또는 스파크 등이 문제시되는 장소에서 이용된다. 또한, 공압 리밋밸브를 사용할 수 없을 정도의 아주 작은 작동력이 요구되는 경우, 스위칭의 정밀도가 높게 요구되는 경우, 먼지, 습기, 증기 등으로 인하여 기계적 작동이 곤란한 환경상황에서 주로 순수한 비접촉식 공압센서가 이용된다.

5.1 리밋밸브

앞에서 설명한 바와 같이 순수 공압센서 중에서 대표적인 접촉식 센서는 **리밋밸브** (limit valve)로서, 주로 실린더의 전·후단에 각각 설치하여 최종 제어요소(방향제어밸브)에서 실린더의 전·후진 완료 위치를 검출하는 역할을 한다. 그 구조는 방향제어밸브의 그림 1-4.13의 롤러 레버형(roller lever) 3/2-way 밸브와 동일하므로 여기서는 생략하기로 한다. 리밋밸브는 전기회로의 리밋스위치(limit switch)(PART 3의 전기공압 시스템편에서 설명)에 상당한다.

그림 1-4.13은 일반적인 롤러 레버형 리밋밸브이지만, 일방향 롤러 레버형 리밋밸브 (PART 2의 공압회로편에서 용도를 설명)는 힘이 한쪽 방향(one way)으로만 작용할 때

에 한하여 작동하고 반대 방향의 힘에 대하여는 작동하지 않는 것으로서 그 원리는 그림 1-5.1과 같다. 즉, 좌측으로 외력이 작용하는 경우에는 아래쪽 밸브의 플런저를 누르지만, 우측으로 외력이 작용하면 롤러가 레버를 누르지 못하므로 플런저가 눌리지 않는다.

공압제어의 대부분은 전 단계의 작업이 완료된 것을 확인하고 다음 단계의 작업으로 넘어가는 시퀀스 제어이므로 이와 같은 리밋밸브를 사용하여 작업내용을 확인한다.

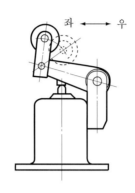

그림 1-5.1 일방향 롤러 레버형

5.2 | 공기배리어

공기배리어(air barrier)는 **분사노즐**(emitter nozzle)과 **수신노즐**(receiver nozzle)로 구성되어 있다. 각 노즐에는 모두 입구에 $10\sim20$ kPa($0.1\sim0.2$ bar)의 공기가 공급되며, 공기 소모량은 $0.5\sim0.8$ m^3/h 정도이다. 공급공기 중에는 물이나 기름이 함유되지 않아야 하며, 따라서 저압조절기가 부착된 미세필터를 사용해야 한다. 분사노즐과 수신노즐 간 거리는 100 mm를 초과하지 않아야 한다.

그림 1-5.2는 공기배리어의 구조 및 작동원리를 나타낸 그림이다. 분사노즐과 수신노즐에서 모두 공기가 분사되며, 분사노즐에서 분사된 공기는 수신노즐에서 분사된 공기가 자유로 방출되는 것을 방해하여 수신노즐의 출구 X에 약 0.5 kPa(0.005 bar) 정도의 배압이 형성되게 한다. 그 신호압력을 증폭기에서 제어에 필요한 압력까지 증폭시킨다.

만일 그림 1-5.2(b)와 같이 어떤 물체가 두 노즐 사이에 존재하게 되면 수신노즐의 출구 X의 압력이 0으로 떨어진다. 따라서, 출력이 존재하지 않게 되므로 물체를 감지하게 된다.

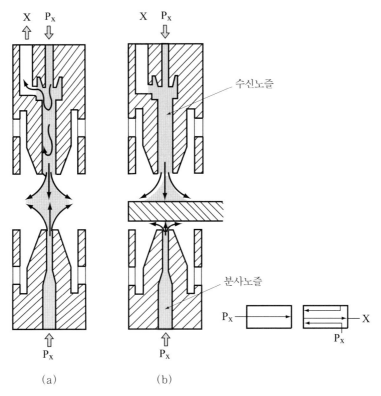

그림 1-5.2 공기배리어의 구조 및 작동원리

공기배리어는 공기 흐름에 민감하게 작용하므로 외부로부터 공기 흐름의 영향을 받지 않게 해야 한다. 이것은 물체의 존재 유무에 대한 검출, 생산 및 조립공정에서의 계수 (count)작업에 이용된다.

5.3 ┃ 중간단속 분사감지기

그림 1-5.3은 **중간단속 분사감지기**(interruptible jet sensor)의 구조 및 작동원리를 나타 낸 그림이다. 이 장치도 공기배리어와 마찬가지로 P_x에 압축공기를 공급한다. 만일 (a) 와 같이 중간에 아무 물체도 없는 경우에는 X에 신호압력이 존재하지만, (b)와 같이 중 간에 물체가 존재하게 되면 X의 신호압력이 0으로 된다.

P_x에 공급되는 공기의 압력은 10~800 kPa(0.1~8 bar) 정도까지 사용되며, 교축밸브 를 P_x쪽에 설치하면 높은 압력의 경우 공기소모량을 감소시킬 수 있다.

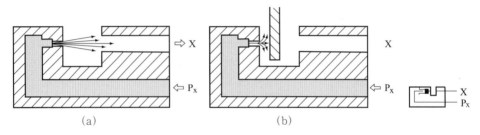

그림 1-5.3 중간단속 분사감지기의 구조 및 작동원리

이것은 대상물체의 두께가 5 mm 이내일 때 물체의 존재 유무를 검사하거나 계수작업에 이용된다.

5.4 │ 반향감지기

반향감지기(reflex sensor)는 배압의 원리(back pressure principle)에 의해 작동되며 구조가 간단하고 외부의 영향을 덜 받는다. 반향감지기는 분사노즐과 수신노즐을 조합한 것으로서, 그림 1-5.4와 같이 P_x에 $10\sim20$ kPa$(0.1\sim0.2$ bar$)$의 압축공기를 공급하면 이 공기는 환상의 유로를 통해 분사된다. 이때 노즐 내의 공기압력은 대기압보다 낮은 진공 압력의 상태가 된다.

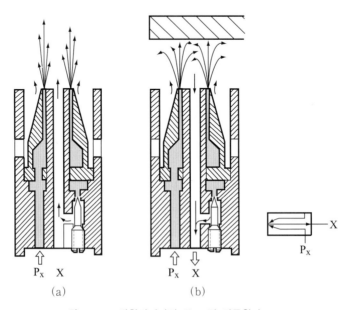

그림 1-5.4 반향감지기의 구조 및 작동원리

만일 분사되는 공기가 외부 물체에 의하여 방해를 받으면 노즐 내의 수신노즐 X에 배압이 생겨 그 신호압력은 증폭기를 통하여 밸브를 제어하게 된다. 감지할 수 있는 노즐－물체 간 거리는 1~6 mm 정도이며, 특수한 것은 20 mm 정도까지 감지가 가능하다.

반향감지기는 먼지, 어둠, 투명함, 충격파, 내자성 물체 등의 영향을 받지 않으므로 모든 산업체에서 이용할 수 있다. 프레스나 펀칭작업에서의 검사장치, 섬유기계, 포장기계에서의 검사나 계수, 매거진에서 물체의 존재 유무에 대한 검사 등에 이용된다.

5.5 배압감지기

배압감지기(back pressure sensor)는 구조가 가장 간단하며, 감지거리도 짧아서 0~0.5 mm 정도이다. 그림 1-5.5는 배압감지기의 구조 및 작동원리를 나타낸다. (a)와 같이 물체가 없는 경우에는 포트 P에서 공급되는 압축공기는 유로를 따라 노즐에서 분사되지만, (b)와 같이 노즐 출구가 물체에 의하여 막히게 되면 압축공기가 포트 A로 유동하여 신호압력이 형성된다. 노즐 출구가 완전히 막히는 경우에는 A의 압력이 P의 압력과 같아지므로 압력증폭기(증압기)가 필요 없게 된다. 사용공기 압력은 10~80 kPa(0.1~0.8 bar) 정도이며, 공기의 손실을 줄이기 위하여 내부에 교축밸브를 내장하고 있다. 신호가 있을 가능성이 있는 경우에만 압축공기를 공급해주는 것이 좋다. 이것은 피스톤 행정 끝단의 위치감지나 위치제어의 감지에 이용된다.

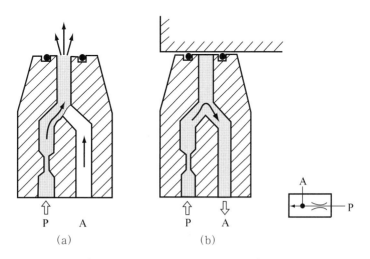

그림 1-5.5 배압감지기의 구조 및 작동원리

CHAPTER

06 | 공압배관

공기압을 이용하여 공압기기를 제어하기 위해서 기기들을 연결하는 요소가 배관이다. 배관의 관로는 공기압축기로부터 공압기기까지 살펴보면, 공기압축기로부터 냉각기나 공기탱크까지의 관로인 토출관로에서는 공기의 온도와 압력이 높고 진동이 있으며, 공기압원(空氣壓源)에서 공압기기 및 장치까지의 송기(送氣)관로, 공압 액추에이터와 방향제어밸브 등의 조작·제어기기를 접속하는 제어관로, 공압기기의 배기를 적당한 배기로까지 유도하는 배기관로 등으로 구성된다(그림 1-6.1 참조).

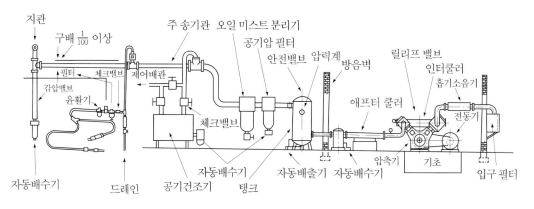

그림 1-6.1 공장의 공압배관

이러한 공압배관(pneumatic pipelaying)은 적절히 연결하지 않게 되면 큰 압력강하(pressure drop)가 발생하고 유량이 감소한다. 따라서, 공압장치의 작동이 불량해지는 등의 신뢰성이 떨어지며, 드레인(drain)이 배출되지 않는 경우가 생기기도 하고 관리점검이 곤란한 경우도 생긴다.

또한, 배관의 크기를 결정하기 위해서는 장치에 소요되는 공기유량, 압력강하량, 작업압력, 교축부의 파악이 중요하다. 배관의 직경은 공기저장탱크와 사용기계 사이의 압력강하가 10 kPa(0.1 bar)을 넘지 않는 범위 내에서 선정되어야 한다.

6.1 | 배관의 크기 선정

우선 장치에서 요구되는 공기소비량을 산출하고, 관로에서 발생하는 압력강하량을 산출한다.

(1) 공기소비량의 산출

① 공압실린더의 공기소비량

복동실린더의 경우는 식 (1.35), 단동실린더의 경우는 식 (1.36)으로부터 공압실린더의 공기소비량과 방향제어밸브로부터 실린더까지의 배관에서 필요한 공기량의 합을 산출할 수 있다.

② 공기탱크의 공기소비량

공기탱크에서 공기압력 p_1으로부터 p_2로 공기가 방출되고 다시 충전되는 과정을 매분 n 회 반복하려 할 때의 공기소비량 $Q_v\,[\mathrm{m^3/min}]$는 다음 식으로부터 구한다.

$$Q_v = n\,V_B \frac{p_1 - p_2}{0.1013} \times \frac{273.15}{t + 273.15}\ [\mathrm{m^3/min}] \tag{1.37}$$

여기서, V_B: 공기탱크 용량($\mathrm{m^3}$) (그림 1-2.5에서 구함)

　　　　p_1: 공기탱크의 초기압력(MPa)

　　　　p_2: 공기탱크의 배출 후 공기압력(MPa)

　　　　t: 사용온도($^\circ$C)

③ 노즐로부터 방출하는 공압기기의 공기소비량

노즐 상류 측(1차측)의 절대압력 $p_1[\mathrm{MPa}]$, 노즐 하류 측(2차측)의 절대압력 $p_2\,[\mathrm{MPa}]$, 노즐출구 유효 단면적 $S[\mathrm{mm^2}]$, 노즐을 통과하는 공기온도 $T[\mathrm{K}]$이라 하면 표준상태에서의 공기소비량 $Q_N\,[\mathrm{L/min(ANR)}]$은 다음과 같이 구할 수 있다. 절대온도 $T = t\,[^\circ\mathrm{C}] + 273.15\,[\mathrm{K}]$이다.

(a) $p_1 > 1.893p_2$의 경우(음속영역)

$$Q_N = 113Sp_1 \times \sqrt{\frac{273.15}{T}} \quad [\text{L/min(ANR)}] \tag{1.38}$$

(b) $p_1 < 1.893p_2$의 경우(아음속영역)

$$Q_N = 226S\sqrt{(p_1 - p_2)p_2} \times \sqrt{\frac{273.15}{T}} \quad [\text{L/min(ANR)}] \tag{1.39}$$

(2) 배관에서 발생하는 압력강하

① 원관 내의 흐름에서 마찰에 의한 **압력강하량**은 다음의 Weisbach-Darcy식에 의하여 구할 수 있다.

$$\Delta p = f\frac{L}{d_p}\frac{\gamma v^2}{2g} \quad [\text{Pa}] \tag{1.40}$$

여기서, f: 관마찰계수

　　　　L: 관의 길이(mm)

　　　　d_p: 관의 내경(mm)

　　　　γ: 유체의 비중량(N/m^3)

　　　　v: 관 내 평균유속(m/s)

　　　　g: 중력가속도(m/s^2)

배관용 강관의 경우는 다음 실험식이 사용된다.

$$\Delta p = \frac{0.00237Q^2 L}{d_p^{5.31}(p_1 + 0.1013)} \quad [\text{MPa}] \tag{1.41}$$

여기서, p_1: 입구 측 압력(MPa)

　　　　L: 배관길이(m)

　　　　d_p: 관의 내경(mm)

　　　　Q: 유량$[\text{L/min(ANR)}]$

② 부차적 압력강하

　관로의 배관에서는 단면적의 변화, 유로의 방향 변화 등 마찰 이외의 원인에 의한 압력강하가 발생하며 다음 식으로 구한다.

$$\Delta p = \zeta \, \gamma \, \frac{v^2}{2g} \; [\text{Pa}] \tag{1.42}$$

여기서, ζ : 부차적 손실계수

γ : 유체의 비중량(N/m^3)

v : 관 내 유속(m/s)

부차적 손실계수 ζ 는 그림 1-6.2에 나타내었다.

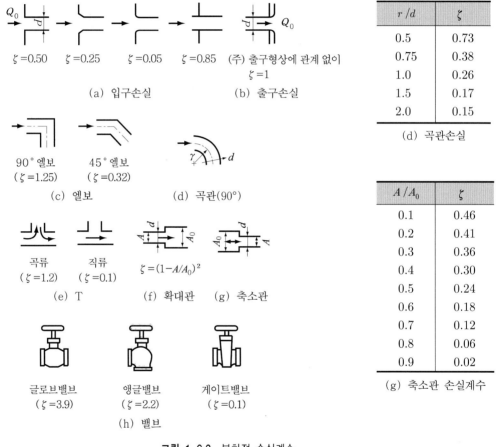

그림 1-6.2 부차적 손실계수

위와 같이 공기소비량(공압실린더＋공기탱크＋노즐로부터 방출량)이 결정되고 배관의 길이를 산출하며 허용 가능한 압력강하와 작업압력이 결정되면 그림 1-6.3의 배관의 지름 선정도표를 이용하여 배관의 직경을 간단히 결정할 수 있다.

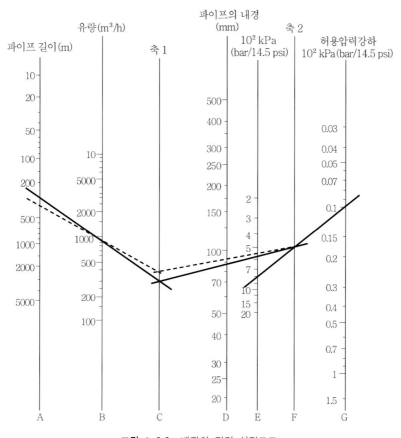

그림 1-6.3 배관의 직경 선정도표

이 도표를 이용하는 방법은 다음의 예제를 통하여 설명한다.

예제 1.6 | 어느 공장의 공기소요량은 4 m³/min(240 m³/h)이다. 3년간의 수요 증가를 300%로 가정하면 12 m³/min(720 m³/h)가 증가되어 총 16 m³/min(960 m³/h)의 수요가 예측된다. 파이프 길이는 280 m, 6개의 T, 5개의 표준형 엘보(elbow), 1개의 2-way 밸브가 있다. 허용압력강하 $\Delta p = 10$ kPa(0.1 bar)이며, 작업압력은 800 kPa이다. 그림 1-6.3을 이용하여 배관의 직경을 결정하라.

[풀이] 선 A(배관의 길이)의 280 m와 선 B(소요공기량)의 960 m³/h의 점을 연결하여 연장하면 선 C(축 1)에 교점이 얻어진다. 선 E(작용압력)의 800 kPa과 선 G(허용 압력강하)의 0.1 bar의 점을 연결하여 선 F(축 2)상의 교점이 얻어진다. 선 C의 교점과 선 F의 교점을 연결하면 선 D(배관의 내경)상에 교점이 결정되며, 그 값이 구하고자 하는 배관의 내경 90 mm가 된다.

그러나 이 내경은 T, 엘보, 2-way 밸브에서의 압력강하는 계산되지 않았으므로 그 요소들에서 발생하는 압력손실과 같은 손실을 가져오는 배관의 등가길이를 구하여 원래

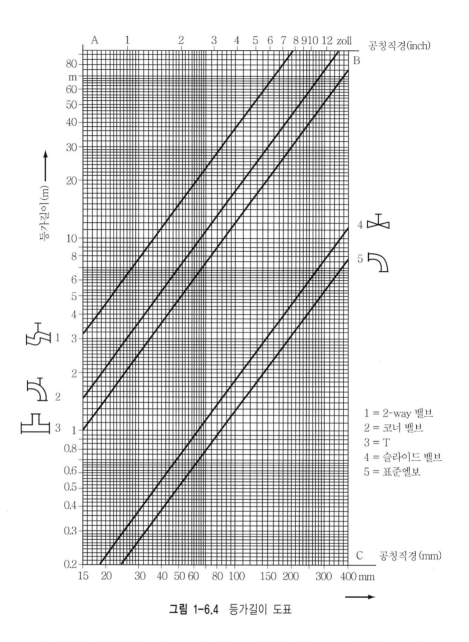

그림 1-6.4 등가길이 도표

의 길이에 더해 줌으로써 모든 손실을 고려해야 한다. 그 등가길이는 그림 1-6.4의 등가길이 도표 또는 교축요소의 등가길이 표 1-6.1을 이용한다.

그림 1-6.4에서 횡축에는 공칭직경(90 mm)을 택하고 각 요소의 선과 교점을 구해 종축의 등가길이를 구하면 다음과 같다.

$$6 \times T = 6 \times 10.5 \text{ m} = 63 \text{ m}$$
$$1 \times 2\text{-way 밸브} = 32 \text{ m}$$
$$5 \times 엘보 = 5 \times 1 \text{ m} = 5 \text{ m}$$

따라서, 전 길이 $280 + (63 + 32 + 5) = 380$ m

배관길이 380 m에 대하여 그림 1-6.3에서 위와 같은 방법으로 배관의 직경을 구하면 95 mm가 된다.

표 1-6.1 교축요소의 등가길이

		등가길이(m)						
		내경(mm)						
		25	40	50	80	100	125	150
글로브밸브		3~6	5~10	7~15	10~25	15~30	20~50	25~60
다이어프램밸브		1.2	2.0	3.0	4.5	6	8	10
게이트밸브		0.3	0.5	0.7	1.0	1.5	2.0	2.5
엘보		1.5	2.5	3.5	5	7	10	15
밴드 $R=d$		0.3	0.5	0.6	1.0	1.5	2.0	2.5
밴드 $R=2d$		0.15	0.25	0.3	0.5	0.8	1.0	1.5
T-피스		2	3	4	7	10	15	20
리듀서		0.5	0.7	1.0	2.0	2.5	3.5	4.0

6.2 배관의 종류 및 특징

배관재료는 금속관과 비금속관으로 나눌 수 있으며, 비금속관에서 수지제(樹脂製)는 튜브(tube), 고무제는 호스(hose)라 부른다.

(1) 금속관

① 배관용 탄소강관

금속관은 공장배관이나 대형 장치의 고정배관에 사용되며, 가장 일반적인 것은 강관이다. 강관은 강도, 내열성이 우수하지만 공기용으로는 드레인(drain)에 의한 녹 방지용으로 아연도금을 하여 사용한다.

② 스테인리스 강관

완전한 내식성을 요구하는 곳에 사용된다.

③ 동관, 알루미늄관

수지튜브로는 문제가 있는 환경이나 곡관부가 있는 장소에 사용한다.

(2) 수지튜브

① 나일론 튜브(폴리아마이드관)

나일론 튜브는 기계적 강도가 크고, 경량이며, 유연성이 우수하여 가동부분에서 사용할 수 있다. 내유성(耐油性) 및 내약품성(내알칼리성)이 우수하며, 내부식성이 우수하다. 또한, 내부의 마찰계수가 작고, 내부 청소가 용이하여 작은 직경을 갖는 배관에 적합하다. 그러나 고온에서는 파괴압력이 급격히 저하하므로 주의해야 하며, 사용압력은 파괴압력의 1/4을 기준으로 설정한다.

② 폴리우레탄 튜브(우레탄 튜브)

폴리우레탄 튜브는 나일론 튜브보다 유연성이 더 좋으며, 복원성이 있으므로 좁은 장소나 가동부분에 사용된다.

③ 고무호스

고무호스는 탄성이 크므로 장치가 움직이는 경우에 적합하다. 그러나 윤활유에 의해 침식되지 않도록 주의해야 하며, 옥외에서 사용하는 경우에는 오존에 의하여 균열이 발생하는 것에 유의해야 한다.

6.3 | 튜브의 유량통과 능력과 관이음

(1) 튜브의 유량통과 능력

공기가 튜브를 통과할 수 있는 유량능력은 유효 단면적으로 표시한다. 튜브의 유효 단면적은 다음 식으로부터 구할 수 있으며, 나일론 튜브의 유효 단면적을 길이와 외경×내경에 따라 선도로 표시하면 그림 1-6.5와 같다. 강관의 경우는 그림 1-6.6에서 구할 수 있다.

$$S = \frac{0.18 d_p^{2.6}}{(L + 0.1 d_p^2)^{0.43}} \, [\text{mm}^2] \tag{1.43}$$

여기서, L: 관의 길이(m)

d_p: 관의 내경(mm)

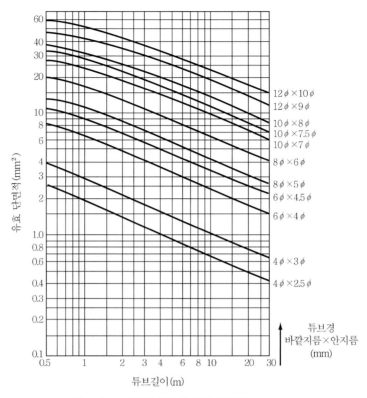

그림 1-6.5 나일론 튜브의 유효 단면적

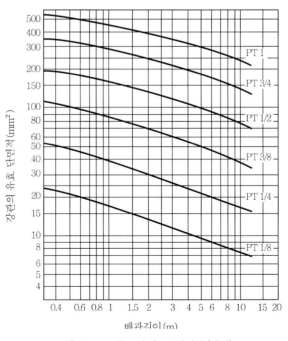

그림 1-6.6 튜브의 유효 단면적 (강관)

튜브의 유효 단면적의 자료가 없는 경우에는 식 (1.43)으로부터 구한다. 여기서 5~30℃의 물을 밸브 전후의 차압 1 kgf/cm²로 유지하면서 유동시킬 때의 유량을 $K_v[\text{m}^3/\text{h}]$라 하면 $S \doteqdot 20K_v\,[\text{mm}^2]$로 환산할 수 있다.

(2) 관이음

① 관이음(pipe connector): 종류로는 파이프(강관)관이음, 튜브이음, 호스이음으로 나눌 수 있으며, 그림 1-6.7은 강관 및 동관 이음에 쓰이는 관이음을 나타낸다. 즉, (a) 링이음, (b) 클램핑 링이음, (c) 볼록형 이음, (d) 플랜지형 이음이다.

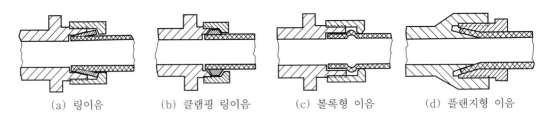

   (a) 링이음   (b) 클램핑 링이음   (c) 볼록형 이음   (d) 플랜지형 이음

그림 1-6.7 강관 및 동관 이음의 종류

② 튜브이음: 종류로는 그림 1-6.8과 같이 나사이음과 가시나사이음이 있다.

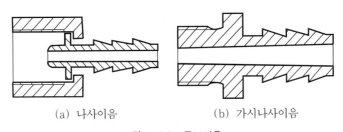

   (a) 나사이음   (b) 가시나사이음

그림 1-6.8 튜브이음

③ 호스이음: 종류로는 그림 1-6.9의 소켓형 이음과 플러그형 이음이 있다.

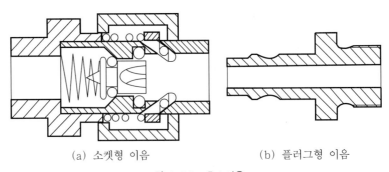

   (a) 소켓형 이음   (b) 플러그형 이음

그림 1-6.9 호스이음

④ 급속이음(instant connector): 배관을 손쉽게 연결하거나 분해하는 경우에 사용되는 이음이다. 그림 1-6.10은 공구를 사용하지 않고 수지튜브를 손으로 삽입시킬 수 있는 예들이다. 압력이 걸리면 그립부분이 튜브에 끼워져 빠지지 않는다. 튜브를 뺄 때는 마개부를 밀어 그립의 쬠 상태를 해제시켜 뺀다.

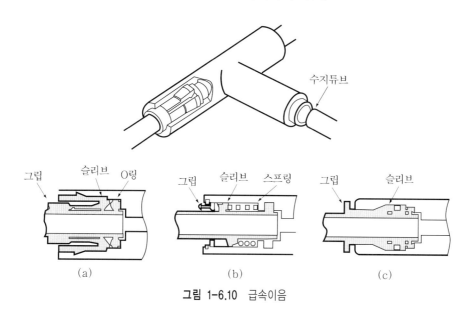

그림 1-6.10   급속이음

6.4 │ 배관방법

자동화 생산라인에서는 여러 개의 공압기기를 사용해야 하며, 이러한 경우에 그림 1-6.11과 같이 **환상배관**(ring circuit)을 하게 된다. 이러한 배관방법은 압력 강하를 줄일 수 있으며 균일한 압력을 유지할 수 있다.

예를 들면, 동일한 공기소비량을 갖는 구동공구를 2개 사용하는 경우, 그림 1-6.12(a)와 같이 **편도배관**의 경우에 비하여 그림 1-6.12(b)와 같은 환상배관에서는 압력 강하가 1/4밖에 되지 않는다.

배관을 계획할 때 다음의 내용을 유의해야 한다.

① 배관 직경의 크기를 정확히 선정해야 한다.
② 배관은 정기적인 보수유지와 점검이 필요하므로 벽 속이나 좁은 공간 내에 설치하지 않아야 한다. 좁은 공간에 설치하게 되면 배관의 공기누설검사가 곤란하여 누설 시 큰 압력손실을 초래할 수 있다.

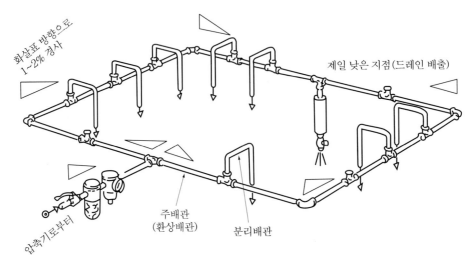

그림 1-6.11 환상배관의 배관배치

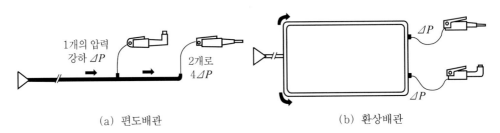

(a) 편도배관   (b) 환상배관

그림 1-6.12 편도배관과 환상배관의 압력 강하 비교

③ 주 관로(main line)에는 유동 방향으로 1~2%의 경사를 주고 제일 낮은 지점에서
　드레인 배출과 자동배수밸브를 설치한다(그림 1-6.11 참조).

④ 주 관로에서 분기관로(branch line)를 연결하는 경우는 반드시 관의 위쪽에서 역 U
　자로 인출하여 직접 드레인이 유출되지 않게 한다(그림 1-6.11 참조).

⑤ 긴 직선배관에는 기온변화에 의한 팽창·수축 등의 여유를 두어 시공한다.

⑥ 공기압축기의 접속배관에는 진동이 전달되므로 벨로스형이나 U자관 또는 고무관
　등의 신축배관을 사용하여 배관에 충분한 신축성 및 탄성을 부여한다. 또, 압축기
　와 공진하지 않도록 배관의 접속방법, 지지방법, 위치 등을 변화시켜 설치한다.

CHAPTER 07 | 공압 부속기기

7.1 | 공압 증압기(압력 증폭기)

공압센서에서 출력으로 나오는 신호는 매우 약하다. 따라서, 제어시스템에서 그 신호를 이용하기 위해서는 그 출력을 증폭하여야 한다. 이 증압기는 작은 압력의 신호가 입력되면 큰 압력의 신호로 출력시켜 주는 3/2-way 밸브 형식을 갖는다.

(1) 증압기(1단)

1단 증압기는 제어피스톤의 격판이 큰 단면적을 갖는 3/2-way 밸브이다. 그림 1-7.1은 1단 증압기의 구조 및 작동원리를 나타낸다. 정상상태에서는 P → A의 통로는 닫혀 있으며, A → R의 통로를 통하여 배기된다. 신호압력이 X에 공급되면 제어피스톤이 상향으로 이동하여 P → A의 통로가 열리게 된다. P에 공급되는 압력은 정상압력의 압축공기

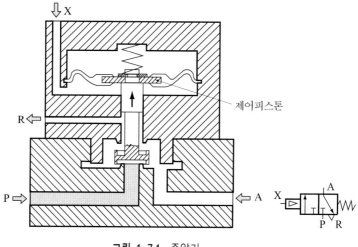

그림 1-7.1 증압기

이므로 A로 나오는 압력을 직접 이용할 수 있다.

X의 신호압력이 제거되면 P→A의 통로는 닫히고 A→R로 배기된다. 이러한 1단 증압기는 신호압력이 10~50 kPa(0.1~0.5 bar) 정도일 때 사용한다.

(2) 증압기(2단)

2단 증압기는 아주 낮은 압력을 증폭시키는 데 사용된다. 그림 1-7.2는 2단 증압기의 구조와 원리를 나타낸다. (a)와 같이 정상상태(초기상태)에서는 P→A가 연결되지 않는다. 입구 P_x에는 0.1~0.2 bar의 공기가 계속 공급되고 있으며, 그 공기는 R_x로 배기되고 있다.

(b)와 같이 신호압력이 X에 공급되면 다이어프램이 $P_x → R_x$의 통로를 차단시키며, 따라서 P_x에 공급된 공기가 증폭기의 중앙에 위치한 다이어프램을 상향 이동시키므로 밸브가 전환되어 P→A로 연결된다. X로부터 신호압력이 제거되면 밸브가 원위치로 전환되어 P→A는 차단되고 P_x의 공기는 R_x를 통해 배기된다.

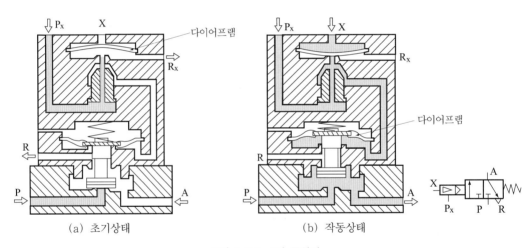

그림 1-7.2 2단 증압기

7.2 | 공유압 변환기 및 공유압 증압기

압축공기에 의한 공압식 구동은 필요한 힘이 30 kN 이하인 경우에 사용되며, 그 힘이상의 경우에는 공압실린더가 비경제적이다. 이러한 경우에는 순수한 공압실린더는 사용이 곤란하며, 따라서 유압과 함께 결합시켜 사용한다.

이러한 시스템의 대표적인 예는 드릴링, 밀링, 프레스, 클램핑, 기계의 이송장치 등에 사용되고 있다.

(1) 공유압 변환기

공유압 변환기(pneumatic-hydraulic converter)는 공기압을 유압으로 변환하는 기기를 말하며, 공압회로 중에 배치시킨다. 이것은 압축공기의 에너지를 작동유에 전달하여 유압으로 변환시켜 액추에이터를 작동시킨다.

공유압 변환기의 구조는 비가동형(非可動形), 블래더(bladder)형, 피스톤형의 3종류이며, 그림 1-7.3에 나타낸다.

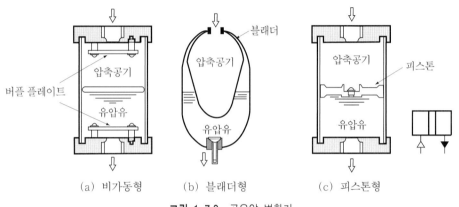

그림 1-7.3 공유압 변환기

① 비가동형: 10 kgf/cm² 이하의 저압인 유압회로에서 많이 채용되고 있으며, 작동유를 채운 용기에 압축공기를 직접 접촉시켜 가압한다. 공기 공급구 및 기름 토출구 부근에 각각 버플판(buffle plate)을 설치하여 기름의 분무방지, 공기압의 정적 상태 유지, 기름의 거품 생성을 방지한다.

② 블래더형: 고압용으로서 다이어프램이나 주머니 등에 의해 압축공기와 작동유를 분리시키는 구조이다.

③ 피스톤형: 고압의 유공압회로에서 많이 이용되며 압축공기와 작동유가 피스톤에 의하여 분리되어 있다.

(2) 공유압 증압기

공유압 증압기(pneumatic-hydraulic booster)는 입구 쪽 압력을 출구 쪽에서 높은 압력으로 변환하는 기기를 말하며, 입구 쪽의 압력을 공기압으로, 출구 쪽의 압력을 유압으

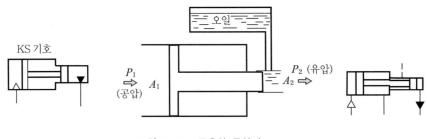

그림 1-7.4 공유압 증압기

로 변환하여 압력을 증대시킨다.

　이것은 공기압만으로는 대형의 공압실린더를 요구함으로써 장소 제약을 받는 경우에도 소형 유압실린더에 의해 용이하게 큰 출력을 얻을 수 있으므로, 이 장치를 이용하면 용적을 적게 차지하게 되어 여러 종류의 기계장치에 응용되고 있다.

　공유압 증압기는 공압실린더와 플런저를 조합시킨 구조로서 공압실린더가 전진할 때의 추력을 플런저에 의하여 유압으로 변환시키는 것이다. 이때 발생되는 유압은 공압실린더의 피스톤에 가해지는 공기압력과 피스톤의 단면적/플런저의 단면적의 비에 따라 정해지며, 그림 1-7.4의 공유압 증압기에서 다음 식으로 구할 수 있다.

$$p_2 = p_1 \times \frac{A_1}{A_2} \ [\text{MPa}] \tag{1.44}$$

여기서, p_2: 발생하는 유압(MPa)

　　　　p_1: 공압실린더에 가해지는 공기압력(MPa)

　　　　A_1: 공압실린더의 피스톤의 단면적(mm^2)

　　　　A_2: 플런저의 단면적(mm^2)

따라서, 공압실린더의 수압면적과 플런저의 수압면적의 비가 커질수록 높은 유압을 얻을 수 있다. 일반적으로 증압비는 10~25 정도가 많으며, 공기압이 5 kgf/cm²일 때 발생하는 유압은 50~125 kgf/cm² 정도이다.

　공유압 증압기의 출구 측 토출유량은 누설이나 기기의 팽창을 고려하지 않는다면 다음 식으로 구할 수 있다.

$$Q = A_2 \cdot S \ [\text{mm}^3] \tag{1.45}$$

여기서, Q: 공유압 증압기 출구 측의 토출유량(mm^3)

　　　　A_2: 플런저의 단면적(mm^2)

　　　　S: 공기압실린더의 행정거리(mm)

높은 증압을 얻으려면 A_2를 작게 해야 하므로 토출유량은 적어진다.

7.3 │ 진공흡입기기

진공흡입기기(vaccum suction tool)는 일반적으로 **진공패드**(vaccum pad), 또는 **진공캡** (vaccum cap)이라 한다. 재료는 고무, 합성수지, 금속, 세라믹, 소결금속 등이 이용되고 있다. 이것을 사용하는 데 있어서 가장 중요한 점은 안전성이다. 흡착력은 사용방법, 조건을 충분히 고려하여 안전율을 포함시켜 결정한다. 즉, 수평패드의 경우는 2~4, 수직패드의 경우는 4~8의 안전율을 부여한다. 진공패드는 물건을 필요에 따라 흡착, 탈착을 하는 역할을 하는 기기로서 패드와 물건의 미끄럼에 의한 이탈 등을 방지할 수 있어야 한다.

진공을 발생시키는 원리는 그림 1-7.5의 진공 이젝터(vacuum ejector)에서 보듯이 노즐(nozzle)과 디퓨저(diffuser)로 구성되어 있으며, 노즐로부터 압축공기를 분출시킴에 따라 유속이 빨라지고, 유체의 압력에너지를 운동에너지로 변환시켜 부압(진공)이 발생하게 된다.

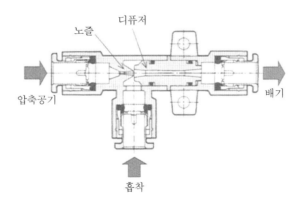

그림 1-7.5 진공흡입기기

진공패드의 흡착력은 패드의 흡착면적 A [cm^2], 진공압력 p [kPa]이 결정되면 흡착력 W[N]은 다음 식으로 구할 수 있다.

$$W = pA \times 0.1 \times \frac{1}{S} \ [\text{N}] \tag{1.46}$$

여기서, S는 안전율로서 그림 1-7.6의 (a)와 같은 수평패드의 경우는 4~8, 수직패드는

8 이상으로 한다. 수직패드의 경우는 다른 기계적 보조수단이 없는 경우에는 가능한 사용하지 않는 것이 좋다.

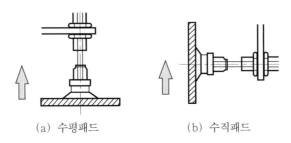

(a) 수평패드   (b) 수직패드

그림 1-7.6 진공패드

7.4 | 공압소음기

공압시스템에서는 공기압축기, 공압기기 등에서 소음이 발생한다. 즉, 공기압축기에서는 흡입구에서 공기를 흡입할 때 생기는 기류음, 토출 시에 발생하는 소음, 전동기에서의 소음 등을 들 수 있으며, 공압기기에서는 방향제어밸브 등이 급속히 변환되어 압축공기가 대기 중으로 방출될 때의 소음을 들 수 있다.

이 소음을 감소시키기 위하여 사용되는 기기를 **공압소음기**(pneumatic silencer)라 하며, 모든 방향제어밸브의 배기포트, 공기압축기의 흡·배기구에 각각 장착하여 사용한다.

공압소음기는 크게 흡음형과 리액턴스형으로 나눌 수 있으며, 리액턴스형에는 팽창형과 공명형으로 분류된다. 그 구조를 그림 1-7.7에 표시하였다.

① 흡음형 소음기: 그림 1-7.7(a)와 같이 내부에 다공질 또는 섬유질 흡음재를 내장시키고

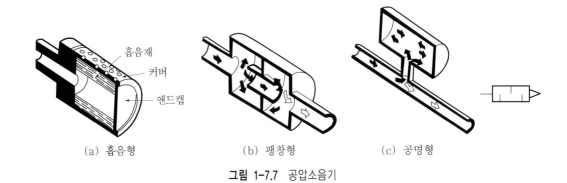

(a) 흡음형   (b) 팽창형   (c) 공명형

그림 1-7.7 공압소음기

공기가 소음기를 통과할 때 소음에너지를 흡수하게 한다. 흡음재는 구멍 수가 많을수록 흡음률이 높아진다.

② 팽창형 소음기: (b)와 같이 음파를 확대하여 음향에너지의 강도를 줄이고, 공동단(空洞端)에서 교축시켜 소음하는 방식이다.

③ 공명형(共鳴形) 소음기: (c)와 같이 관로의 도중에 목부를 만들어 공동(空洞)과 조합시킴에 따라 공명주파수 부근에서의 음파를 관로의 도중에서 단락시키고 출구관으로 나가는 음파를 줄여주는 소음기다.

7.5 공압척

공압척(pneumatic chuck)은 공압실린더나 산업용 로봇(robot)의 선단에 장착하여 핑거(finger)를 개폐시킴에 따라 가공물을 클램핑하여 유지하고, 이송이나 핸들링을 하는 목적으로 사용된다. 가공물의 형상에 따라 2핑거, 3핑거, 4핑거 등이 있으며, 2핑거형은 동작상태에 따라 분류하면 평행개폐형과 지점개폐형으로 분류된다.

그림 1-7.8은 2핑거형의 각각에 대한 구조도들이다.

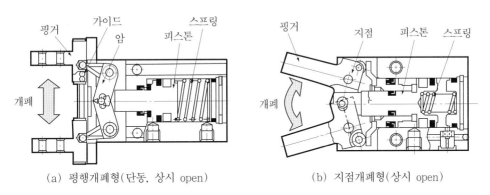

(a) 평행개폐형(단동, 상시 open)   (b) 지점개폐형(상시 open)

그림 1-7.8 공압척의 구조

① **평행개폐형**: 핑거가 서로 평행한 상태를 유지하면서 이동하여 개폐하는 형식으로서, 평행이동기구에는 선형가이드(linear guide) 등을 사용하고 개폐 시의 유연성과 고정밀도가 유지되고 있다.

② **지점개폐형**: 링크기구 등을 이용하여 핑거가 1점을 중심으로 회전하면서 개폐하는 형식이다.

이 두 형식 모두 핑거의 개폐에는 복동실린더를 사용하는 것과 단동실린더를 사용하는 것이 있으며, 단동실린더를 사용하는 것에는 상시 열림형과 상시 닫힘형이 있다.

공압척은 가공물의 형상에 맞추어 핑거부에 보조핑거를 설치하여 사용한다. 이때 보조핑거의 형상에 따라서 핑거에 모멘트가 작용하는데, 그 허용값을 초과하지 않는 범위에서 사용해야 한다. 공압척의 클램핑력 F [N]은 다음과 같다(그림 1-7.9 참조).

$$F > \frac{mg}{2\mu}a = \frac{mg}{2 \times 0.2} \times 4 = (10 \sim 20)mg \tag{1.47}$$

여기서, μ : 보조핑거와 가공물의 마찰계수(0.1~0.2)

$\quad\quad\quad m$: 가공물의 질량(kg)

$\quad\quad\quad g$: 중력가속도(m/s^2)

$\quad\quad\quad a$: 여유율(4)

따라서, 일반적으로는 가공물 중량의 10~20배의 클램핑력을 갖는 공압척을 선정해야 한다.

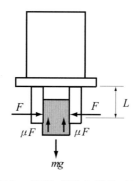

그림 1-7.9 가공물 중량과 척의 잡는 힘

이상에서 핑거가 잡는 힘이 명백해졌다면, 그것과 메이커가 제시하는 F의 값과 비교하여 조건이 만족되는 것을 선택한다.

F의 실효값의 그래프를 그림 1-7.10에 제시하였다. F의 실효값은 복동형, 단동형에 따라서, 또는 가공물의 외측, 내측을 클램핑하는가(그림 1-7.11 참조)에 따라 달라지므로 사용조건에 가장 가까운 선도를 참조하여 선정한다.

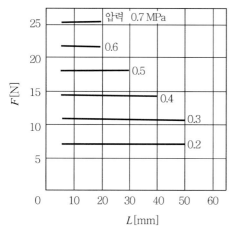
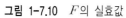

그림 1-7.10 F의 실효값

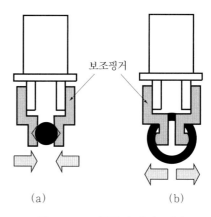

(a) (b)

그림 1-7.11 가공물의 내경·외경

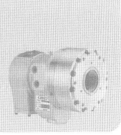

CHAPTER
08 | 공압시스템의 안전

공압시스템의 안전대책은 생산설비 및 장치의 모든 공압회로를 이용할 때 안전을 확보하는 것으로 기구 전체의 안전대책을 마련해야 한다. 여기서는 공압회로의 안전에 한하여 기술하기로 한다.

(1) 공압회로 내의 잔류압력(residual pressure)

① 회로 내에 압력이 차 있는 상태일 때, 잔류압력이 배기될 수 있는 회로를 제어상태에 맞추어 수동조작이 가능하게 한다.

② 그림 1-8.1은 잔류압력의 배기밸브에 3/2-way 밸브(NC형)를 사용하여 공급포트 P가 폐쇄되도록 캡으로 막는다. 그리고 전자밸브와 시스템 사이의 잔류압력을 배기포트 R을 통해 배기시킨다.

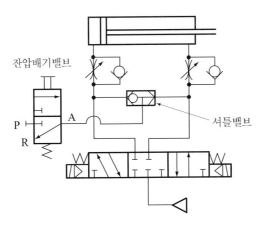

그림 1-8.1 잔류압력 배기회로

③ 3위치의 ABR접속형 전자밸브를 사용하는 경우에는 잔류압력의 배기회로를 설치해야 한다.

④ 피스톤이 갑자기 튀어나가는 현상을 방지하는 밸브를 설치하든지, 블록으로 된 회로에 잔압 배출포트를 갖춘 배출밸브를 설치한다.

(2) 실린더의 돌출현상

① 생산설비 및 장치의 운전을 정지할 때나 긴급정지를 하는 경우에 실린더 로드 측, 헤드 측의 어느 쪽 압력도 잔류압력의 배기대책이 취해진 회로의 경우, 다시 시동을 할 때 실린더에 공기가 공급되는 반대쪽의 회로는 대기압이며, 재시동 시에 배기저항이 되는 압축공기가 없어 속도제어(미터아웃 제어)가 되지 않고 갑자기 가속·돌출하는 현상이 일어난다.

② 돌출을 방지하는 밸브는 slow start 밸브라고도 한다. 그림 1-8.2는 실린더 헤드측에 공기가 입력되어 실린더가 전진할 때 로드 측에 압력이 없으면 헤드 측으로 교축밸브를 통해 조절된 유량이 천천히 미터인 방식으로 공급되어 돌출현상을 막을 수 있다. 로드 측에 압력이 있는 경우는 전 유량이 헤드 측에 공급되지만 로드 측의 압축공기가 미터아웃 방식으로 제어된다.

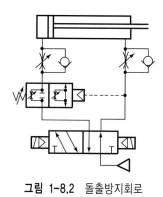

그림 1-8.2 돌출방지회로

(3) 압축공기의 공급차단

① 공급공기가 차단되는 경우는 긴급상태이다. 공압필터, 윤활기, 배관의 파손 등 예측하지 못한 사고에 대비하여 설계 시 안전대책을 강구해야 한다.

② 안전기구대책으로서 3위치 밸브를 사용하여 실린더를 블록화하는 방법, 브레이크붙이 실린더를 사용하는 방법, 그리고 초기위치로 돌아가 안전대책을 취하는 방법 등을 검토한다.

(4) 클램핑력의 부족

① 설정압력의 확인을 위해 압력스위치를 사용하며, 설정압력에 미치지 않는 경우는

경보조치를 하든지, 운전이 불가능하도록 제어한다.

② 필요한 압력이 부족한 경우는 가공위치가 달라지고, 나사체결의 불량 등 품질불량의 원인이 된다.

(5) 감압밸브의 이물질 침투

① 1차측의 고압이 그대로 공급되어 기구의 파괴원인이 된다.

② 체결, 압입 등의 사용은 품질불량이 되어 큰 손해이다.

③ 감압밸브는 공기압 필터와 조합하여 사용하는 것이 원칙이다.

(6) 배관의 파손

① 압축공기의 공급차단과 함께 위험성이 있다.

② 가동부분의 배관은 체결방식의 이음쇠를 사용하고 급속이음(one touch)방식은 사용하지 않는다.

③ 튜브의 고정방법, 배관방법을 충분히 검토한다.

④ 튜브를 사용하는 경우는 내환경성, 내약품성을 배려해야 한다.

(7) 공압필터의 ball 파손, 윤활기의 ball 파손

① ball의 파손은 압축공기의 공급차단으로 위험성이 있다.

② ball의 파손은 작업자에게 파편이 튈 위험이 있다.

③ 일반적으로 표준으로 사용되고 있는 ball의 재질은 폴리카보네이트제이다. 설계환경에 적합한 재질인가를 검토해야 한다.

(8) 실린더용 스위치의 위치이탈

① 실린더용 스위치의 검출위치가 어긋나고, 실린더의 행정선단에서 위치확인의 신호가 나오지 않는 경우, 장치가 정지했다고 생각하여 장치 속에 들어가거나 손을 넣는 경우, 그 진동으로 실린더용 스위치가 정상 작동하여 확인신호가 나와 정상운전을 개시함으로써 인체에 위험이 발생하는 사고가 일어난다.

② 장치가 도중에 정지한 경우, 장치의 전원을 차단하고 안전을 확인하여 체크하는 시스템이 필요하다.

③ 실린더용 스위치의 헐거움 확인용(2색 출력접점 부착) 제품이 있다. 안전대책으로 사용해야 한다.

(9) 전자밸브의 편 솔레노이드(single solenoid), 양 솔레노이드(double solenoid) 선정

① 긴급 정지 시 또는 전원 차단 시 재가동하는 경우 실린더 작동을 계속할 것인가, 초기위치로 되돌리는 편이 안전한가를 검토하여 결정한다.

② 기구의 경우, 클램핑(clampping)을 지속할 것인지, 이탈시킬 것인지의 안전성을 검토하여 선택한다.

③ 이송기구의 경우는 되돌아옴, 보냄, 즉시 정지 등의 안전위치를 검토한다.

④ 단동형 실린더를 안전대책용으로 사용하는 검토도 유효하다.

CHAPTER 09 | 공압시스템의 설계

9.1 | 공압시스템의 설계순서

공압시스템의 일반적인 기기선정 순서는 다음과 같다.

① 기계장치의 구상과 설계사양의 작성
② 변위단계선도 또는 제어선도의 작성
③ 실린더의 선정
④ 실린더의 제어기기 선정
⑤ 배관계획
⑥ 공기압축기의 선정
⑦ 제어회로의 작성

9.2 | 탁상 공압프레스의 설계 예

가공물을 테이블 위에 놓고 스타트용 양손 버튼스위치를 누르면 클램프용 실린더가 전진하여 가공물을 클램핑한다. 행정은 100 mm, 시간은 1초이다. 프레스용 실린더가 하강·전진하여 가공물을 가압한다. 행정은 200 mm, 시간은 0.5초로 한다. 프레스용 실린더가 원위치한 후 클램프용 실린더가 후진한다. 시간은 0.5초이다. 가공물을 꺼낸다.

(1) 기계장치의 구상과 설계사양의 작성

기계장치의 배치는 그림 1-9.1과 같이 클램프용 실린더는 수평 방향, 프레스용 실린더는 수직 방향으로 배치하여 실린더의 추력과 실린더의 속도는 표 1-9.1과 같이 결정한다.

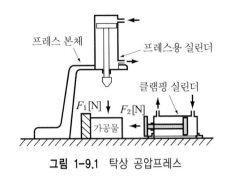

그림 1-9.1 탁상 공압프레스

표 1-9.1 탁상 공압프레스의 설계조건

항목 실린더	프레스용	클램프용
실린더 추력(N)	3,000	400
실린더 속도(mm/s)	하강 200	전진 100
	상승 400	후진 200
실린더 스트로크(mm)	200	100
사용 공기압력(MPa)	0.5	0.5

(2) 변위단계선도의 작성

실린더의 행정거리와 시간의 관계를 선도로 표시한 변위단계-시간 선도를 그림 1-9.2
에 나타낸다.

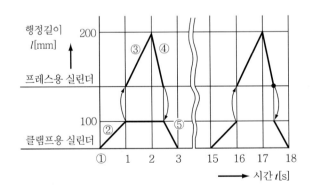

그림 1-9.2 변위단계-시간 선도

(3) 실린더의 선정

① 프레스용 실린더

사용공기압력 0.5 MPa, 추력계수 50%, 실린더 추력 3,000 N으로 하면 식 (1.29)
로부터 실린더경 D_1은

$$D_1 = \sqrt{\frac{4F_1}{\pi p \mu_1}} = \sqrt{\frac{4 \times 3000}{\pi \times 0.5 \times 0.5}} = 123.6 \text{ mm}$$

여기서, 표준 실린더경을 선택하여 실린더경 $D_1 = 125$ mm, 로드경 $d_1 = 36$ mm로 한다.

② 클램프용 실린더

위와 같은 방법으로 하면 실린더경 D_2는

$$D_2 = \sqrt{\frac{4F_2}{\pi p \mu_1}} = \sqrt{\frac{4 \times 400}{\pi \times 0.5 \times 0.5}} = 45.1 \text{ mm}$$

여기서, 실린더경 $D_2 = 50$ mm, 로드경 $d_2 = 20$ mm로 한다.

(4) 실린더의 제어기기 선정

① 방향제어밸브(전자밸브) 선정

실린더 부분의 소요공기량과 배관부분의 공기소비량을 계산한다.

(a) 프레스 실린더용: $D_1 = 125$ mm, $L_1 = 200$ mm, 최대 소요공기량 Q_1은 실린더경 125 mm의 실린더가 행정길이 200 mm를 최대속도 $v_1 = 400$ mm/s로 작동할 때를 고려한다. 분당 왕복횟수 n은 상승·하강행정에 각각 0.5초가 걸리므로 1분에 60회이다.

식 (1.22)로부터 최대 소요공기량으로 구하면

$$\begin{aligned}
Q_1 &= \frac{\pi}{4} D_1{}^2 v_1 \times \frac{p + 0.1013}{0.1013} \times 10^{-6} n \\
&= \frac{\pi}{4} \times 125^2 \times 400 \times \frac{0.5 + 0.1013}{0.1013} \times 10^{-6} \times 60 \\
&= 1747.4 \text{ L/min(ANR)}
\end{aligned}$$

또, 배관부분의 소요공기량을 구하면, 실린더의 배관경 15 A(1/2 B), 배관 길이 2 m로 하면 배관의 내경 d_p는 $d_p = 21.7 - 2 \times 2.8 = 16.1$ mm이다.

식 (1.34)를 이용하면 Q_2로 표시하여

$$\begin{aligned}
Q_2 &= 2\frac{\pi}{4} d_p{}^2 l \times \frac{p}{0.1013} \times 10^{-6} n \\
&= 2\frac{\pi}{4} \times 16.1^2 \times 2000 \times \frac{0.5}{0.1013} \times 10^{-6} \times 60 = 241 \text{ L/min(ANR)}
\end{aligned}$$

따라서, 프레스용 실린더의 소요공기량 Q_{12}는

$$Q_{12} = Q_1 + Q_2 = 1747.4 + 241$$
$$= 1988.4 \text{ L/min(ANR)} \rightarrow 2000 \text{ L/min(ANR)}$$

메이커의 전자밸브 카탈로그의 유량특성(예를 들면, 그림 1-9.3)으로부터 2000 L/min(ANR)일 때 압력강하가 사용압력의 10%(이 설계에서는 0.05 MPa) 이하가 되는 특성을 갖는 전자밸브를 선택한다.

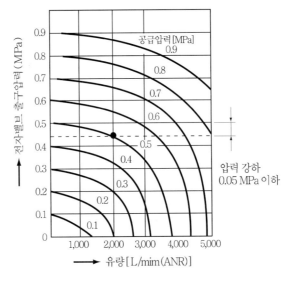

그림 1-9.3 전자밸브의 유량특성 예

(b) 클램프 실린더용: 최대 소요공기량은 실린더 직경 50 mm, 행정거리 100 mm를 최대 속도 $v_2 = 200$ mm/s로 작동할 때이다. 여기서도 분당 왕복횟수는 전·후진 행정에 걸리는 시간이 각각 0.5초이므로 $n = 60$이다. 따라서, 최대 소요공기량은

$$Q_3 = \frac{\pi}{4} D_2{}^2 v_2 \times \frac{p + 0.1013}{0.1013} \times 10^{-6} n$$
$$= \frac{\pi}{4} \times 50^2 \times 200 \times \frac{0.5 + 0.1013}{0.1013} \times 10^{-6} \times 60 = 140 \text{ L/min(ANR)}$$

또, 배관부분의 소요공기량은 배관경 8 A(1/4 B), 배관길이 2 m로 하면 배관 내경 d_p는

$$d_p = 13.8 - 2 \times 2.3 = 9.2 \text{ mm}$$

이다. 따라서, 배관부분의 소요공기량 Q_4는

$$Q_4 = 2\frac{\pi}{4}d_{p2}{}^2 l \times \frac{p}{0.1013} \times 10^{-6}n$$

$$= 2\frac{\pi}{4} \times 9.2^2 \times 2000 \times \frac{0.5}{0.1013} \times 10^{-6} \times 60 = 78.7 \text{ L/min(ANR)}$$

따라서, 클램프 실린더의 소요공기량 Q_{34}는

$$Q_{34} = Q_3 + Q_4 = 130 + 78.7$$

$$= 218.7 \text{ L/min(ANR)} \rightarrow 250 \text{ L/min(ANR)}$$

제조업체의 전자밸브 카탈로그의 유량특성으로부터 250 L/min(ANR)일 때의 압력강하가 0.05 MPa 이하가 되는 특성을 갖는 전자밸브를 선택한다.

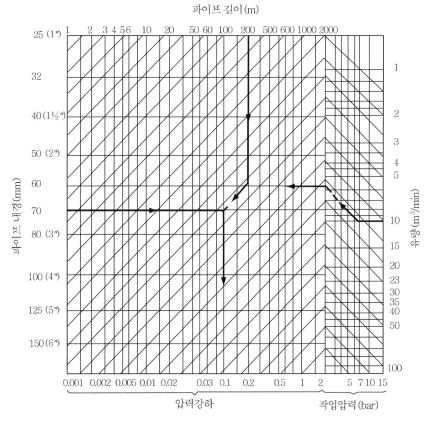

그림 1-9.4 파이프의 직경 선정도표

표 1-9.2 배관용 탄소강(SGP)의 최대 유량표

호칭치수	1/1 B	3/8 B	1/2 B	3/4 B	1 B	1 1/4 B	1 1/2 B
압력강하 (kgf/cm²/10m)	0.733	0.59	0.44	0.287	0.214	0.138	0.108
입력압력 (kgf/cm²)	최대 유량 (N L/min)						
0.5	244	518	838	1,465	2,460	3,870	5,150
1.0	282	598	965	1,690	2,828	4,460	5,950
1.5	314	668	1,076	1,885	3,150	4,960	6,630
2.0	344	730	1,180	2,060	3,450	5,430	7,280
3.0	395	840	1,360	2,375	3,900	6,300	8,400
4.0	442	940	1,520	2,660	4,450	7,000	9,360
5.0	485	1,034	1,660	2,920	4,875	7,700	10,250
6.0	523	1,110	1,800	3,140	5,250	8,300	11,050
7.0	558	1,185	1,920	3,350	5,620	8,870	11,800
8.0	592	1,260	2,035	3,560	5,970	9,430	12,570
9.0	623	1,325	2,140	3,745	6,290	9,900	13,220
10.0	654	1,395	2,250	3,930	6,600	10,400	13,880
12.0	717	1,510	2,450	4,280	7,150	11,250	15,040
14.0	763	1,625	2,624	4,590	7,700	12,100	16,200
16.0	790	1,680	2,710	4,740	7,930	12,550	16,780

그림 1-9.4는 유량, 작업압력, 배관길이, 허용 압력강하량을 아는 경우 배관의 내경을 구할 수 있는 선도이다. 표 1-9.2는 가스관(배관)의 권장 최대 유량표이다.

② 서비스 유닛(FRL unit)의 선정

공압회로에서 최대 소요공기량 Q_{max} [L/min(ANR)]은 변위단계−시간 선도로부터 내경 125 mm의 프레스용 실린더가 속도 400 mm/s로 상승하고 있을 때이며(2개의 실린더가 동시에 작동할 때가 아님), Q_{12}=2000 L/min(ANR)이 Q_{max}이다. 즉, $Q_{max} = Q_{12} = 2000$ L/min(ANR)이고, 이것에 기초하여 서비스 유닛을 선정한다.

제조업체의 카탈로그에서 유량특성(예를 들면, 그림 1-9.5)으로부터 2000 L/min (ANR)일 때의 압력강하가 0.05 MPa 이하가 되는 특성을 갖는 서비스 유닛을 선정한다.

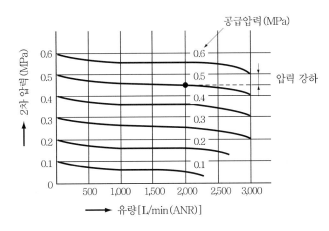

그림 1-9.5 서비스 유닛의 유량특성 예

③ 속도조절밸브(speed controller)의 선정

(a) 프레스 실린더용: 사용공기량 $Q_{12} = 2,000$ L/min(ANR), 실린더 배관 접속구경 R_c 1/2

(b) 클램프 실린더용: 사용공기량 $Q_{34} = 250$ L/min(ANR), 실린더 배관 접속구경 R_c 1/4

제조업체의 스피드 컨트롤러 카탈로그의 유량특성(예로 그림 1-9.6)으로부터 니들의 회전수와 제어유량이 사용범위 내에서는 직선적으로 변화하는 특성을 가진 기종을 선택한다.

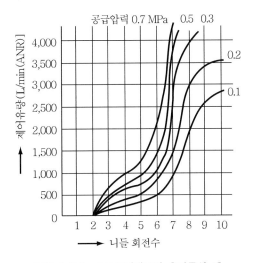

그림 1-9.6 속도조절밸브의 유량특성 예

(5) 배관 계획

메인 배관에는 사용 공기압력 0.5 MPa보다 0.2~0.3 MPa 높은 압력을 공급할 수 있고, 사용공기압력보다 낮아지지 않는 크기의 관을 선정한다. 따라서, 표 1-9.2에서 8 kgf/cm² ≒ 0.8 MPa일 때 15 A(1/2 B)를 선택하기로 한다.

(6) 공기압축기의 선정

변위단계 – 시간선도로부터 가공물의 가공(시퀀스제어)에 3초, 가공물의 장착 및 탈착을 포함하여 다른 작업에 12초가 걸린다고 가정하여 이것을 1사이클로 한다. 따라서, 1분당 사이클 수(공압실린더의 왕복횟수) $n = 60/(3+12) = 4$이다.

① 프레스 실린더의 공기소비량

$D_1 = 125$ mm, $d_1 = 36$ mm, $L_1 = 200$ mm인데, 식 (1.23)~(1.25)를 이용하면 실린더의 공기소비량은

$$Q_1 = \frac{\pi}{4}[D_1{}^2 + (D_1{}^2 - d_1{}^2)]L_1 \times \frac{p + 0.1013}{0.1013} \times 10^{-6} n$$

$$= \frac{\pi}{4}[125^2 + (125^2 - 36^2)] \times 200 \times \frac{0.5 + 0.1013}{0.1013} \times 10^{-6} \times 4$$

$$= 111.7 \text{ L/min(ANR)}$$

$d_p = 16.1$ mm, $l = 2$ m $= 2000$ mm이므로 식 (1.34)를 이용하면 배관의 소비유량은

$$Q_2 = 2\frac{\pi}{4}d_p{}^2 l \times \frac{p}{0.1013} \times 10^{-6} n$$

$$= 2 \times \frac{\pi}{4} \times 16.1^2 \times 2000 \times \frac{0.5}{0.1013} \times 10^{-6} \times 4 = 16.1 \text{ L/min(ANR)}$$

∴ 프레스 실린더의 공기소비량 Q_{12}는 $Q_{12} = Q_1 + Q_2 = 111.7 + 16.1 = 127.8$ L/min(ANR)이다.

② 클램프 실린더의 공기소비량

$D_2 = 50$ mm, $d_2 = 20$ mm, $L_2 = 100$ mm, $n = 4$, $p = 0.5$ MPa이므로 실린더의 공기소비량

$$Q_3 = \frac{\pi}{4}[D_2{}^2 + (D_2{}^2 - d_2{}^2)]L_2 \times \frac{p + 0.1013}{0.1013} \times 10^{-6} n$$

$$= \frac{\pi}{4}[50^2 + (50^2 - 20^2) \times 100 \times \frac{0.5 + 0.1013}{0.1013} \times 10^{-6} \times 4$$

$$= 8.6 \text{ L/min(ANR)}$$

$d_p = 9.2$ mm, $l = 2$ m $= 2,000$ mm이므로 배관의 공기소비량은

$$Q_4 = 2\frac{\pi}{4}d_p^2 l \times \frac{p}{0.1013} \times 10^{-6} n$$

$$= 2 \times \frac{\pi}{4} \times 9.2^2 \times 2000 \times \frac{0.5}{0.1013} \times 10^{-6} \times 4 = 5.25 \text{ L/min(ANR)}$$

∴ 클램프용 실린더의 공기소비량 Q_{34}는

$$Q_{34} = Q_3 + Q_4 = 8.6 + 5.25 = 13.9 \text{ L/min(ANR)}$$

따라서, 공기소비량 Q는

$$Q = Q_{12} + Q_{34} = 127.8 + 13.9 = 141.7 \text{ L/min(ANR)} \rightarrow 150 \text{ L/min(ANR)}$$

③ 필요한 공기압축기 용량

공기압축기의 용량은 단말부에서 실린더의 전 공기소비량에 대하여 충분히 여유 있게 선정한다. 이것은 배관 도중의 공기누설, 드레인밸브, 파일럿밸브 등의 공기소비량이나 공기의 온도 저하에 의한 체적의 감소 등이 있기 때문이다.

이를 위해서는 사용압력보다도 0.1~0.2 MPa 높은 공기압력이 얻어지며, 실린더를 움직이는 전 공기소비량 Q[L/min(ANR)]보다 30~50% 정도 여유 있는 토출량을 얻을 수 있는 공기압축기를 선정한다.

본 설계의 경우, 0.5+0.2 = 0.7 MPa이며, $Q = 150$ L/min(ANR)의 50% 여유를 주어 1.5×150 = 225 L/min(ANR)의 토출량을 얻을 수 있는 공기압축기를 표 1-2.1에서 선정하면 1단 2.2 kW가 된다.

(7) 제어회로의 작성(전기공압 회로편 참조)

그림 1-9.7은 전자밸브(양 솔레노이드밸브)를 사용한 전기공압 회로도이다.

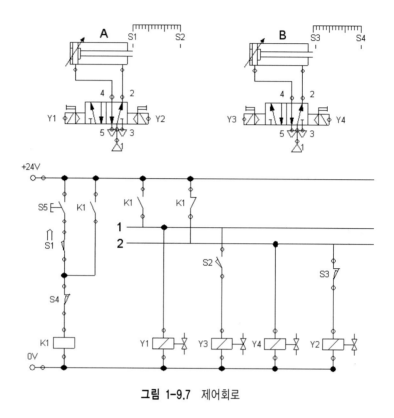

그림 1-9.7 제어회로

1. 유효 면적이 46 mm², 80 mm², 100 mm²인 밸브를 직렬접속과 병렬접속한 경우, 각각의 합성 유효 면적을 구하라.

2. 유효 면적 1 mm²의 오리피스로부터 0.5 MPa의 공기를 무한대 크기의 압력 0.4 MPa의 탱크 속으로 방출할 때의 유량을 구하라.(단, 오리피스를 통과할 때의 공기온도는 20℃이다.)

3. 유량 5000 L/min(ANR), 상류 측 압력 0.5 MPa의 공압배관에서 배관용 강관을 사용할 때 압력손실과 하류 측의 압력을 구하라.(단, 관의 길이는 10 m이며, 관경은 27.6 mm이다.)

4. 문제 3에서 1 m당 압력손실을 0.00025 MPa 이하로 하고 싶다. 이때의 관경을 구하라.

5. 공기원의 압력 0.6 MPa_abs, 온도 20℃의 공기를 유효 단면적 50 mm²의 오리피스로부터 대기 중으로 방출할 때의 유량을 구하라.

6. 실린더경 57 mm, 행정길이(stroke) 51 mm, 실린더 수 2, 최고 사용압력 0.7 MPa의 1단 소형 왕복 공기압축기가 있다. 필요한 공기탱크 용량을 구하라.

7. 실린더 내경 63 mm일 때 후진의 추력 1,000 N을 얻고자 한다. 사용공기압력을 얼마로 하면 되는가?(단, 피스톤 로드경 22 mm, 추력계수(부하율)는 65%이다.)

8. 실린더 내경 15 mm인 공기압 단동실린더를 사용압력 0.5 MPa로 할 때 stroke 0과 stroke 60 mm일 때의 스프링력을 5.5 N과 12.1 N으로 한다. 각 경우의 실린더 추력을 구하라.(단, 실린더의 추력계수(부하율)는 65%이다.)

9. 실린더 내경 40 mm, 피스톤 로드경 14 mm, 행정길이 100 mm의 복동실린더를 공기압력 0.5 MPa로 매분 1회 왕복시킨 경우, 전 공기소비량을 구하라.(단, 배관부분의 공기소비량은 고려하지 않는다.)

10. 실린더 내경 40 mm, 피스톤 로드경 14 mm인 공압실린더를 최대속도 300 mm/s, 공기압력 0.5 MPa로 작동시키는 경우, 실린더의 소요공기량을 구하라.(단, 배관부분의 공기소비량은 배관경 9.2 mm, 배관길이 2 m인 경우로 하며, 행정은 120 mm이다.)

11. 공압실린더를 이용하여 중량 1000 N의 공작물을 수직 방향으로 들어올리는 작업을 할

때 사용압력은 0.4 MPa이다. 필요한 실린더경을 구하라.

12. 온도 40℃, 상대습도 50%, 압력 686.5 kPa의 공기 중 수분의 양은 얼마인가? 또, 이 경우 수증기 분압은 얼마인가?

13. 게이지압 0.6865 MPa, 온도 40℃, 습도 50%인 습공기의 밀도는 얼마인가? 또, 비체적은 얼마인가?

14. 표준상태($t=20℃$, $p=101.3$ kPa)와 기준상태($t=0℃$, $p=101.3$ kPa)에서 각각 공기의 밀도를 구하라.

15. 공기압축기의 설치조건을 설명하라.

16. 공기저항 탱크의 기능을 설명하라.

17. 예제 1.1의 0.7 MPa의 공기가 실린더로부터 나와 배관을 통과하는 사이에 냉각되어 주위 온도와 같은 32℃로 되었을 때 배관 속에 발생하는 드레인양을 구하라.

18. 수분이 공압시스템에 미치는 영향을 설명하라.

19. 압력조절기(pressure regulator)의 종류와 그 기능을 설명하라.

20. 로드리스(rodless) 실린더의 종류 세 가지를 들고, 그 특성을 각각 설명하라.

21. 다위치 실린더(2개의 복동실린더의 행정거리가 각각 200 mm, 300 mm)에서 제어가 가능한 위치를 구하라.

22. 요동형 액추에이터의 종류 두 가지를 들고, 그 작동원리를 설명하라.

23. 공압모터의 장·단점을 열거하라(전동기에 비하여).

24. 서비스 유닛의 구성요소와 기능에 대하여 기술하라.

25. 스틱슬립(stick-slip) 현상의 발생원인과 그 방지대책을 기술하라.

26. 공압실린더의 최저 사용압력과 최고 사용압력에 제한을 두는 이유는 무엇인가?

27. 공압실린더의 최저 속도와 최고 속도에 제한을 두는 이유를 기술하라.

28. 데드 타임(dead time)이란 방향제어밸브가 작동한 후 피스톤이 움직이기까지의 시간을 의미한다. 이 시간을 줄이기 위한 방법을 제시하라.

29. 급속배기밸브의 기호를 그리고, 그 기능에 대하여 기술하라.

30. 감속밸브의 구동기구를 설명하고, 사용목적을 기술하라.

31. 방향제어밸브의 기호 표시에서 연결구의 종류와 그 포트를 문자와 숫자로 각각 표기하라.

32. 방향제어밸브의 조작방식의 종류를 기술하라.

33. 3/2-way 밸브의 용도에 대하여 기술하라.

34. 4/2-way 밸브 또는 5/2-way 밸브의 용도에 대하여 기술하라.

35. 릴리프밸브의 기능을 간단히 설명하라.

36. 압력스위치의 기능을 설명하고, 종류를 두 가지 들어 설명하라.

37. 체크밸브의 기능과 사용 예를 기술하라.

38. 셔틀밸브의 동작원리와 용도에 대하여 기술하라.

39. 2압밸브의 동작원리와 용도에 대하여 기술하라.

40. 밸브의 크기를 나타내는 요소를 열거하라.

41. 공급공기조절방식과 배기조절방식을 비교하여 설명하라.

42. 4/2-way 밸브와 5/2-way 밸브의 속도조절 측면에서 차이점을 설명하라.

43. 방향제어밸브에서 최저 사용압력이 제한되는 이유는 무엇인가?

44. 접촉식 센서와 비접촉식 센서의 종류를 열거하고, 사용환경을 설명하라.

45. 방향감지기의 원리를 기술하고, 그 용도에 대하여 설명하라.

46. 유량 5000 L/min(ANR), 상류 측 압력 0.5 MPa인 공압배관에서 1 B(25 A)의 SGP (배관용 탄소강관)을 사용할 때 압력손실과 하류 측의 압력을 구하라.(단, 관의 길이는 20 m이다.)

47. 유효 단면적 3 mm², 5 mm², 10 mm²인 공압기기가 있다. 이들을 직렬과 병렬 연결한 경우, 각각의 합성 유효 단면적을 구하라.

48. 배관을 설계할 때 유의해야 할 사항을 열거하라.

49. 배관재료를 나일론 튜브로 하려고 한다. 튜브의 길이는 20 m, 내경은 5 mm이다. 유효 단면적을 구하라.

50. 나일론 튜브의 유효 단면적 10 mm^2, 길이 10 m인 경우, 그 튜브의 호칭경을 선정하라.

51. 공작물의 하중 10,000 N인 강판을 200 mm의 진공패드로 들어올리려면 몇 개 이상의 패드가 필요한가?(단, 진공압력은 −600 mmHg, 안전율은 2로 한다.)

52. 질량 300 g의 가공물을 진공패드로 수평 이송시키려고 한다. 패드 흡착면의 설정 진공도를 −400 mmHg로 하는 경우의 패드경을 선정하라.(단, 안전율은 2로 한다.)

53. 하이드로체커의 구조와 특성에 대하여 기술하라.

54. 공유증압기의 원리에 대하여 설명하라.

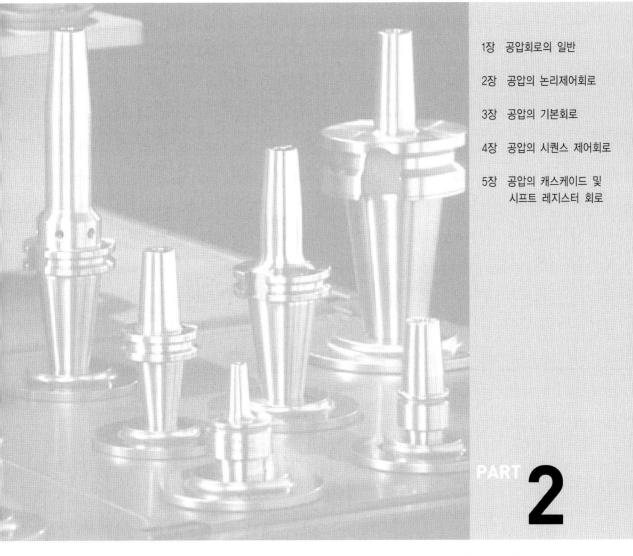

PART **2**

공압회로

CHAPTER 01 | 공압회로의 일반

일반적으로 공기압력을 줄여서 공압이라 하며, 그것을 작동유체로서 또는 제어매체로서 이용할 때 **공압제어**(pneumatic control)라 부른다. 그 이용압력의 범위는 저압공압 (0~150 kPa, 0~1.5 bar, low pressure pneumatics), 정상압력공압(150~1,600 kPa, 1.5~16 bar, normal-pressure pneumatics 또는 conventional pneumatics), 고압공압 (1,600 kPa 이상, 16 bar 이상, high pressure pneumatics)으로 분류한다. 여기서는 정상압력의 공압을 주로 다룰 것이다.

1.1 | 회로의 구성

회로(circuit)의 배치는 신호의 흐름을 따라 순서대로 에너지 공급원으로부터 구동요소

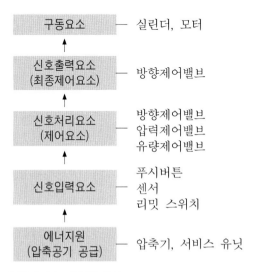

그림 2-1.1 회로의 흐름

까지 상향으로 하며, 따라서 회로도의 하단에는 동력원, 상단에는 실린더(cylinder)나 모터(moter)와 같이 구동요소가 배치된다. 그 흐름을 나타내면 그림 2-1.1과 같다.

그 회로도의 예로서 그림 2-1.2와 같이 실린더의 왕복운동 회로를 나타내었다.

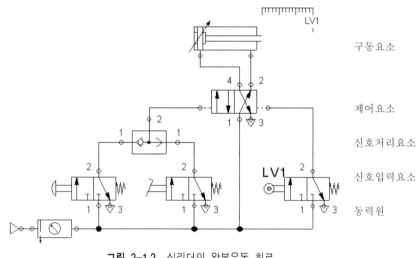

그림 2-1.2 실린더의 왕복운동 회로

여기서, 에너지원은 압력원과 서비스 유닛(service unit), 차단밸브, 분배연결기 등을 한 부분으로 분리해서 표시한다. 그리고 신호입력요소(누름버튼 스위치(push button switch), 리밋밸브, 센서 등)의 배치방법은 세로배치 방식과 가로배치 방식이 있으나 본 서에서는 가로배치 방식으로 표현하며, 나머지 모든 요소들의 배치 방식도 가로배치 방식으로 회로도를 작성한다.

이 회로도에서는 배열이 순서도에 따라 그려져 있지만 회로도상의 위치와 실제 부품의 설치위치는 같지 않다. 그 예로 실린더의 전진위치에 있는 리밋밸브 LV1이 실제로는 피스톤의 전진단에 위치하고 있으나 신호입력 요소이므로 아래쪽에 그린다.

구동요소가 여러 개인 경우에는(예를 들면, 실린더가 2개 이상의 경우) 각각의 구동요소에 대하여 각 요소의 배치를 구분하여 표시한다.

1.1.1 배선 표시방법

회로도에 나타내는 배선은 가능한 교차점이 없는 직선으로 그리며, 주 관로는 실선으로, 파일럿 신호(pilot signal) 등의 제어선은 파선으로 그리는 것이 원칙이지만 일반적으로 제어선도 실선으로 그리고 있다. 파일럿 신호는 방향제어밸브의 좌우에 화살표를 붙이거나 파선으로 표시한다.

1.1.2 공압요소의 표시방법

모든 공압요소는 그 회로의 제어계(control system)를 작동 초기상태로 표시해야 한다. 즉, 그 시스템의 작동 개시는 보통 수동조작버튼(start switch)을 눌러서 이루어지므로 그것을 누르기 전의 상태로 표시해야 한다. 또, 자동복귀용 밸브는 스프링력에 의해 복귀된 상태로, 그리고 Flip-Flop형(FF형) 메모리밸브는 신호가 작용하지 않은 상태로 표시한다. 그러나 실린더의 후진 위치에 설치한 **리밋밸브**는 초기상태가 작동된 상태이므로 동작상태로서 표시한다(그림 2-1.3 참조).

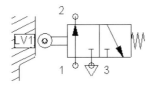

그림 2-1.3 리밋밸브

방향성 롤러 레버밸브의 표시방법은 그림 2-1.4에 표시하였다. 그 기호는 (a)와 같으며 한 방향으로만 작동되는 리밋밸브이다. 따라서, 피스톤 로드의 전진 또는 후진운동 중 어느 한 방향에서만 동작이 가능하므로 회로도상에 그 방향을 표시해야 한다. (b)는 피스톤 로드가 전진할 때만 동작하는 것을 나타낸 것이다.

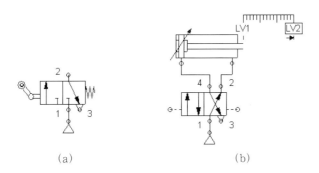

그림 2-1.4 방향성 롤러밸브의 기호와 표시방법

1.1.3 공압요소의 일련번호 부여방법

제어계가 복잡하거나 그룹번호 및 그 그룹 내에서의 일련번호를 부여할 때 그 방법은 다음과 같다.

(1) 그룹의 번호 부여

① 그룹 0: 모든 에너지 공급요소에 부여한다.

② 그룹 1, 2, … : 각 제어계를 표시하기 위해 부여하며, 일반적으로 1개의 실린더가 한 그룹을 이룬다.

(2) 그룹 내의 번호 부여

① .0 : 구동요소에 부여한다.

② .1 : 최종 제어요소(일반적으로 방향제어밸브)에 부여한다.

③ .2, .4 … : 관련 구동요소(실린더 등)의 전진운동에 영향을 미치는 모든 요소에 부여한다.

④ .3, .5 … : 관련 구동요소의 후진운동에 영향을 미치는 모든 요소에 부여한다.

⑤ .01, .02 : 최종 제어요소와 구동요소 사이에 있는 요소로서, 예를 들면 유량조절밸브(속도 조절용)의 경우에 부여한다.

그림 2-1.5는 일련번호의 표시방법에 대한 회로도의 예이다.

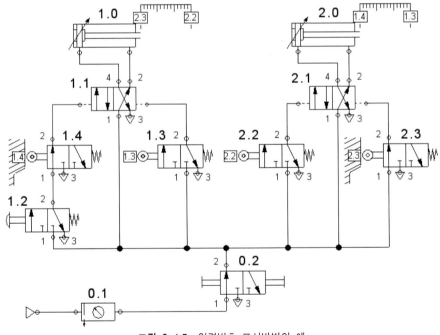

그림 2-1.5 일련번호 표시방법의 예

1.1.4 공압요소의 문자 부여방법

공압요소에 알파벳 문자를 부여하면 요소의 배열 및 검토가 용이하다. 구동요소는 대문자로, 신호요소 및 리밋밸브는 소문자로 표시한다. 리밋밸브의 경우, 실린더의 후진 위치에는 하첨자 0, 전진 위치에는 하첨자 1을 붙여 표시한다. 일련번호 표시방법과 다른 점은 신호요소 및 리밋밸브는 그 구동요소의 그룹에 속하지 않고 그 구동요소를 작동시키는 그룹에 표시된다.

이 관련 회로도의 예를 그림 2-1.6에 표시하였다.

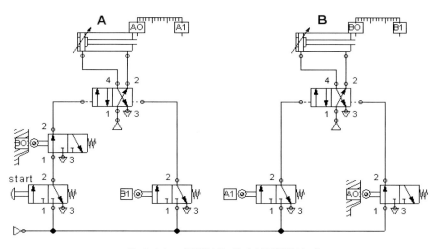

그림 2-1.6 리밋밸브의 문자 부여방법의 예

1.1.5 접속구 표시방법

밸브의 접속구(connection port) 표시방법은 ISO-1219(문자 표기법)와 ISO-5599(숫자 표기법)가 있으며, 표 2-1.1에 파워포트(power port), 작업포트(work port), 배기포트

표 2-1.1 밸브의 접속구 표시

접속구	ISO-1219(문자 표기법)	ISO-5599(숫자 표기법)
파워 포트(접속구)	P	1
작업 포트(접속구)	A, B	2, 4
배기 포트(접속구)	R, S, T	3, 5, 7
제어 포트(접속구)	Z, Y, X	10, 12, 14

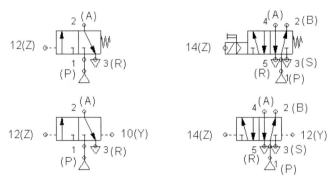

그림 2-1.7 접속구의 표시

(exhaust port), 제어포트(control port)를 각각 표기하였으며, 방향제어밸브의 기호에
접속구를 표시하면 그림 2-1.7과 같다.

1.2 │ 단동실린더의 기본 제어회로

1.2.1 단동실린더의 직접제어

단동실린더의 직접제어는 신호입력요소(푸시버튼밸브, 리밋밸브, 센서 등)가 작동하면
바로 구동요소(실린더, 모터 등)가 작동하는 제어시스템을 말한다. 이러한 직접제어는 실
린더의 용적이 그다지 크지 않으며 하나의 신호요소에 의해 실린더를 구동시킬 수 있는
경우에 사용한다.

그림 2-1.8(a)는 정상상태 닫힘형(N/C, Normally Close type) 푸시버튼밸브를 누르면
단동실린더의 피스톤이 바로 전진하고 푸시버튼밸브를 놓으면 피스톤이 후진한다. 그림

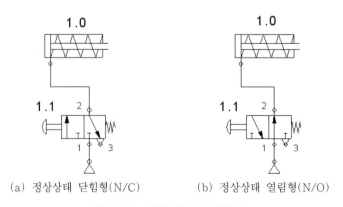

(a) 정상상태 닫힘형(N/C)   (b) 정상상태 열림형(N/O)

그림 2-1.8 단동실린더의 직접제어

2-1.8(b)는 정상상태 열림형(N/O, Normally Open type) 푸시버튼밸브를 누르지 않은 상태에서 피스톤이 전진상태이나 그 밸브를 누르면 피스톤이 후진한다. 이러한 제어계에서는 그림 2-1.8에서 보는 바와 같이 후진운동 시 실린더 내의 공기를 배기시키기 위하여 3/2-way 밸브를 사용해야 한다. 이 그림의 포트 1은 P, 2는 A, 3은 R로 각각 표기할 수 있다.

1.2.2 단동실린더의 간접제어

단동실린더가 큰 경우에는 이를 작은 힘으로 직접 제어할 수 있는 푸시버튼형 밸브가 없으므로 간접적으로 제어해야 한다. 즉, 그림 2-1.9에서 보는 바와 같이 메인밸브(main valve) 1.1을 실린더의 크기에 알맞는 용량의 것을 사용해야 하며, 푸시버튼밸브 1.2는 용량이 작아도 된다. 이러한 경우는 실린더의 위치와 조작자의 위치가 멀리 떨어져 있는 경우에 사용되며, 최종제어요소인 메인밸브 1.1과 실린더 사이의 거리를 짧게 할 수 있으므로 공간 및 공기 소비량을 절약할 수 있다. 또, 신호요소(푸시버튼밸브)의 용량이 작아서 조작이 용이하며 스위칭 시간이 짧아지는 이점이 있다. 그러나 직접제어 시스템에 비하면 메인밸브가 더 필요하다.

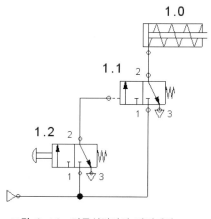

그림 2-1.9 단동실린더의 간접제어

1.3 │ 복동실린더의 기본 제어회로

1.3.1 복동실린더의 직접제어

단동실린더의 직접제어방식과 마찬가지로 신호입력요소인 푸시버튼밸브가 작동하면 바로 실린더가 작동하는 제어시스템이다. 이 경우에는 푸시버튼밸브를 4/2-way 밸브 또는 5/2-way 밸브를 사용할 수 있으며, 그림 2-1.10(a) 및 (b)는 각 경우의 회로도를 나타낸다. 두 경우 모두 푸시버튼을 누르면 복동실린더의 피스톤이 전진하고 푸시버튼을 놓으면 피스톤이 후진한다. 단동실린더의 경우와 마찬가지로 실린더가 큰 경우에는 제어가 어려우므로 간접제어방식으로 해야 한다.

이 그림에서 포트 1은 P, 포트 4는 A, 포트 2는 B, 4/2-way 밸브에서 포트 3은 R, 5/2-way 밸브에서 포트 5는 R, 포트 3은 S로 각각 표기할 수 있다.

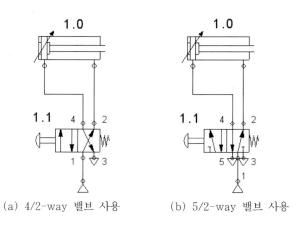

(a) 4/2-way 밸브 사용   (b) 5/2-way 밸브 사용

그림 2-1.10 복동실린더의 직접제어

1.3.2 복동실린더의 간접제어

이 경우에는 그림 2-1.11에서 보는 바와 같이 최종 제어요소인 메인밸브 1.1이 필요하며, 4/2-way 밸브로서 메모리(memory) 특성이 있는 밸브를 사용해야 한다. 이 밸브는

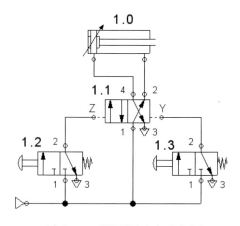

그림 2-1.11 복동실린더의 간접제어

입력제어신호가 짧게 유지되어도 밸브가 작동하며 그 상태를 반대쪽의 제어신호가 입력될 때까지 유지하게 된다.

푸시버튼 1.2를 누르면 메인밸브 1.1이 전환되어 실린더의 피스톤이 전진하며, 이때 푸시버튼 1.2를 놓아도 피스톤은 계속 전진한다. 푸시버튼 1.3을 누르게 되면 피스톤은 후진한다. 단, 밸브 1.2를 누르지 않아 z의 입력제어신호가 작용하지 않는 상태이어야 한다. 이러한 간접제어는 실린더의 용량이 큰 경우에 사용된다.

CHAPTER 02 | 공압의 논리제어회로

밸브에 신호가 입력된 상태를 1, 입력되지 않은 상태를 0으로 표시할 때 방향제어밸브의 위치 변화에 따라 1 또는 0으로서 압축공기의 흐름 방향이 달라진다.

논리제어(logic control)란 입력조건이 충족되는 경우 출력이 얻어지며(1), 그렇지 않은 경우에는 출력을 얻을 수 없는(0) 제어를 말한다. 논리제어에 사용되는 밸브는 방향제어밸브, 셔틀밸브(OR밸브), 2압밸브(AND밸브) 등이다.

논리제어의 기본회로는 YES회로, NOT회로, AND회로, NAND회로, OR회로, NOR회로 등이 있으며, 그 외의 논리제어회로(logic control circuit)에는 Flip-Flop회로, 시간제어회로(time control circuit) 등이 있다.

2.1 YES논리와 NOT논리

2.1.1 YES논리

YES논리는 입력신호 a가 존재할 때 출력 y가 존재하는 논리로서 입력신호가 제거되면 출력도 존재하지 않는 논리이다. 이 경우의 진리표는 표 2-2.1과 같으며 논리방정식은 식 (2.1)과 같이 표시된다.

$$y = a \tag{2.1}$$

그림 2-2.1은 정상상태 닫힘형의 3/2-way 밸브를 이용한 단동실린더의 제어회로이다. 푸시버튼 1.1을 눌러 입력이 1이 되면 위치가 변환되어 공기압은 포트 1로부터 포트 2로 출력되어 피스톤이 전진한다. 그러나 밸브 1.1에 입력하지 않으면 공기압이 포트 2로 출력될 수 없다.

표 2-2.1 YES논리의 진리표

입력	출력
a	y
0	0
1	1

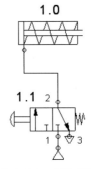

그림 2-2.1 YES논리회로

2.1.2 NOT논리

NOT논리는 입력신호 a가 존재하지 않을 때 출력 y가 존재하는 논리이다. 이 경우의 진리표는 표 2-2.2와 같이 나타낼 수 있으며, 논리방정식은 식 (2.2)와 같이 표시된다.

$$y = \bar{a} \tag{2.2}$$

그림 2-2.2는 정상상태 열림형 3/2-way 밸브를 이용한 단동실린더의 제어회로로서 푸시버튼밸브 1.1을 작동시키지 않은 상태에서는 포트 1로부터 포트 2로 공기압이 출력되어 실린더 1.0의 피스톤이 전진하지만 밸브 1.1을 누르면 위치 변환되어 공기압은 포트 3으로 배기되며 출력이 없어져 피스톤은 후진한다.

표 2-2.2 NOT논리의 진리표

입력	출력
a	y
0	1
1	0

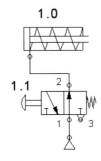

그림 2-2.2 NOT논리회로

2.2 | AND논리

AND논리는 2개의 입력신호 a와 b가 모두 존재할 때에만 출력 y가 존재하는 논리이다. 이 경우 진리표는 표 2-2.3과 같이 표시할 수 있으며, 논리방정식은 다음과 같이 표시된다.

$$y = a \wedge b \ (\text{또는} \ y = a \cdot b) \tag{2.3}$$

표 2-2.3 AND논리의 진리표

입 력		출 력
a	b	y
0	0	0
0	1	0
1	0	0
1	1	1

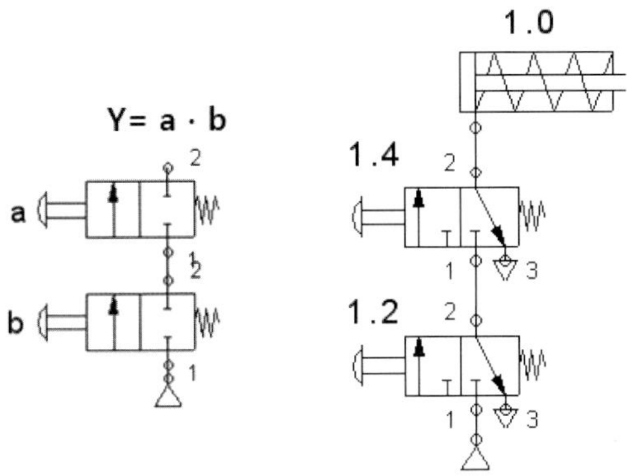

그림 2-2.3 AND논리회로

AND논리의 실행방법은 3/2-way 밸브를 직렬로 연결한 경우와 2압밸브를 이용한 경우를 들 수 있으며, 3/2-way 밸브를 이용하는 경우의 단동실린더 제어회로는 그림 2-2.3과 같다. 밸브 1.2와 밸브 1.4가 동시에 입력되어야 출력이 존재하므로 피스톤이 전진할 수 있다. 이 회로는 저항이 적고 비용이 적게 든다.

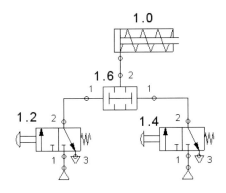

그림 2-2.4 2압밸브를 이용한 AND논리회로

2압밸브를 이용하는 단동실린더의 회로는 그림 2-2.4와 같다. 역시 밸브 1.2와 밸브 1.4를 동시에 눌러야 2압밸브(AND밸브) 1.6이 작동하여 출력이 나오므로 실린더 1.0의 피스톤이 전진한다.

그림 2-2.5는 2압밸브를 이용하는 복동실린더의 회로이며, 원리는 같으나 메모리밸브인 밸브 1.1이 2압밸브로부터 나온 출력이 입력신호로 작용하여 실린더 1.0을 전진시키

게 된다. 이 경우는 3/2-way 밸브의 직렬연결 회로보다 2압밸브로부터 나오는 출력이 약하여 그림 2-2.5의 경우는 별 영향이 없지만 그림 2-2.4의 경우는 실린더의 스프링력보다 2압밸브의 출력이 약하지 않아야 한다.

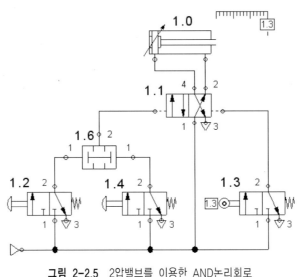

그림 2-2.5 2압밸브를 이용한 AND논리회로

2.3 | OR논리

OR논리는 2개 입력신호 a와 b 중 어느 1개, 또는 a와 b의 모든 신호가 존재하면 출력 y가 존재하는 논리이다. 이 경우의 진리표는 표 2-2.4와 같으며, 논리방정식은 식 (2.4)와 같이 나타낼 수 있다.

표 2-2.4 OR논리의 진리표

입 력		출 력
a	b	y
0	0	0
0	1	1
1	0	1
1	1	1

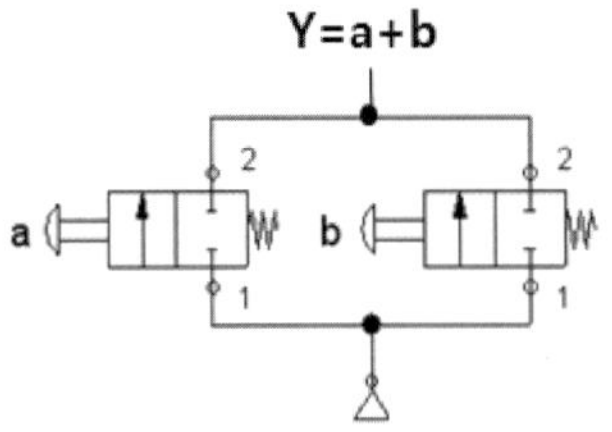

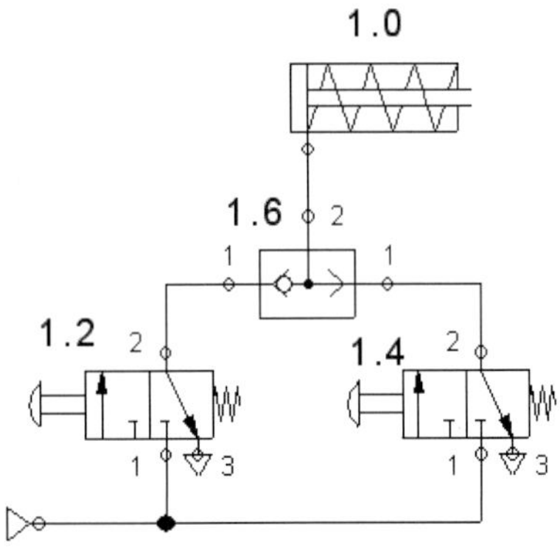

그림 2-2.6 OR논리회로 −1

$$y = a \lor b \ (\text{또는} \ y = a + b) \tag{2.4}$$

OR논리의 실행방법은 셔틀밸브(OR밸브)를 이용해야 한다. 그림 2-2.6은 셔틀밸브를 이용하여 단동실린더를 작동시키는 회로로서 푸시버튼밸브 1.2나 1.4 중 어느 하나 또는 2개 모두를 누르면 공기압이 셔틀밸브 1.6의 출구를 통해 출력되어 단동실린더의 헤드부에 들어가 피스톤을 전진시킨다. 물론 푸시버튼 1.2나 1.4 중 눌렀던 밸브를 모두 놓게 되면 피스톤은 후진한다. 만일 이 회로에서 셔틀밸브가 없다면 두 밸브 중 작동되시 않은 다른 밸브를 통하여 공기가 배기될 것이다.

그림 2-2.7은 셔틀밸브를 이용하여 복동실린더를 작동시키는 회로이다. 손으로 푸시버튼 1.2나 발로 페달버튼 1.4 중 어느 하나 또는 둘 모두를 누르면 셔틀밸브 1.6으로부터 출력이 메인밸브 1.1의 위치를 변환시켜 복동 실린더 1.0의 피스톤을 전진시킨다. 이 경우 눌렀던 버튼을 놓아도 메인밸브 1.1은 메모리되어 피스톤이 전진을 계속한다. 그리고 전진을 완료하여 리밋밸브 1.3이 작동되면 밸브 1.1의 위치가 변환되어 피스톤은 후진한다.

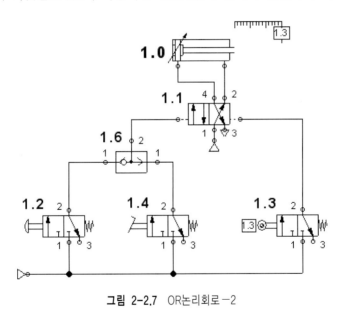

그림 2-2.7 OR논리회로－2

2.4 │ NAND논리

NAND논리는 AND논리와 반대되는 논리로서 입력신호 a 와 b 가 모두 존재할 때만 출력 y 는 존재하지 않으며, 그 입력신호 중 어느 하나 또는 모두가 작동하지 않으면 출력이 존재하는 논리이다. NAND논리의 진리표는 표 2-2.5와 같이 나타낼 수 있으며, 논리방정식은 식 (2.5)와 같이 표시된다.

$$y = \overline{a \cdot b}$$

(2.5)

표 2-2.5 NAND논리의 진리표

입 력		출 력
a	b	y
0	0	1
0	1	1
1	0	1
1	1	0

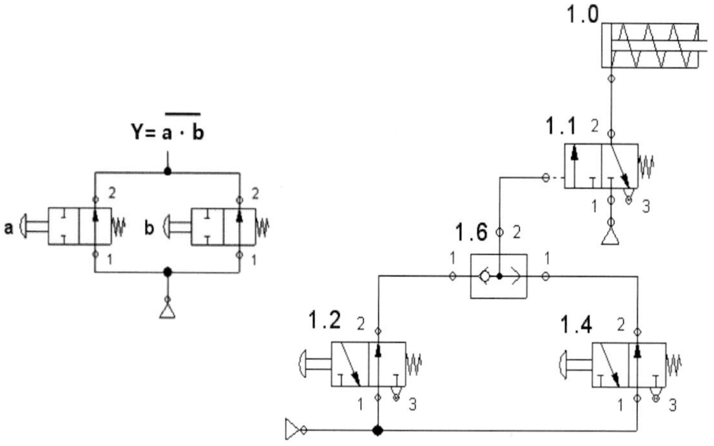

그림 2-2.8 NAND논리회로(셔틀밸브 이용)

그림 2-2.8은 정상상태 열림형 3/2-way 푸시버튼밸브 2개(1.2와 1.4)와 셔틀밸브 1.6으로 단동실린더 1.0의 전·후진운동을 제어하는 회로이다.

밸브 1.2와 1.4를 누르지 않은 상태에서는 셔틀밸브 1.6에서 출력되어 메인밸브 1.1을 위치 변환시켜 실린더의 피스톤이 전진한다. 또, 1.2와 밸브 1.4 중 어느 하나를 눌러도 셔틀밸브 1.6에서 압축공기가 출력되어 피스톤이 전진한다. 그러나 1.2 및 밸브 1.4를 모두 누르게 되면 셔틀밸브 1.6으로부터 압축공기가 출력되지 않으므로 메인밸브 1.1의 위치를 변환시키지 못하여 피스톤이 전진하지 않는다.

그림 2-2.9는 정상닫힘형 3/2-way 푸시버튼밸브 2개와 2압밸브(AND밸브)를 이용한 복동실린더의 전·후진 운동제어회로이다.

정상상태 닫힘형 3/2-way 푸시버튼밸브 1.2와 밸브 1.4를 모두 누르지 않으면 2압밸브 1.6으로부터 압축공기가 출력되지 않으므로 밸브 1.8로부터 나오는 압축공기가 메인밸브 1.1을 위치 변환시켜 실린더 1.0의 피스톤이 전진한다. 1.2 및 밸브 1.4 중 어느 하나만 누르는 경우에도 동일한 결과가 나온다. 그러나 1.2 및 밸브 1.4를 모두 누르면 2압밸브 1.6에서 압축공기가 출력되어 1.8밸브의 위치를 변화시켜 메인밸브 1.1의 위치변환이 이루어지지 않으므로 피스톤은 전진하지 못한다.

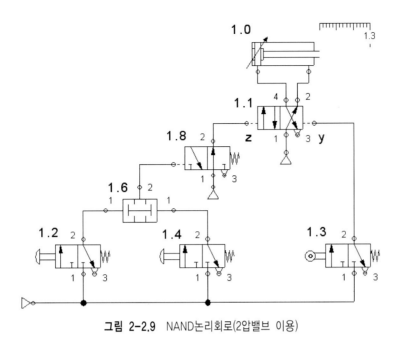

그림 2-2.9 NAND논리회로(2압밸브 이용)

2.5 │ NOR논리

NOR논리는 OR논리의 반대 논리로서, 입력신호 a 와 b 의 두 입력신호 중 어느 하나라도 존재하면 출력 y 는 존재하지 않으며, 두 입력신호 모두 존재하지 않는 경우에만 출력이 존재하는 논리이다. NOR논리의 진리표는 표 2-2.6과 같으며, 논리방정식은 식 (2.6)과 같이 표시된다.

표 2-2.6 NOR논리의 진리표

입 력		출 력
a	b	y
0	0	1
0	1	0
1	0	0
1	1	0

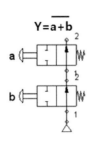

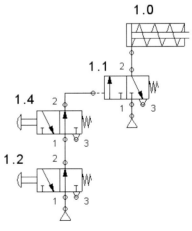

그림 2-2.10 NOR논리회로(단동실린더 제어)

$$y = \overline{a+b} \tag{2.6}$$

그림 2-2.10은 정상상태 열림형 3/2-way 푸시버튼밸브 2개를 이용한 단동실린더의 제어회로이다. 푸시버튼밸브 1.2와 1.4를 누르지 않으면 압축공기가 출력되어 메인밸브 1.1의 위치를 변환시키므로 실린더 1.0의 피스톤이 전진한다. 그러나 밸브 1.2와 1.4 중 어느 하나 또는 둘 모두를 누르게 되면 압축공기가 출력되지 않으므로 메인밸브의 위치가 변환되지 않아 피스톤은 전진하지 못한다.

그림 2-2.11은 셔틀밸브를 이용한 복동실린더의 제어회로이다. 정상상태 닫힘형 3/2-way 푸시버튼밸브 1.2와 1.4를 모두 누르지 않게 되면 2압밸브 1.6으로부터 압축공기가 출력되지 않아 밸브 1.8에서는 압축공기가 출력되어 메인밸브 1.1이 위치 변환되므로 실린더는 전진한다. 그러나 밸브 1.2와 1.4 중 어느 하나 또는 둘 모두를 누르면 밸브 1.8이 위치 변환되어 밸브 1.8로부터 압축공기가 출력되지 않으므로 메인밸브 1.1의 위치변환이 이루어지지 않는다. 따라서 실린더는 전진하지 않게 된다.

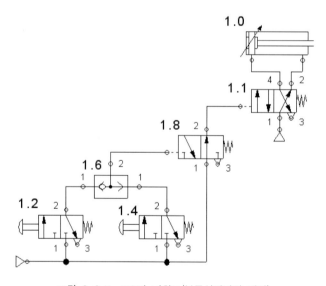

그림 2-2.11 NOR논리회로(복동실린더의 제어)

2.6 │ 시간지연회로(time delay circuit)

공압회로에서는 교축릴리프밸브(유량조절밸브)와 탱크, 그리고 방향제어밸브를 적절히 배열·설치하면 간단히 시간제어를 할 수 있다. 이 경우 각 요소는 단일 부품으로 구성하거나 그 부품들을 내장시킨 세트를 사용하기도 한다. 여기서 사용되는 방향제어밸브는 3/2-way 밸브이며, 정상상태 닫힘형과 정상상태 열림형의 두 종류가 있다.

이 절에서는 ON Delay 시간제어회로, OFF Delay 시간제어회로, Pulse 시간제어회로에 대하여 소개한다.

2.6.1 ON Delay 시간제어회로

ON Delay 시간제어회로는 입력신호 S가 ON된 후 일정한 시간 Δt 가 경과한 시점에서 ① 출력 A를 ON시키는 회로(정상상태 닫힘형), ② 출력 A를 OFF시키는 회로(정상상태 열림형)를 말하며, 두 경우 모두 입력신호 S가 OFF됨과 동시에 출력 A가 OFF된다.

그림 2-2.12는 정상상태 닫힘형 ON Delay 시간제어회로와 동작선도를 나타낸다. 회로의 구성은 한 방향 유량조절밸브와 공기탱크, 3/2-way 밸브로 이루어져 있으며, 입력신호 S를 ON시키면 압축공기가 유량조절밸브를 거쳐 공기탱크에 들어가며 공기탱크 및 관 내의 압력이 점차 상승하여 일정 시간이 경과 후 3/2-way 밸브의 위치가 변환되므로 출력 A를 ON시킨다.

그림 2-2.13은 동일한 구조이며 단지 3/2-way 밸브를 정상상태 열림형으로 하여 출력 A가 ON상태로부터 밸브가 위치 변환되는 시점에서 출력 A가 OFF상태로 되는 것만 다르다.

위의 두 경우 모두 입력신호 S를 OFF시키면 3/2-way 밸브의 위치를 변환시킨 압축공기의 파일럿 신호는 유량조절밸브의 체크밸브 쪽을 통해 S측으로 방출되므로 3/2-way 밸브의 위치가 원래대로 복귀된다.

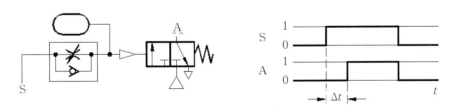

그림 2-2.12 ON Delay 시간제어회로와 동작선도(N/C형)

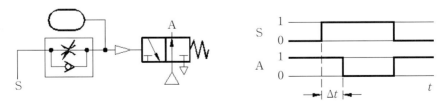

그림 2-2.13 ON Delay 시간제어회로와 동작선도(N/O형)

2.6.2 OFF Delay 시간제어회로

OFF Delay 시간제어회로의 정상상태 닫힘형은 입력신호 S가 ON됨과 동시에 출력 A를 ON시키지만 입력신호 S가 OFF되면 일정 시간 Δt 가 경과한 후 출력 A가 OFF되는 회로를 말하며, 정상상태 열림형은 출력 A의 ON·OFF가 위의 경우와 반대이다.

회로의 구성은 ON Delay회로와 같으나 체크밸브의 방향이 반대이다. 그림 2-2.14(정상상태 닫힘형)는 입력신호 S가 ON되면 압축공기가 바로 3/2-way 밸브의 위치를 변환시켜 출력 A가 ON상태로 된다. 그러나 입력신호 S가 OFF되면 공기탱크 및 관 내의 공기가 유량조절밸브(교축밸브)를 통해 S측으로 서서히 배기되어 일정 시간 Δt 가 경과된 후 3/2-way 밸브의 위치를 변환시킬 수 있으므로 Δt 후에 출력 A가 OFF된다. 정상상태 열림형(그림 2-2.15)의 경우는 동일한 작용으로 출력 A가 최초 OFF로부터 Δt 시간 후 ON상태로 된다.

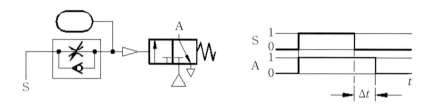

그림 2-2.14 OFF Delay 시간제어회로와 동작선도(N/C형)

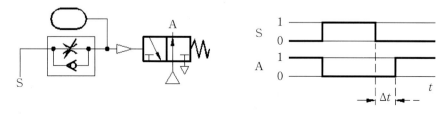

그림 2-2.15 OFF Delay 시간제어회로와 동작선도(N/O형)

2.6.3 Pulse 시간제어회로

Pulse 시간제어회로는 정상상태 열림형 ON Delay 시간제어회로(그림 2-2.13 참조)를 변형시킨 회로로서 정상상태 열림형 3/2-way 밸브의 압축공기 공급포트 배선과 입력 S를 연결시킨 회로이다(그림 2-2.16). 입력신호 S가 ON이면 출력 A는 바로 ON상태이나 유량밸브 측으로 공급되는 압축공기가 공기탱크 및 배관 내의 압력을 상승시켜 3/2-way

밸브의 위치를 변환시키는 시간 Δt 후에는 출력 A가 OFF된다. 이 경우 입력신호 S가 계속 ON상태라 해도 출력 A는 Δt 시간만 ON되는 Pulse형 출력이 이루어진다.

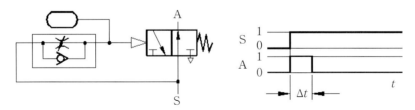

그림 2-2.16 Pulse 시간제어회로와 동작선도(N/O형)

CHAPTER 03 | 공압의 기본회로

3.1 | 방향제어회로(directional control circuit)

3.1.1 단동실린더의 방향제어

(1) 단동실린더의 직접 및 간접회로

그림 2-3.1(a)는 정상상태 닫힘형(N/C, Normally Closed type) 3/2-way 밸브(푸시버튼형)를 이용하여 직접 단동실린더의 전진 · 후진을 제어할 수 있다. 밸브 1.1을 ON시키면 실린더의 피스톤은 전진하고 OFF시키면 밸브 1.1이 위치 변환되어 피스톤이 후진한다.

그림 2-3.1(b)는 정상상태 닫힘형 3/2-way 밸브 2개(푸시버튼형 1개, 파일럿형 1개)를 이용하여 간접적으로 단동실린더의 전진 · 후진 방향을 제어하는 회로이다. 이 경우에 밸브 1.2는 용량이 작아도 되며, 그러한 경우에 조작이 용이하고 스위칭 시간을 줄일 수 있다. 밸브 1.2를 ON시키면 압축공기는 메인밸브 1.1을 위치 변환시켜 피스톤을 전진시

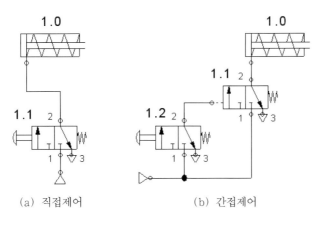

(a) 직접제어   (b) 간접제어

그림 2-3.1 단동실린더의 방향제어회로

키며, 밸브 1.2를 OFF시키면 밸브 1.1이 다시 복귀하여 실린더 내의 공기가 배기되므로 피스톤이 후진한다.

(2) 단동실린더의 자기유지회로(self holding circuit)

① OFF우선 자기유지회로

그림 2-3.2는 단동실린더의 전진·후진 제어를 위한 **OFF우선 자기유지회로**를 나타낸다. 밸브 1.2를 ON시키면 제어신호는 셔틀밸브 1.4와 밸브 1.3을 통하여 메인밸브 1.1을 위치 변환시켜 단동실린더의 피스톤이 전진한다. 이 상태에서 밸브 1.2를 OFF시켜도 밸브 1.3의 출력신호는 셔틀밸브 1.4와 밸브 1.3을 통해 1.1 밸브를 ON시키므로 실린더는 전진상태를 유지한다. 이러한 상태를 **자기유지**(self holding)라 한다.

피스톤을 후진시키려면 밸브 1.3을 ON시켜야 된다. 그러면 메인밸브 1.1이 복귀되어 실린더 내 공기가 배기되므로 피스톤이 후진하게 된다.

만일 밸브 1.2(ON 밸브)와 밸브 1.3(OFF 밸브)을 동시에 ON시키면 밸브 1.3에 의해 출력신호를 얻을 수 없으므로 피스톤을 전진시킬 수 없다. 이와 같은 회로를 OFF우선 자기유지회로라 한다.

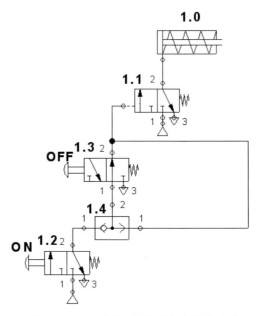

그림 2-3.2 OFF우선 자기유지회로(단동실린더)

② ON우선 자기유지회로

그림 2-3.3은 단동실린더의 전진·후진을 위한 **ON우선 자기유지회로**이다. 작동되는 방법은 OFF우선 자기유지회로와 같다. 즉, 밸브 1.2를 ON시키면 단동실린더의 피스톤이 전진하며 그 밸브를 OFF시켜도 전진상태를 유지한다. 그러나 밸브 1.2(ON 밸브)와 밸브 1.3(OFF 밸브)을 동시에 ON시키면 피스톤이 전진한다. 이와 같은 회로를 ON우선 자기유지회로라 한다. 이때 1.3 밸브를 OFF시켜도 1.2 밸브만 ON 시키면 피스톤이 전진한다.

이러한 자기유지회로는 최종 제어요소인 밸브 1.1로서 3/2-way 메모리밸브(양쪽 파일 럿형)를 사용하면 밸브 1.4가 필요 없게 되므로 회로가 간편해지고 비용도 절감된다. 따라서, 특수한 경우를 제외하면 일반적으로 자기유지회로를 사용하지 않는다.

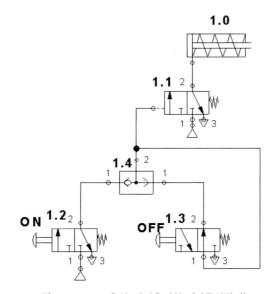

그림 2-3.3 ON우선 자기유지회로(단동실린더)

(3) 단동실린더의 중간정지회로

그림 2-3.4는 단동실린더의 **중간정지회로**이다. 메인밸브 1.1은 차단 중립위치를 갖는 3/3-way 밸브이며, 실린더의 피스톤을 중간에 정지시킬 수 있다. 밸브 1.2를 ON시키면 밸브 1.1이 위치 변환되어 피스톤이 전진하고 그 도중에 밸브 1.2를 OFF시키면 밸브 1.1은 중앙 위치로 복귀하여 정지한다. 같은 방법으로 밸브 1.3을 ON시키면 피스톤이 후진하며 도중에 밸브 1.3을 OFF시키면 피스톤이 정지한다. 이 회로는 작동속도 및 부하율에 따라 다르지만 피스톤의 관성력에 의하여 정지 정밀도가 나쁘고 진동이 생기기 쉽다.

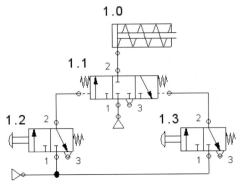

그림 2-3.4 단동실린더의 중간정지회로

3.1.2 복동실린더의 방향제어

(1) 복동실린더의 방향제어를 위한 직접 및 간접회로

복동실린더의 방향제어를 위한 직접제어회로는 1.3.1절을, 간접제어회로는 1.3.2절을 참조하기 바란다.

(2) 복동실린더의 자기유지회로

① OFF우선 자기유지회로

그림 2-3.5는 복동실린더의 **OFF우선 자기유지회로**이다. 작동방법은 3.1.1절의 그림

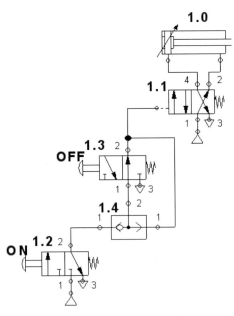

그림 2-3.5 OFF우선 자기유지회로(복동실린더)

2-3.2(단동실린더의 OFF우선 자기유지회로)와 같다. 그러나 메인밸브 1.1을 스프링 복귀형 3/2-way 밸브 대신에 스프링 복귀형 4/2-way 밸브로 대치시킨 것이다.

② ON우선 자기유지회로

그림 2-3.6은 복동실린더의 **ON우선 자기유지회로**이며, 작동방법은 3.1.1절의 그림 2-3.3(단동실린더의 ON우선 자기유지회로)과 같다. 단, 메인밸브 1.1을 스프링 복귀형 3/2-way 밸브 대신에 스프링 복귀형 4/2-way 밸브로 교체한 것이다.

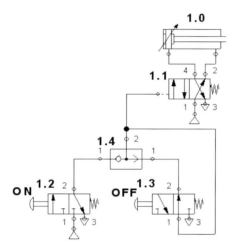

그림 2-3.6 ON우선 자기유지회로(복동실린더)

(3) 복동실린더의 중간정지회로

① 2/2-way 밸브에 의한 중간정지회로

그림 2-3.7에서 복동실린더의 전진용 푸시버튼밸브 1.2를 ON시키면 밸브 1.1이 위치 변환되고 동시에 2/2-way 밸브 1.01과 1.02가 위치 변환되어 피스톤은 전진한다. 전진 도중에 밸브 1.2를 OFF시키면 밸브 1.01과 1.02의 위치가 복귀하여 실린더로의 공기공급이 차단되므로 피스톤은 그 위치에 정지한다. 마찬가지로 후진용 푸시버튼밸브 1.3을 ON시키면 피스톤이 후진하며, 그 도중에 밸브 1.3을 OFF시키면 피스톤이 그 위치에 정지한다.

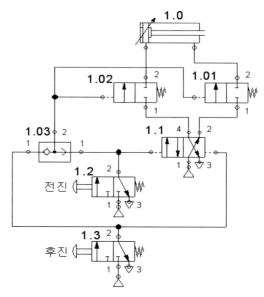

그림 2-3.7 2/2−way 밸브를 이용한 중간정지회로

② 4/3−way 밸브 또는 5/3−way 밸브에 의한 중간정지회로

　　그림 2-3.8은 5/3-way 밸브를 이용한 회로로서 밸브 1.2를 ON시키면 실린더 1.0의
피스톤이 전진하며 도중에 밸브 1.2를 OFF시키면 내장된 스프링력에 의해 밸브 1.1
의 위치가 복귀되어 실린더의 헤드 측과 로드 측에 모두 압축공기 공급이 차단되므
로 피스톤은 정지한다. 밸브 1.3의 경우에는 후진 시 동일한 작용으로 피스톤을 정지
시킬 수 있다.

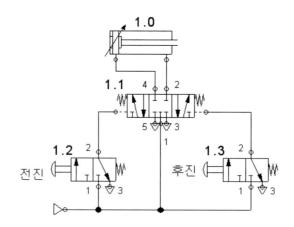

그림 2-3.8 5/3−way 밸브를 이용한 중간정지회로

3.2 | 왕복운동회로

3.2.1 1회 왕복운동회로

(1) 리밋밸브를 이용한 회로

그림 2-3.9는 실린더 1.0의 전진 위치에 리밋밸브를 설치하고 최종 제어요소로서 4/2-way 메모리밸브(Flip-Flop형)를 사용한 **1회 왕복운동회로**이다.

밸브 1.2를 ON시키면 메인밸브 1.1이 위치 변환되어 실린더 1.0의 피스톤이 전진한다. 이때 전진운동 중에 밸브 1.2를 OFF시켜도 밸브 1.1은 그대로 그 위치를 유지하는 상태이므로 피스톤은 전진운동을 계속한다. 전진이 완료되어 리밋밸브 1.3이 ON되면 밸브 1.1이 위치 변환되어 피스톤이 후진하므로 1회 왕복운동이 완료된다.

이때 밸브 1.2가 계속 ON상태에서 밸브 1.3이 ON되는 경우에는 메모리밸브인 1.1은 먼저 입력된 밸브 1.2의 신호를 유지하므로 밸브 1.3의 신호는 효력을 잃게 된다. 따라서, 밸브 1.2가 OFF된 후에야 밸브 1.3의 신호가 효력을 발생하게 된다.

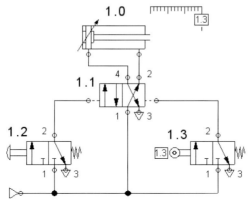

그림 2-3.9 1회 왕복운동회로(리밋밸브 이용)

(2) ON Delay 타이머를 이용한 회로

그림 2-3.10은 리밋밸브를 사용하는 대신 ON Delay 타이머를 이용한 **1회 왕복운동회로**이다.

3/2-way 푸시버튼밸브 1.2를 ON시키면 4/2-way 메모리밸브 1.1이 위치 변환되어 실린더 1.0의 피스톤이 전진한다. 그 상태에서 ON Delay timer 1.3의 공기탱크 및 관로 내에 압축공기가 유입되어 압력이 상승하면 그 공기압은 일정 시간 후에 밸브 1.1의 위치

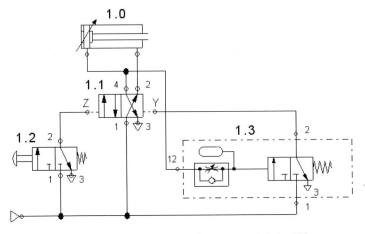

그림 2-3.10 1회 왕복운동회로(ON Delay 타이머 이용)

를 다시 변환시키고, 따라서 피스톤이 후진하여 1회 왕복운동을 완료한다. 이때 밸브 1.2
는 OFF 상태가 되어야 한다. 이 경우에 ON Delay 타이머에 의한 신호가 피스톤이 전
진 끝단에서 메모리밸브 1.1의 위치가 변환될 수 있도록 시간조정을 하게 되면 피스톤은
자동적으로 전진 끝단에서 복귀하게 된다.

3.2.2 연속 왕복운동회로

(1) 3/2-way 리밋밸브를 이용한 회로

  그림 2-3.11은 리밋밸브로서 3/2-way(스프링 복귀형) 밸브를 이용한 **연속 왕복운동회로**

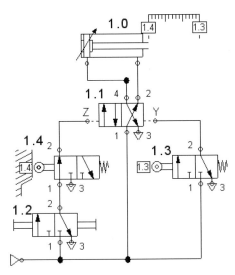

그림 2-3.11 연속 왕복운동회로(리밋밸브 이용)

이다. 단락 스위치형 밸브 1.2를 ON시키면 실린더 1.0의 피스톤은 전진·후진의 왕복운동을 하고, 밸브 1.2를 OFF시키면 피스톤이 후진된 상태로 리밋밸브 1.4가 ON상태로 있게 된다. 즉, 밸브 1.2를 ON시키면 압축공기는 밸브 1.4를 통하여 파일럿 압력에 의해 메인밸브 1.1이 위치 변환되어 피스톤이 전진하며, 전진을 시작하면 리밋밸브 1.4가 OFF되어 밸브 1.1에 파일럿 압력이 소멸된다. 그러나 밸브 1.1의 위치는 그대로 유지되어 피스톤의 전진은 계속된다. 전진이 완료되면 리밋밸브 1.3이 ON되어 압축공기의 파일럿 압력이 밸브 1.1의 위치를 변환시켜 피스톤은 후진하며, 이러한 전진·후진은 밸브 1.2를 OFF시킬 때까지 계속된다.

(2) 2/2-way 리밋밸브를 이용한 회로

그림 2-3.12는 2/2-way 리밋밸브를 이용한 **연속 왕복운동회로**이다. 수동밸브 1.2를 ON시키면 리밋밸브 1.4(후진 시에 ON상태임)를 통한 파일럿 신호에 의해 메인밸브 1.1을 위치 변환시켜 실린더 1.0의 피스톤은 전진한다. 피스톤이 전진함에 따라 리밋밸브 1.4는 자동적으로 OFF되지만 파일럿 신호는 그대로 밸브 1.1에 작용하여 그 입력신호는 전진 완료 시까지 소멸되지 않는다. 전진이 완료되어 리밋밸브 1.3이 ON되면 파일럿 압력은 대기 중으로 방출되어 밸브 1.1은 스프링력에 의해 위치가 복귀되므로 피스톤이 후진한다. 후진이 완료되면 다시 밸브 1.4가 ON되어 앞의 과정을 반복하므로 연속적으로 왕복운동이 계속된다. 그 왕복운동은 밸브 1.2를 OFF시킬 때까지 계속되며 밸브 1.2가 OFF되면 피스톤이 후진상태에서 멈추게 된다.

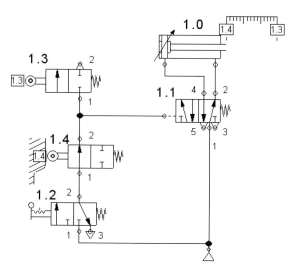

그림 2-3.12 연속 왕복운동회로(2/2-way 리밋밸브 이용)

3.3.1 단동실린더의 속도제어회로

단동실린더의 전진운동 속도는 **공급공기의 조절방식**(meter-in 방식)으로만 조절이 가능하며 **배기조절방식**(meter-out 방식)으로는 조절할 수 없다. 또, 단동실린더의 후진운동 속도는 전진운동의 경우와 달리 배기조절방식에 의해서만 조절이 가능하지만 일반적으로 단동실린더의 후진속도 조절은 거의 하지 않는다.

(1) 단동실린더의 전진속도 제어

그림 2-3.13은 단동실린더의 전진속도 제어회로이다. 밸브 1.1을 ON시키면 체크밸브가 있는 일방향 유량조절밸브에서 공급공기를 교축하여 피스톤의 전진속도를 변화시킬 수 있다. 밸브 1.1을 OFF시키면 바로 후진한다.

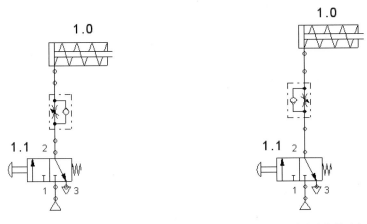

그림 2-3.13 단동실린더의 전진속도 제어회로   **그림 2-3.14** 단동실린더의 후진속도 제어회로

(2) 단동실린더의 후진속도 제어

그림 2-3.14는 단동실린더의 후진속도 제어회로로서, 그림 2-3.13의 일방향 유량조절밸브에서 체크밸브의 방향이 반대이다.

밸브 1.1을 ON시키면 압축공기가 그대로 실린더에 공급되어 피스톤이 전진하며, 밸브 1.1을 OFF시키면 배기공기가 교축되어 후진속도가 조절된다. 전술한 바와 같이 단동실린더의 후진운동이 작업에 사용되는 일이 없으므로 후진운동의 속도조절은 거의 하지 않는다.

(3) 단동실린더의 후진속도 증가

단동실린더의 용적이 크거나 피스톤 로드에 부하가 작용하는 경우에는 피스톤의 후진 운동속도가 느려질 수 있다. 이러한 경우, 급속배기밸브를 이용하면 실린더 헤드 측의 공기를 급속히 배기시킴으로써 피스톤의 후진속도를 증가시킬 수 있다.

그림 2-3.15는 급속배기밸브를 이용한 후진속도의 증가회로를 나타낸다. 밸브 1.1을 ON시키면 압축공기는 그대로 실린더에 공급되어 피스톤이 전진하며 밸브 1.1을 OFF시키면 급속배기밸브를 통해 공기가 대기 중으로 급속히 배기되어 피스톤이 빠르게 후진한다.

(4) 단동실린더의 전진·후진속도 제어

단동실린더의 전진·후진속도를 모두 제어하고자 할 때는 그림 2-3.16과 같이 2개의 일방향 조절밸브를 이용하는 방법이 있다. 밸브 1.1을 ON시키면 압축공기가 아래쪽 유량조절밸브에서 교축되어 전진속도가 제어되고, OFF시키면 배기공기가 위쪽 유량조절밸브에서 교축되어 후진속도가 제어된다. 이러한 회로는 거의 사용되지 않는다.

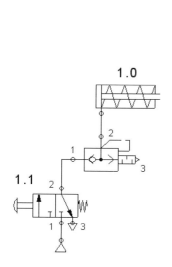

그림 2-3.15 단동실린더의 후진속도 증가
(급속배기밸브 이용)

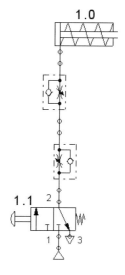

그림 2-3.16 단동실린더의 전진·후진속도
제어회로

3.3.2 복동실린더의 속도제어회로

복동실린더의 속도제어는 단동실린더와 달리 전진운동 속도제어를 **공급공기의 조절방식** (meter-in), **배기조절방식**(meter-out) 모두 이용할 수 있으며, 급속배기밸브를 이용하여 전진·후진 운동속도를 증가시킬 수 있다.

(1) 공급공기 조절방식에 의한 복동실린더의 전진·후진속도 제어

일방향 유량조절밸브 2개를 사용하여 각각 실린더 헤드 측 및 피스톤 로드 측으로 공급되는 공기를 교축하여 전진·후진속도를 제어하는 방식으로서 **미터인**(meter-in) **방식**이라 한다.

그림 2-3.17은 그 회로도를 나타내며, 좌측 유량조절밸브는 전진속도를 제어하고 우측 유량조절밸브는 후진속도를 제어한다. 이 방식은 배기조절방식에 비해서 초기의 피스톤 속도는 안정되는 장점이 있으나 피스톤의 속도가 부하상태에 따라 불안정한 단점이 있으므로 피스톤 로드에 부하가 불규칙하게 작용하는 경우와 피스톤 로드에 인장하중이 작용하는 경우에는 사용하지 않는 것이 좋다. 이 방식은 실린더의 용적이 작은 경우에 한하여 제한적으로 이용되고 있다.

(2) 배기조절방식에 의한 복동실린더의 전진·후진속도 제어

일방향 유량조절밸브 2개를 이용하여 실린더로부터 배기공기를 교축하여 전진·후진속도를 제어하는 방식으로서 **미터아웃**(meter-out) **방식**이라 한다.

그림 2-3.18은 그 회로도이며, 좌측 유량조절밸브는 후진속도를, 우측 유량조절밸브는 전진속도를 제어한다. 이 방식은 공급공기 조절방식에 비해 초기속도는 불안정하지만 피스톤 로드에 작용하는 부하의 영향을 그다지 받지 않는 장점이 있다. 또, 피스톤 로드에 인장하중이 작용하는 경우에도 속도제어가 가능하므로 복동실린더의 속도제어는 거의 모두 배기조절방식을 사용하고 있다.

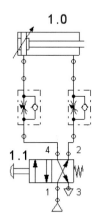

그림 2-3.17 공급공기 조절방식(meter-in 회로)

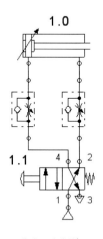

그림 2-3.18 배기조절방식(meter-out 회로)

(3) 단순 교축밸브를 이용한 복동실린더의 전진·후진속도 제어

5/2-way 밸브를 이용하는 경우, 양방향 유량조절밸브를 이용하여 전진·후진속도를

제어할 수 있다. 이때 그림 2-3.19와 같이 교축밸브를 배기구에 연결하여 배기조절방식으로서 밸브 1.1을 ON시키면 실린더의 피스톤은 전진하며 그 속도를 조절할 수 있고, 밸브 1.1을 OFF시키면 후진할 때 그 속도를 제어할 수 있다. 배기구 R의 교축밸브는 후진속도, 배기구 S의 교축밸브는 전진속도를 조절한다. 이 방식은 그림 2-3.18의 배기조절방식에서 나타날 수 있는 반동(rebound)현상이 일어나지 않으므로 안정된 속도조절이 가능하다.

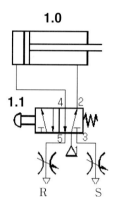

그림 2-3.19 전진·후진속도 제어(단순교축밸브 이용)

(4) 복동실린더의 서행전진·급속자동귀환

실린더의 전진운동은 느리게, 후진운동은 빠르게 할 수 있는 회로는 그림 2-3.20과 같이

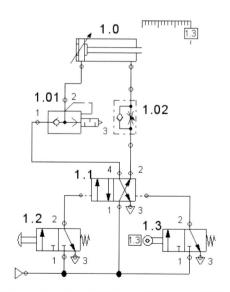

그림 2-3.20 복동실린더의 서행전진·급속귀환회로

실린더 헤드 측에 급속배기밸브를 장착하고 실린더 로드 측에는 일방향 유량조절밸브를 장착하여 이룰 수 있다.

밸브 1.2를 ON시키면 밸브 1.1에 파일럿 신호가 작용하여 위치 변환되므로 압축공기가 실린더 헤드 측에 공급되어 피스톤이 전진한다. 이때 실린더 로드 측으로부터 배기가 일방향 유량조절밸브 1.02에서 조절되어 전진속도는 느리게 할 수 있다. 전진 완료 시 리밋밸브 1.3이 ON되면 밸브 1.1이 위치 변환되어 압축공기가 실린더 로드 측에 공급되어 피스톤이 후진하며, 이때 실린더 헤드 측의 공기가 급속배기밸브 1.01에서 급속히 배기되므로 후진속도는 빨라진다.

(5) 복동실린더의 전진 · 후진속도의 가변회로

그림 2-3.21은 복동실린더의 전진과 후진운동의 양방향 속도를 모두 가변할 수 있는 회로이다. 이 회로는 2/2-way 밸브 A 및 B에 의해 전진 · 후진 도중에 속도를 증가시키고자 할 때 사용된다.

밸브 1.2를 ON시키면 실린더 1.0의 피스톤이 전진하며, 그 전진속도는 우측의 일방향 유량조절밸브의 교축에 의해 조절된다. 이때 B밸브를 ON시키면 실린더 로드 측 공기가 밸브 B에서 대기 중으로 배기되므로 전진속도를 증가시킬 수 있다. 밸브 1.2를 OFF시키면 피스톤이 후진하며 그 후진속도는 좌측의 유량조절밸브의 교축에 의해 조절된다. 이때 A밸브를 ON시키면 후진속도를 증가시킬 수 있다.

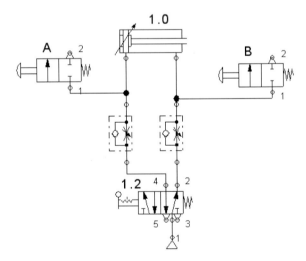

그림 2-3.21 전진 · 후진속도의 가변회로

3.4 │ 압력제어회로(pressure control circuit)

공압시스템에서 특별한 압력이 요구되는 경우에는 압력시퀀스밸브(pressure sequence valve)가 사용되며, 압력을 제한해야 하는 경우에는 압력릴리프밸브(pressure relief valve)가 사용된다.

시퀀스밸브는 그림 2-3.22(a)와 같이 3/2-way 밸브와 연결한 내부 파일럿 방식이며, 약식 기호는 (b)와 같다.

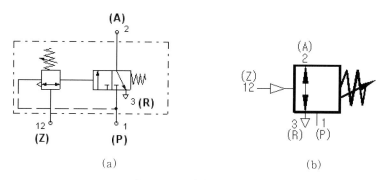

(a)   (b)

그림 2-3.22 압력시퀀스밸브

3.4.1 위치 확인이 없는 압력에 의한 제어

복동실린더에서 리밋밸브를 사용하지 않고 압력시퀀스밸브를 이용하여 전진·후진운동을 제어할 수 있는 회로를 그림 2-3.23에 나타내었다. 이 경우 밸브 1.2를 ON시키면

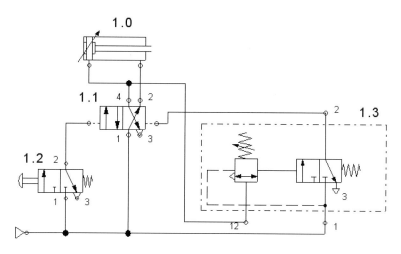

그림 2-3.23 압력제어회로(압력시퀀스밸브 이용)

메인밸브 1.1이 위치 변환되어 피스톤이 전진하고 피스톤이 임의의 위치에 있을 때 실린더 헤드 측에 있는 공기압력이 압력시퀀스밸브 1.3의 설정압력에 도달하면 밸브 1.1의 위치가 다시 변환되어 피스톤은 후진운동을 한다.

이러한 제어시스템은 리밋밸브를 사용할 수 없는 경우나 작동의 정확도가 요구되지 않는 경우, 또는 특별한 반력이 생기면 피스톤 운동의 전환이 필요한 경우에 사용된다.

3.4.2 감압밸브를 이용한 압력의 제어

그림 2-3.24는 5/2-way 방향제어밸브를 사용하고 실린더와 방향제어밸브 사이에 감압밸브(pressure reducing valve)와 일방향 유량조절밸브를 설치한 **차압작동회로**이다.

밸브 1.2를 ON시키면 압축공기는 감압밸브 1.4에서 설정한 압력으로 감압되어 실린더 헤드 측에 공급되고 로드 측 공기는 대기 중으로 배기되어 피스톤이 전진한다. 1.2밸브를 OFF시키면 로드 측에는 감압되지 않은 공기압이 공급되고 헤드 측의 공기는 자유롭게 대기 중으로 배출되므로 빠른 속도로 후진한다.

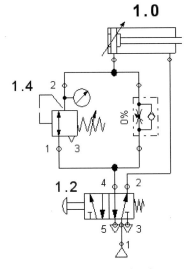

그림 2-3.24 차압작동회로

3.4.3 리밋밸브와 압력에 의한 제어

그림 2-3.25는 복동실린더의 전진 끝단에 리밋밸브를 장착하고 압력시퀀스를 이용한 회로도이다.

밸브 1.2를 ON시키면 실린더 1.0의 피스톤이 전진하고, 전진이 완료되면 리밋밸브 1.5가 작동한다. 이때 실린더 헤드 측의 공기압력이 압력시퀀스밸브 1.3의 설정압력 이상으

로 되었을 때 밸브 1.1의 위치를 변환시켜 피스톤이 후진하게 된다. 이때 밸브 1.3의 최
고 설정압력은 이 시스템에 공급되는 압력 이하여야 한다.

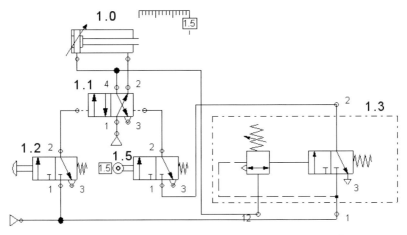

그림 2-3.25 압력제어회로(리밋밸브와 압력시퀀스밸브 이용)

3.5 | 교번제어회로(alternating control circuit)

교번제어는 하나의 입력신호를 ON시킬 때마다 출력신호가 ON, OFF를 교대로 나타
내는 제어로서, 그림 2-3.26은 입력신호 i와 출력신호 o의 관계를 표시한다. 즉, 입력신호
를 ON시킬 때마다 출력신호는 ON, OFF를 교대로 나타낸다.

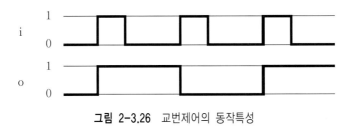

그림 2-3.26 교번제어의 동작특성

이러한 교번제어회로는 계수회로(counter circuit) 또는 기억회로에 필수적으로 사용
되므로 제어공학에서 중요시되고 있다.

3.5.1 리밋밸브에 의한 교번회로

그림 2-3.27(a)는 리밋밸브를 피스톤의 전진·후진단에 각각 장착한 교번회로의 기본

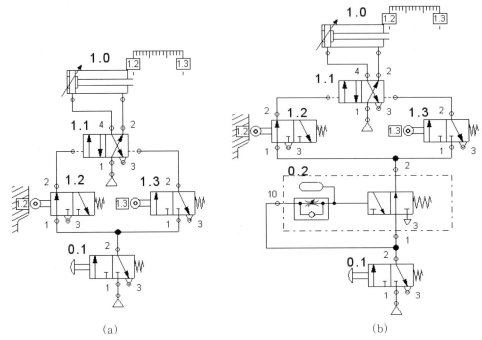

（a）　　　　　　　　　　　　　　（b）

그림 2-3.27 교번제어회로(리밋밸브 이용)

회로이다. 푸시버튼(스프링복귀형)밸브 0.1을 터치하면 실린더 1.0의 피스톤이 후진 위치에 있을 경우는 전진운동을, 전진 위치에 있는 경우는 후진운동을 한다. 다시 밸브 0.1을 터치하면 운동 방향이 바뀌는 것으로서 밸브 0.1을 누를 때마다 전진·후진의 운동 방향이 바뀐다. 그러나 밸브 0.1의 작동시간이 피스톤의 한 행정시간보다 긴 경우에는 피스톤이 즉시 반대되는 동작을 하게 되는 단점이 있다.

따라서, 그림 2-3.27(b)와 같이 밸브 0.1의 출력신호를 시간지연밸브 0.2를 이용하여 펄스신호로 만들어 줄 필요가 있다. 이 회로에서는 밸브 0.1을 계속 ON상태로 하여도 일정 시간이 지나면 밸브 0.2의 3/2-way 밸브를 위치 변환시켜 리밋밸브와 밸브 1.1로의 파일럿 압력을 끊어 밸브 1.1의 위치 변환이 되지 않아 반대 동작을 할 수 없게 된다. 따라서, 밸브 0.1을 OFF시켰다가 다시 ON시켜야 반대동작을 수행하게 된다.

3.5.2 메모리밸브와 3/2-way 밸브에 의한 교번회로

그림 2-3.28은 4/2-way 메모리밸브와 3/2-way 밸브를 사용한 교번회로이다. 밸브 1.5를 잠시 ON시키면 1.3 및 밸브 1.4는 닫히고 최종 제어요소인 밸브 1.1이 위치 변환되어 피스톤이 전진한다. 이 상태에서 실린더 헤드 측 공기의 압력이 증가하여 밸브 1.2의 위치를 변환시킨다. 이때 밸브 1.5를 다시 ON시키면 밸브 1.1의 위치가 복귀되어 피스톤

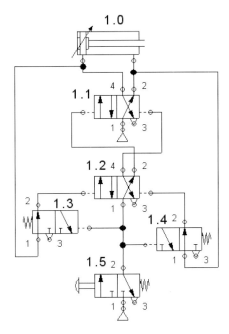

그림 2-3.28 교번회로(메모리밸브와 3/2-way 밸브 이용)

이 후진한다. 이 상태에서는 실린더 로드 측 공기압의 증가로 밸브 1.2의 위치가 복귀되며, 이때 밸브 1.5를 다시 누르면 밸브 1.1이 위치 변환되어 실린더가 전진한다. 따라서, 밸브 1.5를 누를 때마다 실린더의 전진·후진 방향이 바뀌게 된다.

밸브 1.5를 계속 누르고 있으면 피스톤이 전진이나 후진운동을 1회 수행하지만, 밸브 1.3 및 1.4가 닫혀 있으므로 피스톤이 반대 방향으로 운동할 수 없게 된다.

3.5.3 메모리밸브와 2압밸브에 의한 교번회로

그림 2-3.29는 신호전달기로서 4/2-way 밸브 1.5를 사용하고 2압밸브 1.3 및 1.4를 이용한 교번회로도이다.

밸브 1.5를 ON시키면 메인밸브 1.1이 위치 변환되어 실린더의 피스톤이 전진한다. 이때 실린더 헤드 측의 압축공기가 밸브 1.3의 제어관로 12에 입력신호로서 작용시키고 있으나 밸브 1.3의 제어관로 14에 아직 입력신호가 작용하지 않고 있으므로 밸브 1.2의 위치 변환은 이루어지지 않는다.

밸브 1.5를 OFF시키면 그때서야 밸브 1.3의 제어관로 14에 입력신호가 작용하여 밸브 1.2의 위치 변환이 이루어지고 밸브 1.5를 다시 ON시키면 실린더의 피스톤이 후진한다. 결국 밸브 1.2의 위치 변환은 밸브 1.5를 OFF시켰을 때 이루어지고 그 다음 밸브 1.5를 ON시키면 피스톤이 반대 동작을 하는 교번회로이다.

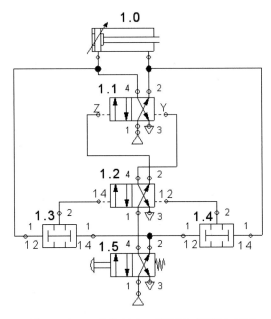

그림 2-3.29 교번회로(메모리밸브와 2압밸브 이용)

3.6 │ 공압센서 제어회로

공압제어회로에서 비접촉식 순수 공압센서로서 검출작용을 하는 센서에는 반향감지기 (reflex sensor), 배압감지기(back pressure sensor), 대향형 센서(공기배리어: air barrier) 등이 있으며, 이들을 이용한 기본회로에 대하여 알아보자.

3.6.1 반향감지기에 의한 제어회로

그림 2-3.30은 **반향감지기**를 이용한 단동실린더의 전진·후진작동이 제어되는 회로도이다.

물체가 반향감지기 1.2에 접근하여 분사되는 공기가 물체에 의해 방해를 받으면 수신 노즐 측에 배압이 형성된다. 이 배압신호는 그 신호압력이 약하며($0.1\sim0.2$ kgf/cm^2) 3/2-way 밸브에 압력증폭장치를 한 증폭밸브를 사용하여 그 증폭된 신호압력에 의해 밸브 1.1을 위치 변환시켜 실린더의 피스톤이 전진한다.

물체가 반향감지기로부터 멀어지면 수신노즐의 압력은 떨어져 밸브 1.1이 스프링력에 의하여 복귀하므로 피스톤이 후진한다. 이와 같은 반향감지기는 먼지나 충격, 투명물체

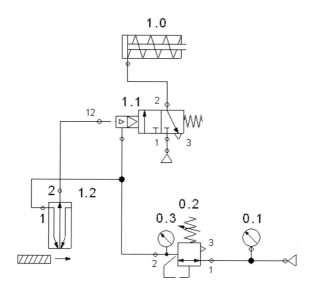

그림 2-3.30 반향감지기를 이용한 회로

나 내자성 물체 등 환경에 영향을 받지 않으므로 부품의 존재 유무 검사, 계수 등이 요구
되는 산업에 이용된다.

3.6.2 배압감지기에 의한 제어회로

　배압감지기(back pressure sensor)도 작동원리는 반향감지기처럼 물체가 접근하면 배압
이 형성되어 방향제어밸브에 파일럿 입력신호를 줄 수 있다.

　그림 2-3.31은 배압감지기를 이용한 복동실린더의 전진·후진 왕복운동 회로도이다.

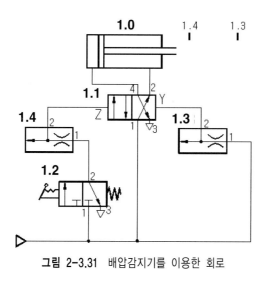

그림 2-3.31 배압감지기를 이용한 회로

복동실린더의 전단·후단에 리밋밸브 대신에 배압감지기 1.3, 1.4를 설치하여 피스톤의 전진·후진운동을 시키는 회로이며, 밸브 1.2를 ON시키면 피스톤이 후진된 상태이므로 배압감지기 1.4가 밸브 1.1의 Z측에 파일럿 입력신호를 주어 위치를 변환시키므로 피스톤이 전진한다. 전진을 완료하면 배압감지기 1.3이 작동하여 밸브 1.1의 Y측에 파일럿 신호를 주므로 밸브 1.1의 위치가 복귀되어 피스톤은 후진한다. 후진을 완료하면 다시 1.4 배압감지기가 작동하여 위와 같은 동작은 밸브 1.2를 OFF시킬 때까지 반복한다.

배압감지기는 일반적으로 증폭할 필요가 없으나 배압감지기에서 분사되는 시간이 길어지면 공기소비량이 커지므로 교축밸브를 이용하여 공기소비량을 줄이는 방법이 있다.

3.6.3 공기배리어(대향형 센서)를 이용한 제어회로

대향형 센서(공기배리어, air barrier)는 분사노즐과 수신노즐이 대향으로 설치된 센서이며, 분사노즐과 수신노즐 사이에 물체의 존재 유무를 검출하는 목적으로 이용되는 경우가 많다. 그림 2-3.32는 공기배리어를 이용한 복동실린더의 전진·후진운동 제어회로이다.

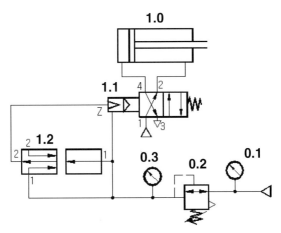

그림 2-3.32 공기배리어를 이용한 회로

대향형 센서(공기배리어)인 1.2의 분사노즐과 수신노즐 사이에 물체가 없는 경우에는 분사노즐에서 분사된 공기는 수신노즐에서 분사된 공기가 자유롭게 방출되는 것을 방해하여 수신노즐의 출구에 약한 배압(0.5 kPa 정도)이 형성되어 밸브 1.1의 Z측에 신호를 주며, 이 신호압력은 증폭기 0.2를 통해 증폭되어 실린더는 후진상태를 유지한다. 피검출물이 분사노즐과 수신노즐 사이에 존재하게 되면 수신노즐 출구의 공기압력은 0으로 떨어져 밸브 1.1은 스프링력에 의해 위치 변환되어 피스톤이 전진하게 된다. 이 회로도 물체의 존재 유무, 계수공정에 사용되고 있다.

CHAPTER 04 | 공압의 시퀀스 제어회로

4.1 시퀀스 제어의 개요

공압을 이용하는 대부분의 자동화 장치는 액추에이터(실린더, 모터 등)가 2개 이상으로 구성되어 그 장치의 작동기능에 따라 순차적으로 작동하게 되어 있다. 이와 같이 **시퀀스 제어시스템**(sequence control system)은 2개 이상의 액추에이터가 짜여진 순서에 따라 전달계의 작업완료 여부를 확인하여 순차적인 작업을 수행하는 제어시스템을 말한다. 이 시퀀스 제어는 시간제어(타이밍 제어), 순차제어(프로그램 제어), 조건제어 등으로 대별할 수 있다.

시간제어는 리밋밸브나 센서 등의 검출기를 사용하지 않고 시간의 경과에 따라 작동단계를 순차적으로 수행하는 제어이며, 공압회로에서는 시간지연밸브가 고가이고, 각 단계의 타이밍 일치가 어려우므로 사용빈도가 적은 편이다.

순차제어는 리밋밸브나 센서 등의 신호를 이용하여 전 단계의 동작 완료 여부를 확인하여 다음 단계의 동작을 수행하는 제어로서, 대부분의 시퀀스 제어는 이 제어방법을 가장 많이 채용하고 있다.

조건제어는 소위 부가조건에 따라 작동순서가 달라지는 제어로서 비상정지, 불량품 처리, 엘리베이터의 제어 등에 주로 사용되고 있다.

4.2 변위단계선도와 제어선도

다수의 액추에이터인 실린더들을 순차적으로 제어하는 회로는 복잡하므로 설계를 용이하게 하기 위해서 **변위단계선도**(displacement step diagram), 시간선도, **제어선도**(control

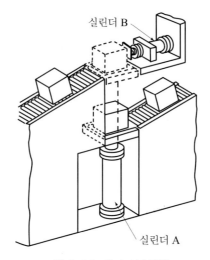

실린더 B

실린더 A

그림 2-4.1 상자 이송장치

diagram) 등을 작성하여 그 순서를 명확히 파악하고 신호중복 등을 확인하여 대책을 강구해야 한다.

그림 2-4.1은 아래쪽 컨베이어에 의해 이동된 상자를 위쪽 컨베이어로 이송시키는 장치이다. 이 장치를 예로 하여 변위단계선도와 제어선도의 작성방법을 알아본다.

4.2.1 작동의 서술적 표현

(1) 아래쪽 컨베이어에 의해 상자가 도착하면 실린더 A가 전진하여 밀어 올린다.

(2) 실린더 B가 전진하여 상자를 위쪽 컨베이로 밀어 넣는다.

(3) 실린더 A가 후진하여 복귀한다.

(4) 실린더 B가 후진하여 복귀한다.

이 방법은 장치가 복잡한 경우에 작동단계가 많아지면 작동순서를 쉽게 기억할 수 없으므로 설계할 때 혼동의 우려가 있다.

4.2.2 약술기호의 표현

각 실린더의 운동에서 전진운동의 경우는 (+)기호, 후진운동의 경우는 (−)기호를 실린더 기호 뒤에 붙여 순서에 따라 나타내어 작동순서를 간단명료하게 나타낼 수 있다. 위의 예의 경우는 다음과 같이 표현된다.

$$A + B + A - B -$$

4.2.3 단계별 표현

작동의 각 단계를 순서대로 나열하고 실린더의 전진·후진을 표현하여 작동하지 않는 단계는 "−"로 표시한다.

작동단계	실린더 A	실린더 B
1단계	전진	−
2단계	−	전진
3단계	후진	−
4단계	−	후진

4.2.4 변위단계선도와 제어선도의 작성방법

(1) 변위단계선도

변위단계선도(displacement step diagram)는 다수의 실린더가 동작을 시작하여 끝날 때까지 변위를 각 실린더별, 단계별로 도표화한 것으로서 일반적으로 **시퀀스차트**(sequence chart)라 하기도 한다. 이 선도를 정확히 작성하면 회로를 설계할 때 편리하다.

이 선도는 작동단계에 따라 실린더(피스톤)의 변위를 다음 규칙에 따라 작성한다.

① 각 실린더별로 일정한 간격의 두 평행선을 그리고, 실린더 사이의 간격은 그 간격의 약 1/2 간격으로 띄운다.

② 전 시스템의 "단계 수 + 1"만큼의 단계선(스텝선: 수직선)을 실린더의 작동시간과 관계없이 동일 간격으로 그린다.

③ 실린더의 동작은 스텝번호선에서 변화시켜 그린다.

④ 작동상태의 표시는 전진의 경우는 상향 대각선, 후진의 경우는 하향 대각선, 정지 상태는 수평선으로 표시하며, 후진상태는 0, 전진상태는 1로 표시한다.

⑤ 리밋밸브나 센서 등이 작동하는 위치는 단계선상이며, 그 작동에 뒤따르는 실린더의 작동 개시점까지 화살표로 연결한다.

⑥ 최종 스텝선은 바로 최초 스텝선과 일치함을 의미한다.

이 방법에 따라 작성된 변위단계선도는 그림 2-4.2와 같다. 즉, 초기에 실린더 A, B가 후진상태에서 start 스위치 1.2를 ON시키면 실린더 A가 전진하고, 실린더 A의 전진 끝단의 리밋밸브 2.2가 동작하여 실린더 B를 전진시킨다(실린더 A는 전진상태 유지).

전진이 완료되면 실린더 B의 전진 끝단의 리밋밸브 1.3이 작동하여 실린더 A가 후진하고(실린더 B는 전진상태 유지) 후진이 완료되면 실린더 A의 후진 끝단의 리밋밸브 2.3이 작동하여 실린더 B가 후진함으로써 1사이클이 종료된다.

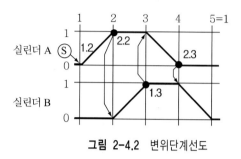

그림 2-4.2 변위단계선도

(2) 제어선도

제어선도(control diagram)는 실린더의 작동변화에 따라 리밋밸브나 센서 등의 작동상태를 나타내는 선도이다. 이 선도는 후술하는 신호중복의 여부를 확인하는 데 유효하다. 제어선도는 각 리밋밸브별로 가로축은 작동스텝, 세로축은 그 밸브의 ON(1로 표시), OFF(0으로 표시) 상태를 펄스 형태로 나타내며(일반적으로 이 선도는 변위단계선도의 아래쪽에 나타낸다), 그림 2-4.3은 위의 예에 대한 제어선도를 변위단계선도와 함께 나타내었다.

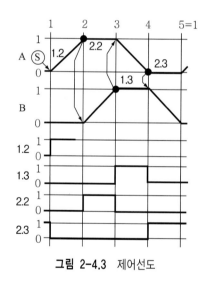

그림 2-4.3 제어선도

4.3 │ 시퀀스회로의 설계순서

변위단계선도 및 제어선도가 명확히 작성되었다면 시퀀스 제어를 위한 기본 회로도의 작성을 시작할 수 있다. 그리고 신호중복이 제어선도로부터 확인되면 다음 절에서 설명하는 방법들을 이용하여 그 중복을 피하여 재작성한다. 그후 부가조건이 있는 경우에는 그 조건들을 고려하여 작성된 기본회로를 단계별로 확장시켜 나가야 한다.

이 절에서는 4.2절의 그림 2-4.1의 예를 이용하여 시퀀스 제어의 기본회로를 설계하기로 한다. 일반적으로 회로도는 다음 과정에 따라 설계한다.

① 구동요소(실린더)를 그린다.
② 각 구동요소에 관련된 최종 제어요소(방향제어밸브)를 그린다.
③ 최종 제어요소에 대한 신호입력요소를 그린다. 최종 제어요소가 메모리밸브인 경우에는 2개의 신호가 필요하므로 각 메모리밸브마다 2개의 신호요소를 그린다. 만일 최종 제어요소가 스프링 복귀형인 경우에는 신호요소가 1개 필요하다. 이때 신호요소의 구동기호는 표시하지 않는다.
④ 에너지 공급선과 신호제어선을 그린다.
⑤ 각 요소에 번호를 붙인다.
⑥ 변위단계선도를 고려하여 각 구동요소에 리밋밸브를 배열하여 회로도를 구성한다.
⑦ 제어선도를 고려하여 신호단락이 필요한 곳을 확인한다. 각 구동요소마다 최종 제어요소에 전진·후진신호가 동시에 ON되어 있는가를 확인하면 된다. 위의 예에서는 밸브 1.2와 1.3, 그리고 밸브 2.2와 2.3이 동시에 ON상태인 영역이 없으므로 간섭현상은 발생하지 않는다.
⑧ 신호입력요소에 작동제어부를 그린다.
⑨ 필요한 곳에는 보조조건을 추가한다.

①~③의 과정을 그림 2-4.4에 나타내었으며, ①~⑥의 과정을 그림 2-4.5에 나타내었다.

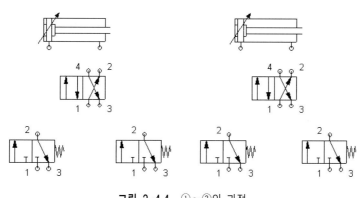

그림 2-4.4 ①~③의 과정

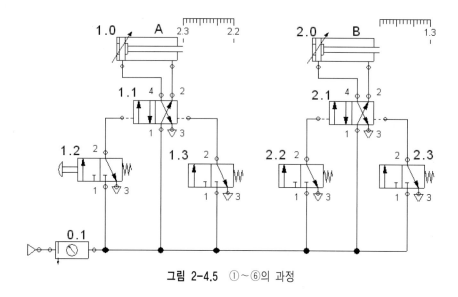

그림 2-4.5 ①~⑥의 과정

①~⑧의 과정을 나타내면 그림 2-4.6과 같으며, 실린더 A와 B가 모두 후진상태인 조건에서만 회로가 작동하는 부가조건을 모두 적용하여 ①~⑨의 전 과정을 나타내면 그림 2-4.7과 같다. 밸브 1.4와 2.3은 피스톤 로드의 캠에 의해 작동된 상태로 표시되고 있다.

그림 2-4.6에서 단지 푸시버튼형 밸브 1.2를 오래 누르고 있지 않으면 간섭현상이 발생

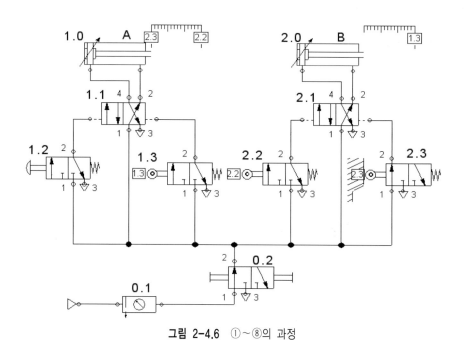

그림 2-4.6 ①~⑧의 과정

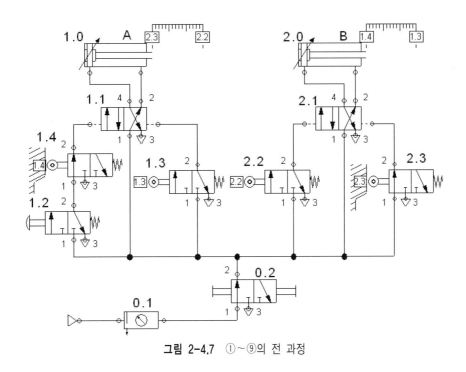

그림 2-4.7　①~⑨의 전 과정

하지 않으나 오래 누르고 있으면 실린더 A의 최종 제어요소 밸브 1.1에 간섭현상이 발생하게 되므로 리밋밸브 1.4를 설치하였다.

4.4　간섭현상의 신호제거

공압실린더를 제어하는 최종 제어요소(방향제어밸브)가 파일럿형 메모리밸브인 경우 또는 전기공압에서 양측 솔레노이드밸브인 경우에 양측 제어관로에 실린더의 전진제어 신호와 후진제어신호가 동시에 작용하게 되면 실린더는 먼저 입력된 신호만 유효하고 늦게 입력되는 신호는 작용하지 못한다. 이러한 상태를 제어회로에서 **신호중복** 또는 **신호간섭현상**이라 한다. 따라서, 시퀀스 제어회로에서 신호간섭현상이 발생하면 실린더가 운동할 수 없거나 정해진 시퀀스와 달리 작동되기도 한다. 특히, 전자밸브의 경우는 신호중복이 장시간 발생하면 솔레노이드코일이 소손되는 원인이 되기도 한다.

이러한 신호간섭현상을 해결하기 위해서는 방향성 리밋밸브나 공압 타이머를 이용하는 방법과 캐스케이드 회로의 구성방법, 시프트 레지스터 모듈을 이용하는 스테퍼 회로의 구성방법 등이 있다. 이 절에서는 방향성 리밋밸브와 공압 타이머에 의한 신호제거 방법을 소개한다.

4.4.1 방향성 롤러리밋밸브에 의한 신호제거

리밋밸브에 의하여 최종 제어요소인 방향제어밸브에 입력신호가 주어지는 경우에는 신호간섭(신호중복)을 피하기 위하여 방향성 롤러리밋밸브(그림 2-4.8 참조: 3/2-way 일방향성 롤러레버밸브)를 사용하여 필요 없는 신호를 제거할 수 있다. 방향성 롤러리밋밸브는 한쪽 방향으로만 작동하므로 실린더의 전진·후진이 완료되기 직전에 작동하도록 완료위치 전에 설치하면 도그가 롤러를 작동시키고 지나가게 되어 신호가 펄스신호로 바뀐다. 따라서, 그 방향성 롤러리밋밸브는 계속 ON상태가 아니라 바로 OFF상태로 바뀌게 되어 2중 신호가 입력되지 않게 된다.

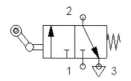

그림 2-4.8 방향성 롤러리밋밸브

이러한 방향성 롤러리밋밸브를 사용하는 경우에는 그 설치위치를 정확하게 잡아야 하며, 작업완료 위치에서 작동된 상태를 유지할 수 없으므로 지속적인 동작제어 및 감시 등의 목적으로는 적합하지 않다.

4.4.2 공압 타이머에 의한 신호제거

정상상태 열림형 시간지연밸브를 이용하여 압축공기 공급라인(P)과 밸브의 제어라인(Z)을 연결하면 결국 펄스시간제어회로(2.6.3절 참조)가 되며, 그림 2-4.9와 같이 펄스신호가 얻어져 신호출력(A)을 Δt 시간 후에 자동적으로 제거하여 신호중복을 피할 수 있다.

이 경우에는 공압 타이머를 구성하는 유량제어밸브의 교축 정도를 적절히 조절해야 하며, 따라서 정교한 제어에 사용할 경우는 그 조절이 복잡하고, 또 비용이 많이 든다.

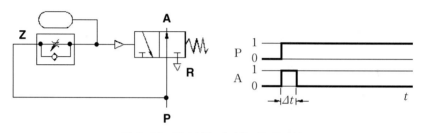

그림 2-4.9 펄스시간 제어회로와 동작선도

이와 같은 방향성 리밋밸브와 공압 타이머에 의한 신호제거를 적용한 회로도는 4.5.2절에서 소개하기로 한다.

4.5 │ 공압의 시퀀스 제어회로

2개의 실린더 A, B를 순차적으로 작동시키는 방법은 여러 가지가 있으나 4.2절에서 언급한 상자이송장치(그림 2-4.1 참조)의 작동순서는 A+B+A−B−로서 설계한 회로도는 그림 2-4.7이다. 이 절에서는 2개의 실린더 A, B의 또 다른 시퀀스 제어회로와 3개의 실린더(A, B, C)의 시퀀스 제어회로를 소개하기로 한다.

4.5.1 A+B+A−B− 제어회로

앞에서 언급한 바와 같이 A+B+A−B− 제어회로도에서는 그림 2-4.3의 제어선도에서 보듯이 두 실린더 모두 간섭현상이 발생하지 않으므로 그림 2-4.7에 나타낸 바와 같이 방향성 리밋밸브나 공압 타이머를 이용할 필요가 없다.

4.5.2 A+B+B−A− 제어회로

2개의 실린더 A, B를 이용하여 어떤 공작물에 드릴구멍을 뚫는 드릴링장치를 그림 2-4.10에 나타내었다.

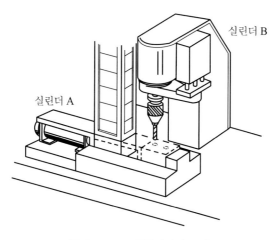

그림 2-4.10 드릴링장치의 구성도

공작물은 소재공급기(중력매거진)에 공작물을 충전시키고 시동스위치를 ON시키면 실린더 A가 전진하여 공작물을 이송하여 클램핑(clamping)하고, 실린더 B가 전진하여 구멍가공을 한 후 복귀(후진)한다. 그후 실린더 A가 후진하여 복귀한다.

회로도의 작성은 4.3절에서 설명한 순서대로 그린다. 이 회로에 대한 변위단계선도 및 제어선도는 그림 2-4.11과 같다.

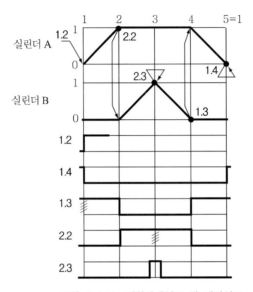

그림 2-4.11 변위단계선도 및 제어선도

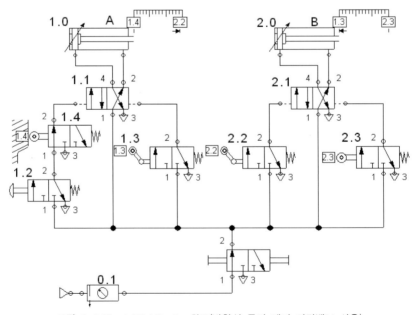

그림 2-4.12 A+B+B−A−회로(방향성 롤러 레버 리밋밸브 사용)

제어선도로부터 리밋밸브 1.4와 1.3이 1단계에서 간섭현상이 발생하고, 또 리밋밸브 2.2와 2.3이 3단계 전후에서 간섭현상이 발생하고 있다. 이러한 경우 리밋밸브의 작동시간이 오래 지속되는 1.3과 2.2밸브의 제어신호를 펄스신호(pulse signal)로 하여 신호중복을 제거해야 한다. 그 방법이 바로 밸브를 방향성 롤러리밋밸브로 한 경우의 회로도인 그림 2-4.12이다.

그러나 장치의 특성상 밸브 2.2를 방향성 리밋밸브로 하게 되면 실린더 A가 공작물의 클램핑 상태를 유지하지 못하므로 클램핑이 풀린 상태에서 드릴링을 하게 된다. 따라서, 2.2 리밋밸브에 펄스신호로 바꾸어 줄 정상상태 열림형 공압 타이머를 이용한 회로도가 그림 2-4.13이다.

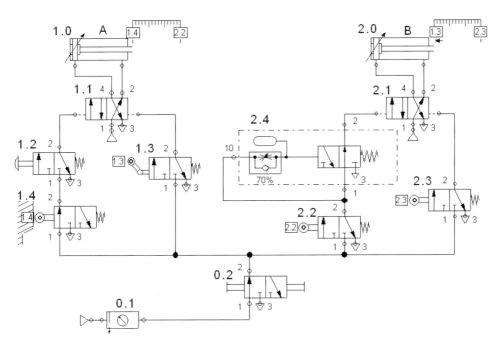

그림 2-4.13 A+B+B−A−회로(방향성 롤러 레버 리밋밸브와 타이머 이용)

4.5.3 A+A−B+B− 제어회로

2개의 실린더 A, B를 이용하여 직방체인 공작물의 한 면에 스탬핑(stamping) 작업을 하기 위한 스탬핑작업기를 그림 2-4.14에 나타내었다.

공작물을 수동으로 홀더(holder)에 삽입한 후 시동스위치를 ON시키면 실린더 A가 전진하여 상면에 스탬핑을 하고 나서 귀환한다. 그 다음 실린더 B가 전진하여 공작물을 상자 속으로 밀어 넣은 후에 복귀하는 장치이다.

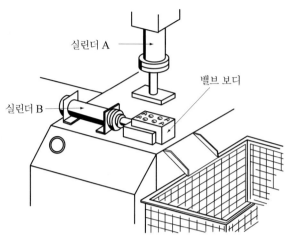

그림 2-4.14 스탬핑작업기

이를 위한 변위단계선도 및 제어선도는 그림 2-4.15와 같으며, 제어선도에서 살펴보면 실린더 A의 전진·후진에 관련되는 리밋밸브 1.4와 1.3이 2단계 전후에서, 그리고 실린더 B의 전진·후진과 관련되는 리밋밸브 2.2와 2.3이 4단계 전후에서 각각 간섭현상이 발생한다.

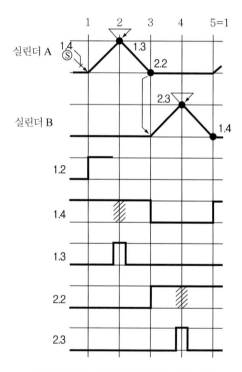

그림 2-4.15 변위단계선도 및 제어선도

실린더 B에 관련되는 신호중복은 리밋밸브 2.2를 방향성 리밋밸브로 사용하여 해결할 수 있다. 그런데 실린더 A에 관련되는 신호중복은 시동스위치 1.2를 눌렀다가 떼면 메인 밸브 1.1의 좌측 제어라인에 입력된 제어신호가 작동한 후 공기는 바로 배기되므로 밸브 1.3이 작동 시 밸브 1.1의 위치 변환이 가능하다(공압 타이머를 리밋밸브 1.4와 직렬 연결시키면 확실하게 간섭현상을 해결할 수 있다). 따라서, 방향성 리밋밸브나 공압 타이머를 사용하지 않아도 된다. 그러나 시동스위치 1.2를 오랫동안 ON상태로 하게 되면 간섭현상이 발생하여 실린더 A가 후진할 수 없게 된다. 회로도는 그림 2-4.16과 같다.

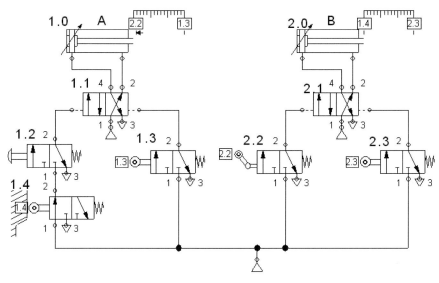

그림 2-4.16 A+A−B+B−회로

4.5.4 A+B+B−A−C+C− 제어회로

3개의 실린더 A, B, C를 이용하여 직육면체의 공작물에 스탬핑을 하는 장치를 그림 2-4.17에 나타내었다.

중력식 매거진(소재공급기)으로부터 공급되는 소재를 실린더 A가 전진하여 클램핑하면 실린더 B가 전진하여 스탬핑 작업을 완료한 후 복귀한다. 그후 실린더 A가 귀환하고 나서 실린더 C의 전진으로 소재가 상자 속으로 이동되며 실린더 C가 복귀하여 한 사이클을 완료한다.

이 문제의 회로를 설계하기 위하여 변위단계선도 및 제어선도를 작성하고 간섭현상이 일어나면 해결한다. 변위단계선도 및 제어선도를 그림 2-4.18에 표시하였다.

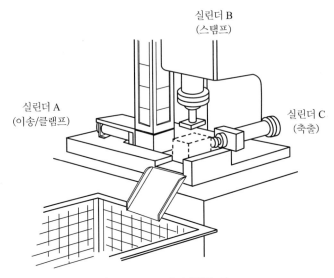

그림 2-4.17 스탬핑장치의 구조도

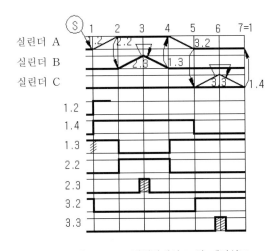

그림 2-4.18 변위단계선도 및 제어선도

위의 선도에서 고찰해 보면 실린더 A에 관련되는 제어신호 중 전진신호의 중복이 1단계에서 발생하며(밸브 1.2, 1.4, 1.3), 실린더 B에 관련되는 제어신호가 3단계에서 발생한다(밸브 2.2와 2.3). 그리고 실린더 C에서도 6단계에서 신호간섭현상이 발생하므로(밸브 3.2와 3.3) 리밋밸브 1.3, 2.2, 3.2를 방향성 롤러밸브로 하여 간섭현상의 신호중복을 제거한다. 그 회로도를 그림 2-4.19에 나타내었다. 이때 시동스위치 1.2는 오랫동안 ON 상태를 유지하지 않아야 한다.

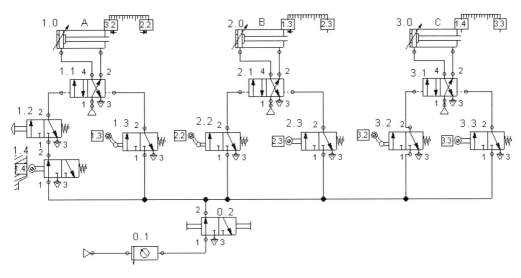

그림 2-4.19 A+B+B−A−C+C−회로

4.5.5 회로도에서의 부가조건

실제 장치에서는 여러 가지 부가적인 조건들이 필요하며, 그 종류를 분류하면 다음과 같다.

(1) 수동(MAN)/자동(AUTO)

수동작업과 자동작업을 선택할 수 있으며, 수동작업에서는 각 제어요소들을 임의의 순서대로 작동시킬 수 있다. 자동작업에서는 제어시스템이 자동적으로 작동되며 단속사이클과 연속사이클이 있다.

(2) 단속사이클(single cycle)

시동신호를 입력하며 제어시스템이 1사이클만 작동한다.

(3) 연속사이클(continuos cycle)

시동신호가 입력되면 제어시스템이 정지 또는 비상신호가 입력될 때까지 연속적으로 작동한다.

(4) 정지(stop)

연속사이클에서 정지신호가 입력되면 마지막 단계까지는 동작을 완료하고 새로운 작업은 시작하지 못한다.

(5) 비상정지(emergency stop)

비상정지신호가 입력되면 전기제어시스템에서는 전원이 차단되나 공압시스템에서는 모든 작업요소가 원위치되며, 즉 프로그램에 따른 작업이 중단되며, 제어관련 신호가 모두 소멸된다. 또, 모든 작업요소를 제어하는 제어밸브를 원위치시키며 비상정지신호가 제거되면 제어시스템이 처음부터 동작할 수 있게 된다.

(6) 소재의 검출(magazine monitoring)

소재의 유무 검출은 소재검출기 또는 가공 위치에서의 소재 유무를 검출하는 기능으로서 리밋밸브 또는 센서 등이 이용된다. 소재가 없는 경우에는 시동스위치를 ON시켜도 작동하지 않아야 하므로 시작조건과 AND로 연결해야 한다.

(7) 카운터(counting)

카운터는 작업횟수의 계수 또는 일정한 횟수의 작업 후 정지시키는 기능으로 이용되며,

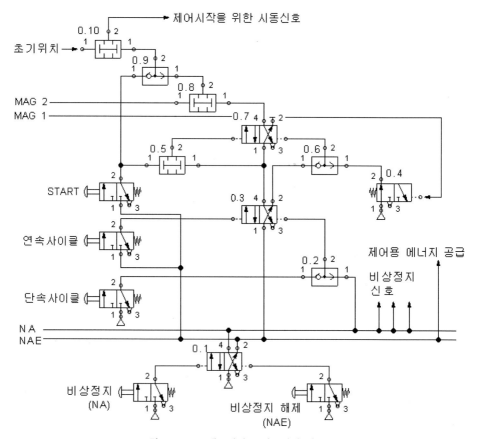

그림 2-4.20 대표적인 부가조건의 회로도

1사이클이 종료되었을 때 1회의 계수가 되어야 하므로 시퀀스의 최종 스텝신호를 계수 검출신호로 이용하는 것이 좋다.

여기서, 대표적인 부가조건의 회로도를 그림 2-4.20에 소개하였다. 이 회로도에서 단속과 연속사이클을 푸시버튼에 의해 선택할 수 있으며 start 스위치를 누른 후 가능해진다. 소재공급기가 비어 MAG 1 신호가 없어지면 메모리밸브 0.7이 단속사이클로 전환되므로 소재를 보충시킨 후 start 스위치를 작동시키면 연속작업이 시작된다.

소재공급기가 비어 MAG 2 신호가 없어지면 작업은 중단되지만 소재를 보충시키면 start 스위치를 작동시키지 않아도 연속작업이 바로 시작된다. 따라서, MAG 1이나 MAG 2 중 하나를 이용하여 소재공급기를 감시해야 한다.

비상사태가 발생하여 비상정지버튼(NA)을 ON시키면 비상정지라인을 따라 다른 신호요소로 전달되며, 이때 연속작업의 상태라면 비상정지신호에 의하여 단속작업으로 전환한다.

4.5.4절의 시퀀스제어(A+B+B−A−C+C−)에 다음의 부가조건을 삽입하여 그림 2-4.19의 회로도를 재구성하면 그림 2-4.21과 같이 된다.

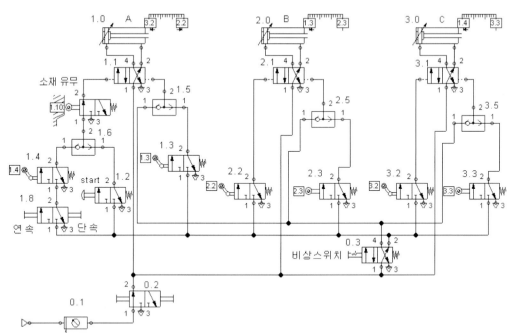

그림 2-4.21 부가조건을 첨가한 회로

부가조건은 다음과 같다.

① 작업은 자동이어야 하고 단속/연속사이클을 선택할 수 있어야 한다.

② 소재공급기의 소재 유무를 리밋스위치로 감지해야 하고 소재가 없는 경우에는 시스템이 초기위치에서 정지상태가 되어야 한다.

③ 비상정지 스위치가 작동되면 모든 실린더는 초기위치로 원위치해야 하며, 비상정지 상태가 해제되면 다시 작업이 가능해야 한다.

CHAPTER 05 공압의 캐스케이드 및 시프트 레지스터 회로

메모리밸브를 이용한 신호의 차단방법은 신호단락장치를 구성하여 간섭현상이 근본적으로 발생되지 않도록 제어신호를 분리하여 공급하는 방식을 이용하면 신뢰할 수 있다. 이러한 회로의 구성방법은 캐스케이드(cascade)와 시프트 레지스터(shift register)의 두 가지 방법이 있다.

캐스케이드 제어는 각 신호를 간단하게 차단하는 독립적인 제어방식으로서 메모리밸브의 제어요소를 접속할 때 전 단계의 출력신호를 다음 단계의 입력신호로서 직렬연결하는 구성방식이다.

또한, 시프트 레지스터 제어는 캐스케이드 제어와는 달리 기본적으로 3/2-way 밸브를 병렬연결하는 방식이며, 각 밸브에 직접 공기가 공급되므로 단계가 많아도 압력저하는 일어나지 않는다. 이 방식에서도 입력신호는 전 단계의 출력신호와 인터로크(interlock)되어 있으며, 논리적인 구성의 실제 적용을 위해서 개발된 3가지 모듈(A, B, C)을 이용하고 있다.

5.1 | 캐스케이드 제어회로(cascade control circuit)

캐스케이드 제어(cascade control)는 전술한 바와 같이 4/2-way 메모리밸브를 계단식으로 직렬연결하여 전 단계의 출력신호가 다음 단계의 입력신호로 작용하여 항상 하나의 출력라인에만 압축공기가 입력되고 그 외에는 모두 배기된다.

예를 들면, 공압 캐스케이드의 배열구성은 그림 2-5.1과 같으며, 입력 i_1에 의해 출력 s_1이 나오고, 입력 i_2에 의해 출력 s_1이 제거되고 출력 s_2가 나오며, 입력신호의 순서에 따라 관련되는 출력이 순서대로 나오게 된다. 이때 출력라인의 수는 뒤에 설명하는 신호

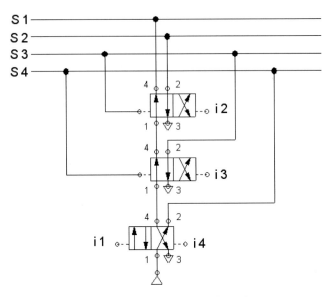

그림 2-5.1 캐스케이드의 배열구성

그룹의 수와 동일하며 최종 제어요소인 4/2-way 또는 5/2-way 밸브의 수는 출력라인의 수보다 1개 적은 수이다.

5.1.1 캐스케이드 회로의 설계순서

설계하려는 제어계의 시퀀스제어에 대한 변위단계선도 및 제어선도를 작성하였을 때 신호의 중복이 존재하는 경우, 캐스케이드 제어회로를 설계하려면 다음의 절차에 따른다.

(1) 이미 작성된 변위단계선도의 작동순서를 약식기호로 표시한다. 예를 들면,

① A + A − B + B −

② A + B + B − A − C + C −

(2) 작동순서를 그룹으로 나눈다.

4/2-way 메모리밸브(방향제어밸브)의 수를 최소화하기 위해 동일 실린더의 전진·후진 동작이 한 그룹에 포함되지 않게 한다.

① A+ │ A− B+ │ B−
　　1그룹　　 2그룹　　 3그룹

② A+ B+ │ B− A− C+ │ C−
　　 1그룹　　　 2그룹　　　 3그룹

(3) 실린더의 동작순서에 따라 리밋밸브를 표시한다. 이때 그룹을 변화시키는 리밋밸브는 아래쪽에, 그룹 내 작동을 변화시키는 리밋밸브는 위쪽에 표기한다. 예를 들면, (2)항의 ②의 경우를 다음과 같이 표시하였다.

$$a_1 \qquad\qquad\qquad b_o \quad a_o$$
$$A+ \ B+ \ | \ B- \ A- \ C+ \ | C- \ |$$
$$\text{start} \qquad\qquad b_1 \qquad\qquad c_1 \qquad c_o$$

(4) 실린더와 이를 제어하는 최종 제어밸브(일반적으로 메모리밸브를 사용)를 그린 후 각 요소에 다음과 같이 표시기호를 붙인다(이때 문자기호로 표시하는 것이 편리하다).
① 각 실린더에는 A, B, C, …를 사용한다.
② 실린더의 전진에는 "+", 후진에는 "−"를 부여한다.
③ 리밋밸브에는 실린더의 전진 위치에 "1", 후진 위치에 "0"을 부여한다.

그림 2-5.2는 그 예를 나타낸다.

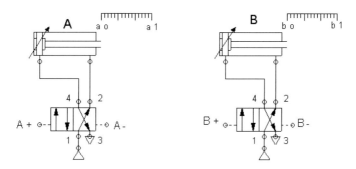

그림 2-5.2 캐스케이드 공압회로의 구성

(5) 그룹의 수와 동일한 수의 출력라인을 그리고, 캐스케이드 밸브(cascade valve)(4/2-way 밸브나 5/2-way 밸브)는 메모리밸브(memory valve)로서 그 개수는 "그룹 수−1" 개가 필요하며 입력에 대한 출력을 분배하는 라인을 그린다.
그림 2-5.3 (a), (b), (c)는 각각 2그룹, 3그룹, 4그룹인 경우의 출력라인과 캐스케이드 밸브를 연결한 구성도이다.

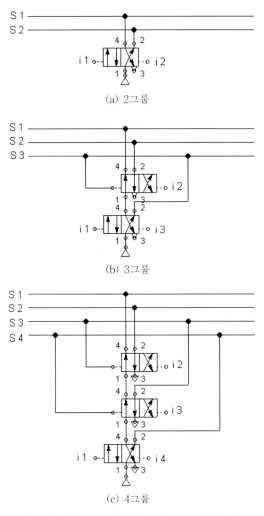

그림 2-5.3 그룹별 캐스케이드 체인의 구성도

(6) 그룹을 변환시키는 캐스케이드 밸브에 파일럿 입력신호(pilot input signal)를 제공하는 각 리밋밸브(c_o, b_1, c_1 등)의 작업포트인 A포트로부터 각각 i_1, i_2, i_3와 연결하고 파워포트인 P포트는 전 단계 출력라인과 연결한다. 그리고 출력은 실린더의 작동순서에 따라 출력라인으로부터 최종 제어요소(방향제어밸브)에 직접 또는 관련되는 리밋밸브(a_1, b_0, a_0 등)를 통하여 파일럿 신호로 연결하여 회로를 완성한다.

(7) 1개의 리밋밸브가 여러 개의 작업을 담당해야 하는 경우에는 리밋밸브의 신호와 캐스케이드 출력신호(출력라인)를 2압밸브를 이용하여 인터로크시켜서 사용한다. 그리고 필요에 따라 부가조건을 부여한다.

5.1.2 캐스케이드 회로의 응용 예

(1) A + B + B - A - C + C - 의 캐스케이드 제어회로

4.5.4절의 그림 2-4.17(스탬핑 장치)에 대한 시퀀스 제어의 캐스케이드 회로를 나타내면 그림 2-5.4와 같다.

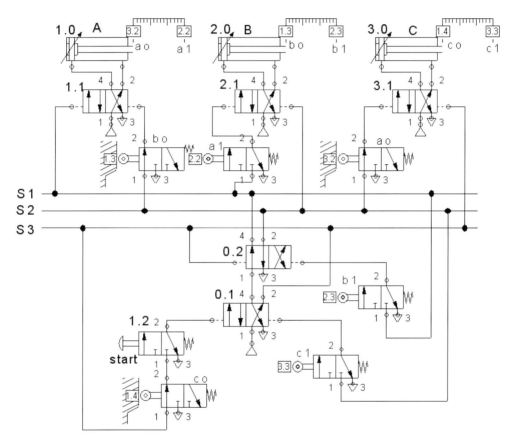

그림 2-5.4 A+B+B-A-C+C-의 캐스케이드 회로

즉, 이 회로도는 3개의 그룹으로 나누어진다.

$$
\begin{array}{cccccc}
 & a_1 & & b_o & a_o & \\
\text{A+} & \text{B+} & | \quad \text{B-} & \text{A-} & \text{C+} & | \quad \text{C-} \quad | \\
\text{start} & & b_1 & & c_1 & c_o
\end{array}
$$

따라서, 출력라인도 s_1, s_2, s_3의 3개이며, 캐스케이드밸브(4/2-way 밸브)는 $3 - 1 = 2$개

로서 밸브 0.1과 0.2이다. 이 회로는 마지막 그룹 s_3가 ON상태이어야 한다. 그 출력라인 s_3로부터 리밋밸브 c_o 및 스타트 스위치 1.2를 통해 캐스케이드밸브 0.1에 신호가 입력되어 위치 변환된다. 따라서, s_3는 OFF되고 s_1이 ON상태로 되어 밸브 1.1이 위치 변환되므로 실린더 A가 전진한다. 전진이 완료되면 리밋밸브 a_1이 작동하여 밸브 2.1이 위치 변환되고, 따라서 실린더 B가 전진하여 리밋밸브 b_1이 작동된다.

그렇게 되면 밸브 0.2의 위치를 변환시켜 s_1은 OFF상태가 되고 s_2가 ON상태로 되어 제2그룹으로 전환된다. 따라서, 실린더 B가 후진하여 b_o밸브를 ON시키면 밸브 1.1의 위치가 변환되어 실린더 A가 후진하고 a_o밸브를 ON시킨다. 그것은 밸브 3.1의 위치를 변환시키고 실린더 C가 전진하여 c_1밸브가 ON상태로 되면 밸브 0.1의 위치가 복귀되어 s_2라인이 OFF상태가 되고 s_3라인이 ON상태로 된다. 따라서, 실린더 C가 후진하여 c_o밸브를 ON시켜 한 사이클이 완성된다. 이제 스타트 스위치를 ON시키면 새로운 사이클이 시작되게 된다.

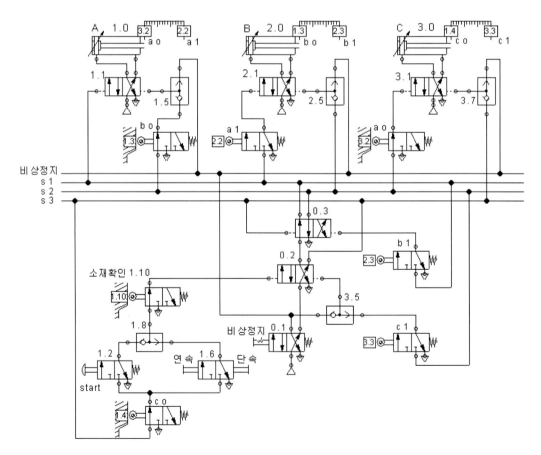

그림 2-5.5 부가조건을 첨가한 캐스케이드 회로

이 경우 다음과 같은 부가조건을 적용하면 그림 2-5.5와 같이 회로도를 작성할 수 있다.

① 동작이 자동이며 단속/연속사이클을 선택할 수 있다.

② 소재의 유무를 리밋스위치로 감지하여 소재가 없는 경우에는 시스템이 초기위치에서 정지상태가 되어야 한다.

③ 비상정지 스위치가 작동되면 모든 실린더는 초기위치로 원위치해야 한다.

(2) A+B+B-A-의 캐스케이드 제어회로

4.5.2절의 시퀀스 제어(그림 2-4.10 및 그림 2-4.11 참조)를 캐스케이드 제어회로로서 나타내면 그림 2-5.6과 같다.

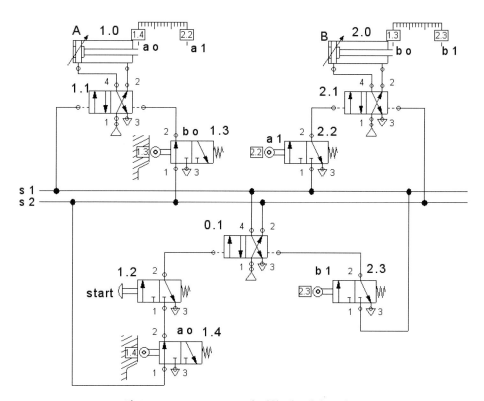

그림 2-5.6 A+B+B-A-에 대한 캐스케이드 회로

이 시퀀스 제어는 2개의 그룹으로 다음과 같이 나누어진다.

$$
\begin{array}{cc}
a_1 & b_o \\
\text{A+ B+} \mid \text{B- A-} \mid \\
\text{start} \quad b_1 & a_o
\end{array}
$$

따라서, 출력라인은 s_1과 s_2의 2개이며, 캐스케이드밸브는 $2-1=1$개로서 밸브 0.1이다. $i_1 = $ start와 a_o, $i_2 = b_1$이다.

최종 출력라인 s_2는 ON상태이며 리밋밸브 a_o는 ON상태이므로 input 1인 start 스위치를 ON시키면 밸브 0.1의 위치가 변환되어 출력라인 s_1이 ON상태로 되며, 동시에 s_2라인은 OFF된다. 따라서, 밸브 1.1이 위치 변환되어 실린더 A가 전진하고 리밋밸브 a_1이 ON되면 밸브 2.1이 위치 변환되어 실린더 B가 전진한다. 전진 완료 후 리밋밸브 b_1이 ON되어 밸브 0.1이 복귀되며 출력라인 s_2가 ON, s_1은 OFF된다. 따라서, 실린더 B는 후진하고 리밋밸브 b_o가 작동하면 밸브 1.1이 복귀되므로 실린더 A가 후진하여 한 사이클이 완료된다.

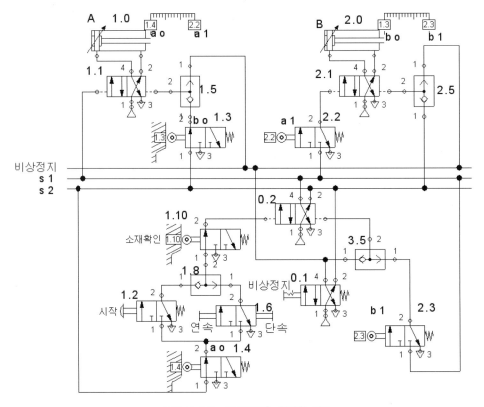

그림 2-5.7 부가조건을 첨가한 회로

이 경우 부가조건이 (1)항의 경우와 같다면 그 부가조건을 첨가한 회로도는 그림 2-5.7과 같이 된다.

5.2 │ 시프트 레지스터 회로(shift register circuit)

공압에 의한 시퀀스 제어의 신뢰성 및 회로구성을 간편하게 하기 위하여 논리기능을 위한 요소들을 모듈화하고, 그 모듈(module)을 조합하여 목적하는 시퀀스 제어를 간섭 없이 수행할 수 있다.

레지스터(register)는 메모리밸브의 입출력 데이터를 일시적으로 기억하는 장치를 말하며, 이 저장된 데이터를 좌우 메모리 요소로 이동시키는 것을 **시프트 레지스터**(shift register)라 한다.

이 시프트 레지스터 회로는 그림 2-5.8과 같이 입력의 수와 출력의 수가 같으며, 1개의 입력신호에 대하여 1개의 출력신호만 존재하도록 각 단계의 출력은 다음 단계의 출력신호 에 의하여 리셋(reset)된다. 또 입력신호 i_n은 전 단계의 출력신호 s_{n-1}과 인터로크 (interlock)되어 있다. 비상정지신호(emergency stop signal)나 제어시스템을 초기위치로 (initial position)로 복귀시키고자 할 경우에는 각 메모리밸브가 원래의 위치로 전환되도 록 외부에서 리셋신호를 입력할 수 있게 되어 있다. 따라서, 신호중복을 피할 수 있다.

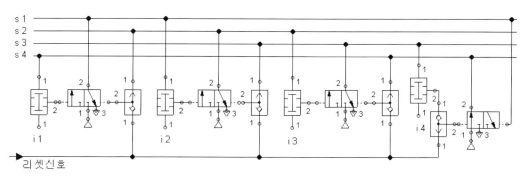

그림 2-5.8 시프트 레지스터의 배열구성

이러한 논리적 구성은 반복되므로 모듈로서 구성할 수 있으며, 개발된 모듈의 세 가지 를 소개한다.

5.2.1 모듈의 종류 및 구조

(1) 시프트 레지스터 모듈 "A"

A모듈의 구성은 그림 2-5.9와 같이 AND요소, OR요소, 메모리 요소로 구성되어 있다. 이 모듈에서 Y_n에 제어신호가 입력되면 3/2-way 밸브인 메모리밸브가 작동하여 A로

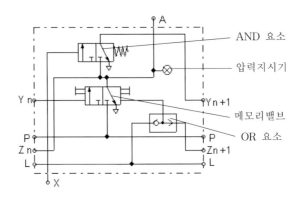

그림 2-5.9 시프트 레지스터 모듈 A

출력신호가 나오며, 동시에 압력지시기를 작동시킴과 아울러 z_n을 통해 전 단계의 모듈을 리셋시킨다.

또, 다음 단계의 모듈을 작동시키기 위해 AND요소(스프링 복귀형 3/2-way 밸브)가 준비단계에 들어가며, 그 상태에서 X에 제어신호가 입력되면 Y_{n+1}로 그 신호가 나가서 다음 단계의 모듈을 작동시킨다. 이렇게 되면 두 번째 모듈이 작동되며 그 모듈의 리셋신호 z_n은 첫 번째 모듈의 z_{n+1}로 입력되어 첫 번째 모듈을 리셋시키게 된다.

또한, L에 제어신호(예로, 비상스위치의 신호)가 입력되면 외부 리셋신호로서 작용하여 모든 시프트 레지스터 체인(shift register chain)이 원위치로 리셋된다. P에는 공기압력원이 연결된다.

(2) 시프트 레지스터 모듈 "B"

B모듈의 구성 및 작동원리도 A모듈과 동일하다. 그러나 그림 2-5.10에 표시한 바와 같이 OR요소의 위치가 A모듈과 다르며, 초기상태에서 메모리밸브(3/2-way 밸브)를 통해 A로 출력신호가 존재한다.

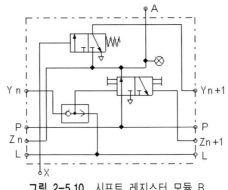

그림 2-5.10 시프트 레지스터 모듈 B

이것은 A모듈만으로 시프트 레지스터 체인을 구성하면 외부 리셋신호 L이 입력되는 경우에 모든 모듈의 A와 Y_{n+1}에 제어신호가 존재하지 않게 되어 이 제어체인을 시동시킬 수 없게 된다. 따라서, 모든 시프트 레지스터 체인의 맨 마지막 모듈에는 B모듈을 사용해야 한다. 이 모듈에서는 Y_n이나 L에 제어신호가 입력되면 메모리 요소가 작동하여 A에 출력신호가 존재한다.

(3) 시프트 레지스터 모듈 "C"

앞에서 언급한 A모듈과 B모듈은 AND밸브(스프링 복귀형 3/2-way 밸브), OR밸브(셔틀밸브), 메모리밸브(3/2-way 밸브)로 구성되어 이들은 현 단계의 작업을 수행할 뿐 아니라 다음 단계의 작업준비 및 전 단계 모듈을 리셋시키는 역할을 한다. 그러나 캐스케이드 방법과 같이 제어그룹을 나누었을 때 한 그룹 내에서는 신호간섭현상이 발생되지 않으므로 OR밸브와 메모리밸브를 제거한 형태의 모듈을 C모듈이라 하며, 그림 2-5.11에 나타내었다.

따라서, 이 C모듈은 전 단계의 모듈이 리셋되지 않아도 제어라인에 신호중복으로 인한 간섭현상이 발생하지 않는 곳에서만 사용한다. 이 모듈에서 Y_n신호는 A로 출력신호를 보내며 AND요소를 준비시켜 X에 제어신호가 입력되면 AND조건이 만족되어 다음 단계의 모듈을 작동시키게 되는 Y_{n+1}에 신호를 공급한다.

이 모듈은 AND요소만으로 구성되어 경제적이다. 그러나 캐스케이드 제어체인과 같이 직렬접속이므로 그룹의 수가 많은 경우 신호지연이나 압력강하가 발생될 우려가 있다.

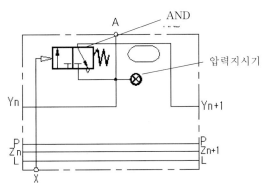

그림 2-5.11 시프트 레지스터 모듈 C

5.2.2 시프트 레지스터 회로의 설계와 응용 예

시프트 레지스터 회로는 캐스케이드 회로와 3/2-way 밸브(리밋밸브 등)를 병렬로 연결하며, 그 각 밸브에 공기가 직접 공급되므로 압력강하는 적으나 사용해야 할 밸브의 수는 많아진다.

예를 들면, 4개의 단계로 구성되는 시퀀스의 시프트 레지스터 회로는 앞에서 나타낸 그림 2-5.8과 같이 1개의 신호만 출력될 수 있으며, 현 단계는 다음 단계에 의하여 리셋되는 형식이다. 또, 입력신호를 유지하기 위하여 입력의 제어신호에 2압밸브를 사용하여 입력신호 i_n과 출력신호 s_{n-1}을 연결한다. 또한, 리셋신호(reset signal)의 입력을 위하여 OR밸브를 사용한다. 이와 같은 논리적 구성이 반복되므로 위에서 설명한 모듈로 구성하여 그 기능을 수행할 수 있다.

(1) A모듈과 B모듈을 이용하는 회로설계

5.1.2절의 (2)에서 작성했던 캐스케이드 회로의 시퀀스가 A+B+B−A−이며, 예를 들면 이 경우에 대하여 시프트 레지스터 회로의 설계절차를 설명한다.

① 시퀀스에 따르는 변위단계선도를 작성한다.
② 각 단계에 대한 운동 및 체크백(check back) 신호를 다음 표와 같이 작성한다.

단 계	1	2	3	4
운 동	A+	B+	B−	A−
체크백 신호	a_1	b_1	b_0	a_0

③ 액추에이터(실린더 등)와 그를 제어하는 방향제어밸브를 그린다.
④ 모듈을 배치시킨다. 모듈은 단계의 수만큼 필요하며, 마지막 단계에만 B모듈을 배치시키고 나머지 단계에는 A모듈을 배치시킨다.
⑤ 신호선을 그린다($s_1 \sim s_4$).

현 단계까지의 회로를 그림 2-5.12에 나타내었다.

⑥ 각 모듈의 체크백 신호 입력부에 신호요소(리밋스위치 등)를 그린다($X_1 - a_1$, $X_2 - b_1$, $X_3 - b_o$, $X_4 - a_o$).
⑦ z_n과 z_{n+1}을 연결한다.
⑧ 스타트밸브를 그린 후 최종단계의 모듈 Y_{n+1}에서 신호를 받아 2압밸브를 통해 Y_n에 연결한다.
⑨ 배선을 연결하고 비상정지신호나 외부 리셋신호(reset signal)가 필요한 경우에는 그 관련 밸브를 그리고 L포트에 접속한다.

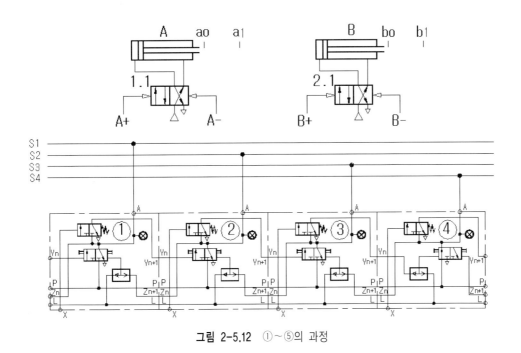

그림 2-5.12 ①~⑤의 과정

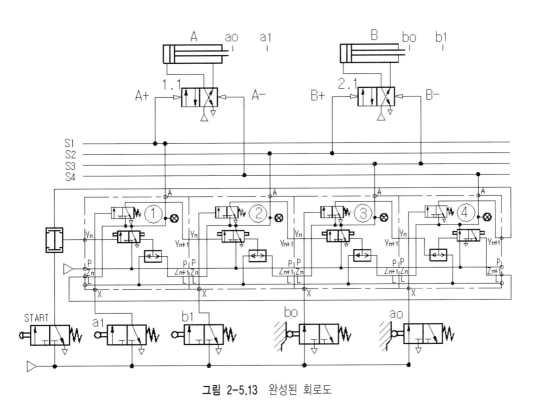

그림 2-5.13 완성된 회로도

완성시킨 회로도는 그림 2-5.13과 같다.

이 회로의 동작상태는 다음과 같다. 즉, 초기상태에서 리밋밸브 a_o와 b_o는 ON상태에서 각각 X_4, X_3에 입력되고 있으나 시프트 레지스터 체인의 출력은 ④모듈(B모듈)에서만 나오고 있다. 동시에 ④모듈의 AND요소가 동작되므로 ④모듈 출력의 압축공기 중 일부는 Y_{n+1}을 통하여 2압밸브로 입력되므로 스타트밸브를 ON시킬 경우 이 회로의 동작이 시작된다.

스타트밸브를 ON시키면 제어신호는 ①모듈의 Y_n으로 입력되어 제1단계의 메모리밸브를 ON시켜 ①모듈의 A포트에 출력이 얻어지고 출력라인 s_1에 공기가 공급된다. 이때 그 출력의 일부가 z_n 포트를 통해 전 단계인 ④모듈의 z_{n+1}로 들어가 메모리밸브를 위치 변환시키므로 ④모듈의 A포트로 나오는 출력은 소멸된다.

한편, ①모듈의 출력(A포트를 통해 나온)은 s_1을 통하여 밸브 1.1을 위치 변환시켜 실린더 A가 전진하며 전진완료 위치의 리밋밸브 a_1이 ON되어 ①모듈의 X_1을 통해 3/2-way 밸브를 ON시키며, 그에 따라 제2단계인 ②모듈의 메모리밸브가 위치 변환되어 ②모듈의 A포트에 출력이 s_2라인에 공급된다.

또한, ②모듈의 메모리밸브로부터 나온 압축공기의 일부는 z_n을 통해 전 단계인 ①모듈의 메모리밸브를 리셋시켜 ①모듈의 출력이 소멸된다. 이와 같이 입력신호의 순차적인 동작이 단계적으로 단 하나의 출력만이 존재하게 되어 신호간섭현상이 방지된다.

(2) C모듈을 이용한 회로설계

앞에서 설명한 바와 같이 C모듈은 AND요소(3/2-way 밸브)만으로 구성되어 있으므로 가격이 저렴하지만 신호간섭현상이 발생하지 않는 제어시스템에만 적용해야 한다. 따라서,

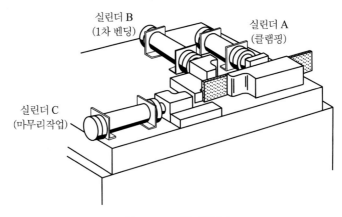

그림 2-5.14 벤딩작업기

시퀀스를 캐스케이드 회로처럼 그룹으로 나누어 다음 설계절차에 따라 회로도를 작성한다.

예를 들면, "A+B+B−C+C−A−"의 시퀀스 제어에 대한 회로설계로서 그 장치도는 그림 2-5.14와 같은 벤딩작업기(bending machine)이다. 소재가 단동실린더 A에 의하여 클램핑되며 복동실린더 B에 의해 첫 번째 벤딩작업을 하고, 복동실린더 C에 의해 두 번째 벤딩작업을 마무리한다.

부가조건은 수동버튼에 의해 시작신호가 주어지면 한 사이클의 작업만 수행하며 실린더 B의 전진운동은 실린더 A가 전진운동을 하고 충분한 압력이 생성된 후(예: 600 kPa) 시작되게 한다.

설계순서는 다음과 같다.

① 변위단계선도를 그린다(그림 2-5.15).

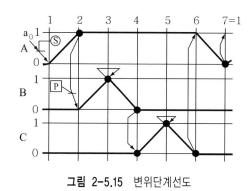

그림 2-5.15 변위단계선도

② 동작시퀀스를 간략기호로 나타내어 그룹을 나누고, 각 그룹의 첫 번째 단계에는 A 모듈, 마지막 그룹의 첫 단계에는 B모듈, 나머지 모든 단계에는 C모듈을 배치하며 각 단계의 체크백 신호(리밋밸브)를 부여한다. 이 과정을 표시하면 다음 표와 같다.

구 분	그룹 1		그룹 2		그룹 3	
단 계	1	2	3	4	5	6
사용모듈	A	C	A	C	B	C
운 동	A+	B+	B−	C+	C−	A−
체크백 신호	a_1	b_1	b_0	c_1	c_0	a_0

③ 액추에이터(실린더 등)와 그와 관련되는 제어밸브를 그린다. 이때 실린더의 전진·후진 위치에는 신호요소(리밋밸브)를 표시한다.

④ 각 단계에 모듈을 배치한다.

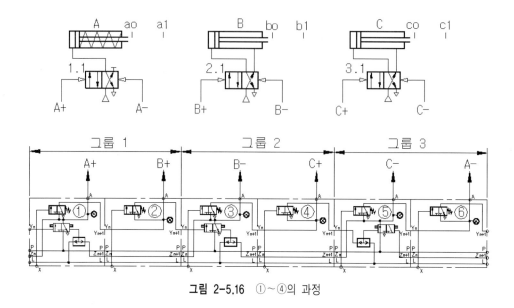

그림 2-5.16 ①~④의 과정

그림 2-5.16은 위의 ①~④의 과정을 나타낸 회로이다.

⑤ 입력 수와 같은 수의 출력라인을 그린다($s_1 \sim s_6$).

⑥ 각 모듈의 체크백 신호 입력포트 X에 관련되는 신호요소(리밋밸브)를 배치시킨다 ($x_1 \sim x_6$).

⑦ z_n은 z_{n+1}과 연결한다.

⑧ 스타트밸브와 최종단계의 Y_{n+1}의 신호를 받아 2압밸브(AND밸브)를 통해 최초 모 듈의 Y_n에 연결한다.

⑨ 부가조건을 삽입한다. 배선을 모두 연결하여 회로를 완성하고 비상정지신호나 외부 리셋신호가 필요한 경우에는 밸브를 그린 후 L포트에 접속시킨다.

완성된 회로도를 그림 2-5.17에 나타내었다. 이 회로에서 ⑥번 모듈에서 출력이 나오 고 있으며, 압축공기의 일부가 Y_{n+1}을 통해 2압밸브에 도달하고 있는 상태이므로 스타 트 밸브를 ON시키면 제어신호는 1.02 메모리밸브(4/2-way 밸브)를 작동시켜 그것을 통 한 압축공기는 ①번 모듈의 메모리밸브(3/2-way 밸브)를 세트시켜 출력이 s_1라인을 ON 시킨다. 따라서, 실린더 A가 전진하고 이때 그 출력의 일부는 z_n을 통해 z_{n+1}로 들어가 ⑤번 모듈의 메모리밸브를 리셋시켜 s_5라인과 s_6라인이 동시에 OFF된다.

실린더 A가 전진 완료하여 리밋밸브 a_1을 ON시키며 실린더 A 내의 압력이 설정압력 에 도달하면 밸브 2.2를 통하는 제어신호는 ①번 모듈의 AND요소(스프링식 3/2-way

밸브)를 세트시켜 압축공기는 ②번 모듈을 통해 출력하여 s_2라인을 ON시키며 실린더 B
가 전진한다. 결국 s_1라인과 s_2라인이 동시에 ON되지만 A+와 B+는 동일 그룹이므로
간섭이 일어나지 않는다.

실린더 B가 전진완료 후 리밋밸브 b_1이 ON되면 ②번 모듈의 AND요소가 세트되어
그를 통한 제어신호가 ③번 모듈의 메모리밸브(3/2-way 밸브)를 세트시켜 s_3라인이 ON
상태가 되며, 그 압축공기의 일부는 ①번 모듈의 메모리밸브를 리셋시켜 s_1라인이 OFF
되고 동시에 s_2라인도 OFF된다. 따라서, 실린더 B는 후진하며 리밋밸브 b_o가 ON되어
④번 모듈에서 출력이 나와 s_4라인을 ON시킨다. s_3라인과 s_4라인이 동시에 ON상태로
되지만 B−와 C+는 동일그룹에 있으므로 역시 간섭을 일으키지 않는다.

s_4라인이 ON되어 실린더 C가 전진하고 리밋밸브 c_1이 작동하면 ⑤번 모듈의 메모리
밸브가 세트되어 s_5라인이 ON상태로 되며, 동시에 s_3라인과 s_4라인이 OFF된다. 따라서,
실린더 C가 후진하여 리밋밸브 c_o가 작동하면 ⑤번 모듈의 AND요소(3/2-way 밸브)가
위치 변환되어 압축공기가 ⑥번 모듈에서 출력으로 나와 s_6라인을 ON시키고 s_5라인과
s_6라인이 동시에 ON상태가 되며, 실린더 A가 후진하여 리밋밸브 a_o가 작동하면 초기상
태로 되어 그 다음 단계에서는 ⑤번 모듈의 메모리밸브를 리셋시켜 s_5라인과 s_6라인을
OFF시키게 된다.

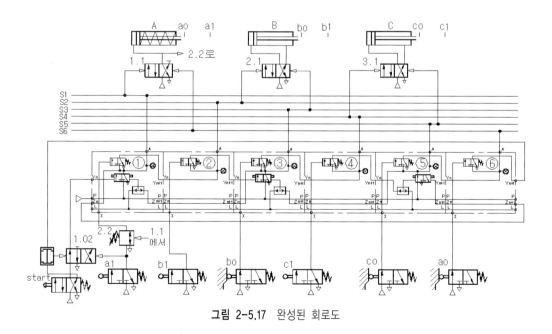

그림 2-5.17 완성된 회로도

1. 단동실린더를 서로 다른 위치에서 밸브로 동작시킬 수 있는 회로를 작성하라.

2. 단동실린더의 전진·후진속도를 모두 조절할 수 있는 푸시버튼 하나로 회로를 구성하라.

3. 복동실린더의 전진·후진속도를 4/2-way 스프링 복귀형 푸시버튼 스위치로 조절할 수 있는 회로를 작성하라.

4. 단동실린더를 2개의 푸시버튼 스위치를 작동시킬 때만 동작시킬 수 있는 회로를 구성하라.

5. 그림 ex.2-5와 같은 국자는 누름버튼을 누르면 천천히 내려와야 되며, 올라가는 것은 자동으로 되어야 하는 회로를 작성하라.

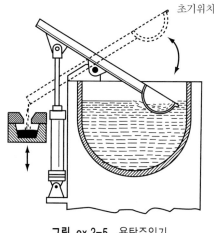

그림 ex.2-5 용탕주입기

6. 볼이 중력이송 매거진으로부터 순차적으로 ①번 축과 ②번 축으로 분리되어야 한다. 실린더의 후진운동을 위한 신호는 손이나 발로 작동되어야 하고, 전진운동의 신호는 리밋 밸브로부터 받는다(그림 ex.2-6 참조). 회로를 작성하라.

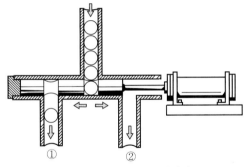

그림 ex.2-6 볼의 분리장치

7. 그림 ex.2-7과 같이 푸시버튼을 누르면 실린더가 전진하여 10초간 플라스틱 부품을 압착한 후 처음의 위치로 돌아와야 한다. 귀환운동은 수동 푸시버튼이 눌린 채로 있어도 이루어져야 하며, 새로운 작업을 시작하기 위해서는 실린더가 출발위치에 있어야 하고 새로 푸시버튼을 눌러야 한다. 이 회로를 작성하라.

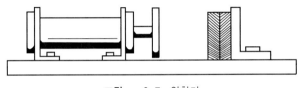

그림 ex.2-7 압착기

8. 그림 ex.2-8과 같이 실린더 위에 차 있는 나무판을 위의 것부터 다음 공정에 사용한다. 이때 나무판을 밀어내기 편하게 하기 위해 판의 높이를 일정하게 유지해 주는 것이 필요하다. 근접감지기로 감지기와 맨 위에 있는 나무판 사이의 거리를 측정하여 높이를 일정하게 해 준다. 즉, 나무판을 사용할 때마다 일정한 수준으로 공압 실린더가 올려주게 되며, 나무판을 모두 사용했을 때는 수동으로 실린더를 내리고 다시 나무판을 쌓고 시작하는 회로를 작성하라.

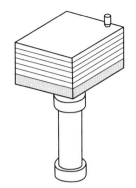

그림 ex.2-8 나무판의 높이제어

9. 복동실린더의 전진·후진단에 각각 리밋밸브를 설치하고 선택스위치를 이용하여 연속왕복운동 회로를 작성하라.

10. 복동실린더의 직동을 전진속도는 느리게 하고, 후진은 급속 자동귀환하는 회로를 작성하라.

11. 푸시버튼을 누르면 실린더가 전진하여 전진단에서 실린더가 미리 설정된 압력에 도달한 후에 복귀하는 회로를 작성하라.

12. 시동스위치(선택)를 누르면 복동실린더가 2회 왕복운동 후 정지하는 회로를 작성하라.

13. 전진신호를 주면 복동실린더가 전진하고, 후진신호가 입력될 때까지 전진상태를 유지하는 Flip-Flop회로를 작성하라.

14. 다음 Flip-Flop회로(그림 ex.2-14)의 동작상태를 기술하라.

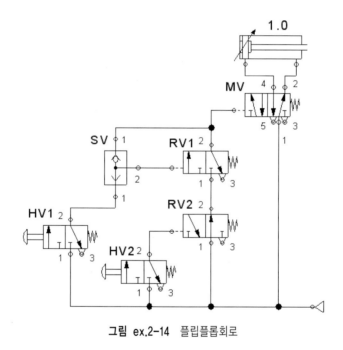

그림 ex.2-14 플립플롭회로

15. 2명의 작업자가 1대의 프레스에서 작업을 할 때 프레스를 가동시키려면 가동용 버튼 2개를 모두 누르면 실린더가 전진하고, 복귀는 전진단에 설치한 리밋밸브에 의해 자동 복귀해야 한다. 위험상황이 닥치면 정지용 버튼으로 강제복귀시킬 수 있는 회로를 작성하라.

16. 복동실린더의 전단·후단에 각각 리밋밸브를 설치한 상태에서 시동스위치(선택스위치)를 ON시키면 자동 왕복운동을 한다. 그런데 전진 도중에 시동스위치를 OFF시키면 전진 완료 후에 정지하며, 후진 도중에 OFF시키면 후진 완료 후 정지하는 회로를 설계하라.

17. 3/2-way 수동조작밸브를 누르면 복동실린더의 피스톤이 전진하고 5초 후에 복귀해야 한다. 이때 전진신호용 누름버튼이 계속 눌려 있어도 실린더의 복귀가 가능해야 하고, 다시 전진시키기 위해서는 누름버튼을 다시 눌러야 한다. 이 회로를 설계하라.

18. 복동실린더는 에어배리어가 순간적으로 열렸을 때 전진하고, 귀환행정은 근접 리밋스위치(반향감지기)에 의해 이루어지는 회로를 설계하라.

19. 다음 그림 ex.2-19와 같은 금속판 절단기의 양측에 실린더 A와 B가 설치되어 두 실린더가 전진하여 판을 절단한 후 동시에 복귀하는 회로를 설계하라.

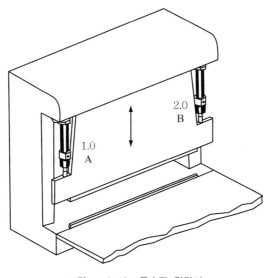

그림 ex.2-19 금속판 절단기

20. 실린더 A와 B의 시퀀스를 $A + B + \dfrac{A-}{B-}$ 로 하려 한다. 회로도를 작성하라.

21. 3개의 복동실린더가 시동신호를 주면 리밋밸브에 의해 $A + B + C + A - B - C -$ 의 순서로 작동하는 회로를 설계하라.

22. 2개의 복동실린더가 시동스위치를 누르면 $\dfrac{A+}{B-} A - B +$ 의 순서대로 작동하는 회로를 설계하라.(단, A실린더가 전진 완료 후 3초 후 후진한다.)

23. 깡통 뚜껑을 자동으로 조립하고자 한다. 그림 ex.2-23과 같이 매거진에 놓인 뚜껑을 A 실린더가 깡통의 위로 올려 놓고 후진하면 실린더 B에 의해 밀봉작업이 수행되고 그 후 후진한다. 깡통은 수동으로 제거한다. 회로를 설계하라.

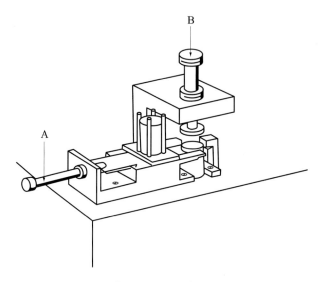

그림 ex.2-23 뚜껑조립기

24. 실린더 A는 단동실린더, B와 C는 복동실린더인 3개의 실린더가 그림 ex.2-24와 같이 벤딩 작업을 한다. 시퀀스는 수동으로 공작물을 삽입하면 실린더 A가 전진하여 클램핑하면 실린더 B가 전진하여 벤딩한 후 후진한다. 그후 실린더 C가 전진하여 벤딩하고 후진한다. 그후 실린더 A가 후진하여 작업을 완료하는 회로를 캐스케이드 회로로 작성하라.

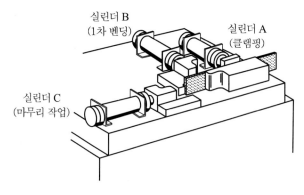

그림 ex.2-24 벤딩기

25. 그림 ex.2-25와 같은 리베팅작업기에서 부품은 수동으로 삽입하고 실린더 A가 클램핑하게 되면 2개의 실린더 B가 리벳을 삽입하여 홀딩하게 되며, 실린더 C가 리베팅 작업을 완료하게 된다 $\left(A + B + C + \dfrac{B-}{C-}A-\right)$. 부가조건으로서 비상스위치를 누르면 모든 실린더는 즉시 원위치해야 한다. 캐스케이드 회로를 설계하라.

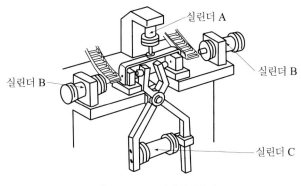

그림 ex.2-25 리베팅작업기

26. 문제 22를 캐스케이드 회로로 작성하라.

27. 그림 ex.2-27과 같은 마킹작업기에서 마킹 작업을 하려 한다. 가공물을 수동으로 삽입한 후 start 버튼을 누르면 실린더 A, B, C의 순서대로 마크를 찍고 복귀하는 회로를 시프트 레지스터 회로에 의하여 설계하라.

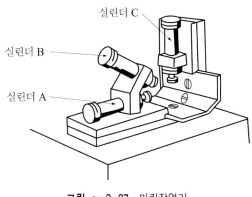

그림 ex.2-27 마킹작업기

28. 3개의 복동실린더의 시퀀스를 $A + B + B - A - C + C -$의 순서대로 작동시키려 할 때 시프트 레지스터 회로를 작성하라.

29. 3개의 공압 실린더(복동)를 A + B + C + C − B − A −의 순서로 작동시키려 한다. 캐스케이드 회로를 설계하라.

30. 3개의 복동실린너가 스타트 스위치를 누르면 A + B + C + A − B − C −의 순서로 작동하는 공압회로를 설계하라.

31. 시동스위치를 누르면 복동실린더가 전진하고 피스톤이 임의의 위치에 있을 때 실린더 내의 압력이 설정값에 도달하면 복귀하는 회로를 설계하라.

32. 문제 31에서 시동스위치를 누르면 실린더가 전진을 완료하고 리밋스위치(전진단에 설치)에 의하여 후진하지만 실린더 내의 압력이 설정압력에 도달했을 때 후진하는 회로를 설계하라.

33. 메모리밸브가 3/2-way 밸브에 의한 교번회로를 작성하라.

34. 메모리밸브와 2압밸브(2개)에 의한 교번회로를 작성하라.

PART **3**

전기공압시스템

01 개 요

지금까지 순수 공압제어에 대하여 고찰하였다. 그러나 공압제어는 전기회로에 의한 전기적인 신호로 작동되는 경우가 있으며, 이를 **전기공압제어**(electropneumatics control)라 한다. 이와 같이 공압과 전기기술의 통합은 산업자동화의 영역에서 문제해결에 많은 기여를 해왔다. 전기적인 제어방법은 비용이 적게 들고 제어에 사용되는 부품의 종류와 작동원리가 간단하므로 전기공학을 전공하지 않은 사람도 쉽게 배울 수 있어서 많이 이용되고 있다.

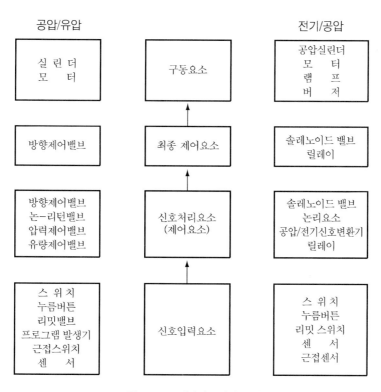

그림 3-1.1 제어시스템의 구성

전기제어방식은 응답이 빠르고 소형이며, 동작이 확실한 점이 순수공압제어방식에 비하여 우수한 점이며 원격조작이 가능하다는 점이다. 따라서, 전기의 스파크에 의한 인화나 폭발의 위험이 있는 곳을 제외하고 거의 전기공압제어방식을 채용하고 있다.

전기공압제어시스템은 그림 3-1.1에 나타내는 바와 같이 에너지 공급원(압축기, 저장탱크, 압력조절기, 서비스 유닛, AC/DC 전원공급기)을 비롯하여 신호입력요소, 신호처리요소, 구동요소에 대하여 해당 요소를 공·유압부와 전기공압부로 분리하여 표시하였다. 따라서, 전기·공압부의 요소는 신호입력요소, 신호처리요소, 최종 제어요소의 부품이 전기적 구성부품으로서 공압/유압(pneumatics/hydraulics)부의 요소와 다르다.

이 시스템의 신호입력부에서 스위치에 의해 입력신호가 인가되면, 이 신호는 신호처리부(제어부)에 입력되어 여러 가지 연산처리나 신호의 증폭이 이루어진다. 그리고 최종 제어부는 신호처리부에서 신호를 받아 전기적 신호(electrical signal)를 공압신호(pneumatic signal)로 변환하는 솔레노이드밸브(solenoid valve), 비례제어밸브, 방향제어밸브 등으로 구성되며, 구동부는 실린더, 모터 등 일을 하는 부분이다. 솔레노이드밸브와 릴레이는 신호처리요소로도 사용되고 최종 제어요소로도 사용된다. 예를 들어, 솔레노이드밸브가 실린더를 제어해 주면 제어요소로 간주되고, 신호처리장치로서 정의되면 신호처리요소로 간주된다.

위에서 열거한 요소 중 에너지원 및 구동요소는 순수공압편에서 언급하였으므로 여기서는 전기공압제어에서 사용되는 신호입력요소, 신호처리요소, 최종 제어요소의 종류 및 그 기능에 대하여 알아보기로 한다.

CHAPTER 02 | 접점스위치

전기적인 제어에서 어느 전기기기에 전류를 통전(ON)시키거나 단전(OFF)시키는 역할을 하는 것이 **접점**(contact)이다. 즉, 접점은 회로상에서 전류의 개폐기능을 갖는다.

예를 들어, 실린더의 운동 방향이나 순서를 제어할 때 솔레노이드밸브의 솔레노이드 코일에 전류를 ON시키거나 OFF시켜야 될 때 접점이 그 역할을 하게 된다. 접점의 종류에는 그림 3-2.1에 표시하는 바와 같이 (a) a접점, (b) b접점, (c) c접점이 있다. 각각의 기능에 대하여 고찰한다.

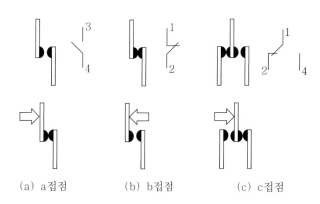

(a) a접점   (b) b접점   (c) c접점

그림 3-2.1 전기의 기본접점과 기호

2.1 | a접점 스위치

그림 3-2.2(a)와 같이 조작력이 가해지지 않은 상태, 즉 초기상태에서는 고정접점과 가동접점이 접촉하지 않은 상태이며 버튼을 눌러 조작력이 가해지면 (b)와 같이 두 접점이 접촉하여 전류가 통전되는 기능을 갖는 접점을 **a접점**이라 한다. a접점 스위치는 조작력이

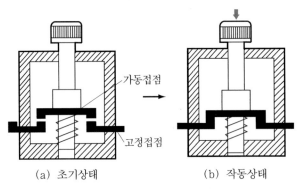

(a) 초기상태　　　　　　(b) 작동상태

그림 3-2.2 a접점 스위치

작용하지 않는 상태에서는 접점이 열려 있으므로 **상시 열림형 접점**(N/O형, Normally Open contact) 또는 **make 접점**이라고도 하며, 스위치가 작동되면 접점이 닫혀 일을 할 수 있으므로 arbit contact라 하여 그 약자로 a접점이라 부른다.

　제어회로도에서는 모든 부품을 표준화된 기호로 표시하게 되어 있다. 제어회로도의 표현방법은 유럽에서 많이 사용되는 ISO 방식과 미국에서 많이 사용되는 Ladder 방식의 두 가지가 있다. 그러나 ISO 방식과 Ladder 방식은 표현방법의 차이일 뿐 사용되는 부품은 마찬가지이다. a접점은 ISO 방식에서는 (3/4)로 표시되나 Ladder 방식에서는 특별한 표기방법이 없다. 그림 3-2.3은 a접점 스위치의 기호를 공압, ISO 기호, Ladder 기호로서 나타내었다.

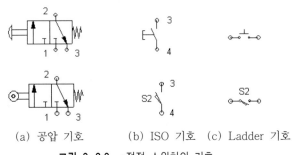

(a) 공압 기호　　(b) ISO 기호　(c) Ladder 기호

그림 3-2.3 a접점 스위치의 기호

2.2 | b접점 스위치

　b접점 스위치는 그림 3-2.4와 같이 a접점 스위치와 반대로 스위치가 작동하지 않는 초기상태에서는 접점이 닫혀 있으므로 **상시 닫힘형 접점**(N/C형, Normally Closed contact)이라 하며 전류가 접점을 통해 흐른다. 스위치를 작동시키면 연결되어 있던 접점이 떨어져 전류가 OFF되며 break contact라 하여 그 약자로 **b접점**이라 한다.

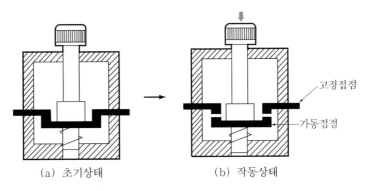

(a) 초기상태　　　(b) 작동상태

그림 3-2.4 b접점 스위치

그림 3-2.5는 b접점 스위치의 기호로서 ISO 방식에서는 접점의 기호가 (1/2)로 표시되며 역시 Ladder 방식에서는 특별한 표시법이 없다.

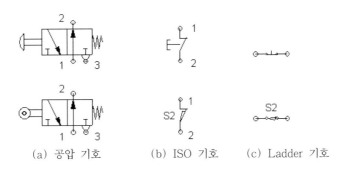

(a) 공압 기호　　　(b) ISO 기호　　　(c) Ladder 기호

그림 3-2.5 b접점 스위치의 기호

2.3 ｜ c접점 스위치

그림 3-2.6과 같이 초기상태에서는 상시 닫힘의 접점(b접점)상태로부터 버튼을 눌러 스위치를 작동시키면 상시 닫힘의 접점은 서로 떨어져 회로를 분리시키고, 상시 열림 접점(a접점)은 전류가 통할 수 있도록 회로가 연결되어, c접점 스위치는 하나의 스위치를 a접점이나 b접점으로 사용이 가능한 스위치이다. 이 스위치는 작동되면 접점의 change-over가 일어나므로 그 약자로 **c접점**이라 하며, **전환접점**(change over contact)이라고도 한다.

그러나 하나의 c접점은 전기적으로는 독립되어 있지 않으므로 a접점이나 b접점 중 하나의 기능을 선택하여 사용해야 한다. 그림 3-2.7은 c접점 스위치의 기호를 나타낸다.

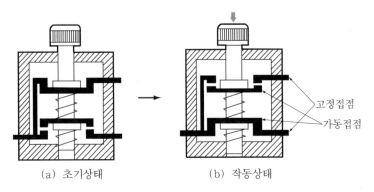

(a) 초기상태   (b) 작동상태

고정접점
가동접점

그림 3-2.6 c접점 스위치

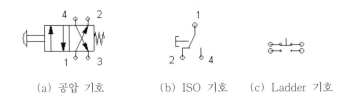

(a) 공압 기호   (b) ISO 기호   (c) Ladder 기호

그림 3-2.7 c접점 스위치의 기호

2.4 │ 다접점 스위치

다접점 스위치(multiple contacts switch)는 공압밸브와 달리 하나의 스위치가 여러 개의 독립된 접점을 갖는다. 즉, 하나의 스위치를 작동시키면 여러 개의 접점이 동시에 ON 또는 OFF된다. 독립된 접점이란 여러 개의 접점이 기계적으로는 연결되어 있으므로 같이 작동되지만 전기적으로는 완전히 독립되어 있음을 의미한다. 각각의 접점에 서로 다른 전압을 사용하여도 각 접점 간에는 절연되어 있으므로 아무 문제가 없다.

a접점이 3개, b접점이 1개인 스위치는 3a-1b형이라 하며, 기호로 표시하면 그림 3-2.8과 같다. 기호의 점선은 각각의 접점이 기계적으로 연동되어 있음을 나타내며, ISO기호에서 (13/14)는 첫 번째 접점을 a접점, (23/24)는 두 번째 a접점, (41/42)는 네 번째 b접점을 표시한다. 즉, 첫 번째 숫자는 접점의 순서이고, 두 번째 숫자는 접점의 기능을 나타낸다.

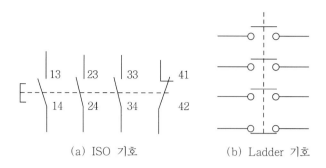

(a) ISO 기호　　　　　(b) Ladder 기호

그림 3-2.8 3a-1b형 스위치의 기호

그림 3-2.9는 2개의 독립된 접점이 있는 1a-1b형 스위치의 구조를 나타낸다.

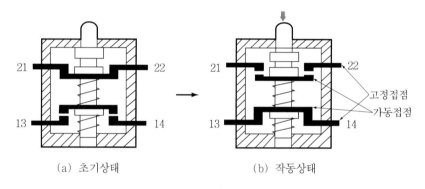

(a) 초기상태　　　　　(b) 작동상태

그림 3-2.9 1a-1b형 스위치

조작스위치

조작스위치(contact switch)는 손·발 또는 기계적으로 힘을 가하거나 힘을 제거하여 전류를 통전시키거나 차단시키는 기능을 가지며 자동을 수동으로, 수동을 자동으로 변환시키는 등의 스위치류로서 전기회로에서는 필수적 요소이다. 조작스위치는 그 기능별로 자동복귀형, 유지형으로 나눌 수 있으며, 기계적으로 전류를 ON·OFF시키는 스위치는 센서로 분류하기도 한다.

3.1 자동복귀형 스위치

이 스위치는 **푸시버튼(누름버튼) 스위치**(push button switch)라고 하며, 손으로 스위치를 누르면 접점이 변하고 손을 떼면 스프링력에 의하여 자동으로 복귀하는 스위치로서 시스템의 시동, 정지의 신호를 얻는 데 적합하다.

접점의 형태는 a접점과 b접점이 항상 공유하게 되며, 하나의 푸시버튼에는 접점의 형식에 따라 **상시개방접점 스위치**(normal open contact switch), **상시폐쇄접점 스위치**(normal close contact switch), **전환접점 스위치**(change over contact switch)가 있다. 기능별로는

접점기구부

버튼기구부

그림 3-3.1 푸시버튼 스위치

기본형 외에 동작표시 램프내장형, 한시동작형 등이 있으며, 버튼 모양에 따라 원형, 각형, 장방형, 버섯형 등이 있다. 스위치의 기능을 버튼의 색상으로 구분하기도 하며, 녹색은 시동, 적색은 정지 혹은 비상정지, 황색은 리셋(reset)의 기능을 나타내어 사용된다. 외관은 그림 3-3.1에 나타내었다.

3.2 │ 유지형 스위치

유지형 스위치는 소위 잔류접점 스위치로서 외부입력에 의하여 스위치를 조작하면 그 입력이 제거되어도 접점상태가 그대로 유지되고, 이와 반대로 조작을 해야 접점의 상태가 초기상태로 복귀하는 스위치이다. 이러한 스위치는 시퀀스에서 자동/수동, 연속/단속 등과 같이 조작방법의 전환에 주로 사용되며, 간단한 회로에서는 운전/정지(operation/ stop)의 프로그램 제어용으로도 사용된다.

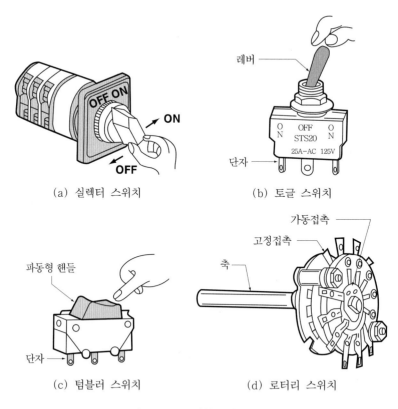

(a) 실렉터 스위치 (b) 토글 스위치

(c) 텀블러 스위치 (d) 로터리 스위치

그림 3-3.2 유지형 스위치의 종류

유지형 스위치의 종류로서는 실렉터 스위치(selector switch), 토글 스위치(toggle switch), 텀블러 스위치(tumbler switch), 로터리 스위치(rotary switch) 등을 들 수 있으며, 그림 3-3.2에 각각의 외관을 나타내었다.

3.3 │ 기계적 작동스위치

기계적 작동스위치(mechanical control switch)는 수동조작 접점이나 자동조작 접점의 스위치와 달리 기계적 운동부분과 접촉하여 조작되는 접점 스위치이며, 대표적으로 4장에서 기술하게 될 리밋스위치나 마이크로 스위치를 들 수 있다. 이 책에서는 이들을 센서(검출용 스위치)의 종류로 분류하여 다룬다.

CHAPTER

04 센서

외부로부터 에너지를 공급받아 운동을 하는 기계에서 작업을 수행하는 부분을 액추에이터(actuator)라 한다. 이 액추에이터가 언제 어떠한 작업을 해야 하는지를 판단하여 필요한 제어명령을 내려주는 장치를 시그널 프로세서(signal processor 혹은 controller라고도 함)라 한다. 이때 시그널 프로세서가 액추에이터에 필요한 제어명령을 하기 위해서는 외부의 상황을 감지하여 필요한 정보를 제공해줄 장치가 필요한데 이를 **센서**(sensor)라 한다.

센서는 감지하는 대상물에 따라 온도, 압력 등의 물리량을 검출하는 센서와 물체의 존재 여부 및 위치를 검출하는 센서로 크게 나눌 수 있다. 물리량을 검출하는 센서에는 압력, 힘, 온도, 변위 및 거리 등을 검출하는 센서들이 있다.

그러나 공장자동화에서 주로 사용되는 센서는 물체의 존재 여부 및 위치를 검출하는 센서이다. 이 센서는 감지방식에 따라 **접촉식 센서**(contact sensor)와 **비접촉식 센서**(contactless sensor)로 나눌 수 있으며, 사용되는 에너지에 따라 **전기센서**(electric sensor)와 **공압센서**(pneumatic sensor)로 나누어진다.

일반적으로는 비접촉식 센서를 센서라 부르지만, 전기공압제어의 접촉식 센서로서는 리밋스위치(limit switch)와 마이크로 스위치(micro switch)를 들 수 있으며, 비접촉식 센서에는 유도형 센서(inductive sensor), 정전용량형 센서(capacitive sensor), 광전센서(optical sensor)가 있으며, 이들을 일컬어 **근접센서**라 부른다. 여기서, 전기공압제어에 이용되고 있는 물체의 존재 여부 및 위치를 검출하는 센서에 대하여 알아보기로 한다.

4.1 │ 접촉식 센서

4.1.1 리밋스위치

리밋스위치(limit switch)는 공압 리밋밸브와 같은 방법으로 작동된다. 그러나 공압 리밋밸브는 정상상태(밸브에 외력이 작용하지 않는 상태)에서 닫힘(N/C) 상태나 열림(N/O) 상태 중 한 종류의 밸브로만 사용이 가능하지만, 전기 리밋스위치는 일반적으로 c접점 (change over contact)을 갖고 있으므로 배선을 a접점 또는 b접점으로 함에 따라 두 가지 기능을 선택하여 사용할 수 있다. 그리고 전기 리밋스위치는 천천히 작동하여도 접점의 스위칭은 매우 빠르다.

그림 3-4.1은 리밋스위치의 a접점 상태와 a접점 상태의 작동상태를 나타낸다. 또한 표 3-4.1은 리밋스위치의 작동 전과 작동상태의 기호를 공압, ISO, Ladder 기호로서 각각 나타내었다.

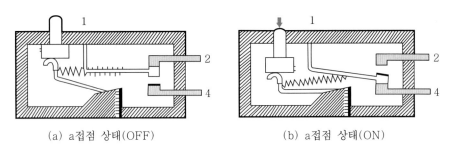

(a) a접점 상태(OFF)　　　　　(b) a접점 상태(ON)

그림 3-4.1　전기 리밋스위치의 구조

표 3-4.1　리밋스위치의 상태표시 기호

공압기호	ISO 기호	Ladder 기호
	S2　3 / 4	
	S1　3 / 4	
	S2　1 / 2	
	S1　1 / 2	

4.1.2 전기 리드 스위치

전기 리드 스위치(electric reed switch)도 공압 근접센서(pneumatic proximity sensor)와 마찬가지로 자석에 의하여 작동된다. 즉, 피스톤에는 영구자석을 장착하고 실린더 위에는 전기 리드 스위치를 설치하면 피스톤의 위치를 검출할 수 있게 된다. 이러한 근접 스위치는 접점용량이 작으므로 직접 솔레노이드밸브를 작동시키게 되면 스위치에 접점이 녹아 붙을 수 있기 때문에 반드시 제어 릴레이를 거쳐서 사용해야 한다. 또, 강한 자장이 형성되는 스폿 용접기(spot welding machine) 근처에서는 사용이 불가능하며, 접점이 스위칭될 때 발생되는 스파크(spark) 현상에 의해서도 접점이 손상될 수 있으므로 접점보호회로를 내장시키는 것이 좋다.

그림 3-4.2는 전기 리드 스위치의 구조이며, (a)는 리드 스위치가 작동되지 않은 상태, (b)는 작동상태를 나타낸다. 즉, 리드 스위치에는 LED가 장착되어 있어서 작동되면 스위칭 상태를 보여 주는데 리드 스위치의 접점이 붙어 LED에 불이 점등한다. 실린더는 피스톤부에 자석 링을 가지고 있어서 피스톤부가 리드 스위치 장착의 위치에 오면 충분한 자력으로 리드 스위치의 접점을 작동시킨다.

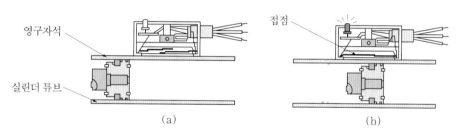

그림 3-4.2 전기 리드 스위치

4.1.3 마이크로 스위치

마이크로 스위치(그림 3-4.3)는 그 외부에 액추에이터를 설치하고, 소형으로 만든 검출 스위치이며, 미소 접점 간격과 스냅액션기구가 특징이다. 설정된 움직임과 규정된 힘으로 개폐동작이 이루어진다. 핀 플런저를 누르면 가동 스프링이 아래로 휘어져 어느 위치까지 하강하면 가동접점이 위쪽 고정접점으로부터 순간적으로 반전하여 아래쪽 고정접점으로 이동하여 회로를 변환시킨다. 이 동작을 스냅액션이라 한다.

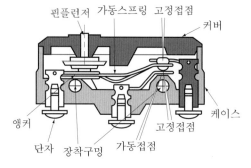

그림 3-4.3 마이크로 스위치의 내부구조

핀플런저 가동스프링 고정접점
커버
앵커
케이스
단자 장착구멍 가동접점
고정접점

4.2 │ 비접촉식 센서(근접센서)

4.2.1 유도형 센서

유도형 센서(inductive sensor)는 산업현장에서 널리 사용되는 센서로서 금속에만 반응한다. 이것은 검출코일에서 발생하는 고주파 자계 내에 검출물체(금속)가 접근하면 전자유도현상에 따라 근접물체 표면에 유도전류(와전류)가 흘러 금속 내에 에너지 손실이 발생한다. 그러면 검출코일에서 발생하는 발진 진폭이 감쇠 또는 정지하며, 이 진폭의 변화량을 이용하여 검출물체(금속)의 존재 유무를 감지한다. 이 센서(그림 3-4.4)의 감지 거리는 대체로 센서 직경의 1/2 정도이며 스위칭시간도 2000 pulse/sec로서 짧다.

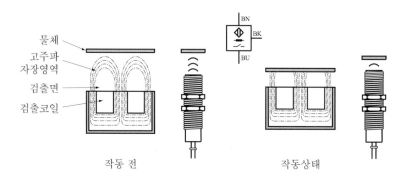

물체
고주파
자장영역
검출면
검출코일

작동 전   작동상태

그림 3-4.4 유도형 센서의 원리

4.2.2 정전용량형 센서

정전용량형 센서(capacitive sensor, 靜電容量形 센서)는 금속, 비금속을 비롯한 모든 물체에 반응한다. 그림 3-4.5와 같이 이 센서는 검출부에 검출전극을 가지고 있어서 (+)

전압을 인가하면 전극에는 (+)전하가, 대지 쪽에는 (−)전하가 발생하면서 전극과 대지 사이에 전계가 생긴다. 이 전극 쪽으로 물체가 접근하게 되면 물체 내부에 있는 전하들이 전극 쪽으로는 (−)전하가, 반대쪽으로는 (+)전하가 이동하게 되는데 이 현상을 분극현상이라 하며, 물체가 전극에서 멀어지면 분극현상이 약해져서 정전용량이 적어지고 전극쪽으로 접근하면 분극현상이 커져서 전극에 (+)전하가 증가하여 정전용량(electric capacitance)이 증가한다. 즉 콘덴서(condenser)의 두 판 사이에 유전율(di-electric constant)이 1보다 큰 물질이 놓여서 콘덴서의 용량이 증가하는 것과 마찬가지로 센서 앞에 어떤 물체가 놓이게 되면 센서에 평소보다 많은 전기가 저장될 수 있게 된다. 공기를 제외한 모든 물체는 유전율이 1보다 크므로 이 센서는 모든 물체를 검출할 수 있다. 스위칭 시간은 10 pulse/sec 정도로서 유도형 센서보다 길며, 감지거리는 3~25 mm이다.

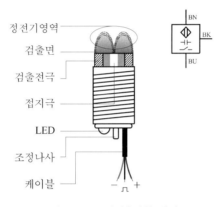

그림 3-4.5 정전용량형 센서

4.2.3 광전센서

광전센서(optical sensor)는 발광기의 광원으로부터 빛을 수광기에서 받아 검출물체의 접근에 따라 빛의 변화를 검출하여 스위칭 동작을 얻어내는 센서로서, 빛을 투과시키는 물체를 제외한 모든 물체의 검출이 가능하다. 광전센서는 작동방법에 따라 다음 세 가지로 분류된다.

(1) 투과형

이 센서는 고유한 파장의 빛을 방사하는 발광기(transmitter)와 수광기(receiver) 사이에 어떤 물체가 존재하게 되면 빛의 차단에 의해 감지한다. 작동원리도는 그림 3-4.6과 같다.

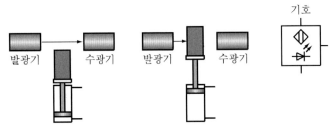

그림 3-4.6 투과형 광센서

(2) 반사형

이 센서는 발광기와 수광기가 한 몸체로 이루어져 있으며, 고유의 곡면을 갖는 반사경 (reflector)과 짝을 이룬다. 센서와 반사경 사이에 물체가 존재하게 되면 발광기에서 방사 된 빛이 수광기에 도달될 수 없으므로 물체의 존재 유무를 검출한다. 작동원리도는 그림 3-4.7과 같다.

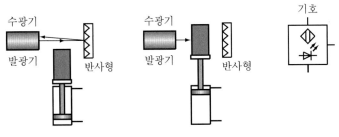

그림 3-4.7 반사형 광센서

(3) 직접 반사형

이 센서(그림 3.4-8)는 발광기와 수광기가 한 몸체로 이루어져 있으며, 검출하려는 물 체를 반사판으로 이용한다. 물체가 없으면 수광기에 반사광선을 검출할 수 없지만 물체 가 있게 되면 반사광선을 수광기에서 검출할 수 있다. 이 센서는 빛을 잘 반사하는 물체 는 잘 감지되지만 표면이 난반사가 심하거나 빛을 잘 흡수하는 물체는 효과적으로 검출 할 수 없는 경우가 있다.

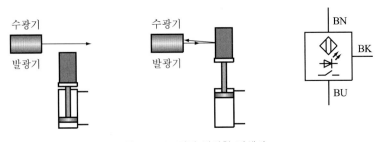

그림 3-4.8 직접 반사형 광센서

CHAPTER 05 릴레이

5.1 | 릴레이의 구조와 원리

다접점 스위치는 여러 개의 독립된 접점을 갖고 있지만 전기 리밋 스위치나 센서는 일반적으로 하나의 독립된 접점을 갖고 있다. 따라서 전기적으로 독립된 여러 개의 접점이 필요한 경우에는 접점을 늘려야 한다. 이때 접점을 늘려주는 것이 **릴레이**(relay)이다.

이 릴레이는 전자석으로 작동되는 여러 개의 접점을 갖는 전기 스위치로서, 소량의 에너지를 이용하여 스위치의 개폐나 제어에 이용되는 요소이며 주로 신호처리에 이용된다. 리밋스위치를 통하여 솔레노이드(solenoid)를 직접 작동시키면 접점에 과부하가 걸리므로 버퍼(buffer)와 같은 역할로 릴레이가 사용되어 큰 전류를 부담하게 된다. 회로에서 릴레이의 또 다른 중요한 기능은 논리기능과 인터로크(interlock) 장치로서 사용되는 점이다.

릴레이의 구조는 그림 3-5.1과 같이 자장을 형성하기 위한 코일, 전자석에 의하여 작동되는 접점 및 복귀스프링으로 구성되어 있다.

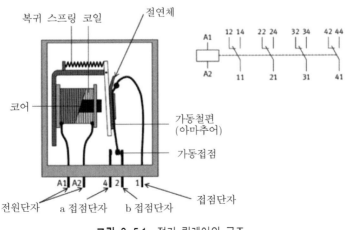

그림 3-5.1 전기 릴레이의 구조

전기 릴레이의 코일(coil)에 전기를 통전시키면 코일에 자장이 형성되어 릴레이의 가동철편(아마추어(amature))을 코일의 코어(core)로 잡아당긴다. 즉, 전자석에 의하여 아마추어와 기계적으로 연결된 여러 개의 접점이 작동되어 개폐된다. 코일에 통하는 전류를 차단시키면 자장이 OFF되므로 각 접점은 복귀스프링에 의하여 원상태로 회복된다.

전기 릴레이는 전기적으로 독립된 여러 개의 접점을 갖고 있다. 즉, 릴레이의 각 접점은 전기적으로 절연되어 있으므로 각 접점에는 서로 다른 전압을 이용해도 문제가 발생하지 않는다. 24 V용 릴레이라 할지라도 각 접점에는 110 V, 220 V 등의 다른 전압을 이용해도 된다.

일반적으로 릴레이의 호칭은 릴레이가 갖는 접점을 이용한다. 즉, 앞에서 기술한 다접점 스위치와 마찬가지로 a접점 3개, b접점 1개인 릴레이는 3a-1b형(그림 3-5.2), a접점 2개, b접점 2개인 릴레이는 2a-2b형이라 부른다.

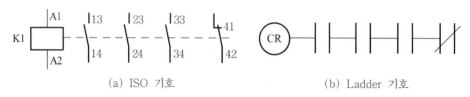

(a) ISO 기호   (b) Ladder 기호

그림 3-5.2 3a-1b형 릴레이의 기호

제어회로도에서 릴레이를 나타내는 기호는 표준화된 기호를 사용하며, 그림 3-5.2는 릴레이의 기호를 ISO 방식과 Ladder 방식으로 나타내었다. ISO 방식에서 릴레이는 K라는 약호로, Ladder 방식에서는 CR(control relay)이라는 약호로 표시한다. ISO 방식에서(A1/A2)는 릴레이의 코일을 나타내고, (13/14)는 첫 번째 a접점, (33/34)는 세 번째 a접점, (41/42)는 네 번째 접점이 b접점임을 나타낸다. 즉, 첫 번째 숫자는 접점의 순서, 두 번째 숫자는 접점의 상태를 의미한다. 그러나 Ladder 방식에서는 각 접점을 표시하는 특별한 방식은 없다.

릴레이의 장점 및 단점을 열거하면 다음과 같다.

(1) 장점

① 여러 독립회로를 개폐할 수 있다.
② 여러 동작전압에 쉽게 적용된다.
③ 주위 온도의 영향을 많이 받지 않는다(−40~80℃에서 작동이 확실하다).
④ 개방상태에 있는 접점은 상대적으로 고저항이다.
⑤ 주 회로와 제어회로 사이는 금속절연되어 있다.

(2) 단점

① 상시개방접점은 아크(arc) 및 산화에 의하여 마모된다.

② 개폐를 하는 동안 잡음이 생긴다.

③ 개폐시간이 3~17 ms로 제한되어 있다.

④ 접점은 오염(먼지)에 영향을 받는다.

5.2 릴레이의 기능

릴레이의 원리는 이상과 같이 전자석의 여자와 소자에 의하여 분리된 회로에 전류를 통전시키거나 단전시키는 간단한 조작으로 신호전달, 증폭, 여러 회로의 동시조작, 기억, 변화기능 등의 여러 기능을 발휘할 수 있으므로 시퀀스 제어에 중요한 역할을 담당한다. 그 기능들에 대하여 알아보자.

(1) 분기기능

릴레이 코일 1개의 입력신호에 대하여 출력접점의 개수를 여러 개로 하면 신호가 분기되어 동시에 여러 개의 기기를 제어할 수 있다. 그림 3-5.3은 1개의 입력신호에 의해 3개의 출력신호가 얻어지는 경우이다.

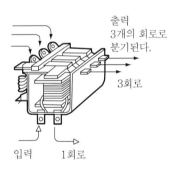

그림 3-5.3 신호의 분기

(2) 증폭기능

릴레이 코일에 입력되는 전류를 ON·OFF함에 따라 출력접점회로에서는 큰 전류를 얻을 수 있다. 즉, 코일의 소비전력에 대하여 출력접점에서 입력의 수십 배에 달하는 전류를 얻을 수 있다(그림 3-5.4 참조).

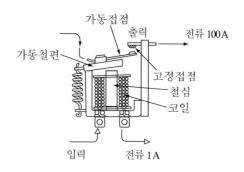

그림 3-5.4 신호의 증폭

(3) 변환기능

릴레이의 코일부와 접점부는 전기적으로 분리되어 있으므로 각각 다른 성질의 신호를 취급할 수 있다. 예를 들면, 그림 3-5.5에서 입력은 DC전원으로, 출력은 AC전원으로 사용하여 직류신호를 교류신호로 변환하게 된다.

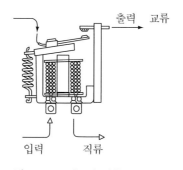

그림 3-5.5 신호의 변환

(4) 반전기능

릴레이의 a접점에서는 입력이 ON일 때 출력도 ON되지만, b접점을 이용하면 입력이 OFF일 때 출력이 ON되고 입력이 ON되면 출력이 OFF되어 신호가 반전된다.

(5) 메모리기능

릴레이는 자신의 접점에 의해 입력상태의 유지가 가능하여 동작신호를 기억할 수 있다. 즉, 릴레이의 a접점을 사용하여 자기유지회로(PART 4의 회로편에서 설명)를 구성하여 기억기능을 얻을 수 있다.

(6) 연산기능

릴레이를 여러 개 사용하여 각 접점을 직렬 또는 병렬로 구성하여 연산기능을 얻을 수 있다(PART 4의 회로편 참조).

06 | 타이머

타이머(timer)는 **타임 릴레이**(time relay)라고도 하며, 입력신호가 들어온 후 일정한 시간이 경과한 후에 내장된 접점이 ON되거나, 입력신호가 들어와 그것을 OFF시키고 나서 일정 시간 후에 접점이 OFF되는 시퀀스 제어기기로서 시간제어의 신호처리요소이다.

타이머의 종류에는 전자식, 모터식, 계수식, 공기식 타이머가 있으나, 여기서는 전자식 타이머에 대하여 고찰하고, 다음 절에서 계수식 타이머에 대하여 설명한다.

전자식 타임 릴레이는 회로상에서 미리 설정된 시간 후에 상시개방이나 상시폐쇄의 접점을 개폐시키는 데 이용되며, **여자지연**을 이용하는 방법(한시 타이머)과 **소자지연**을 이용하는 방법(순시 타이머)이 있다.

6.1 한시 타이머

한시 타이머는 전압이 가해진 후 일정 시간이 경과하여 접점이 ON되며, 전압이 제거되면 동시에 접점이 OFF됨으로써 **ON Delay timer**라고도 한다. 이것을 타임차트(time chart)로 표시하면 그림 3-6.1과 같다.

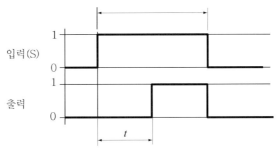

그림 3-6.1 타임차트(한시 타이머)

한시 타이머의 기호와 구조를 그림 3-6.2에 나타내었으며, (a)는 ISO 방식에 의한 표시이고, (b)는 Ladder 방식에 의한 표시이다. ISO 방식에서 푸시버튼 S1을 누르면 설정된 시간이 지나고 나서 18번 단자에 접점이 연결되어 출력신호가 나오게 된다. 구조도에서는 푸시버튼 S1을 작동시켰을 때 가변저항 R1을 통하여 전류가 흐르고 이 전류는 릴레이 K1의 상시폐쇄 접점을 통하여 축전기(condenser) C1을 충전시킨다. 축전기가 여자전압에 이르면 릴레이 K1을 작동시키게 된다. 시간은 가변저항 R1에 의하여 조절되며 릴레이 K1이 작동하게 되면 회로는 18번 단자에 의해 연결된다. 따라서, 축전기는 저항 R2를 통해서 방전된다. 이것은 순수공압편에서 언급한 압축공기로 작동하는 시간지연밸브(time delay valve)와 마찬가지이다(그림 3-6.3 참조).

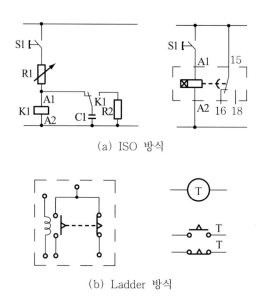

(a) ISO 방식

(b) Ladder 방식

그림 3-6.2 한시 타이머의 구조와 기호

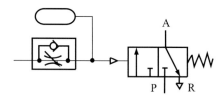

그림 3-6.3 압축공기에 의한 시간지연밸브(한시 타이머)

6.2 | 순시 타이머

순시 타이머는 전압이 가해지면 동시에 접점이 ON되고, 전압이 제거된 후 일정 시간이 경과하여 접점이 OFF되는 것으로서 OFF Dlay timer라고도 한다. 타임차트로 표시하면 그림 3-6.4와 같다.

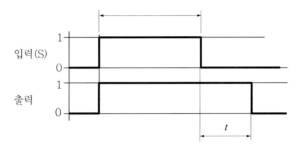

그림 3-6.4 타임차트(순시 타이머)

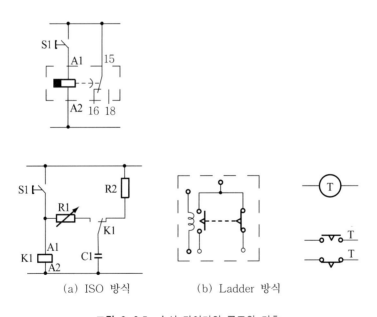

(a) ISO 방식   (b) Ladder 방식

그림 3-6.5 순시 타이머의 구조와 기호

순시 타이머의 기호와 구조는 그림 3-6.5에 표시하였으며, ISO 방식에서 푸시버튼 S1을 누르면 릴레이 K1이 작동되어 즉시 출력이 나온다. 저항 R2에 의해서 이미 충전되어 있던 축전기 C1은 저항 R1과 접점 K1을 통해서 연결된다. 푸시버튼 S1이 OFF될 때까

지 이 상태가 계속 유지되는데, S1이 OFF되는 시점부터 축전기 C1은 가변저항 R1을 통해 방전되는 것이다. 따라서, 방전이 완료될 때까지는 K1이 작동된 상태를 유지하게 되며 ㄱ만큼 출력신호가 지연된다. 이것은 압축공기로 작동하는 시간지연밸브(그림 3-6.6 참조)와 마찬가지로 작동된다.

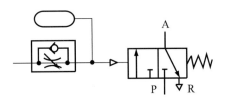

그림 3-6.6 압축공기에 의한 시간지연밸브(순시 타이머)

CHAPTER
07 | 전자밸브(솔레노이드밸브)

7.1 | 전자밸브의 종류

전자밸브는 방향제어밸브와 전자석을 결합하여 전자석에 전류를 통전 또는 단전시킴에 따라 공기의 흐름을 변환시키는 밸브로서 **솔레노이드밸브**(solenoid vale)라 한다.

솔레노이드밸브(전자밸브)는 전자석 부분과 밸브 부분으로 구성되어 있으며, 전자석의 힘으로 밸브가 직접 구동되는 직동식과 파일럿밸브가 내장된 간접식(파일럿 작동형)으로 분류된다.

일반적인 방향제어밸브와 같이 포트(port)의 수, 제어위치의 수, 솔레노이드의 수, 중립위치에서의 흐름의 형식, 복귀형식 등에 따라 여러 가지로 분류될 수 있으며, 표 3-7.1에 제시하였다.

솔레노이드밸브는 공압과 전기에너지를 함께 사용하므로 **전기-공압변환기**(electric pneumatic converter)로 표현할 수 있다. 신호출력 매체로서의 공압밸브와 솔레노이드로 불리는 전기적 스위칭부로 구성되어 전류가 솔레노이드에 가해지면 기전력이 발생되어 밸브 스템(valve stem)에 연결된 아마추어를 동작시킨다. 전류가 솔레노이드 코일로부터 제거되면 기전력이 없어져 스프링에 의하여 초기위치로 복귀된다.

특히, 밸브의 위치 변환이 모두 솔레노이드에 의해 이루어지는 밸브는, 밸브의 양측에 솔레노이드가 있으므로 **양 솔레노이드밸브**(double solenoid valve)라 하고, 한쪽에만 솔레노이드가 존재하는 밸브는 **편 솔레노이드밸브**(single solenoid valve)라 한다. 후자의 경우 반대 방향의 신호는 솔레노이드의 전기적 신호가 제거됨에 따라 복귀 스프링력에 의한 것과 별도의 공압신호에 의한 것이 있다.

표 3-7.1 전자밸브의 일반적 분류

구 분		기 호	내 용
주 관로가 접속되는 포트의 수	2포트 2위치 밸브		2개의 작동유체의 통로 개구부가 있는 전사밸브
	3포트 2위치 밸브		3개의 작동유체의 통로 개구부가 있는 전자밸브
	4포트 2위치 밸브		4개의 작동유체의 통로 개구부가 있는 전자밸브
	5포트 2위치 밸브		5개의 작동유체의 통로 개구부가 있는 전자밸브
제어위치의 수	2위치 밸브		2개의 밸브 몸통 위치를 갖춘 전자밸브
	3위치 밸브		3개의 밸브 몸통 위치를 갖춘 전자밸브
	4위치 밸브		4개의 밸브 몸통 위치를 갖춘 전자밸브
중앙위치에서 흐름의 형식	올포트 블록		3위치 밸브에서 중앙 위치의 모든 포트가 닫혀 있는 형식
	PAB 접속 (프레셔 센터)		3위치 밸브에서 중앙 위치 상태에서 P, A, B포트가 접속되어 있는 형식
	ABR 접속 (엑조스트 센터)		3위치 밸브에서 중앙 위치 상태에서 A, B, R포트가 접속되어 있는 형식
정상위치에서 흐름의 형식	상시 닫힘		정상위치가 닫힌 위치인 상태
	상시 열림		정상위치가 열린 위치인 상태
복귀형식	스프링 복귀		조작력을 제거했을 때 스프링으로 밸브 몸통을 정상 위치에 복귀시키는 방법
	공기압 복귀		조작력을 제거했을 때 공기압으로 밸브 몸통을 정상 위치에 복귀시키는 방법
	디텐드		밸브 몸통을 복귀 또는 눈금에 의해 어느 위치를 유지한다.
솔레노이드의 수	싱글 솔레노이드		코일이 1개 있는 전자밸브
	더블 솔레노이드		코일이 2개 있는 전자밸브
조작형식	직동식		한 뭉치로 조립된 전자석에 의한 조작방식
	파일럿 작동식		전자석으로 파일럿밸브를 조작하여 그 공기압으로 조작하는 방식
전원	전압·주파수		코일을 구동하기 위한 전원 교류 110 V, 220 V, 직류 12 V, 24 V 등. 주파수 50 Hz, 60 Hz

7.2 │ 2/2-way 편 솔레노이드밸브(직동식)

그림 3-7.1은 2/2-way 편 솔레노이드밸브이다. 밸브는 솔레노이드에 의하여 직접 작동되고 스프링에 의하여 리셋(reset)된다. 이 밸브에서는 솔레노이드 아마추어와 밸브스템이 한 유닛(unit)으로 구성되어 있다.

그림 3-7.1에서 초기상태에서는 밸브가 닫혀 있으므로 1포트로부터 2포트로 압축공기가 유동하지 못한다. 전류가 코일에 입력되면 기전력이 발생하여 아마추어를 당겨 올린다. 그 결과 밸브가 열리므로 압축공기는 공급포트 1(P)에서 작업포트 2(A)로 흐른다. 이 밸브는 주로 차단밸브로서 사용된다.

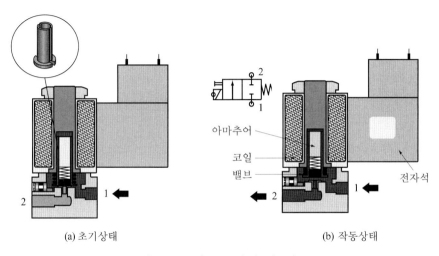

(a) 초기상태   (b) 작동상태

그림 3-7.1 2/2-way 솔레노이드밸브

7.3 │ 3/2-way 편 솔레이드밸브(상시 닫힘, 직동식)

그림 3-7.2는 3/2-way 편 솔레노이드밸브의 외관 및 내부구조이다. 상시 닫힘형(N/C, Normally Closed) 포핏밸브(poppet valve)가 솔레노이드에 의하여 직접 작동되고 스프링에 의하여 리셋(reset)된다. 이 밸브에서는 솔레노이드 아마추어와 밸브스템이 한 유닛(unit)으로 구성되어 있으므로, 보통 아마추어 또는 아마추어 튜브라 부르기도 한다. 아마추어에 있는 작은 구멍은 일반적으로 배기구로 사용된다.

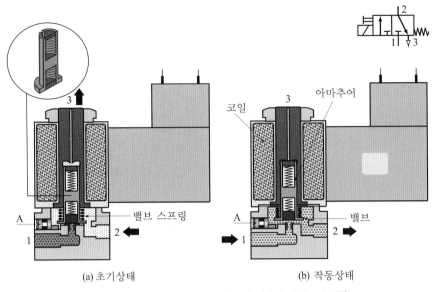

그림 3-7.2 3/2-way 편 솔레노이드밸브(상시 닫힘, 직동식)

그림 3-7.2에서 초기상태에서는 밸브가 닫혀 있으므로 1포트로부터 2포트로 압축공기가 유동하지 못한다. 전류가 코일에 입력되면 기전력이 발생하여 아마추어를 당겨 올린다. 그 결과 밸브가 열리고 3포트의 유로는 아마추어의 상면에 의해서 막히므로 압축공기는 공급포트 1에서 작업포트 2로 흐른다.

이 밸브는 단동실린더의 제어, 다른 밸브의 간접작동 제어시스템에서 압축공기의 공급 및 차단 등에 이용된다.

7.4 │ 3/2-way 편 솔레노이드밸브(상시 닫힘, 간접작동식)

직동식 방향제어밸브와 간접작동식 방향제어밸브의 기본적인 차이점은 내부에 파일럿부의 유무에 있다. 간접작동식 밸브는 솔레노이드의 기전력에 의해서 생기는 힘이 파일럿밸브에 의하여 증폭된다. 이 간접작동식 제어를 이용하면 솔레노이드의 크기를 최소화할 수 있으며, 공압적으로는 밸브스위칭이 명확한 장점이 있다. 전기신호가 솔레노이드에 가해지면 간접작동 아마추어를 작동시키고, 간접작동밸브 신호는 주 밸브를 작동한다. 이것은 전력소모가 감소하며, 또 열 발생이 감소되는 장점이 있다.

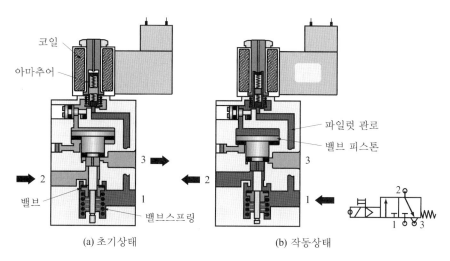

그림 3-7.3 3/2-way 편 솔레노이드밸브(상시 닫힘, 간접작동식)

3/2-way 편 솔레노이드(간접작동식)밸브의 내부구조를 그림 3-7.3에 나타내었다. 밸브스프링에 의해서 리셋된 제어위치에서는 1에서 2로 통로가 막혀 있는 상태이고, 2와 3포트가 연결되어 대기 중으로 열려 있다.

전기신호가 입력되면 아마추어를 들어올려 공급포트 1에 연결된 파일럿 통로를 통해 공기가 들어와 밸브 피스톤에 하향압력을 가하게 된다. 피스톤의 표면적에 가해지는 힘이 아래쪽 실링(sealing)에 작용하는 힘과 스프링력을 더한 합력보다 크므로 피스톤을 아래 방향으로 이동시키며, 따라서 공급포트 1에서 작업포트 2로 통로가 열리고, 작업포트 2에서 배기포트 3으로의 통로는 막힌다.

솔레노이드가 소자되면 파일럿 신호는 솔레노이드 스템(stem)을 통해 해제되고 피스톤은 복귀스프링에 의해 원위치된다. 따라서, 1 → 2통로는 막히고, 2 → 3통로가 열린다.

이 밸브는 단동실린더의 방향제어, 공기 클러치(air clutch), 공기 브레이크(air brake) 등의 조작, 공기탱크의 압력충전이나 방출, 공압원의 차단, 방출 등에 사용된다.

7.5 ┃ 4/2-way 편 솔레노이드밸브(간접작동식)

이 밸브는 2개의 3/2-way 밸브(N/C형 1개와 N/O형 1개)를 조합한 형태로 구성되며 복동실린더나 다른 밸브를 제어하는 데 이용된다. 그 내부구조는 그림 3-7.4와 같으며, 초기상태에서는 압축공기가 공급포트 1로부터 작업포트 2로 통하며 포트 4로부터 배기포트 3으로 연결되어 배기상태이다.

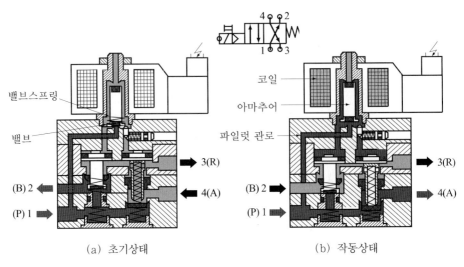

밸브스프링

밸브

(B) 2

(P) 1

코일

아마추어

파일럿 관로

3(R)

4(A)

3(R)

4(A)

(B) 2

(P) 1

(a) 초기상태

(b) 작동상태

그림 3-7.4 4/2-way 편 솔레노이드밸브(간접작동식)

전기신호가 주어지면 아마추어가 들어올려져 공급포트 1로부터 파일럿 통로를 통해 들어온 압축공기는 2개의 밸브 피스톤에 공압을 작용시켜 제어위치를 변화시키므로 1 → 4통로가 열려 공기가 공급되고, 또 2 → 3통로가 열려 배기된다. 전기신호가 제거되면 밸브는 다시 정상위치로 되돌아간다.

7.6 | 4/2-way 양 솔레노이드밸브(간접작동식)

이 밸브의 내부 구조도는 그림 3-7.5에 나타내듯이 양쪽에 솔레노이드가 있으며 양쪽의 아마추어가 노즐을 막고 있다. Y1 솔레노이드에 전기신호가 입력되면 좌측 아마추어가 끌려 올라가 압축공기는 노즐을 통해 들어가서 축방향 평면 슬라이드밸브를 우측으로 움직여서 압축공기가 1(P)에서 4(A)포트로 흐르고, 2(B)포트에서 3(R)포트로 배기된다. Y2에 전기가 입력될 때까지는 현 상태를 유지한다. Y2에 전기신호가 입력되면 우측의 아마추어가 끌려 올라가므로 압축공기는 그쪽의 노즐을 통해 밸브를 좌측으로 움직여 압축공기는 1(P)에서 2(R)포트로 들어가고, 4(A)포트에서 3(R)포트로 배기된다.

2개의 신호가 같이 들어오면 먼저 도달한 신호가 우선이다. 이 밸브는 복동실린더의 제어와 메모리 기능을 갖는 제어에 사용되며, 한번 입력된 제어신호가 제거되어도 반대편의 제어신호가 입력될 때까지는 그때의 위치를 유지하므로 **메모리(memory)밸브**라고도 한다.

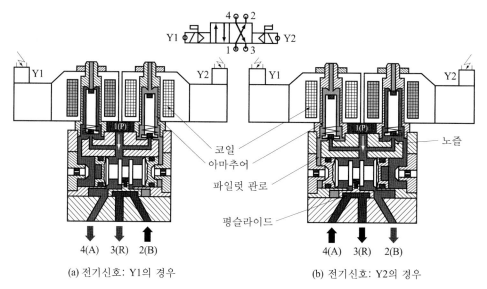

(a) 전기신호: Y1의 경우   (b) 전기신호: Y2의 경우

그림 3-7.5 4/2-way 양 솔레노이드밸브(간접작동식)

7.7 | 5/2-way 편 솔레노이드밸브(간접작동식)

5/2-way 밸브는 4/2-way 밸브와 비슷한 기능을 갖지만 배기포트가 2개인 점이 다르다. 그림 3-7.6은 5/2-way 편 솔레노이드밸브의 내부 구조이며, 제어밸브는 전기신호에 의해, 주 밸브(main valve)는 압축공기의 간접 가압에 의해 제어된다. (a)는 초기상태로서 솔레노이드에 전기가 가해지지 않은 상태이며, 1(P)포트와 2(B)포트의 통로가 열려 있고 4(A)포트와 배기포트 5(R)가 연결된 상태이다. 전기신호가 아마추어에 작동되면 (b)와 같이 압축공기가 파일럿 관로를 통해 밸브 피스톤을 우측으로 밀어 압축공기는 1(P) → 4(A)로, 배출공기는 2(B) → 3(S)로 연결되고, 전기신호가 제거되면 (a)와 같이 복귀스프링에 의해 밸브 피스톤이 복귀하여 초기상태로 귀환한다.

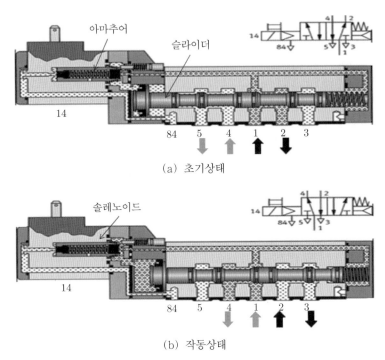

(a) 초기상태

(b) 작동상태

그림 3-7.6 5/2-way 편 솔레노이드밸브(간접작동식)

7.8 | 5/2-way 양 솔레노이드밸브(간접작동식)

이 밸브는 격판 작동식 시트밸브로 되어 있으며, 마지막 전기신호가 SOL2에 인가되었다면 그림 3-7.7(b)와 같이 밸브 피스톤이 좌측으로 움직여서 압축공기는 1(P)포트에서 2(A)포트로 들어가고 4(B)포트로부터 5(S)포트로 배기된다. SOL1에 전기신호가 입력되기까지는 현 상태를 유지한다. SOL2에 전기신호를 제거하여도 복귀스프링이 없으므로 그 상태를 유지한다. SOL1에 전기신호가 입력되면 밸브 피스톤이 우측으로 움직여서 압축공기는 1(P)→4(A)로, 배기는 2(B)→3(S)으로 연결된다.

양 솔레노이드밸브는 편 솔레노이드밸브와 달리 반대쪽 솔레노이드에 신호가 들어오기 전까지는 마지막 제어위치를 계속 유지한다. 따라서, 양 솔레노이드밸브는 메모리 특성을 가진다고 말한다. 아주 짧은 신호(10~25 msec)로서 제어위치를 전환시킬 수 있으므로 전력소비를 최소화할 수 있다.

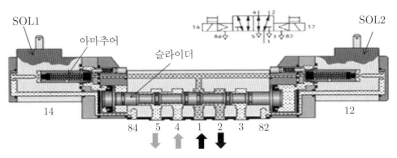

(a) 우측 솔레노이드 작동

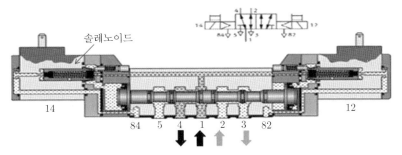

(b) 좌측 솔레노이드 작동

그림 3-7.7 5/2-way 양 솔레노이드밸브(간접작동식)

CHAPTER

08 그 외의 전기기기

8.1 | 공압-전기 변환기

공압-전기 변환기(pneumatic-electric converter)는 공압에 의하여 작동되는 축과 전기스위치의 조합으로 이루어진다. 그림 3-8.1은 공압-전기 변환기의 초기상태와 작동상태를 나타낸 것이다.

공압신호가 격판(diaphragm)에 가해져서 스프링력을 이길 만큼 충분한 압력이 되면 축을 작동시킨다. 축을 작동시키는 데 필요한 힘은 조절나사에 의하여 조정할 수 있다. 축이 공압에 의해 상방향으로 이동하면 스위치 레버에 의해 마이크로 스위치를 동작시킨다. 전기접점은 C접점으로서 N/O접점과 N/C접점을 선택하여 사용할 수 있다. 14에서

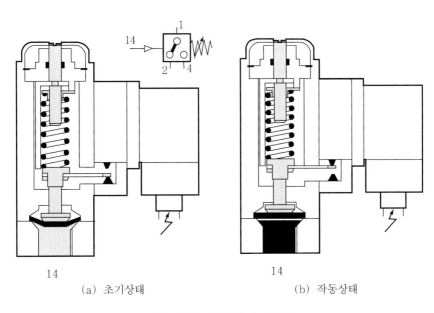

(a) 초기상태   (b) 작동상태

그림 3-8.1 공압-전기 변환기

의 공압신호가 축을 작동시킬 만큼 충분한 압력이 계속되면 출력상태는 유지된다. 압력은 1~10 bar의 범위 내에서 조절하여 사용한다.

공압-전기 변환기는 특정압력에서 스위칭 작용이 필요한 경우(압력종속제어, PART 4의 4.4절 참조)에 사용된다. 출력신호는 공압-전기 변환기의 제어포트 압력이 설정압력에 도달된 후에 나온다.

8.2 │ 카운터

카운터(counter)는 입력신호의 수를 계수하는 기기로서 기계의 동작횟수 또는 생산수량 등의 통계를 위한 계수기로서 사용된다.

카운터는 여러 가지 종류가 있으며 구조원리, 기능, 계수방법에 따라 분류되고 있다. 구조원리에 따른 종류로서는 마이컴회로에 의한 전자카운터와 전자석의 흡인기를 이용한 전자카운터, 물리적인 힘을 가하여 구동하는 회전식 카운터 등이 있다.

기능에 따른 종류는 계수값만을 표시하는 total counter, 계수값의 표시 및 설정값에 도달하면 출력을 내는 preset counter, 1개의 입력신호로 n개의 수를 증가시키거나 n개의 입력신호로 1개의 수를 계수하는 등의 measure counter 등이 있다.

계수방식에 따른 종류로서는 입력신호가 입력될 때마다 수를 증가시키는 가산식과 반대로 감소시키는 감산식, 양자를 조합한 가감산식이 있다.

8.3 │ 표시등, 버저, 벨

표시등(LED)은 동작상태의 여부, 수동·자동 등의 선택상태의 표시, 압력 저하, 전압 상승 등의 위험상태를 표시하는 용도로 사용되는 기기이다. 표시등은 푸시버튼 스위치와 겸용으로 사용하기도 한다.

또한, 버저(buzzer)나 벨(bell)은 기계나 장치에 고장이 발생하거나 소정의 동작이 완료되었을 때 작업자에게 그 상태를 알리는 경보기이다.

1. 누름버튼 스위치의 기호를 a접점과 b접점에 대하여 ISO 방식과 Ladder 방식으로 각 각 표시하라.

2. 리밋스위치의 기호를 a접점과 b접점에 대하여 ISO 방식과 Ladder 방식으로 각각 표시 하라.

3. c접점 스위치의 기호를 ISO 방식과 Ladder 방식으로 각각 표기하라.

4. 다접점 스위치(multiple contacts switch)를 ISO 방식과 Ladder 방식으로 표기하고, 그 기능을 기술하라.

5. 자동복귀형 스위치를 접점의 형식에 따라 분류하라.

6. 스위치의 기능을 버튼 색으로 구별한다. 녹색, 적색, 황색은 각각 무슨 기능을 나타내는 가?

7. 시퀀스 회로에서 자동/수동, 연속/단속의 제어용으로 사용되는 스위치를 열거하라.

8. 유도형 센서의 기능을 기술하라.

9. 비접촉식 센서의 종류를 열거하라.

10. 정전용량형 센서와 광전 센서의 기능을 각각 기술하라.

11. 릴레이의 기능에 대하여 기술하라.

12. 릴레이를 이용할 때 장점과 단점을 설명하라.

13. 릴레이의 기호를 ISO 방식과 Ladder 방식의 기호로 각각 표기하라.

14. ON Delay timer(한시 타이머)의 타임차트를 그리고, 그 기능을 설명하라.

15. 한시 타이머의 기호를 표시하라.

16. OFF Delay timer(순시 타이머)의 타임차트를 그리고, 그 기능을 설명하라.

17. 순시 타이머의 기호를 표시하라.

18. 솔레노이드의 동작원리를 설명하라.

19. 순수 공압밸브와 비교하여 솔레노이드밸브의 장점을 기술하라.

20. 편 솔레노이드밸브(single solenoid valve)와 양 솔레노이드밸브(double solenoid valve)의 차이점을 기술하라.

21. 3/2-way 편 솔레노이드밸브의 용도에 대하여 기술하라.

22. 메모리 특성을 갖는 솔레노이드밸브를 열거하라.

23. 공압-전기 변환기의 기호를 표시하고, 그 용도를 열거하라.

24. 카운터의 기호를 표기하고, 그 종류를 열거하라.

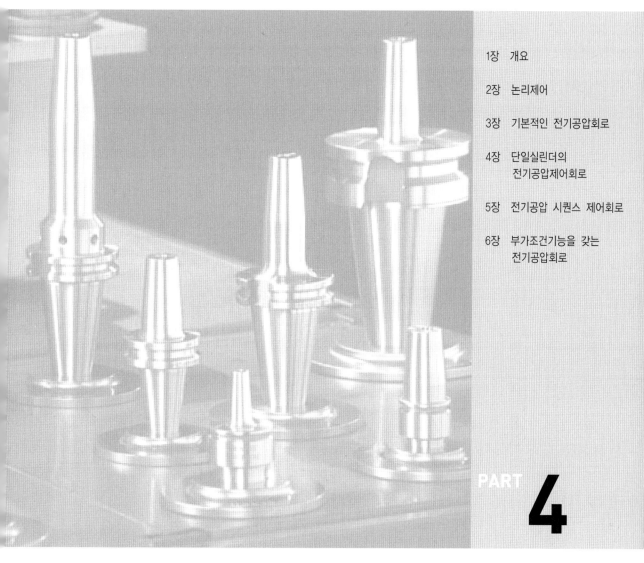

PART **4**

전기공압회로

CHAPTER 01 개 요

공압을 이용하는 방법은 최종적으로 공압실린더, 공압모터 등의 액추에이터를 원하는 조건으로 작동시키는 것이며, 그 방법은 크게 두 가지로 나눌 수 있다.

그 하나는 앞에서 설명한 순수공압을 이용하는 방법으로서 제어요소에 릴레이밸브, 최종 제어밸브(마스터밸브), 기계작동 및 수동조작밸브 등이 이용되는 시스템이다. 또 하나는 제어요소에 솔레노이드밸브(전자밸브)를 사용하는 것 외에 릴레이, 리밋스위치, 각종 센서 등의 전기적인 요소가 이용되는 시스템이다.

그런데 현재 순수공압 제어시스템보다 전기공압 제어시스템(electric pneumatic control system)이 훨씬 더 많이 이용되고 있는 실정이다. 이러한 전기공압 제어시스템은 인화 또는 폭발의 위험성이 있는 경우를 제외한 곳에서 채용되고 있으며, 이 시스템은 응답성이 양호하고 소형이며 동작이 확실하다.

1.1 ┃ 전기공압 제어시스템의 구조 및 신호의 흐름

전기공압 제어시스템의 기본적인 구조는 다음 네 가지로 나눌 수 있다.

① 에너지 공급원: 압축공기, 전기
② 입력요소: 리밋스위치(limit switch), 푸시버튼(push button), 근접센서(proximity sensor)
③ 신호처리요소: 솔레노이드밸브, 공압-전기 신호변환기, 스위칭 로직
④ 구동요소 및 최종 제어요소: 실린더, 모터, 방향제어밸브

이들의 배치구조와 신호의 흐름을 표시하면 그림 4-1.1과 같다.

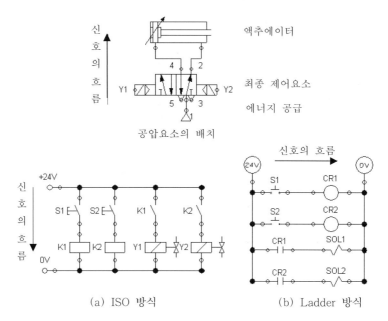

신호의 흐름

액추에이터

최종 제어요소

에너지 공급

공압요소의 배치

(a) ISO 방식 (b) Ladder 방식

그림 4-1.1 전기공압시스템의 신호 흐름

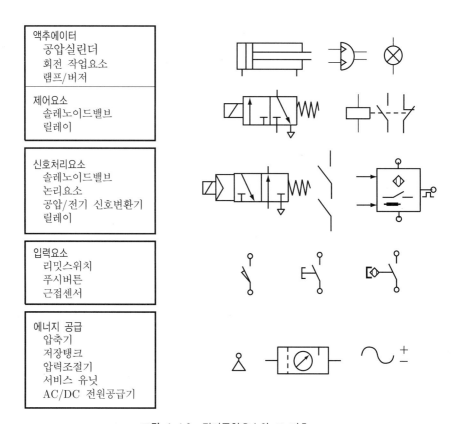

| 액추에이터 |
| 공압실린더 |
| 회전 작업요소 |
| 램프/버저 |

| 제어요소 |
| 솔레노이드밸브 |
| 릴레이 |

| 신호처리요소 |
| 솔레노이드밸브 |
| 논리요소 |
| 공압/전기 신호변환기 |
| 릴레이 |

| 입력요소 |
| 리밋스위치 |
| 푸시버튼 |
| 근접센서 |

| 에너지 공급 |
| 압축기 |
| 저장탱크 |
| 압력조절기 |
| 서비스 유닛 |
| AC/DC 전원공급기 |

그림 4-1.2 전기공압요소와 그 기호

공압요소의 신호 흐름은 상향이며, 전기요소의 신호 흐름은 하향(ISO 방식) 또는 우향(Ladder 방식)이다. 여기서, 액추에이터를 비롯한 전기공압요소를 사용기호와 함께 그림 4-1.2에 표시하였다.

솔레노이드밸브와 릴레이는 실린더의 운동 방향을 제어하는 경우에는 최종 제어요소로 분류되고, 신호를 처리하는 작용을 하는 경우에는 신호처리요소로 분류된다.

1.2 전기공압 시스템의 회로 전개

전기공압회로(electric pneumatic circuit)는 시스템의 크기 및 복잡성에 따라 하나의 도면에 표현하기도 하고 여러 장의 도면에 분리하여 표시할 수도 있다.

회로는 기본적으로 공압부와 전기부로 분리하여 그린다. 이때 공압과 전기요소 사이에 인터페이스가 있으며, 이 부분은 공압부와 전기부에 모두 공통적으로 표시한다.

기본회로의 전개는 다음 과정에 따른다.

① 회로의 작업을 표현한다.
② 작업에 대한 변위단계선도를 그린다.
③ 공압부를 그린다.
④ 전기부를 그린다.
⑤ 보수유지를 위한 기록문서를 작성한다.
⑥ 예비품과 기술자료를 문서화한다.

1.3 전기공압회로의 배치

먼저 **공압회로**(pneumatic circuit)와 **전기회로**(electric circuit)로 나누어 공압회로를 위쪽에, 전기회로를 아래쪽에 배치한다. 또는 공압회로를 좌측에, 전기회로를 우측에 배치한다.

공압회로에서는 전술한 바와 같이 신호 흐름을 상향으로 요소를 배치하며, 실린더와 방향제어밸브는 수평으로 배치하고 실린더의 피스톤 로드 측이 우측으로 되게 배치한다. 한 예를 표시하면 그림 4-1.3과 같다. 여기서, 공압회로요소의 번호 부여는 다음에 따른다.

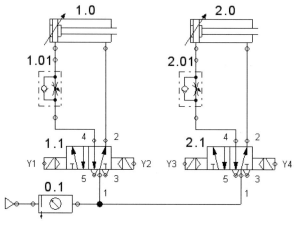

그림 4-1.3 공압회로의 배치방법

① 0: 공압공급요소

② 1.0, 2.0 등: 작업요소(액추에이터)

③ .1: 최종 제어요소

④ .01, .02 등: 제어요소와 작업요소 사이의 공압요소

전기회로(electric circuit)에서는 앞에서 기술한 바와 같이 신호 흐름을 ISO 방식에서는 하향이 되게 요소를 배치하며, 릴레이 제어회로(relay control circuit)는 제어부와 출력부로 분리될 수 있다. 이때 출력부는 시퀀스 동작에 따라 왼쪽에서 오른쪽으로 그리며, 신호 흐름에 따라 왼쪽에서 오른쪽으로 번호를 부여한다. 그 예를 그림 4-1.4(a)에 나타내었으며 1~2라인이 제어부이고, 3~4라인은 출력부이다. (b)의 Ladder 방식에서는 신호의 흐름을 우향으로 요소를 배치하며, 시퀀스는 하향으로 이루어지므로 번호도 하향으로 부여한다.

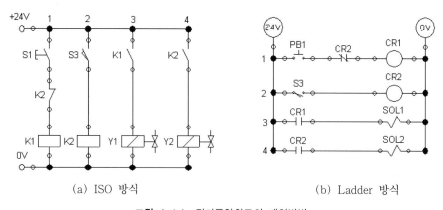

(a) ISO 방식   (b) Ladder 방식

그림 4-1.4 전기공압회로의 배치방법

그림 4-1.4에서 푸시버튼 S1 및 리밋스위치 S3는 신호입력(signal input)요소이며, 릴레이코일(relay coil) 및 접점인 K1, K2는 신호처리(signal processing)요소이다. 그리고 솔레노이드 Y1과 Y2는 최종 제어(signal output)요소로 구별된다.

전기공압회로에 사용되는 제어기기의 종류를 ISO 방식과 Ladder 방식으로 비교하여 표시하면 표 4-1.1과 같다.

표 4-1.1 제어기기의 기호표시

제어기기	ISO 방식		Ladder 방식	
	a접점	b접점	a접점	b접점
누름버튼 스위치				
리밋스위치				
릴레이				
솔레노이드				

CHAPTER 02 | 논리제어

전기에서의 **논리제어**(logic control)도 공압 논리제어와 마찬가지로 일정한 조건이 충족되면 일정한 출력이 나오는 제어방법이다. 전기공압의 시퀀스 회로에서는 접점이 닫힘(ON상태), 열림(OFF상태)의 어느 한 상태로 작동하게 되며, ON 또는 OFF로 나타내거나 1 또는 0으로 나타내게 되는데, 1은 ON상태, 0은 OFF상태를 의미한다.

순수공압에서는 논리제어를 위한 AND밸브(2압밸브), OR밸브(셔틀밸브) 등의 논리밸브(logic valve)를 사용하였지만 전기공압에서는 보통의 스위치 접점을 이용하여 논리조건을 해결할 수 있으므로 특수한 부품을 사용하지 않는다.

여기서 YES, NOT, AND, OR, NAND, NOR논리에 대하여 알아보기로 한다.

2.1 YES논리

YES논리는 입력이 존재하면 출력이 존재하는 논리이다. 그러므로 전기에서는 YES논리가 요구될 때 공압에서와 같이 a접점 스위치가 사용된다. 평상시에는 스위치의 접점이 열려 있다가(OFF상태) 입력이 존재하게 되면 접점이 연결되어 닫히게(ON상태) 되므로 출력신호가 존재하게 된다.

예를 들면, 푸시버튼 스위치를 누르면 램프(lamp)에 불이 켜지고 스위치를 OFF시키면 램프가 꺼지는 회로를 ISO 방식과 Ladder 방식으로 나타내면 그림 4-2.1과 같다.

ISO 방식에서는 일반적으로 스위치는 S로, 표시램프는 H의 기호로 나타내고, Ladder 방식에서는 수동조작 스위치는 PB, 리밋스위치는 LS, 표시램프는 L로 나타낸다. 스위치 S1을 ON시키면 램프 H1에 불이 켜지고, 스위치를 OFF시키면 불이 꺼지는 YES논리의 응용회로이다.

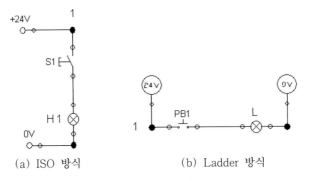

(a) ISO 방식   (b) Ladder 방식

그림 4-2.1 YES논리회로

YES회로의 논리식은 다음과 같다.

$$Y = X \tag{4.1}$$

2.2 │ NOT논리

NOT논리는 입력조건이 충족되면 출력신호가 존재하지 않고, 입력조건이 충족되지 않으면 출력신호가 존재하는 논리이다. 즉, YES논리의 반대논리이다. NOT논리는 부정의 논리이므로 정상상태 닫힘형 스위치, 즉 b접점 스위치가 사용되며, 평상시에는 스위치의 접점이 연결되어 출력신호가 존재한다. 그러나 스위치가 작동하면 스위치의 접점이 떨어져 출력이 존재하지 않는다. 예를 들면, 평상시에는 램프가 켜져 있는 상태에서 스위치를 ON시키면 불이 꺼지는 회로를 나타내면 그림 4-2.2와 같다. S1스위치(또는 PB1 스위치)를 b접점으로 한 경우이다. NOT회로의 논리식은 다음과 같다.

$$Y = \overline{X} \tag{4.2}$$

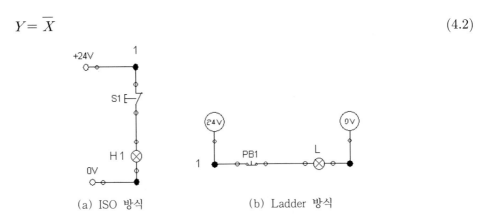

(a) ISO 방식   (b) Ladder 방식

그림 4-2.2 NOT논리회로

2.3 │ AND논리

 AND논리는 2가지 이상의 입력조건이 모두 충족될 때에만 출력신호가 존재하는 논리이다. AND논리가 요구될 때는 2개 이상의 a접점 스위치를 직렬로 연결하며 그 스위치가 모두 작동되어야 최종 출력신호가 존재한다. 순수공압에서는 AND밸브(2압밸브)가 필요하지만 전기제어에서는 2개의 a접점 스위치를 직렬 연결하여 구성한다.

 이 논리는 물체의 존재 유무를 확인하는 검사회로나 작업자의 안전을 위한 안전회로 등에 많이 이용되고 있다.

 예를 들면, 작업자의 안전을 위하여 2개의 수동조작스위치 S1, S2가 모두 작동되어야 공압실린더가 전진운동을 하며, 2개의 스위치 중 어느 하나라도 OFF되면 즉시 실린더가 후진운동을 해야 한다.

 이 AND논리회로를 나타내면 그림 4-2.3과 같다.

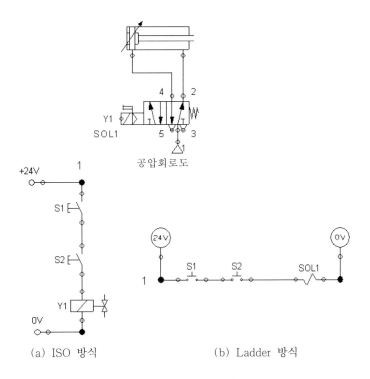

(a) ISO 방식   (b) Ladder 방식

그림 4-2.3 AND논리회로

 1.3절에서 언급한 바와 같이 전기공압 제어회로도에서는 작업을 수행하는 구동장치는 상단에, 이를 제어하는 전기회로도는 하단에 그린다. ISO 방식에서는 솔레노이드코일은

Y라는 기호로, Ladder 방식에서는 SOL이라는 약호로 표시한다.

이 회로도에서 S1, S2스위치가 모두 작동하면 솔레노이드코일에 전기가 통전되므로 솔레노이드밸브가 작동하여 실린더의 피스톤이 전진한다. 2개의 스위치 중 어느 하나라도 OFF되면 솔레노이드코일에 전기가 통전되지 않으므로 솔레노이드밸브에 내장된 스프링에 의하여 원위치되어 실린더는 후진한다.

AND회로의 논리식은 다음과 같다.

$$Y = X_1 \cdot X_2 \tag{4.3}$$

2.4 │ OR논리

OR논리는 여러 개의 입력신호 중에서 어느 하나의 입력신호만 존재해도 출력신호가 존재하는 논리이다. 순수공압에서는 OR밸브(셔틀밸브)를 사용하지만 전기에서는 2개의 a접점 스위치를 병렬로 연결하여 그 스위치 중 어느 하나만 작동시켜도 출력신호를 얻을 수 있다.

예를 들면, S1, S2 2개의 스위치 중 어느 하나를 작동시켜 램프에 불이 켜지는 회로를 나타내면 그림 4-2.4와 같다.

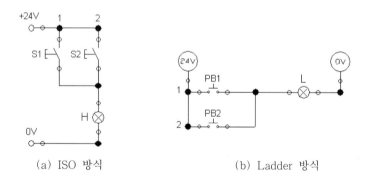

(a) ISO 방식   (b) Ladder 방식

그림 4-2.4 OR논리회로

OR회로의 논리식은 다음과 같다.

$$Y = X_1 + X_2 \tag{4.4}$$

2.5 │ NAND논리

NAND논리는 2개의 입력신호가 모두 존재할 때는 출력신호가 존재하지 않는 논리이며, 2개의 입력신호 중 어느 하나만 존재하거나 둘 다 존재하지 않을 때는 출력이 존재한다. 즉, AND논리의 역이다. 이 경우는 a접점 스위치 2개를 직렬연결하고 릴레이코일과 릴레이 b접점을 이용한다.

예를 들면, 야간에 등대불을 계속 켜 두고 아침에는 꺼야 되는 경우, 스위치 2개를 모두 ON시키면 등대불이 꺼져야 될 때(밤에는 어떤 사고에 의해 1개의 스위치가 눌리더라도 등대불이 켜 있어야 될 때) 이 논리가 적용될 수 있다.

이 회로는 그림 4-2.5에 표시하였다.

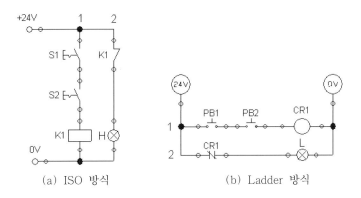

(a) ISO 방식   (b) Ladder 방식

그림 4-2.5 NAND논리회로

릴레이코일(relay coil) 및 접점을 ISO 방식에서는 K, Ladder 방식에서는 CR로 표시한다. 릴레이 접점(relay contact)을 b접점으로 하여 스위치 S1, S2가 모두 OFF되거나 어느 하나만 ON되면 릴레이코일 K1은 작동하지 않으므로 전류는 K1접점을 그대로 통하여 램프에 불이 켜진다. 그러나 스위치 S1, S2가 모두 ON되어 릴레이코일 K1이 작동하면 b접점인 K1의 릴레이 접점이 열려 램프에 불이 꺼지게 된다.

NAND회로의 논리식은 다음과 같다.

$$Y = \overline{X_1 \cdot X_2} \tag{4.5}$$

2.6 | NOR논리

NOR논리는 2개의 입력신호 중 어느 하나 또는 둘 다 존재하면 출력신호가 존재하지 않는 논리이며, 2개의 입력신호 모두 존재하지 않는 경우에만 출력이 존재한다. 즉, OR회로의 역이다.

이 경우에는 2개의 a접점 스위치를 병렬로 연결하고 그와 릴레이코일을 연결하며 릴레이 접점은 b접점을 이용하여 구성할 수 있다. 예를 들면, 대문에 장착한 등을 문 안과 밖에 각각 스위치를 설치하여 아무 스위치나 ON시킬 때 그 등이 꺼지게 하는 경우로서 회로도를 그림 4-2.6에 나타내었다.

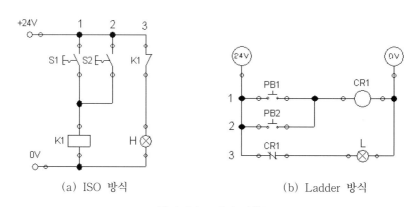

(a) ISO 방식   (b) Ladder 방식

그림 4-2.6 NOR논리회로

대문 안과 밖에 각각 S1, S2스위치를 설치하여 어느 한 스위치만 작동하여도 릴레이코일 K1이 작동하고 K1릴레이 접점이 b접점이므로 등불이 꺼지게 된다.

NOR회로의 논리식은 다음과 같이 표시된다.

$$Y = \overline{X_1 + X_2} \tag{4.6}$$

지금까지 설명한 기본논리기능을 기호, 공압표현, 진리표, 식을 요약하면 표 4-2.1과 같다.

표 4-2.1 기본논리기능

논리기능	기 호	공압적인 표현	진리표	식
YES	X —▷— Y 또는 X —[1]— Y		X | Y 0 | 0 1 | 1	$Y = X$
NOT	X —▷○— Y 또는 X —[1]○— Y		X | Y 0 | 1 1 | 0	$Y = \overline{X}$
AND	X_1 X_2 —▷— Y 또는 X_1 X_2 —[&]— Y		X_1 | X_2 | Y 0 | 0 | 0 0 | 1 | 0 1 | 0 | 0 1 | 1 | 1	$Y = X_1 \wedge X_2$ $Y = X_1 \cdot X_2$
OR	X_1 X_2 —▷— Y X_1 X_2 —[≥ 1]— Y		X_1 | X_2 | Y 0 | 0 | 0 0 | 1 | 1 1 | 0 | 1 1 | 1 | 1	$Y = X_1 \vee X_2$ $Y = X_1 + X_2$
NAND	X_1 X_2 —▷○— Y X_1 X_2 —[&]○— Y		X_1 | X_2 | Y 0 | 0 | 1 0 | 1 | 1 1 | 0 | 1 1 | 1 | 0	$Y = \overline{X_1 \cdot X_2}$ $Y = \overline{X}_1 + \overline{X}_2$
NOR	X_1 X_2 —▷○— Y X_1 X_2 —[≥ 1]○— Y		X_1 | X_2 | Y 0 | 0 | 1 0 | 1 | 0 1 | 0 | 0 1 | 1 | 0	$Y = \overline{X_1 + X_2}$ $Y = \overline{X}_1 \cdot \overline{X}_2$
Exclusive OR	X_1 X_2 —[≢]— Y X_1 X_2 —[≢]— Y		X_1 | X_2 | Y 0 | 0 | 0 0 | 1 | 1 1 | 0 | 1 1 | 1 | 0	$Y = X_1 \not\equiv X_2$ $Y = X_1 \cdot \overline{X}_2$ $+ \overline{X}_1 \cdot X_2$

CHAPTER
03 | 기본적인 전기공압회로

3.1 | 직렬회로(AND회로)

직렬회로는 전술한 AND논리에 해당하는 회로를 말한다. 그림 4-3.1과 같이 직렬회로의 한 예를 들면, 릴레이코일 K1(CR1)이 작동(여자)되기 위해서는 3개의 푸시버튼 스위치가 동시에 ON상태로 되어야 한다.

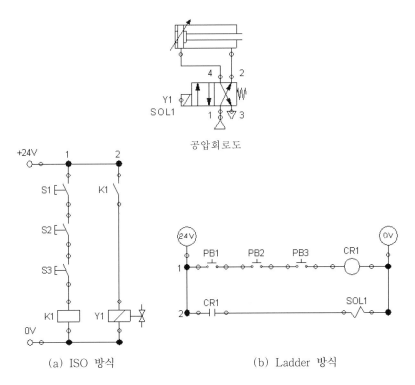

(a) ISO 방식　　　　　　　(b) Ladder 방식

그림 4-3.1 직렬회로 1(푸시버튼 스위치 3개 이용)

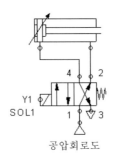

공압회로도

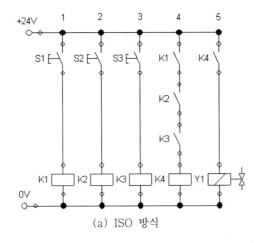

(a) ISO 방식

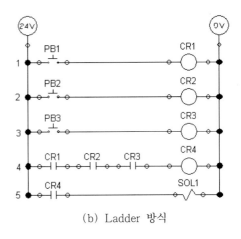

(b) Ladder 방식

그림 4-3.2 직렬회로 2

또, 그림 4-3.2에서 솔레노이드코일 Y1(SOL1)을 동작시키기 위해서는 K4(CR4)가 여자되어야 하며, 그러기 위해서는 K1(CR1), K2(CR2), K3(CR3)의 릴레이코일이 ON상태로 되어야 한다. 그 조건은 S1(PB1), S2(PB2), S3(PB3)의 3개 스위치가 동시에 ON상태이어야 한다.

그림 4-3.1에서는 3개의 스위치(S1, S2, S3)가 직렬연결되었으며, 그림 4-3.2에서는 3개의 릴레이 접점(K1, K2, K3)이 직렬연결되었음을 볼 수 있다. 이러한 직렬회로는 프레스에서 작업자가 작업을 할 때 두 손과 한 발을 동시에 이용해야 프레스(press)가 작동하도록 하는 경우에 이용되며, 그렇게 하면 불의의 사고를 방지할 수 있으므로 안전을 위한 기동조건의 안전회로로서 널리 이용된다. 또, 기계의 각 부분이 소정의 위치까지 진행되지 않으면 다음 동작으로의 이동을 금지해야 하는 경우 등 응용범위가 넓은 기본회로이다.

병렬회로는 여러 개의 입력신호 중에서 하나 또는 그 이상의 신호가 ON되었을 때 출력신호가 존재하는 회로로서 전술한 OR논리를 적용한 OR회로라고도 한다.

그림 4-3.3은 간단한 병렬회로의 일례이며, 3개의 스위치 중 하나 또는 그 이상의 스위치가 ON상태로 되면 릴레이코일 K1이 여자되어 솔레노이드 Y1(SOL1)이 작동하므로 실린더가 전진한다.

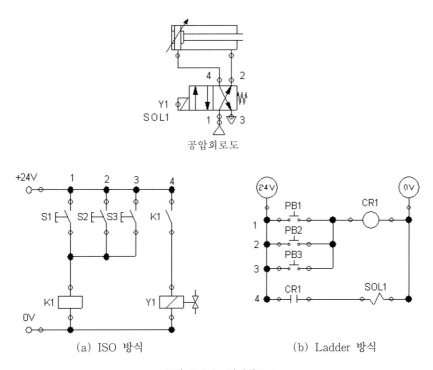

그림 4-3.3 병렬회로 1

그림 4-3.4에서는 릴레이코일 K4가 여자되기 위해서는 K1, K2, K3의 릴레이 접점 (a접점) 중 하나 이상이 ON상태이면 되며, 그러기 위해서는 3개의 스위치 S1, S2, S3 중 하나 이상의 스위치만 ON상태로 되면 된다. 이 조건이 충족될 때 릴레이 접점 K4가 ON상태로 되어 솔레노이드 Y1이 작동한다.

직렬회로에서 예를 들었던 프레스작업에서 여러 명이 작업을 하는 도중에 누구라도 한 명이 정지 스위치(stop switch)를 누르면 프레스가 정지할 수 있는 경우에 이용되며, 위험이 발생하였을 때 누구라도 정지시킬 수 있게 된다.

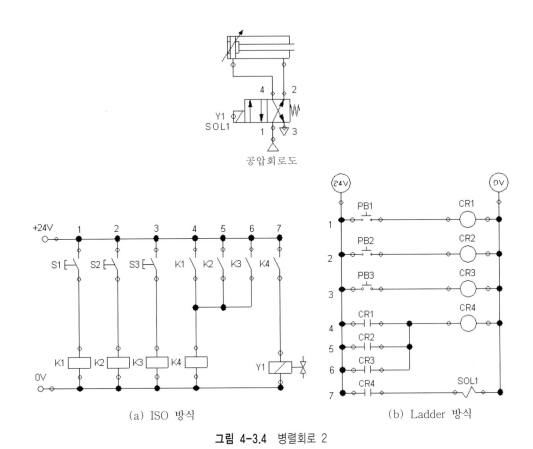

공압회로도

(a) ISO 방식　　　(b) Ladder 방식

그림 4-3.4 병렬회로 2

3.3 | 자기유지회로

자기유지회로(self holding circuit)란 푸시버튼 스위치를 눌렀다가(ON) 바로 손을 떼어도(OFF) 계속 ON상태를 유지하는 회로이다. 이 회로에는 릴레이를 사용해야 한다.

스프링 복귀형 방향제어밸브(편 솔레노이드밸브)는 솔레노이드코일(solenoid coil) Y1에 공급되는 전기가 차단되면 밸브에 내장된 스프링에 의하여 밸브가 즉시 원위치되므로 실린더가 전진운동을 계속할 수 없게 된다. 따라서, 편 솔레노이드밸브를 이용하는 제어회로에서는 리밋스위치나 시동 스위치가 OFF되어도 실린더가 전진운동을 완료할 때까지는 계속하여 솔레노이드코일 Y1에 전기가 통해야 한다. 이때 릴레이를 사용하여 자기유지회로를 이용하면 가능하다.

예를 들면, 그림 4-3.5의 릴레이를 이용한 자기유지회로에서 그 기능을 알 수 있다. 즉, 푸시버튼 스위치 S1을 ON시키면 릴레이코일 K1이 여자되고, 동시에 S1스위치와 병렬연결한 K1릴레이 접점(a접점)이 닫혀 ON상태가 된다. 따라서, 3라인의 K1릴레이 접점

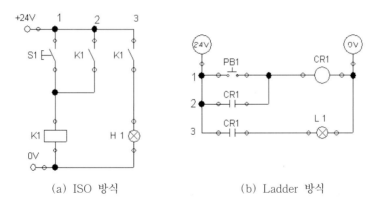

(a) ISO 방식   (b) Ladder 방식

그림 4-3.5 자기유지회로

이 ON되어 램프 H1이 점등한다. 이때 스위치 S1을 OFF시켜도 K1 릴레이코일은 자기유지되어 계속 ON상태를 유지하므로 램프 H1은 점등상태를 유지하게 된다. 이때 자기유지를 해제시키기 위해서는 또 하나의 스위치가 필요하며 다음 두 가지 방법이 있다.

즉, 자기유지회로에는 자기유지를 시켜주기 위한 ON신호가 자기유지를 해제하기 위한 OFF신호보다 우선하는 ON우선회로(또는 set우선회로)와, OFF신호가 ON신호보다 우선하는 OFF우선회로(또는 reset우선회로)의 두 가지가 있다. 이들 두 회로에 대하여 각각 고찰하여 보자.

3.3.1 ON우선(set우선) 자기유지회로

릴레이를 작동시키기 위한 전기신호가 짧은 시간 동안 존재하다가 없어져도 그 릴레이가 계속하여 작동된 상태를 유지하기 위해서는 자기 자신의 접점을 이용하여 자기 자신에게 전기를 공급하여 주면 가능해진다.

그림 4-3.6에서와 같이 푸시버튼의 S1스위치(ON스위치 또는 set스위치)를 잠시 작동시키면 릴레이코일 K1이 작동하며, 자신의 접점 K1(a접점)을 이용하여 릴레이코일에 전류가 공급되므로 S1스위치가 OFF되어도 K1릴레이는 계속 작동상태를 유지하게 된다. 따라서, 3라인의 K1접점이 작동을 계속하게 되어 램프 H1은 점등상태를 유지한다.

이때 릴레이코일 K1을 OFF시키기 위해서는 S2스위치(OFF스위치 또는 reset 스위치)를 작동시키면 자기유지가 해제되어 3라인의 K1접점이 작동하지 않게 되어 H1램프가 소등된다.

S1스위치와 S2스위치를 동시에 작동시키면 릴레이코일이 K1이 작동(ON)되므로 이와 같은 회로를 **ON우선 자기유지회로** 또는 **set우선 자기유지회로**라 한다. 여기서, S1은 a접점, S2는 b접점 스위치이다.

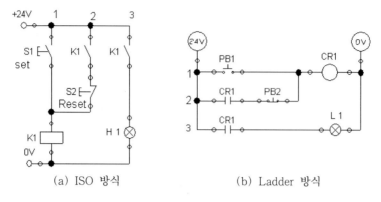

(a) ISO 방식　　　　　　　　(b) Ladder 방식

그림 4-3.6　ON(set)우선 자기유지회로

3.3.2　OFF우선(reset우선) 자기유지회로

　OFF우선 자기유지회로(**reset우선 자기유지회로**)는 릴레이코일 K1을 작동시키기 위한 푸시버튼 스위치 S1(a접점)과 릴레이코일 K1을 OFF시키기 위한 푸시버튼 스위치 S2(b접점)를 동시에 작동시키면 릴레이가 OFF되는 회로이다. 실제 제어회로는 OFF신호가 ON신호보다 우선되어야 하므로 이 방식이 이용되고 있으며, 그 회로를 그림 4-3.7에 나타내었다.

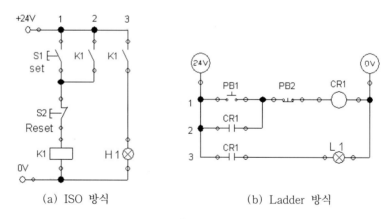

(a) ISO 방식　　　　　　　　(b) Ladder 방식

그림 4-3.7　OFF(reset)우선 자기유지회로

OFF우선 자기유지회로를 이용한 실린더의 제어의 예를 그림 4-3.8에 나타내었다.

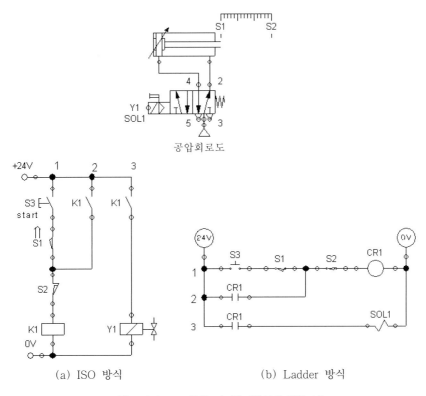

공압회로도

(a) ISO 방식   (b) Ladder 방식

그림 4-3.8 OFF우선 자기유지회로의 응용 예

양 솔레노이드밸브를 이용하여 실린더 운동을 제어하는 경우는 솔레노이드코일에 계속하여 전기신호가 입력되지 않아도 밸브 자체가 반대편의 솔레노이드코일이 작동될 때까지 그때의 위치를 유지해주므로 릴레이는 필요한 때만 잠시 작동되어도 된다.

그러나 편 솔레노이드밸브를 이용하는 경우는 솔레노이드코일에 필요할 때까지 계속하여 전기신호가 입력되어야 하므로 자기유지회로를 이용해야 한다. 따라서, 이 예에서는 ON스위치로서 S1 리밋스위치가, OFF스위치는 S2 리밋스위치가 그 역할을 하고 있다. 즉, 실린더가 전진운동을 하기 위해 시동스위치 S3와 리밋스위치 S1이 ON상태로 되면 릴레이코일 K1(CR1)이 여자되고 2라인의 K1(CR1) 릴레이 접점이 ON되어 자기유지된다. 따라서, 3라인의 K1(CR1)접점이 ON되어 솔레노이드코일 Y1이 작동하여 실린더가 전진상태를 계속할 수 있다. 전진이 완료되면 리밋스위치 S2가 작동함으로써 자기유지를 OFF시키고 3라인의 K1접점(CR1)이 OFF되어 솔레노이드코일 Y1(SOL1)이 소자되어 방향제어밸브에 내장된 스프링력에 의해 밸브의 위치가 원위치로 변환되며 실린더는 후진한다.

전기공압회로에서 **시간지연회로**(time delay circuit)란 푸시버튼 스위치를 누르는 등의 입력신호가 들어오고 나서 일정한 시간이 경과한 후에 출력이 나오는 회로로서, 타이머를 사용하여 회로를 구성하므로 **타이머 회로**라고도 한다. 이 회로에는 공압회로에서 설명한 ON Delay회로(한시 타이머 회로)와 OFF Delay회로(순시 타이머 회로)를 말한다.

3.4.1 ON Delay회로

그림 4-3.9(a), (b)는 ON Delay회로의 예로서, 푸시버튼 스위치(S1 또는 PB1)를 ON 시키면 한시 타이머 K1(또는 T)이 작동하고 미리 설정한 일정 시간 후에 K1(또는 T)의 a접점이 닫혀 램프 H1(또는 L1)이 점등되는 회로이다.

이와 같이 입력신호가 들어간 후 일정 시간 후에 출력이 ON되는 회로를 **ON Delay회로**라 하며 타임차트를 그림 4-3.9(c)에 표시하였다.

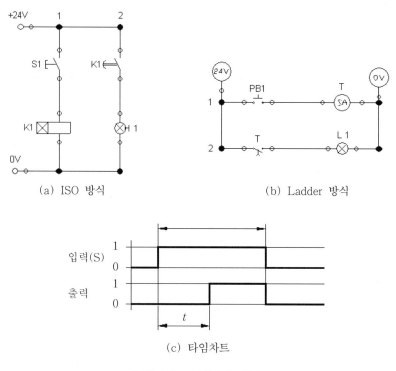

(a) ISO 방식   (b) Ladder 방식

(c) 타임차트

그림 4-3.9 ON Delay회로

ON Dealy회로의 응용 예로서, 배치도와 공압회로도가 그림 4-3.10과 같은 경우, 장난감 자동차의 비닐포장을 접합하려 한다. 푸시버튼 스위치를 누르면 복동실린더가 전진하고 리밋스위치 LS1을 터치하면 일정 시간 머무르게 된다. 이때 실린더의 전단에는 히터가 설치되어 비닐포장을 접합하게 되고, 일정 시간이 경과하면 후진하여 작업을 종료시키게 한다. 이 경우 한시 타이머(ON delay timer)를 이용한 회로도는 그림 4-3.11과 같다.

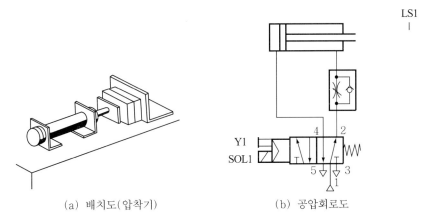

(a) 배치도(압착기) (b) 공압회로도

그림 4-3.10 ON Delay 응용의 배치도와 공압회로도

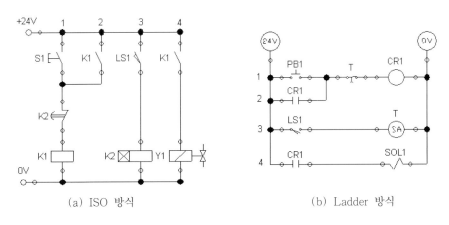

(a) ISO 방식 (b) Ladder 방식

그림 4-3.11 ON Delay 응용 회로도

이 회로에서 푸시버튼 스위치 S1을 ON시키면 릴레이코일 K1이 여자되어 자기유지되므로 4라인의 K1 릴레이 접점이 ON되고 솔레노이드 Y1이 여자되어 실린더가 전진한다. 전진이 완료되어 리밋스위치 LS1이 작동되면 한시 타이머 K2가 작동되고 미리 설정된 시간이 지나면 1라인의 K2접점(b접점)이 열려 K1의 릴레이코일이 소자된다. 따라서, 4라인의 K1이 열려 Y1이 소자되므로 실린더가 후진되어 작업이 종료된다.

3.4.2 OFF Delay회로

그림 4-3.12는 OFF Delay회로로서 푸시버튼 스위치 S1을 ON시키면 K1의 순시 타이머 (OFF delay timer)가 작동하여 K1의 a접점도 연결되므로 램프 H(L)가 점등되며, S1을 OFF시키면 설정시간이 경과한 후 타이머 접점 K1이 열려 램프는 소등되는 회로로서 OFF Delay회로라 한다.

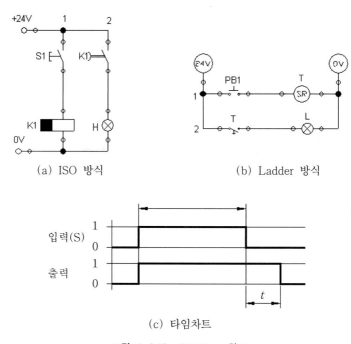

(a) ISO 방식　　　　　　　　　(b) Ladder 방식

(c) 타임차트

그림 4-3.12 OFF Delay회로

OFF Delay회로의 응용 예인 문의 개폐장치에서 공압회로도는 그림 4-3.13(a)와 같이 복동실린더이며, 편 솔레노이드밸브에 의하여 실린더의 전진·후진의 방향제어를 하게 된다. 솔레노이드에 전기가 입력되어 있는 상태(실린더가 전진하여 문이 닫혀 있는 상태)에서 문 안팎에 설치된 푸시버튼 스위치 중 하나를 눌렀다 떼면 문이 열리고(실린더가 후진) 설정시간이 경과한 후에 문이 닫히는(실린더가 전진) 회로는 (b), (c)이다.

문 안의 스위치 S1, 문 밖의 스위치를 S2라 할 때 2개의 스위치를 모두 누르지 않아 OFF상태에서는 순시 타이머 K1이 소자된 상태이며, 3라인의 K1접점(b접점)이 그대로 닫혀 있으므로 솔레노이드 Y1은 여자상태로서 실린더는 전진한 상태이다. 따라서 문은 닫혀 있다. S1이나 S2를 눌렀다 놓으면 바로 순시 타이머 K1이 작동하여 K1접점이 열리므로 Y1이 소자된다. 따라서, 실린더가 후진되므로 문이 열리며, 스위치에서 손을 떼

후 설정된 시간이 경과하면 K1이 소자되어 Y1이 여자되므로 실린더는 다시 전진하여
문이 닫힌다.

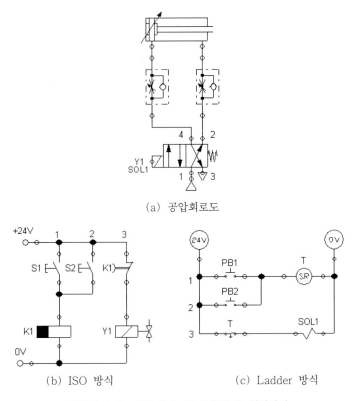

(a) 공압회로도

(b) ISO 방식   (c) Ladder 방식

그림 4-3.13 OFF Delay를 이용한 문 개폐장치

단일실린더의
전기공압제어회로

실린더는 단동실린더와 복동실린더가 주로 사용되고 있다. 단동실린더는 압축공기가 한쪽으로만 공급되어 전진하며 내장된 스프링력에 의하여 복귀한다. 따라서, 행정거리가 보통 100 mm 미만이며, 클램핑(clamping), 프레싱(pressing), 이젝팅(ejecting), 이송 등의 용도로 이용된다. 그 제어방법은 직접제어와 간접제어 방식이 있다.

복동실린더는 압축공기가 실린더 헤드 측과 로드 측의 양쪽에 공급이 가능하여 실린더의 전진·후진과정에서 모두 일을 할 수 있으며, 공작물의 고정, 위치 설정, 이송 등에 이용된다. 실제로 사용하는 실린더는 대부분 복동실린더이다.

실린더의 크기가 달라지면 제어밸브의 크기도 달라져야 한다. 즉, 작은 실린더를 작동시키는 경우에는 작은 제어밸브가 필요하며, 따라서 밸브를 작동시키는 데 필요한 힘도 작을 것이다.

직접제어에 관계되는 전기적인 기준은 다음과 같다.

① 밸브의 작동력

② 솔레노이드의 크기와 전압

③ 회로의 복잡성

실린더의 크기가 큰 경우에는 제어밸브도 커야 하는데, 이는 솔레노이드의 작동력이 커야 됨을 의미하며, 전기적으로는 상대적으로 많은 전류가 공급되어야 함을 뜻한다. 이러한 부하는 릴레이를 통하여 간접적으로 수행할 수 있으며, 이 방법을 간접제어라 한다.

전기공압회로의 간접제어는 부가적으로 제어릴레이를 사용하여 수행되며, 직접 스위칭에 비하여 릴레이를 통한 솔레노이드 제어, 즉 간접제어는 다음과 같은 장점이 있다.

① 릴레이는 작업자와 제어회로 사이를 전기적으로 차단시켜 주므로 안전성이 양호하다.

② 릴레이코일은 적은 전류로 구동되므로 스위칭 접점 사이의 아크를 최소화할 수 있으며 스위치 부하가 감소한다.

③ 제어실 등에서 시스템을 원거리 스위칭할 수 있다.

4.1 | 편 솔레노이드밸브를 이용한 실린더의 제어회로

4.1.1 직접제어회로

최종 제어요소로서 편 솔레노이드밸브를 사용할 때 단동실린더의 경우에는 3/2-way 편 솔레노이드밸브가 이용되고, 복동실린더의 경우는 일반적으로 5/2-way 편 솔레노이드밸브를 이용한다. 단동 및 복동실린더의 공압회로도를 그림 4-4.1의 (a)와 (b)에 각각 나타내었다.

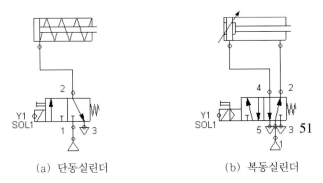

(a) 단동실린더   (b) 복동실린더

그림 4-4.1 단동 및 복동실린더의 공압회로도

이 두 경우 모두 솔레노이드 Y1에 전류를 통전시키면 솔레노이드가 여자되어 밸브의 위치가 변환되며 공기는 실린더 헤드 측에 공급되어 실린더가 전진한다. 전류를 차단시키면 솔레노이드밸브의 위치가 그림과 같은 위치로 복귀되어 실린더가 후진한다. 이 경우의 직접제어회로도는 그림 4-4.2와 같다.

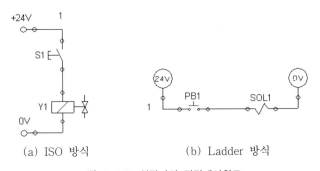

(a) ISO 방식   (b) Ladder 방식

그림 4-4.2 실린더의 직접제어회로

즉, 푸시버튼 스위치 S1을 ON시키면 솔레노이드 Y1이 여자되어 실린더는 전진하고, S1을 OFF시키면 솔레노이드밸브에 내장된 스프링력에 의하여 밸브 위치가 복귀되어 바로 후진하는 회로이다. 이 경우에는 S1스위치의 개폐용량이 솔레노이드 Y1을 여자시키기에 충분치 않거나, 스위치와 솔레노이드 간의 조작전압 및 전류가 다를 때는 문제가 발생할 수 있다. 이 문제점을 해결하기 위해서는 후술하는 릴레이를 사용하는 간접제어회로를 구성한다.

4.1.2 간접제어회로

그림 4-4.1의 공압회로도에서 릴레이를 사용한 간접제어회로를 표시하면 그림 4-4.3과 같다. 이 회로에서는 푸시버튼 스위치 S1을 ON시키면 릴레이코일 K1이 여자되어 솔레노이드 Y1이 작동하므로 실린더가 전진하며, S1을 OFF시키면 바로 릴레이코일 K1이 소자되어 실린더가 후진한다.

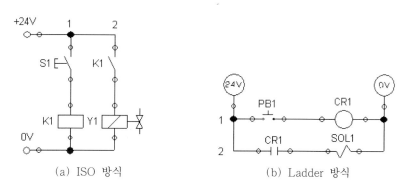

(a) ISO 방식   (b) Ladder 방식

그림 4-4.3 실린더의 간접제어회로

이 회로에서는 S1스위치의 개폐용량이 작거나 다른 전압을 사용하여도 문제가 발생하지 않는다. 그러나 S1스위치를 누르면 실린더가 전진하지만 S1스위치에서 손을 떼면 즉시 후진한다. 따라서, 전진을 완료시키려면 그때까지 S1스위치를 누르고 있어야 한다. 이러한 문제점을 해결하기 위해서는 3.3절에서 다룬 자기유지회로를 구성하면 된다. 그 회로도는 그림 4-4.4와 같다.

이 회로에서는 S1스위치를 잠시 눌렀다 떼어도 솔레노이드 Y1이 계속 여자되어 실린더가 전진을 완료할 수 있으며, 후진시키고자 할 때는 S2스위치를 누르면 Y1이 소자되어 실린더가 후진한다. 이 경우 푸시버튼 스위치 S2 대신에 실린더의 전진단에 리밋스위치(b접점)를 설치하여 reset 스위치의 역할을 대신하게 할 수 있다.

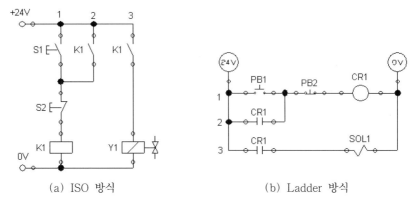

(a) ISO 방식   (b) Ladder 방식

그림 4-4.4 자기유지회로를 이용한 실린더의 제어회로

4.2 | 양 솔레노이드밸브를 이용한 실린더의 제어회로

앞 절에서는 편 솔레노이드밸브를 이용하는 경우로서 솔레노이드코일 Y1에 공급되는 전기를 차단하게 되면 밸브에 내장된 스프링에 의하여 밸브가 즉시 원위치되므로 전진운동을 계속할 수 없게 된다. 그러므로 편 솔레노이드밸브를 이용하는 제어회로에서는 시동스위치 S1이 OFF되어도 릴레이 K1이 계속 작동상태를 유지해야 하며, 그러기 위하여 자기유지회로를 이용한다.

그러나 다른 방법으로서 양 솔레노이드밸브를 이용하게 되면 출력신호가 계속 유지되는 공압 메모리밸브의 특성을 이용하는 것이다. 양 솔레노이드밸브는 반대편에 제어신호가 들어와 제어위치를 변경시키기 전에는 항상 제 위치를 유지하는 양 안정 메모리 기능을 갖고 있으므로 제어위치를 변경시켜주는 제어신호는 짧은 펄스신호로도 충분하다. 따라서, 릴레이 접점을 이용하는 자기유지회로가 필요 없게 되므로 제어회로는 단순해지지만 솔레노이드의 수는 증가한다.

이러한 양 솔레노이드밸브는 정전과 같은 돌발사태가 발생할 위험이 있는 곳에 사용되며, 정전 시 양 안정 메모리 기능을 가지므로 그 상태를 유지하게 되어 특히 클램핑 장치 등에 적합하다.

양 솔레노이드밸브는 일반적으로 4/2-way 밸브나 5/2-way 밸브가 사용되며 복동실린더의 제어에 이용된다. 이 경우 보통 실린더의 전·후단에 각각 리밋스위치를 설치하여 방향제어에 이용하고 있다. 이때 실린더의 후진단 위치를 확인하는 리밋스위치는 S1, S3 등과 같이 홀수번호를 부여하고, 전진단의 위치를 확인하는 리밋스위치는 S2, S4 등과 같이 짝수번호를 부여한다.

4.2.1 직접제어회로

실린더의 전진·후진을 직접 제어하는 경우는 리밋스위치나 릴레이를 사용하지 않고 전진용 스위치와 후진용 스위치로 직접 실린더의 전진·후진을 제어한다. 그림 4-4.5는 5/2-way 양 솔레노이드밸브를 이용하는 복동실린더의 공압회로도로서 (a)는 실린더와 밸브를 직접 연결한 경우, (b)는 실린더와 밸브 사이에 유량제어밸브를 설치한 경우, (c)는 실린더 헤드(cylinder head) 측에는 급속배기밸브를, 로드(rod) 측에는 유량제어밸브를 설치한 경우의 공압회로도이다. 이를 직접 제어하는 회로는 그림 4-4.6과 같다.

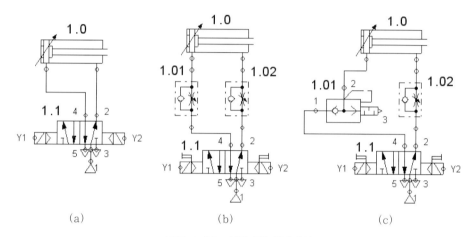

그림 4-4.5 실린더의 직접제어

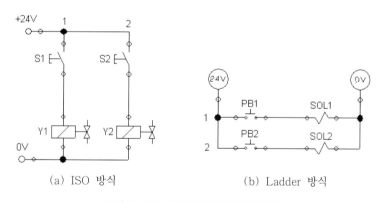

(a) ISO 방식   (b) Ladder 방식

그림 4-4.6 실린더의 직접제어회로도

즉, 푸시버튼 스위치 S1을 ON시키면 솔레노이드코일 Y1이 여자되어 밸브는 위치 전환되므로 실린더가 전진한다. S1을 OFF시켜도 밸브의 위치는 그대로 유지된다. 만일 S1 스위치가 계속 ON상태라면 푸시버튼 스위치 S2를 ON시켜도 밸브는 위치가 변하지 않는다. S1이 OFF상태에서 S2를 ON시키면 밸브가 원래 위치로 복귀되어 실린더가 후진한다. 만일 솔레노이드 Y1과 Y2에 모두 신호가 전달되는 경우에는 먼저 입력된 신호의 위치를 고수하게 되며, 이것이 양 안정특성이다.

그림 4-4.5의 (b)와 같이 실린더와 밸브 사이에 유량제어밸브를 설치한 경우는 양방향 모두 배기교축을 시키는 미터아웃 방식으로서 밸브 1.01은 후진속도를, 밸브 1.02는 전진속도를 각각 독립적으로 조절할 수 있다.

그림 4-4.5의 (c)와 같은 장치에서는 1.02의 유량조절밸브가 전진속도를 조정해주고 1.01의 급속배기밸브는 후진속도를 빠르게 하여 급속귀환이 가능하다.

그러나 이들 회로에서는 실린더가 전진 완료 위치에 도달하기 전에 후진신호가 들어오면 그 즉시 후진하게 된다. 따라서, 전진단 및 후진단까지 반드시 도달해야 하는 경우는 실린더의 전·후단에 각각 리밋스위치를 설치하여 사용하며 회로구성에는 릴레이를 사용해야 한다. 따라서 이러한 간접제어회로에 대하여 알아보자.

4.2.2 간접제어회로

그림 4-4.5 (a)의 공압회로에서 실린더의 전·후단에 각각 S1, S2의 리밋스위치를 설치한 경우의 공압회로도를 그림 4-4.7에 나타내었다.

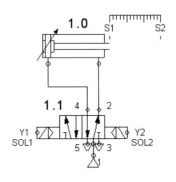

그림 4-4.7 공압회로도

먼저 그림 4-4.7에서 리밋스위치를 설치하지 않은 경우의 실린더 전진·후진제어를 위한 회로는 그림 4-4.8과 같다.

즉, 푸시버튼 start 스위치를 ON시키면 릴레이코일 K1이 여자되고 K1의 접점(a접점)이 닫혀 솔레노이드코일 Y1이 여자되어 실린더가 전진한다. 이때 start 스위치를 잠시

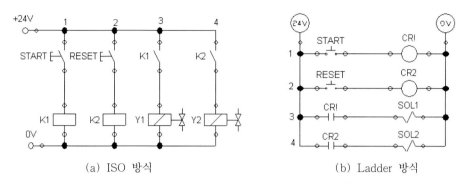

(a) ISO 방식   (b) Ladder 방식

그림 4-4.8 실린더의 간접제어회로(리밋스위치가 없는 경우)

눌렀다 떼어도 메모리 기능으로 실린더의 전진상태는 유지된다. reset 스위치를 누르면 코일 K2가 여자되고 솔레노이드 Y2가 작동되어 밸브의 제어위치가 전환되고 실린더는 후진한다.

그러나 start 스위치를 눌렀다가 놓은 상태에서 실린더가 전진하는 도중에 reset 스위치를 누르면 바로 실린더가 후진한다. 따라서, 실린더의 전진·후진을 확인해야 하는 경우, 리밋스위치를 설치한 그림 4-4.7에 대한 제어회로도를 나타내면 그림 4-4.9와 같다.

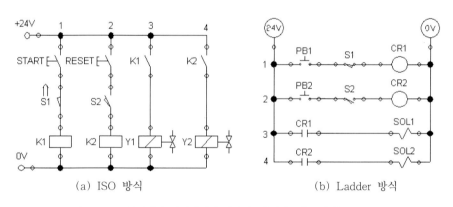

(a) ISO 방식   (b) Ladder 방식

그림 4-4.9 실린더의 간접제어회로(리밋스위치가 있는 경우)

실린더는 후진상태이고 리밋스위치 S1은 작동된 상태(화살표 표시, 정상상태 열림형)이며, start 스위치를 누르면 릴레이코일 K1이 여자되어 솔레노이드 Y1이 여자되므로 실린더가 전진한다. 전진이 완료되면 리밋스위치 S2가 ON되며, 동시에 S1스위치는 OFF되어 Y1이 소자된다. 그 상태에서 reset 스위치를 누르면 릴레이코일 K2가 여자되어 솔레노이드 Y2가 작동하므로 실린더가 후진한다.

이때 start 스위치를 눌렀다가 떼어도 실린더의 전진상태는 계속되어 전진단까지 간다. 그러나 이 회로에서 만일 밸브 1.1의 초기위치가 전진위치(좌측)인 경우에는 공압원(공기압축기)을 ON하였을 때 피스톤이 갑자기 튀어나가게 된다. 따라서, 이러한 사고를 방지하기 위하여 메모리밸브 1.1을 후진상태로 reset시켜 초기화시켜야 한다. 그 방법으로 수동 조작기를 작동시켜 후진위치로 제어밸브를 초기화하거나 reset 스위치를 작동시켜 초기화하는 방법이 있다.

4.3 | 실린더의 전진단에서 일정 시간 정지하는 회로

실린더가 전진운동을 완료하여 일정한 시간 동안 정지한 후 후진해야 하는 경우는 자동화 시스템에서 많이 이용되고 있다. 이와 같은 경우에는 3.4절에서 언급한 ON Delay 타이머(한시 타이머)나 OFF Delay 타이머(순시 타이머)를 활용할 수 있다.

응용 예로서 그림 4-4.10과 같이 공압실린더를 이용하여 2개의 판 소재를 압착시키려할 때 start 버튼을 누르면 실린더가 전진운동을 하여 전진완료 후 일정 시간 정지하다가 후진해야 하는 경우, start 버튼이 계속 작동된 상태로 있어도 설정된 시간 후에는 후진해야 하는 조건에 대하여 편 솔레노이드밸브와 양 솔레노이드밸브를 각각 이용하는 경우에 ON Delay 회로를 구성해 보자.

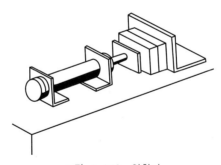

그림 4-4.10 압착기

4.3.1 편 솔레노이드밸브를 이용한 지연회로

5/2-way 편 솔레노이드밸브를 이용하여 복동실린더의 전진·후진단에 리밋스위치 S1, S2를 설치한 공압회로도는 그림 4-4.11과 같으며, 전진을 완료하여(리밋스위치 S2의 터치 후) 설정시간 동안 정지한 후 후진하는 회로는 그림 4-4.12와 같다.

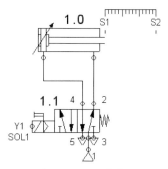

그림 4-4.11 공압회로도

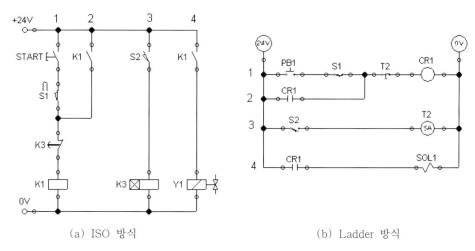

(a) ISO 방식   (b) Ladder 방식

그림 4-4.12 실린더가 전진 완료하여 설정시간 정지 후 귀환하는 회로(편 솔레노이드밸브 이용)

start 스위치를 누르면 릴레이코일 K1이 여자되어 자기유지되고 솔레노이드 Y1이 작동하므로 실린더는 전진한다. 전진완료 후 리밋스위치 S2가 ON되며 설정시간 후에 ON Delay 타이머 K3가 작동하여 릴레이코일 K1이 소자되므로 Y1이 소자되어 실린더가 후진한다.

물론 start 스위치를 계속 누르고 있어도 실린더가 전진하여 S2 리밋스위치가 ON된 후에 타이머 K3에서 설정한 시간 후에는 실린더가 후진한다.

4.3.2 양 솔레노이드밸브를 이용한 지연회로

5/2-way 양 솔레노이드밸브를 이용하여 복동실린더의 전·후단에 리밋스위치 S1과 S2를 각각 설치한 공압회로도는 그림 4-4.13과 같으며, 실린더가 전진하여 설정시간 후 후진하는 회로는 그림 4-4.14와 같다.

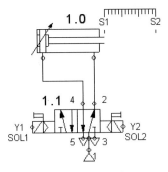

그림 4-4.13 공압회로도

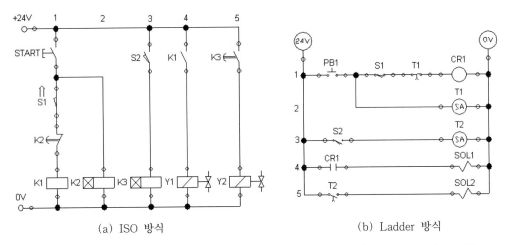

(a) ISO 방식   (b) Ladder 방식

그림 4-4.14 실린더가 전진 완료하여 설정시간 정지 후 귀환하는 회로(양 솔레노이드밸브 이용)

이 회로에서 start 스위치를 누르면 릴레이코일 K1이 여자되고 K1접점이 연결되어 솔레노이드 Y1이 여자되므로 실린더가 전진한다. 전진 위치의 리밋스위치 S2가 ON되면 K3의 ON Delay 타이머가 설정시간 후 작동하여 솔레노이드 Y2가 여자되므로 실린더가 후진한다. 이때 Y2가 여자되어 효력이 발생되려면 반대편 솔레노이드 Y1이 소자되어야 하며, 그것은 실린더가 전진하면 리밋스위치 S1이 OFF되므로 릴레이코일 K1이 소자되어 Y1이 소자된다.

만일 start 스위치를 계속 누르고 있다면 실린더가 후진한 후 다시 전진하는, 즉 자동 왕복운동이 되므로 K2의 ON Delay 타이머가 start 스위치 ON 후 설정시간이 지나면 K1을 소자시켜 다시 전진하지 않게 한다.

그림 4-4.15와 같이 플라스틱 부품이 복동실린더에 의하여 구동되는 다이(die)를 이용하여 문자를 새기려고 한다. 시동스위치가 ON되면 다이가 전진하여 플라스틱분에 엠보싱(embossing, 문자 새김)을 할 때 피스톤이 완전히 전진한 상태에서 실린더 내부의 압력은 미리 설정한 엠보싱 압력에 도달해야 한다. 실린더 몸체에 부착되어 있는 리드 스위치(reed switch)는 피스톤의 전진 완료를 감지하며 엠보싱 압력은 조정이 가능하다.

공압회로도 및 제어회로도도는 그림 4-4.16과 같다.

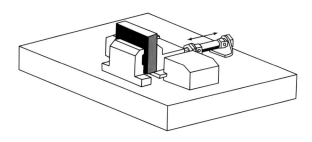

그림 4-4.15 엠보싱장치

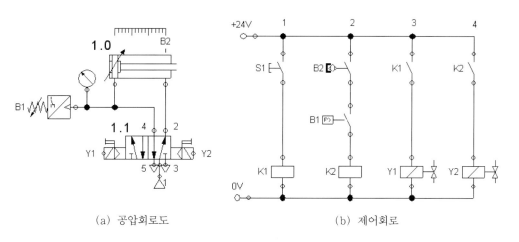

(a) 공압회로도　　　　　　　　　(b) 제어회로

그림 4-4.16 실린더의 압력종속회로

시동스위치(푸시버튼) S1을 누르면 릴레이코일 K1이 여자되어 5/2-way 양 솔레노이드밸브의 솔레노이드 Y1이 여자되므로 피스톤이 전진한다. 실린더 헤드 측의 압력은 압력스위치 B1에 전달되며 피스톤이 완전히 전진하면 리드 스위치 B2가 작동하고 그후 B1에 설정된 압력에 도달된다. 그러면 B1접점과 B2접점이 닫혀 코일 K2를 여자시키고

K2접점을 통하여 솔레노이드 Y2가 여자되어 피스톤이 후진한다.

만일 압력스위치에 전달되는 압력이 설정값에 도달하지 못하거나 피스톤이 전진운동을 할 때 어떤 장애물에 의해 방해를 받게 되면 피스톤은 후진을 하지 못한다.

이와 같은 회로는 아교작업, 클램핑, 절단작업과 같이 피스톤의 힘의 제어가 필요한 경우에 이용된다.

4.5 | 연속 왕복운동회로

편 솔레노이드밸브를 이용하는 경우와 양 솔레노이드밸브를 이용하는 경우의 왕복운동회로(연속 또는 n회 왕복)의 구성방법은 서로 다르다. 또한 연속, 1회, n회의 왕복운동을 요구할 때도 회로구성은 다르므로 각각의 회로구성에 대하여 고찰한다.

4.5.1 연속 왕복운동회로

(1) 편 솔레노이드밸브를 이용하는 경우

5/2-way 편 솔레노이드를 이용하여 복동실린더의 연속왕복운동을 수행하기 위한 공압회로도는 그림 4-4.17에, 제어회로도는 그림 4-4.18에 각각 나타내었다.

시동스위치 S3를 ON시키면 릴레이코일 K1이 여자되고 자기유지되며 K1접점을 통하여 솔레노이드 Y1이 작동하므로 실린더는 전진한다. 전진이 완료되면 리밋스위치 S2가 ON되어 K1은 소자되므로 Y1이 소자되어 실린더가 후진하여 1회 왕복운동이 완료된다.

그런데 시동스위치(start 또는 PB1)는 위치고정형의 선택스위치(selector switch)이고,

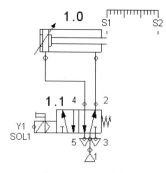

그림 4-4.17 공압회로도

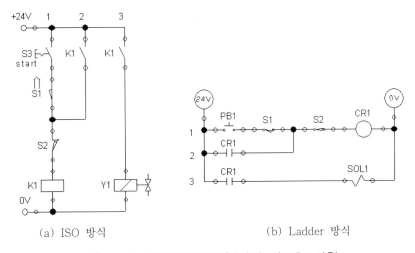

(a) ISO 방식　　　　　　　(b) Ladder 방식

그림 4-4.18 연속왕복운동회로(편 솔레노이드밸브 이용)

ON시키면 계속 ON상태를 유지하므로(OFF시키려면 다시 한 번 누름) 릴레이코일 K1
은 다시 여자되어 Y1이 작동함으로써 실린더가 전진하므로 왕복운동이 연속적으로 수행
된다. 만일 실린더의 운동을 정지시키려면 정지용 stop 스위치를 1라인에 직렬로 b접점
으로 연결해야 한다. 또, 이 회로에서 1회 왕복운동회로로 하려면 시동스위치를 푸시버
튼 스위치로 바꾸어 주면 된다. 그럴 경우에는 시동스위치를 눌렀다 떼면 K1이 자기유
지되어 실린더가 1회 왕복 후 자기유지가 해제되어 K1이 소자상태가 되므로 운동을 멈
추게 된다.

(2) 양 솔레노이드밸브를 이용하는 경우

5/2-way 양 솔레노이드밸브를 이용하여 복동실린더를 연속 왕복운동시키기 위한 공압
회로도를 그림 4-4.19에, 그 제어회로도를 그림 4-4.20에 각각 나타내었다.

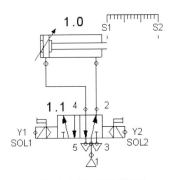

그림 4-4.19 공압회로도

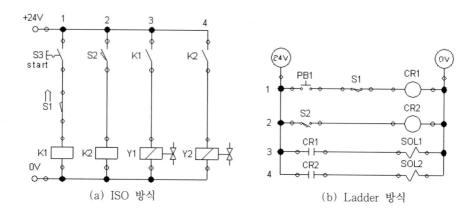

(a) ISO 방식　　　　　　(b) Ladder 방식

그림 4-4.20 연속왕복운동회로(양 솔레노이드밸브 이용)

위치 고정형 선택스위치인 스타트 스위치 S3를 누르면 릴레이코일 K1이 여자되어 솔레노이드 Y1이 작동되므로 실린더가 전진한다. 이때 리밋스위치 S1이 OFF되어 K1이 소자되어도 양 솔레노이드밸브는 메모리 기능을 가지므로 그 위치를 그대로 유지하여 전진이 완료된다. 전진이 완료되면 리밋스위치 S2가 ON되며 릴레이코일 K2가 여자되어 (이때 K1은 소자되어 Y1에 전기가 입력되지 않는 상태) 솔레노이드 Y2가 작동하므로 실린더는 후진한다. 이때에도 메모리 특성으로 인하여 S2가 OFF되어도 밸브의 위치는 그대로 유지되어 후진이 계속된다. 후진이 완료되면 다시 S1이 작동하여 K1이 여자되며, 따라서 Y1이 작동하여 실린더가 전진하여 연속적으로 왕복운동이 진행된다.

이 경우에도 연속왕복운동을 정지시키려면 1라인에 stop 스위치를 b접점으로 직렬연결하여 작동시키면 그 전진·후진이 완료 후에 정지한다.

start 스위치를 푸시버튼 스위치로 교체하면 1회 왕복운동 후 정지하여 1회 왕복운동 회로가 된다.

4.5.2 n회 연속왕복운동회로

(1) 편 솔레노이드밸브를 이용하는 경우

4.5.1절의 그림 4-4.17과 동일한 공압회로도에서 실린더의 왕복운동을 n회 수행한 후 정지시키는 제어회로도는 그림 4-4.21과 같이 구성할 수 있다.

작동방법은 4.5.1절의 (1)항에서 설명한 바와 같으나 리밋스위치 S2가 작동할 때마다 계수코일 C1이 계수되며, 설정한 계수만큼 왕복운동이 수행되면 1라인의 C1접점(b접점)이 열려 릴레이코일 K1이 소자되므로 Y1이 소자되어 실린더는 후진하여 정지한다. 동일한 작업을 다시 수행하려면 reset 스위치를 ON시키면 된다.

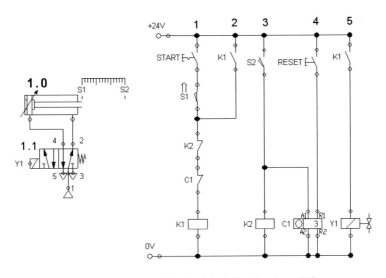

그림 4-4.21 n회 연속왕복운동회로(편 솔레노이드밸브 이용)

(2) 양 솔레노이드밸브를 이용하는 경우

4.5.1절의 그림 4-4.19와 동일한 공압회로도에서 n회 왕복운동 후 정지하는 제어회로도를 나타내면 그림 4-4.22와 같다.

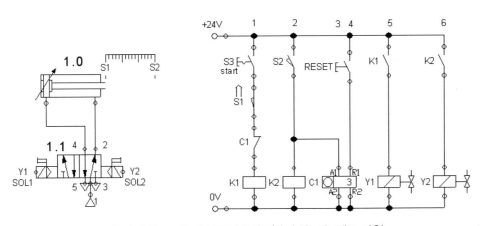

그림 4-4.22 n회 연속왕복운동회로(양 솔레노이드밸브 이용)

이 회로는 4.5.1절 (2)항의 회로와 작동방법은 같으나 역시 계수코일 C1을 리밋스위치 S2가 동작할 때마다 계수되도록 직렬연결하여 설정된 횟수가 완료되면 라인 1의 C1접점이 열려 회로가 정지한다. 동일한 작업을 재차 수행하려면 (1)항과 같이 reset 스위치를 ON시키면 된다.

전기공압 시퀀스 제어회로

시퀀스 제어(sequence control)란 주어진 조건이 충족되면 미리 프로그램에 의하여 결정된 순서대로 제어신호가 출력되어 순차적으로 작업이 수행되는 제어방법으로서 실제 공장자동화에 가장 많이 이용되고 있는 방법이다.

시퀀스 제어는 시간에 따른 제어방법과 위치에 따른 제어방법이 있으며, 전자는 일정한 시간이 경과하면 그 다음 단계의 작업이 수행되는 제어방법이며, 후자는 전 단계 작업의 완료 여부를 리밋스위치나 센서 등으로 확인하여 다음 단계의 작업을 수행하는 제어방법이다. 그러나 공장자동화에는 위치에 따른 제어방법이 주로 이용되고 있으므로 여기서는 위치에 따른 시퀀스 제어에 대하여 기술한다.

시퀀스 제어에서는 상반된 제어신호가 동시에 존재하게 되면 문제가 발생한다. 즉, 같은 실린더의 전진운동 제어신호와 후진운동 제어신호가 동시에 기능을 발휘할 수 없게 되며 솔레노이드밸브에서는 코일의 소손원인이 된다. 따라서, 상반된 제어신호가 동시에 존재하게 되는 제어신호의 중첩현상이 발생하지 않아야 하며, 시퀀스 제어에서 제어신호의 중첩현상을 제거하기 위한 몇 가지 방법이 있다.

일반적으로 제어신호의 중첩현상은 한번 입력된 제어신호가 너무 길게 지속되므로 펄스 신호화하면 해결할 수 있다. 공압밸브를 이용하는 경우에는 제어신호의 펄스화에 공압타이머나 방향성 리밋밸브 등이 이용되었으나 전기공압에서는 그들이 거의 사용되지 않는다. 왜냐하면 전기 타임릴레이는 고가이고, 전기 방향성 리밋스위치는 작은 작동력으로도 작동될 수 있으므로 작동의 신뢰성을 보장할 수 없기 때문이다.

따라서, 전기 릴레이를 이용하는 시퀀스 제어는 회로상으로 해결하는 캐스케이드(cascade) 방법과 스테퍼(stepper) 방법의 두 가지가 주로 이용되고 있다. 캐스케이드 제어에서는 주로 양 솔레노이드밸브가 사용되며, 스테퍼 제어에서는 양 솔레노이드밸브 또는 편 솔레노이드밸브를 사용할 수 있다.

순수 공압제어에서도 동일한 실린더의 최종 방향제어밸브에 전진·후진의 상반된 신호가 동시에 입력되면 간섭현상이 발생하여 캐스케이드 제어방법으로 간섭현상을 제거할 수 있었다. 전기공압에서도 같은 방법으로 작동 시퀀스를 몇 개의 제어그룹으로 분류하여 필요한 제어그룹에만 에너지가 공급되게 하면 간섭현상을 해결할 수 있다.

제어그룹을 분류하기 위하여 작동 시퀀스를 전진은 (+), 후진은 (−)로 표시한다. 예를 들면, A+B+B−A−C+C−의 작동 시퀀스에서 동일 실린더가 동일 그룹에 속하지 않게 그룹을 나누면 된다. 이 경우에는 다음과 같이 3개의 그룹으로 나누어진다.

$$\underset{\text{1그룹}}{A+\;B+}\;/\;\underset{\text{2그룹}}{B-\;A-\;C+}\;/\;\underset{\text{3그룹}}{C-}\;/$$

그리고 필요한 릴레이의 수 및 그룹라인의 수는 그룹의 수와 동일하다. 그러나 그룹의 수가 2개인 경우는 1개의 릴레이만 필요하다.

캐스케이드 제어회로의 작성방법을 그룹이 2개인 경우와 3개 이상인 경우에 대하여 각각 알아보기로 한다.

5.1.1 그룹의 수가 2개인 캐스케이드 제어회로의 작성방법

그림 4-5.1(a)의 배치도와 같이 2개의 실린더를 이용하여 플라스틱 부품에 엠보싱 작업을 하는 장치의 제어회로를 캐스케이드 방법으로 작성하기로 한다.

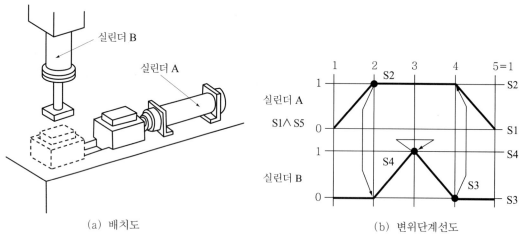

(a) 배치도

(b) 변위단계선도

그림 4-5.1 엠보싱작업기의 배치도 및 변위단계선도

즉, 플라스틱 부품을 홀더에 넣고 스타트 스위치를 누르면 실린더 A가 이 부품을 엠보싱 위치로 이송시키고 실린더 B가 전진하여 엠보싱 작업이 끝나면 실린더 B가 복귀한 후 실린더 A가 귀환한다. 변위단계선도는 그림 4-5.1(b)에 나타내었다.

(1) 제1단계: 제어그룹의 분류 및 캐스케이드 제어라인의 준비

그림 4-5.1의 엠보싱작업기의 작동순서를 약호로 나타내고 간섭현상이 발생되지 않도록 그룹을 나누면 다음의 표와 같으며 양 솔레노이드밸브를 제어요소로 하는 공압회로도와 그룹의 수와 동일한 수의 그룹라인을 갖는 제어회로도를 작성한다.

작동순서	A+	B+	B−	A−
체크백 신호	S2	S4	S3	S1
그 룹	I		II	

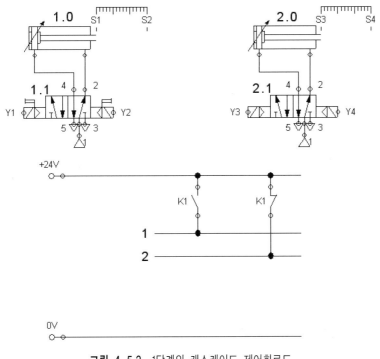

그림 4-5.2 1단계의 캐스케이드 제어회로도

여기서, S1, S2, …는 실린더의 운동 완료 여부를 확인하는 리밋스위치를 나타낸다. 전기공압회로도에서 공압실린더는 상단에, 전기제어부는 하단에 위치시키며, 그림 4-5.2에서 Y1, Y2, …는 솔레노이드, K1은 릴레이 접점을 나타낸다.

(2) 제2단계: A+ 작업의 회로작성

A+ 작업은 제1그룹에 속하므로 1번 그룹라인에 에너지가 공급되기 위해서 K1 릴레이 접점이 ON되어야 한다. 최종 그룹의 최종 작업인 A-의 완료를 나타내는 리밋스위치 S1과 스타트 스위치 S5가 릴레이코일 K1을 ON시켜 주어야 하며, K1 릴레이가 ON되면 자기유지회로로 하여 S1이 OFF되어도 K1이 작동된 상태로 유지시킨다. A+ 작업을 담당하는 Y1 솔레노이드는 K1 릴레이를 통해 에너지를 받아 여자되므로 실린더 A가 전진한다. 2단계의 제어회로도는 그림 4-5.3과 같다.

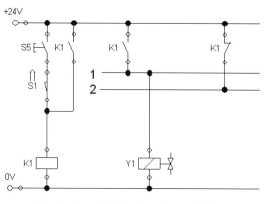

그림 4-5.3 2단계의 캐스케이드 제어회로도

(3) 제3단계: B+ 작업의 회로작성

B+ 작업은 앞의 A+ 작업과 동일그룹이므로 그룹라인은 그대로 첫 번째 그룹라인 1을 이용한다. 즉, A+의 완료를 확인하는 S2 리밋스위치가 1번 그룹라인으로부터 에너지를 받아 솔레노이드 Y3를 작동시켜 실린더 B가 전진한다.

3단계의 제어회로도는 그림 4-5.4와 같다.

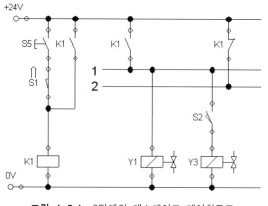

그림 4-5.4 3단계의 캐스케이드 제어회로도

(4) 제4단계: B- 작업의 회로작성

B- 작업은 제2그룹에 속하므로 우선 에너지 공급을 1번 그룹라인으로부터 2번 그룹라인으로 바꿔야 한다. 그러기 위하여 K1 릴레이를 OFF시켜야 하므로 제1그룹의 최종작업인 B-의 완료를 확인하는 S4 리밋스위치가 ON될 때 K1을 OFF시키기 위해 b접점으로 스타트 스위치와 직렬 연결시켜 2번 그룹라인으로 바뀌게 되며, 솔레노이드 Y4가 2번 그룹라인으로부터 직접 에너지를 공급받아 실린더 B가 후진한다.

4단계의 제어회로도는 그림 4-5.5와 같다.

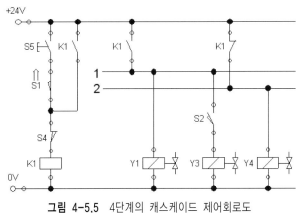

그림 4-5.5 4단계의 캐스케이드 제어회로도

(5) 제5단계

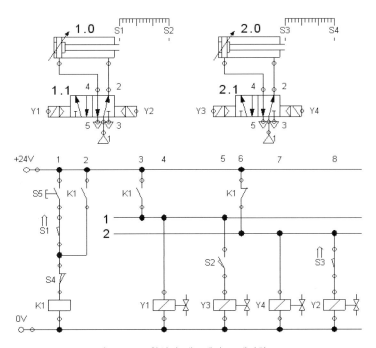

그림 4-5.6 완성된 캐스케이드 제어회로도

A − 작업은 제2그룹이므로 그룹라인은 2번 제어선 그대로이다. 전 단계인 B−의 완료를 확인하는 S3 리밋스위치를 통하여 솔레노이드 Y2가 2번 그룹라인으로부터 에너지를 받아 실린더 A가 후진하여 한 사이클의 시퀀스가 완료되며 완성된 캐스케이드 제어회로를 나타내면 그림 4-5.6과 같다.

5.1.2 그룹의 수가 3개 이상인 캐스케이드 제어회로 작성법

그림 4-5.7(a)와 같은 스탬핑 장치(stamping device)에 대하여 캐스케이드 회로를 작성한다. 공작물을 수동으로 삽입하고 실린더 A를 이용하여 스탬핑을 하고 나서 실린더 B가 공작물을 밀어내는 작업이다. 변위단계선도는 (b)와 같다.

캐스케이드 제어회로의 설계순서는 다음과 같다.

① 공압회로도를 작성하고 리밋스위치를 배치한다.

② 변위단위계선도를 작성한다.

③ 간섭을 방지하기 위해 시퀀스의 그룹을 나눈다.

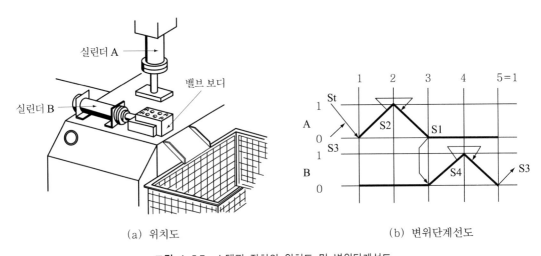

(a) 위치도   (b) 변위단계선도

그림 4-5.7 스탬핑 장치의 위치도 및 변위단계선도

한 그룹 내에는 동일한 실린더가 포함되지 않아야 하며 그룹의 수와 동일한 수의 릴레이 및 그룹라인이 필요하다. 단, 그룹의 수가 2개인 경우에는 1개의 릴레이로 제어할 수 있다(5.1.1절 참조).

그 룹	I그룹	II그룹		III그룹
실린더 작동순서	A+	A−	B+	B−
체크백 신호	S2	S1	S4	S3
작동 릴레이	K1	K2		K3
작동 솔레노이드	Y1	Y2	Y3	Y4

여기서, 자기유지와 인터로크 조건을 고려하여 각 그룹의 릴레이가 ON되는 조건의 식은 다음과 같다.

일반 릴레이의 ON상태 조건식은 식 (4.7), 최종 릴레이의 ON상태 조건은 식 (4.8)로 표시한다.

$$K_n = [(LS \cdot K_{n-1}) + K_n] \cdot \overline{K_{n+1}} \tag{4.7}$$

$$K_{last} = [(LS \cdot K_{last-1}) + K_{last} + \text{reset S/W}] \cdot \overline{K_1} \tag{4.8}$$

여기서, 좌변의 K는 릴레이코일이며, 우변의 각 요소들은 다음과 같다.

    K: 릴레이코일 K의 a접점

    $\overline{K}$: 릴레이코일 K의 b접점

    $\cdot$: 직렬연결

    $+$: 병렬연결

    LS: 전 단계의 도달센서

그룹의 수가 2개일 경우에는 1개의 릴레이에서 각각 a접점과 b접점인 K_1과 $\overline{K_1}$이 필요하다.

④ 평행한 2개의 모선을 긋고 식 (4.7), (4.8)을 이용하여 릴레이 K가 ON되는 조건을 고려하여 그룹 순으로 릴레이 제어회로를 작성한다.

⑤ 우측에 그룹별로 솔레노이드 작동회로를 작성한다.

두 모선 사이에 그룹 수만큼의 그룹라인(평행선)을 긋고 모선과 그룹라인을 해당 릴레이의 접점으로 연결한다. 그리고 솔레노이드를 하단 측에 단계 순으로 배치하고 동일 그룹의 솔레노이드는 동일 그룹라인에 연결한다. 한 그룹 내에 여러 개의 솔레노이드가 배치되는 경우에는 해당 그룹라인에 직접 연결하고 다음 단계의 솔레노이드는 바로 앞 단계의 센서(리밋스위치)를 직렬로 연결한다.

⑥ 순서대로 작동되는지를 검토한다.

⑦ 부가조건이 필요하면 회로도에 첨가한다.

위의 스탬핑 장치의 K1~K3의 ON상태 조건식을 식 (4.7), (4.8)을 적용하여 나타내면 다음과 같다.

$$K1 = [(start \cdot S3 \cdot K3) + K1] \cdot \overline{K2}$$
$$K2 = [(S2 \cdot K1) + K2] \cdot \overline{K3}$$
$$K3 = [(S4 \cdot K2) + K3 + reset] \cdot \overline{K1}$$

따라서, 설계순서에 따라 제어회로도를 작성하면 그림 4-5.8과 같다.

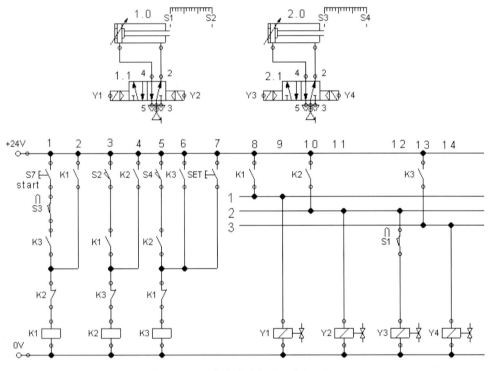

그림 4-5.8 스탬핑 장치의 캐스케이드 회로도

이 회로는 인터로크(inter-lock) 회로로서 K1이 작동하면 전 단계의 릴레이 K3는 작동하지 않으며, K2가 작동하면 K1이 작동하지 않는다. 즉, 솔레노이드 Y1, Y2 중 하나만 작동하는 회로이다. b접점을 이용한 인터로크 회로는 상대동작을 금지하는 회로로서 양 솔레노이드밸브의 간섭현상을 방지하는 회로이다.

먼저 reset(SET로 표시) 스위치를 누르면 K3가 ON상태이므로 start 스위치를 누르면 K1이 ON되며 자기유지되어 모선으로부터 K1접점을 통해 1그룹라인에 에너지가 들어와 Y1이 작동하여 실린더 A가 전진한다. 전진 완료 후 S2가 ON되면 K1은 ON상태이므로 K3가 OFF되어 K2가 ON되며 자기유지된다(K1은 OFF되어 Y1이 OFF됨). 따라서, K2를 통해 모선으로부터 2그룹라인에 에너지가 들어와 Y2가 작동하여 실린더 A가 후진한다.

후진을 완료하면 같은 그룹라인에서 S1이 ON되므로 Y3가 작동하여 실린더 B가 전진하고 S4를 ON시키면 K2는 ON상태이고 K1이 OFF되어 있으므로 K3가 ON되며 자기유지된다(K2는 OFF되어 Y3는 OFF됨). 따라서, K3접점을 통하여 모선으로부터 3그룹라인에 에너지가 들어와 Y4를 작동시켜 실린더 B가 후진하여 한 사이클이 완료된다.

5.2 스테퍼(stepper) 제어회로

캐스케이드 제어(cascade control)방법은 가장 적은 개수의 릴레이가 소요되므로 가장 경제적이라 할 수 있다. 그러나 캐스케이드 제어방법은 하나의 릴레이가 한 그룹 전체를 담당하게 되어 비상스위치나 수동조작스위치 등의 부가조건이 삽입되면 제어회로가 복잡해진다. 따라서, 배선이 복잡하고 운전 중 시스템에 문제가 발생하면 trouble shooting이 쉽지 않다.

스테퍼 제어(stepper control)방법은 두 가지로 나눌 수 있으며, 그 하나는 양 솔레노이드밸브를 이용하는 스테퍼 제어방법과 또 하나는 편 솔레노이드밸브를 이용하는 제어방법이다. 이들 방법은 작동시퀀스 하나하나를 하나의 제어그룹으로 간주하는 것이다. 이렇게 하면 전기 릴레이는 많이 필요하지만 제어회로도의 작성이 용이하고 복잡한 부가조건이 요구되는 경우에도 쉽게 해결할 수 있다.

5.2.1 양 솔레노이드밸브를 이용하는 스테퍼 제어회로

위에서 언급한 바와 같이 스테퍼 제어방법에서는 시퀀스 하나하나를 한 그룹으로 생각하므로 캐스케이드 방식을 확장한 형식이라 할 수 있다. 따라서, 캐스케이드 방식에서의 모든 규칙이 그대로 적용된다. 물론 실린더를 제어하는 제어밸브는 메모리 기능이 있는 양 솔레노이드를 사용하므로 불시에 정전사태가 발생하여도 제어밸브가 그때의 위치를 기억하기 때문에 실린더가 돌발적인 운동을 하지 않는 장점이 있다. 그러나 양 솔레노이드밸브는 값이 비싸며, 제어회로도가 복잡해진다. 이 제어회로의 각 릴레이에는 DC전원을 이용하는 경우, 스위칭 OFF시간을 지연시키기 위하여 파일럿 램프(pilot lamp) 또는 저항을 연결해야 한다.

응용 예로서 벤딩작업기(bending device)의 제어회로를 작성해 본다. 배치도는 그림 4-5.9(a)에 나타내었다. 공작물을 수동으로 삽입하고 start 스위치를 누르면 실린더 A가 클램핑(clamping)을 하고 실린더 B가 전진하여 벤딩 후 복귀한다. 그후 실린더 C가 전진하여 벤딩(bending)한 후 복귀하고 나서 실린더 A가 귀환하게 된다. 이 작업에 대한 변위단계선도를 그림 4-5.9(b)에 나타내었다.

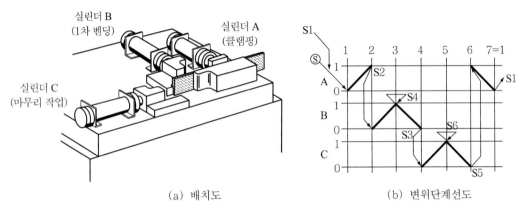

| | (a) 배치도 | (b) 변위단계선도 |

그림 4-5.9 벤딩작업기의 배치도 및 변위단계선도

양 솔레노이드밸브를 이용한 스테퍼 제어회로의 설계순서는 다음과 같다.

① 공압회로도를 작성하고 리밋스위치를 배치한다.
② 변위단계선도를 작성한다.
③ 작동순서, 체크백(check-back) 신호, 작동 릴레이, 작동 솔레노이드표를 작성한다.

작동순서	A+	B+	B-	C+	C-	A-
체크백 신호	S2	S4	S3	S6	S5	S1
작동 릴레이	K1	K2	K3	K4	K5	K6
작동 솔레노이드	Y1	Y3	Y4	Y5	Y6	Y2

각 단계의 릴레이가 ON되는 조건의 공식은 다음과 같다.

$$K_n = [(LS \cdot K_{n-1}) + K_n] \cdot \overline{K_{n+1}} \tag{4.9}$$

최종 단계의 릴레이에는 다음 식을 적용한다.

$$K_{last} = [(LS \cdot K_{last-1}) + K_{last} + \text{reset S/W}] \cdot \overline{K_1} \qquad (4.10)$$

④ 평행한 두 모선을 긋고 좌측에 릴레이 K가 ON되는 조건을 고려하여 단계의 순서
대로 릴레이 제어회로를 작성한다.

⑤ 두 모선의 우측에는 단계 순서대로 솔레노이드 작동회로를 작성한다.

⑥ 순서대로 작동되는지를 검토한다.

⑦ 부가조건이 필요하면 회로도에 첨가시킨다.

위의 벤딩작업기에서 K1~K6의 ON상태 조건식은 식 (4.9)와 (4.10)을 적용하면 다음
과 같다.

$$K1 = [(\text{start} \cdot S1 \cdot K6) + K1] \cdot \overline{K2}$$
$$K2 = [(S2 \cdot K1) + K2] \cdot \overline{K3}$$
$$K3 = [(S4 \cdot K2) + K3] \cdot \overline{K4}$$
$$K4 = [(S3 \cdot K3) + K4] \cdot \overline{K5}$$
$$K5 = [(S6 \cdot K4) + K5] \cdot \overline{K6}$$
$$K6 = [(S5 \cdot K5) + K6 + \text{reset S/W}] \cdot \overline{K1}$$

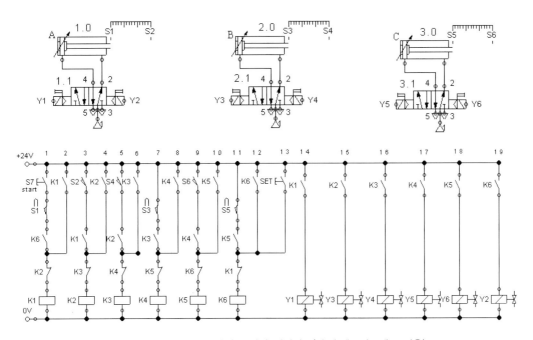

그림 4-5.10 벤딩작업기의 스테퍼 제어회로(양 솔레노이드밸브 이용)

따라서, 설계순서에 따라 공압회로도 및 제어회로도를 나타내면 그림 4-5.10과 같다. 이 제어회로도에서 먼저 reset 스위치(SET로 표시)를 누르면 K6가 ON되어 자기유지되며 이 상태에서 start 스위치를 ON시키면 K1이 작동하여 Y1이 여자되므로 실린더 A가 전진하고 S2가 ON되어 K2가 작동하므로 Y3가 여자되어 실린더 B가 전진한다. 이때 K1은 소자된다. 실린더 B가 전진을 완료하면 S4가 ON되어 K3가 작동하고 K2는 소자되며 Y4가 여자되어 실린더 B는 후진한다.

실린더 B가 후진을 완료하여 S3가 ON되면 K4가 여자되며 Y5가 작동하여 실린더 C가 전진한다. 이때 K3는 소자된다. 실린더 C가 전진을 완료하면 S6가 ON되어 K5가 여자되며 Y6가 작동되므로 실린더 C가 후진하고 이때 K4는 소자된다.

실린더 C가 후진을 완료하면 S5가 ON되고 K6가 여자되어 Y2가 작동하므로 실린더 A가 후진한다.

이와 같이 한 사이클이 종료되는데 현 단계의 릴레이가 ON되면 전 단계의 릴레이는 OFF된다. 즉, 전 단계가 작동되어야 다음 단계가 작동되는 형식을 **스테퍼(stepper) 제어방식**이라 한다. 이때 릴레이코일 K의 스위칭 OFF시간을 지연시키기 위해 저항을 연결해야 한다.

5.2.2 편 솔레노이드밸브를 이용한 스테퍼 제어회로

전술한 캐스케이드 방법과 양 솔레노이드밸브를 이용한 스테퍼 제어방법은 모두 실린더를 제어하는 밸브로서 양 솔레노이드밸브를 사용한다. 양 솔레노이드밸브를 사용하면 갑자기 전원이 차단되어도 제어밸브는 기계적으로 그때의 제어 위치를 유지하므로 실린더가 돌발적인 운동을 하지 않는 장점은 있으나 배선이 복잡하고 밸브가 고가이다. 따라서, 실린더 제어에 편 솔레노이드밸브를 이용하는 스테퍼 제어방법이 널리 이용되고 있다.

그런데 편 솔레노이드밸브는 솔레노이드와 복귀스프링에 의해 방향전환이 이루어진다. 즉, 실린더의 전진운동은 솔레노이드에 의하여 이루어지며 솔레노이드에 전원을 차단하면 스프링에 의하여 실린더가 복귀한다.

응용 예로서 5.2.1절의 그림 4-5.9의 벤딩작업기의 제어를 편 솔레노이드를 이용한 스테퍼 제어회로로 구성하여 보자.

편 솔레노이드밸브를 이용한 스테퍼 방식의 회로설계 순서는 양 솔레노이드밸브를 이용한 스테퍼 방식의 경우와 같으나 ③단계가 다음과 같이 달라진다. 즉, 작동순서, 체크백 신호, 작동 릴레이, 작동 솔레노이드의 표를 다음과 같이 작성한다.

작동순서	A+	B+	B−	C+	C−	A−
체크백 신호	S2	S4	S3	S6	S5	S1
작동 릴레이	K1	K2	K3	K4	K5	K6
작동 솔레노이드	Y1	Y2	Y2	Y3	Y3	Y1

제1단계의 릴레이가 ON되는 조건의 공식은 다음과 같다.

$$K1 = [(start \cdot LS) + K1] \cdot \overline{K_{last}} \tag{4.11}$$

일반 릴레이가 ON되는 조건은 다음과 같다.

$$K_n = [(LS) + K_n] \cdot K_{n-1} \tag{4.12}$$

최종 릴레이가 ON되는 조건식은 다음과 같다.

$$K_{last} = (LS) \cdot K_{last-1} \tag{4.13}$$

응용 예인 벤딩작업기의 제어에 대한 릴레이 K1~K6의 ON상태의 식을 식 (4.11)~ (4.13)에 따라 표시하면 다음과 같이 된다.

$$K1 = [(start \cdot S1) + K1] \cdot \overline{K6}$$
$$K2 = (S2 + K2) \cdot K1$$
$$K3 = (S4 + K3) \cdot K2$$
$$K4 = (S3 + K4) \cdot K3$$
$$K5 = (S6 + K5) \cdot K4$$
$$K6 = (S5) \cdot K5$$

따라서, 설계순서에 따라 공압회로도 및 제어회로도를 작성하면 그림 4-5.11과 같이 된다.

제어회로도에서 작동과정을 살펴보면, start 스위치를 누르면 K1이 여자되어 자기유지되고 솔레노이드 Y1이 작동되어 실린더 A가 전진한다. 전진이 완료되면 S2 리밋스위치가 ON되고 릴레이 접점 K1이 ON상태이므로 K2가 여자되고 자기유지되며 Y2가 작동하여 실린더 B가 전진한다. 그러면 S4가 ON되고 릴레이 접점 K2가 ON상태이므로 K3가 여자되고 자기유지되며 Y2가 소자되어 실린더 B가 후진한다. 그러면 S3가 ON되어(K3는 ON상태임) K4가 여자되고 자기유지되며 Y3가 작동하여 실린더 C가 전진한다.

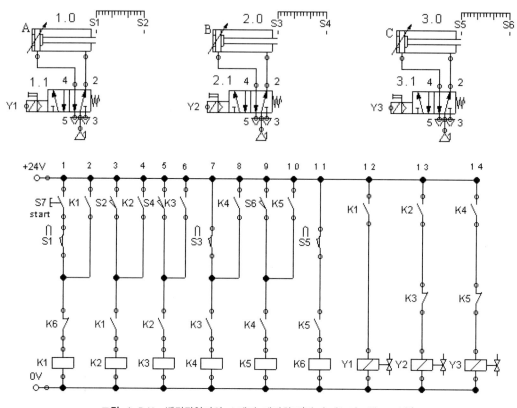

그림 4-5.11 벤딩작업기의 스테퍼 제어회로(편 솔레노이드밸브 이용)

그러면 S6가 ON되어(K4가 ON상태임) K5가 여자되고 자기유지되며 Y3가 소자되어 실린더 C가 후진한다. 그러면 S5가 ON되어(K5가 ON상태임) K6가 ON되면 K1이 소자되어 Y1이 소자되므로 실린더 A가 후진하여 한 사이클이 완료된다.

이와 같이 편 솔레노이드밸브를 이용한 스테퍼 제어회로는 모든 릴레이가 순차적으로 자기유지회로에 의하여 ON되어 간다. 최종 릴레이는 자기유지가 필요 없으며 최종 릴레이가 ON되면 모든 릴레이가 OFF된다.

5.3 | 모터의 정·역회전 회로

모터(motor)를 좌·우 회전시켜 컨베이어를 좌우로 왕복운동시키는 회로를 구성하고자 한다. 컨베이어의 좌우에 각각 리밋스위치 LS1과 LS2를 장착하여 좌·우의 각 끝 지점에 도착신호를 보내도록 한다.

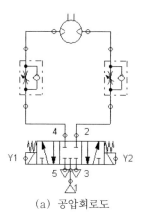

(a) 공압회로도

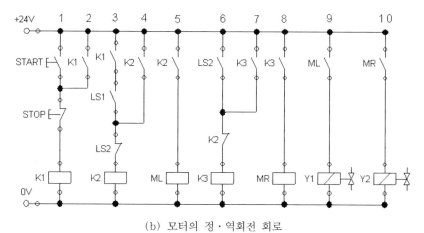

(b) 모터의 정·역회전 회로

그림 4-5.12 모터의 정·역회전 회로

　공압회로도 및 전기공압회로를 그림 4-5.12에 나타내었다. 푸시버튼 start 스위치를 ON시키면 릴레이 K1이 여자되어 자기유지되며, 동시에 리밋스위치 LS1이 ON상태(설치 시 최초 위치는 LS1이 ON상태로 설치함)이므로 릴레이 K2가 여자되어 좌회전 작동의 모터 릴레이 ML이 작동하며 a접점 ML이 ON되어 솔레노이드 Y1이 작동하므로 모터가 좌회전한다. 따라서, 컨베이어는 좌측으로 이동한다.

　컨베이어의 좌측 이동으로 리밋스위치 LS2가 ON되면 K2는 소자되며, 따라서 모터 릴레이 ML이 소자되어 솔레노이드 Y1이 소자되므로 좌회전이 멈추게 된다. 동시에 릴레이 K3가 여자되어 모터 릴레이 MR이 여자되므로 솔레노이드 Y2가 ON되어 모터가 우회전한다. 따라서, 컨베이어는 우측 운동을 하게 된다. 결국 이 운동이 반복되며, stop 스위치를 누르면 정지한다.

CHAPTER 06 | 부가조건기능을 갖는 전기공압회로

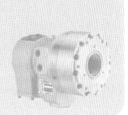

전기공압의 자동화 시스템에서 기본적으로 시동스위치와 리밋스위치 또는 센서가 필요하다. 그러나 기본적인 자동화 회로 및 작업자가 좀더 편리한 작업이 되게 하는 조건 또는 기계 및 작업자가 위험으로부터 안전할 수 있는 조건이 필요하다. 이러한 조건들을 회로의 **부가조건**이라 하며, 이와 같은 조건은 계속 비슷한 형태로 적용되므로 특수한 입력장치를 이용하면 회로설계나 구성이 편리할 것이다. 또, 그 구성은 1사이클 동작의 기본회로를 설계한 후 삽입한다.

6.1 부가조건의 종류와 정의

(1) 메인스위치(main switch)의 ON/OFF

모든 기계는 보수유지, 세척 또는 장기간 정지 시에 동력을 차단할 수 있는 메인 스위치가 있어야 하며 다음 조건을 만족해야 한다.

① 이 스위치는 수동으로 작동시킬 수 있어야 하며, ON스위치와 OFF스위치가 있어야 한다.

② 조작은 외부에서도 가능해야 하며, OFF스위치에는 잠금장치가 있어야 한다.

③ 스위치는 조작된 위치나 그 상태가 표시되어야 한다.

(2) 제어계의 시동스위치(start switch)

시동스위치의 작동으로 제어계의 작업이 시작된다. 단속/연속 사이클 작업의 선택을 할 수 있는 경우에는 먼저 단속 또는 연속작업을 선택한 후 시동스위치를 작동시켜야 시동이 되게 한다.

(3) 자동 및 수동(auto/man)

자동작업과 수동작업을 선택할 때는 일반적으로 위치고정형 선택스위치(selector switch)가 사용된다. 자동위치에서 시동스위치를 ON시키면 단속/연속 사이클 작업이 가능하며, 수동위치에서는 각 실린더를 임의의 순서대로 작동이 가능하게 한다.

(4) 단속 및 연속(single/continuous)

단속 사이클 작업은 시동스위치를 ON시키면 제어계가 1사이클을 작동한 후 초기위치에서 정지하고, 연속 사이클은 정지신호나 비상정지신호가 입력될 때까지 연속작업이 수행되어야 한다.

(5) 정지(stop)

연속 사이클 작업기능이 있는 회로에만 설치되며, 정지신호가 입력되면 현재 수행되는 작업을 완료한 후에 정지한다.

(6) 세팅(setting)

세팅 스위치는 모든 제어계가 시동이 가능하도록 초기위치로 돌아올 수 있는 신호이다.

(7) 공작물의 검출

공작물의 검출(magazine monitoring)은 부품 매거진이나 가공 위치에서의 공작물의 유무를 검출하는 신호로서 리밋스위치나 비접촉 센서 등이 주로 이용된다. 만일 부품 매거진에 부품이 없는 경우에는 시동스위치를 ON시켜도 시동이 되지 않게 해야 되므로 시작조건과 직렬 연결한다.

(8) 카운팅(counting)

카운터(counter)는 작업횟수의 계수 또는 설정된 횟수의 작업 후 정지시키는 데 사용된다. 일반적으로 작동순서 마지막 단계의 신호를 계수 검출신호로 이용하는 것이 바람직하다.

(9) 비상정지(emergency stop)

비상정지신호(emergency stop signal)가 입력되면 모든 기계는 즉각 정지되며, 전기장치들이 동력원으로부터 모두 차단되어야 한다. 또한, 프로그램이 즉시 중단되며 비상정지신호가 제거되면 제어계는 또다시 시동될 수 있는 위치로 바뀌어야 한다.

6.2 자동 단속/연속, 정지기능회로

6.2.1 양 솔레노이드밸브의 경우

양 솔레노이드밸브를 이용한 복동실린더의 제어에서 자동으로 단속과 연속 사이클의 선택과 연속작동을 정지시키는 기능을 가지는 회로도는 그림 4-6.1과 같다.

이 제어계에서 단속 사이클은 시동스위치 S3에 의하여 수행되고 연속작업은 ON스위치를 작동시켜 릴레이 K3가 ON되어 자기유지되므로 연속작업이 이루어진다. 작업의 정지는 OFF스위치를 작동시키면 그 사이클이 종료된 후에 정지한다.

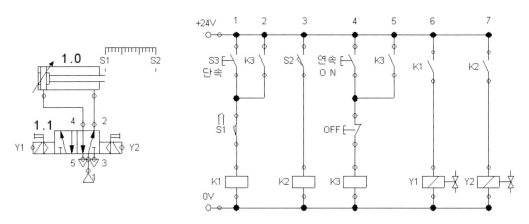

그림 4-6.1 자동 단속/연속, 정지회로(양 솔레노이드밸브 이용)

6.2.2 편 솔레노이드밸브의 경우

편 솔레노이드밸브를 이용한 복동실린더의 제어는 그림 4-6.2와 같이 회로도를 구성할 수 있다.

이 회로에서는 스프링 복귀형 밸브를 사용하므로 릴레이 K1에 자기유지회로를 이용해야 하며, 그 작동과정은 그림 4-6.1의 회로와 동일하다.

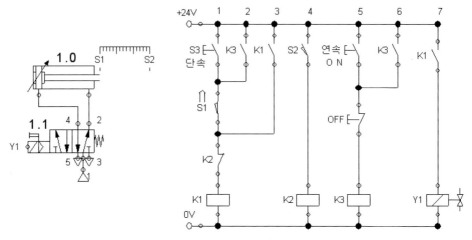

그림 4-6.2 자동 단속/연속, 정지회로(편 솔레노이드밸브 이용)

6.3 | 자동 단속/연속, 정지, 시동기능의 회로

그림 4-6.1 및 그림 4-6.2의 회로도는 단속, 연속작업을 선택하여 수행할 수 있지만 별도의 시동스위치가 없다. 이러한 경우에는 작업을 시작할 때 위험한 상황이 발생할 수 있으므로 그림 4-6.3과 같이 시동스위치가 있는 경우의 회로도에서는 연속 ON스위치를 먼저 선택하여 작동시키고 시동(start)스위치를 ON시키면 연속작업이 이루어진다. 이때에도 연속작업을 정지시키려면 연속 OFF스위치를 누르면 그 사이클이 종료된 후 정지

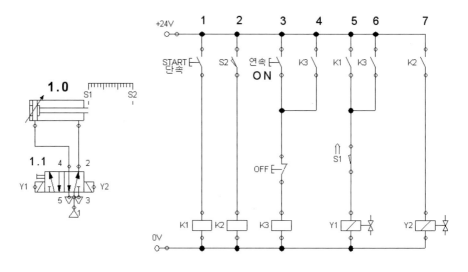

그림 4-6.3 자동 단속/연속, 정지, 시동회로(양 솔레노이드밸브 이용)

한다. 단속작업을 하는 경우에는 시동스위치를 ON시킴으로써 이루어진다.

6.4 | 자동/수동작업의 선택회로

자동 및 수동작업의 선택회로에 대하여 두 가지 회로를 소개한다. 양 솔레노이드밸브를 사용하는 공압회로도가 그림 4-6.4에 표시되어 있다.

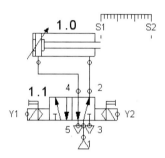

그림 4-6.4 공압회로도(양 솔레노이드밸브)

첫 번째 회로는 그림 4-6.5에 나타내었다. 자동화 장비에서 작업의 시작은 시동스위치를 누르기 전에 자동 또는 수동작업을 선택해야 한다. 수동작업을 하는 경우에는 모든 작업요소들은 별도의 스위치나 푸시버튼에 의하여 작업이 가능해야 하며, 이때 자동작업과 관련이 있는 신호요소에는 동력이 공급되지 않아야 한다.

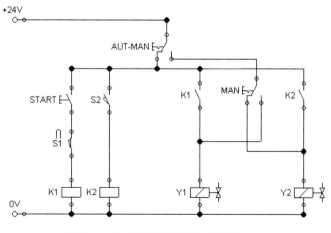

그림 4-6.5 자동/수동작업의 선택회로 1

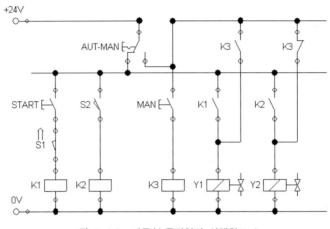

그림 4-6.6 자동/수동작업의 선택회로 2

이 회로에서 자동/수동(AUT-MAN) 스위치는 C접점의 위치고정형 선택스위치로서 현재 자동으로 선택된 상황에서는 start 스위치를 ON시키면 자동 왕복운동이 수행된다. 그러나 자동/수동 스위치를 변화시켜 수동 쪽으로 선택하면 모든 요소에 동력이 차단되고, 단지 수동(MAN) 스위치(C접점)에 의해서만 동력이 공급되며, 이 스위치의 전환접점(c접점)을 이용하여 솔레노이드코일 Y1과 Y2에 교대로 전기를 공급하여 실린더를 전진 · 후진시킬 수 있다.

두 번째 회로는 그림 4-6.6에 나타내었다. 이 회로에서 자동(AUT)으로 선택하는 경우에는 그림 4-6.5와 동일한 작동방법에 의하여 자동으로 왕복운동이 수행되며, 접점에서 수동(MAN)으로 선택하는 경우에는 수동조작 스위치로 릴레이코일 K3를 작동시키며, 이 릴레이의 상시개방접점 K3(a접점)와 상시폐쇄접점 K3(b접점)에 의해 실린더가 전진 · 후진운동을 한다. 즉, 수동조작 스위치(MAN)를 ON시키면 K3가 ON되어 Y1이 작동하므로 실린더가 전진하고 이때에는 Y2는 소자된다. 또, 수동조작스위치를 OFF시키면 Y2가 여자되어 실린더는 후진하며 이때는 Y1이 소자된다.

6.5 | 카운팅(counting), 세팅(setting) 회로

그림 4-6.4와 같은 양 솔레노이드밸브를 이용할 때 왕복횟수의 계수 및 제어회로를 세팅하는 회로를 표시하면 그림 4-6.7과 같다.

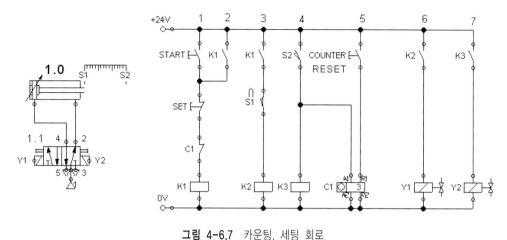

그림 4-6.7 카운팅, 세팅 회로

이 회로의 작동은 start 스위치를 누르면 릴레이 K1이 ON되어 자기유지되며 K2릴레이가 여자된다. 따라서, 솔레노이드 Y1이 작동하여 실린더는 전진하며, 전진단의 리밋스위치 S2가 ON되면 이때 카운터 릴레이 C1에 계수가 1로 증가되고, 동시에 K3릴레이가 여자되어 Y2솔레노이드가 작동하므로 실린더는 후진한다. counter reset 스위치를 ON시키거나 카운터 릴레이의 설정계수값에 도달하지 않는 상태에서는 K1이 계속 여자된 상태이므로 왕복운동을 계속한다.

설정된 횟수만큼 왕복운동이 수행되면 C1접점이 작동하여 K1이 소자하므로 그 사이클을 수행한 후 정지한다. 설정횟수를 초기화하기 위해서는 counter reset 스위치를 ON시키며, 이 제어회로를 세팅하기 위해서는 set스위치를 ON시키면 된다.

6.6 │ 비상정지회로

6.6.1 실린더의 초기화 회로

그림 4-6.8은 양 솔레노이드밸브를 이용한 복동실린더의 공압회로도와 **비상정지회로** (emergency stop circuit)이다. 이 회로에서 비상스위치를 누르면 작동 중인 실린더가 초기위치로 귀환한다.

start 스위치를 ON시키면 릴레이코일 K1이 여자되어 솔레노이드 Y1이 작동하므로 실린더가 전진한다. 전진 완료되면 S2 리밋스위치가 ON되어 릴레이코일 K2가 여자되며 솔레노이드 Y2가 작동하게 되므로 실린더는 후진한다.

이러한 작동 중에 비상스위치를 누르면 K3가 소자되어 Y2가 작동하므로 어느 위치에서도 실린더는 후진하게 되어 초기위치로 귀환한다.

그림 4-6.9는 편 솔레노이드를 이용한 경우의 비상정지회로도이다. 기능은 위와 같은 기능으로서 비상정지 스위치를 누르면 릴레이코일 K1이 소자되므로 솔레노이드 Y1도 소자되어 메인밸브가 스프링에 의하여 복귀하므로 실린더는 어느 위치에서도 후진하여 정지한다.

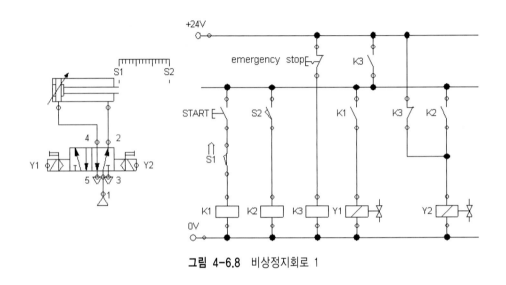

그림 4-6.8 비상정지회로 1

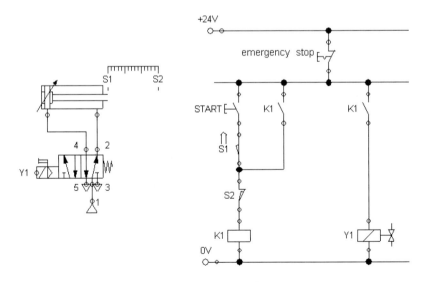

그림 4-6.9 비상정지회로 2

6.6.2 운동 도중에는 원위치, 운동 완료 시에는 그 상태 유지 회로

실린더가 전진 또는 후진운동 중에 비상정지 스위치가 작동하면 항상 초기위치로 돌아가고, 전진이나 후진운동이 완료된 시점에서 비상정지신호가 작동하면 그 상태를 유지하는 회로를 그림 4-6.10에 나타내었다.

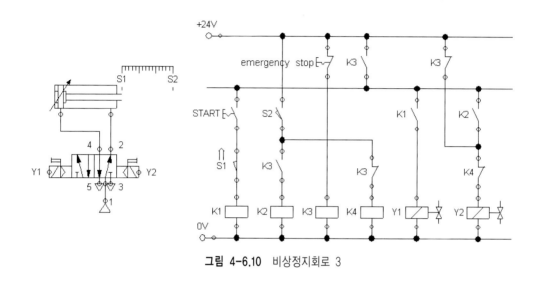

그림 4-6.10 비상정지회로 3

6.7 | 자동/수동, 단/연속, 정지, 리셋, 비상정지기능의 회로도

그림 4-6.11의 회로도는 자동/수동을 선택할 수 있는 위치고정 선택스위치(AUTO/MAN), 단/연속의 선택스위치, 푸시버튼 stop(정지)스위치, 리셋 스위치(SET), 비상정지스위치(emergency stop) 등으로 구성되며, NA는 비상정지, NAE는 비상정지 해제의 라인이다.

응용 예로서, 2개의 복동실린더를 이용하여 그림 4-6.12와 같은 장치에서 캔의 뚜껑닫기를 하려 한다. 실린더 A가 뚜껑을 제공하면 실린더 B가 뚜껑을 닫는데, 이때 작업이 확실히 이루어지도록 시간을 약간 지연시킨다.

그리고 다음 8가지 부가조건을 만족시킬 수 있어야 한다. 밸브는 편 솔레노이드밸브를 사용한다.

① 비상스위치, ② 자동/수동스위치, ③ A실린더 수동스위치, ④ B실린더 수동스위치, ⑤ 시동스위치, ⑥ 정지스위치, ⑦ 연속/단속스위치, ⑧ 카운터 리셋스위치

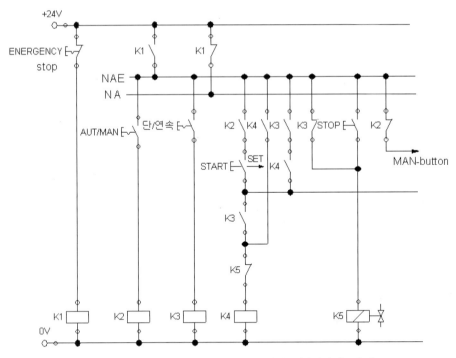

그림 4-6.11 자동/수동, 단속/연속, 정지, 리셋, 비상정지기능의 회로

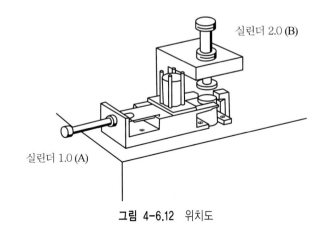

실린더 2.0 (B)

실린더 1.0 (A)

그림 4-6.12 위치도

　　변위단계선도를 그림 4-6.13에 나타내고, 위의 부가조건을 모두 만족하는 회로를 그림 4-6.14에 나타내었다. 이 회로의 현 상태인 연속선택스위치를 ON시키면(자동선택) 실린더 A가 전진한 후 후진한다. 그후에 실린더 B가 전진하여 T1의 ON Delay 타이머에서 설정한 시간 동안 멈추었다가 후진하며 1사이클을 마친다. 이 과정을 counter 릴레이 C1에서 설정한 횟수만큼 반복한 후 정지한다. 이 과정 중에 stop 스위치를 ON시키면 진행 중인 사이클을 마친 후 정지한다.

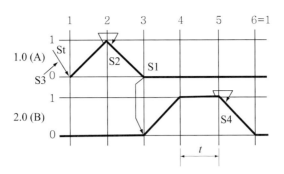

그림 4-6.13 변위단계선도

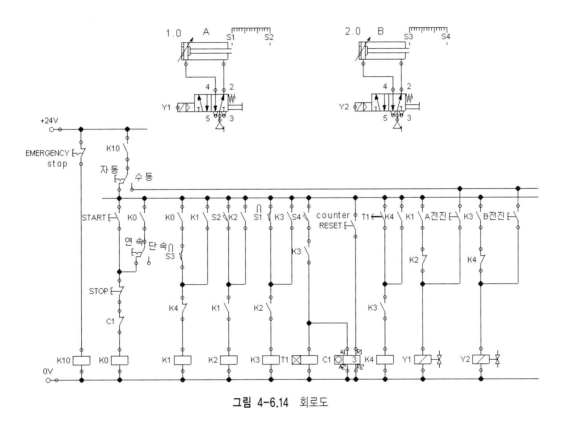

그림 4-6.14 회로도

 만일 연속/단속스위치를 단속으로 선택한 경우는 start 스위치를 ON시키면 1사이클을 수행한 후 정지한다. 자동/수동스위치에서 수동을 선택하면 A전진스위치나 B전진스위치를 ON시켜 해당 실린더를 수동으로 전진·후진시킬 수 있다. 어느 과정 중에서도 비상스위치(emergency stop)를 ON시키면 그 상태에서 가동 중인 실린더가 후진하여 모든 실린더가 후진한 상태에서 정지하게 된다.

1. 그림 ex.4-1의 편 솔레노이드밸브를 이용한 공압회로도에서 자동 단속/연속 사이클의 회로도를 작성하라.

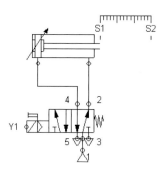

그림 ex.4-1

2. 그림 ex.4-2의 양 솔레노이드밸브를 이용한 공압회로도에서 자동 단속/연속 사이클의 회로도를 작성하라.

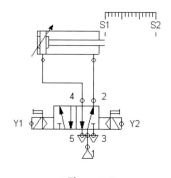

그림 ex.4-2

3. 그림 ex.4-3과 같이 실린더 A가 전진하여 소재를 상향 이송하면 실린더 B가 전진하여 수평 이동하고 실린더 A가 귀환한 후에 실린더 B가 귀환하는 회로를 스테퍼 회로로 설계하라.

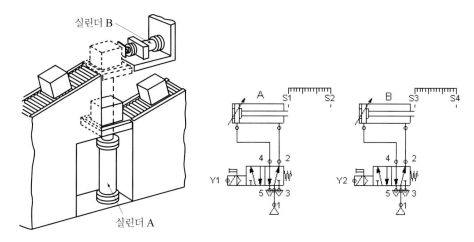

그림 ex.4-3

4. 그림 ex.4-4와 같이 왼쪽 컨베이어에서 도착된 공작물을 4개의 우측 컨베이어로 분리하고자 한다. 원하는 위치로 이송시키는 4개의 푸시버튼 스위치를 이용하여 순서에 상관없이 가능한 회로를 구성하라.

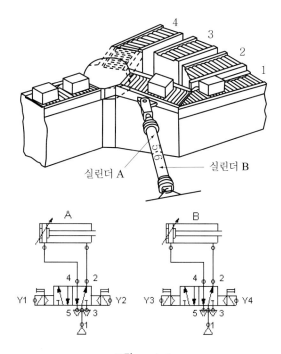

그림 ex.4-4

5. 그림과 ex.4-5와 같이 드릴링 작업을 위한 재료를 지그 내에 수동으로 삽입하고 시동버튼을 누르면 실린더 A가 전진하여 적정 위치로 보낸다. 이 작업이 완료되면 실린더 B가 전진하여 재료를 클램핑하면 실린더 C가 드릴가공하고 귀환하면 실린더 A가 복귀한 후 실린더 B가 귀환하는 회로를 스테퍼 회로로 설계하라.

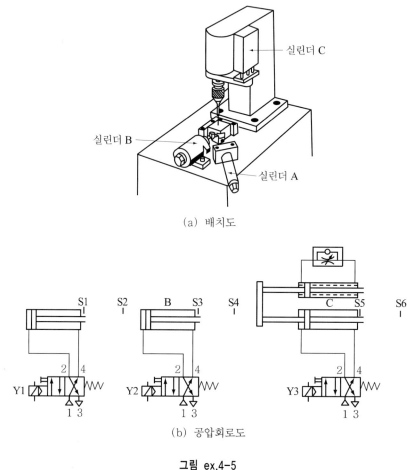

(a) 배치도

(b) 공압회로도

그림 ex.4-5

6. 문제 5에서 3실린더의 밸브를 모두 양 솔레노이드밸브로 하는 경우의 스테퍼 회로를 작성하라.

7. 가공물을 Cleaning bath에 담가서 세척하려 한다. start 스위치를 누르면 자동으로 왕복운동할 수 있어야 하며, 단속 또는 연속작업도 가능해야 한다. 또, 연속작업 시 일정 횟수 작업 후 정지하는 회로를 설계하라(스테퍼 방식). (그림 ex.4-7의 배치도 및 공압회로도 참조)

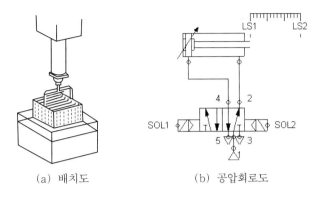

(a) 배치도   (b) 공압회로도

그림 ex.4-7

8. 다음 그림 ex.4-8과 같은 벤딩작업기(bending device)에서 가공물을 수동으로 삽입하고 시동스위치를 누르면 실린더 A가 클램핑을 하고 실린더 B와 실린더 C가 순서대로 작업을 하는 회로를 캐스케이드 회로로 작성하라.

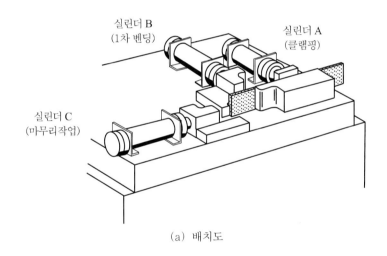

(a) 배치도

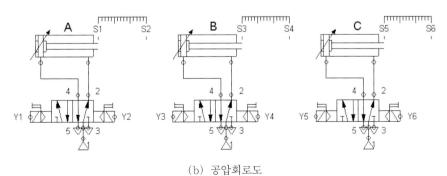

(b) 공압회로도

그림 ex.4-8

9. 편 솔레노이드밸브를 사용하는 실린더 A와 실린더 B의 시퀀스가 A＋A－B＋B－의 회로를 스테퍼 방식에 의하여 작성하라.

10. 문제 9를 캐스케이드 회로로 작성하라.(단, 양 솔레노이드밸브를 사용하라.)

11. 양 솔레노이드밸브를 사용하는 실린더 A와 실린더 B의 시퀀스가 A＋B＋A－B－의 회로를 캐스케이드 방식으로 작성하라.

12. 문제 11을 스테퍼 방식의 회로로 구성하라.

13. 2개의 실린더에 양 솔레노이드밸브를 사용할 때 작업순서가 A＋A－B＋B－의 회로를 스테퍼 방식으로 작성하라.

14. 2개의 실린더에 양 솔레노이드밸브를 사용할 때 시퀀스는 A＋B＋B－A－이다. 스테퍼 방식으로 회로를 작성하라.

15. 3개의 실린더에 각각 양 솔레노이드밸브를 사용하며 시퀀스는 A＋B＋B－C＋C－A－로 작동되는 캐스케이드 회로를 구성하라.

16. 문제 15에서 양 솔레노이드밸브를 사용하는 경우의 스테퍼 회로를 구성하라.

17. 양 솔레노이드밸브를 사용하는 2개의 실린더의 시퀀스가 A＋B＋A－B－일 때 부가조건으로 단속/연속, 비상정지신호를 추가한 스테퍼 회로를 설계하라.

18. 편 솔레노이드밸브를 사용하는 3개의 실린더에서 작동순서를 A＋B＋C＋B－A－C－로 작동시키려 할 때 스테퍼 회로도를 작성하라.

19. 문제 18을 캐스케이드 회로로 작성하라(양 솔레노이드밸브 사용).

20. 양 솔레노이드밸브를 사용한 실린더에서 start 스위치를 누르면 자동으로 왕복운동을 하다가 비상정지버튼을 누르면 작동 중의 실린더가 초기위치로 귀환하는 회로를 작성하라.

21. 그림 ex.4-21과 같은 공압회로에서 푸시버튼을 누른 후 손을 떼면 피스톤이 전진하고 최종 전진단의 위치에서 설정된 시간을 정지한 후 자동으로 후진하는 여자지연(ON Delay)회로를 구성하라.

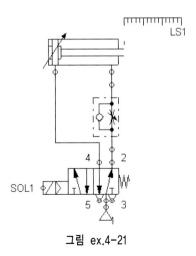

그림 ex.4-21

22. 그림 ex.4-22와 같은 공압회로에서 푸시버튼 PB1 또는 PB2를 누르면 피스톤이 즉시 전진하고 둘 다 놓으면 최종 전진 위치에서 설정된 시간 동안 정지한 후 복귀하는 소자지연(OFF Delay)회로를 구성하라.

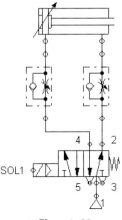

그림 ex.4-22

23. 그림 ex.4-23과 같이 아래쪽 컨베이어를 타고 온 공작물을 실린더 A가 상향 전진하게 하면 실린더 B가 전진하여 위쪽 컨베이어로 공작물을 이동시키며 두 실린더가 동시에 후진하는 회로를 스테퍼 회로로 작성하라.

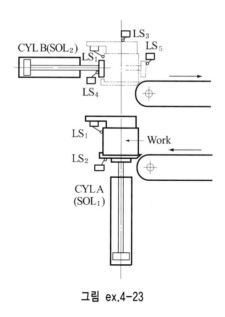

그림 ex.4-23

24. 다음 그림 ex.4-24와 같이 원통에 패킹메탈로 둘러싸는 작업을 한다. 공압회로와 같이 실린더에 리드 스위치 B1과 B2가 달려 있고 실린더가 전진하여 헤드 측 압력이 설정압력에 도달한 후 후진하는 회로를 구성하라.

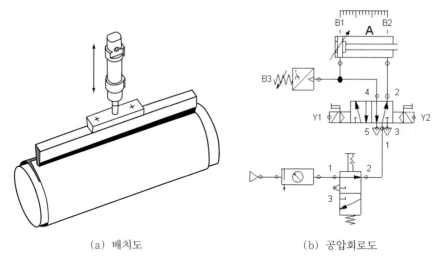

(a) 배치도　　　　　　　　　(b) 공압회로도

그림 ex.4-24

25. 다음 그림 ex.4-25의 중력매거진에 있는 공작물을 스탬핑하여 상자에 넣는 벤딩기의 시퀀스는 A+B+B-A-C+C-이다. 양 솔레노이드밸브를 사용하는 실린더 A, B, C의 스테퍼 회로와 캐스케이드 회로를 각각 작성하라.

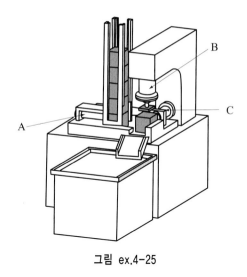

그림 ex.4-25

26. 다음 그림 ex.4-26의 조립기에서 양 솔레노이드밸브를 사용하는 실린더 3개의 시퀀스는 $A + B + C + \dfrac{A-}{C-}B-$ 이다. 스테퍼 회로와 캐스케이드 회로를 각각 작성하라.

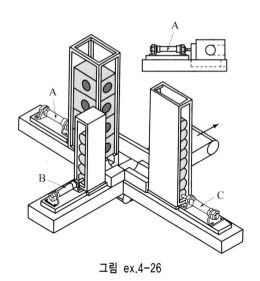

그림 ex.4-26

PART **5**

유압시스템 및 유압회로

CHAPTER 01 | 유압유

유압유(hydraulic oil)는 동력전달 매체이며 유압시스템을 구성하는 기기의 녹 방지, 기기습동부에 대한 윤활역할을 하고 있다. 온도변화에 대한 점도변화가 작고, 기포 방출성(放氣), 기포소멸성(消泡性)이 좋으며 수명이 길어야 한다. 유압유로는 광물계의 유압유가 가장 많이 사용되고 있으며 적정 사용온도는 20~60℃이다. 환경적인 문제로 인하여 근래 물 또는 해수를 작동유체로 하는 수압시스템의 개발이 주목되고 있으며 다방면에서 실용화가 기대되고 있다.

작동유는 다음과 같은 특성이 있으므로 다음 항목을 검토해야 한다.

1. 점도
2. 온도변화에 따른 점도의 변화가 작을 것
3. 기포소멸성이 양호할 것
4. 윤활성이 좋을 것
5. 압축성이 작을 것
6. 수 분리성이 좋을 것
7. 산화 안정성이 있을 것
8. 열 안정성이 있을 것
9. 녹 방지능력이 있을 것
10. 내화성이 우수할 것

1.1 | 유압유의 분류

그림 5-1.1은 유압유를 분류한 것이며, 표 5-1.1은 작동유의 일반적인 특성을 나타낸다.

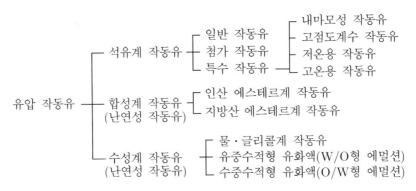

그림 5-1.1 작동유의 분류

표 5-1.1 작동유의 일반적 특성

작동유	물	석유계 작동유	O/W형 에멀션	W/O형 에멀션	물글리콜	인산 에스테르	지방산 에스테르
비중	1	0.86~0.92 0.87	1.0	0.92~4	1.04~1.1	1.1~1.3	0.900
점도(40℃, mm²/s)	작음	소~대	작음	작음	소~대	소~대	중정도
점도지수	아주 높음	70~110	아주 높음	높음 (130~170)	아주 높음 (140~170)	저~고 (30~180)	높음
증기압	대	소	대	대	대	소	소
방청방식	불량	우수	가능	양호	양호	가능~양호	양호
불연성	불연	연	불연	난연	난연	난연	준난연
광유와의 혼합	불가	—	불가	가	3%	3%	가
실, 패킹재질	고무, 직물	아크릴나이트릴, 아크릴에스테르, 특수고무	고무, 직물	광유와 동일	광유와 동일	아크릴에스테르, 실리콘, 불소, 나이트릴고무 불가	NBR, 불소고무, 실리콘고무
보통 도료 내성	양호	양호	양호	양호	불량	불가	페놀수지도료 불가
펌프 수명	불량	보통	불량~양호	보통	10.3 MPa 까지 보통	76 MPa까지 우수	양호
베어링윤활성	불가	우수	불량	가	불량	우수	양호
일반윤활성	불량	우수	가	양호	아주 양호	우수	우수
사용온도한계	65~95℃	65~140℃	—	—	65℃	150℃	100℃
독성	없음	없음	없음	없음	없음	경미	없음
상대적 가격	1	100	10~15	150	400	900	700
상대적 밀도	117	100	116	110	120	125	120
특징	불연성, 저가격	표준	불연성, 염가	난연성, 염가	항착화성	항착화성	준난연성, 윤활성양호
결점	윤활성 불량, 사용온도 한계	연소 위험성	물과 같음	사용온도 한계	베어링 윤활성 불량	고가, 실재 특수성	페놀수지 사용 불가

1.1.1 석유계 일반 작동유

석유계 일반 작동유는 광유계의 기름으로 R&O라고도 불리는 터빈유를 기본으로 방청제, 산화방지제를 첨가한 것이다. 주로 14 MPa 이하의 압력범위에서 사용되고 있다.

일반 작동유는 다음에 기술하는 내마모성 작동유와 함께 윤활성, 녹 방지, 부식 방지 능력이 우수하며 각종 실(seal)재료와 적합성도 좋아서 가장 많이 사용되고 있다. 그러나 인화점이 150~270℃이므로 고온에서의 사용에 주의할 필요가 있으며 사용한계는 80℃ 전후이다. 단, 60℃ 이상이 되면 산화 등이 급격히 진전되므로 보통 사용범위는 15~55℃가 바람직하다.

순광물성 작동유는 무첨가 터빈유(#40, #140)가 많이 사용되며 저압(7 MPa 정도)의 유압시스템에 이용된다. 내마모성 작동유는 R&O형 작동유에 마모방지제를 첨가한 것으로 고압 베인펌프에서 베인과 캠링 내면의 이상마모 방지에 효과적이다. 와이드 레인지형 작동유는 저온성능으로서 유동점이 −40℃ 이하이며, 고온성능으로서 100℃ 정도까지 사용이 가능하다. 항공기용 작동유(MIL-H-5606C)는 와이드 레인지형 작동유이다.

1.1.2 합성작동유

합성작동유는 석유를 분리, 가스화하여 나프타 채용 후 목적하는 성질을 갖도록 인공적으로 합성한 작동유를 일컬으며 난연성이다.

인산 에스테르계 작동유는 난연성 작동유 중에서 윤활성, 열안정성이 가장 우수하고 사용한계 유온이 100℃ 전후로 높아서 14 MPa 이상의 사용이 가능하고 서보밸브 등의 정밀제어와 내화성이 요구되는 분야에 가장 유용하다. 그러나 온도변화에 대한 점도변화가 크고(점도지수 VI가 낮음. 뒤에서 설명) 사용온도의 범위가 좁으므로 유압기기에 가열기나 냉각기를 사용하여 유온을 일정하게 유지할 필요가 있다.

지방산 에스테르계 작동유는 난연성 작동유의 하나이며, 열안정성이 우수하므로 제트비행기의 엔진오일로서 이용되어 발전해 왔다. 이것은 난연성 작동유로서 제철공장 등에서 사용되고 있으며 내마모성이 아주 우수하고 온도변화에 의한 점도변화가 작으며 내열성이 우수하다. 또한 광유계 작동유보다 난연성이 우수하지만 인산 에스테르계 작동유보다는 난연성이 떨어지며 연소성이 있다.

1.1.3 수성계 작동유

수성계 작동유는 난연성이며 저비용을 목적으로 만들어진 함수계 작동유이다. 광물계 작동유에 비해 윤활성, 내식성, 방부성이 떨어지며 캐비테이션이 일어나기 쉬운 결점이 있다. 물·글리콜액은 수성계 작동유 중 가장 널리 사용되며, 물 35~50%, 글리콜 35~45%, 증점제(增粘劑)(폴리에스테르)로 이루어지며 윤활성, 점도온도특성이 다른 수성계 작동유에 비해 양호하다.

W/O(유중 수적형)에멀션액은 광유 50~60%, 물 40~59%에 유화제, 마모방지제를 배합한다. 분산수적의 크기는 1~2 μm이며 비뉴턴유체이다.

O/W(수중 유적형)에멀션액은 수용성 오일을 물에 몇 % 함유시킨 것으로서 윤활성이 나쁘고 점도가 낮아 피스톤 펌프 또는 플런저 펌프 이외에는 사용되지 않는다.

고함수 작동유(HWCF)는 물 90% 이상, 광유 5%에 녹방지제, 부식방지제, 유화제를 첨가한 것이다. W/O에멀션형과 솔루션형(투명 도는 반투명)이 있다. 7 MPa 이하인 저압의 유압시스템에서 실용 가능하지만 해결해야 할 문제가 많다.

1.2 | 유압유의 기본적 성질과 성능

1.2.1 유압유의 비중, 밀도, 압축률

비중은 15℃의 단위체적당 액체의 중량과 4℃ 물의 중량비를 말하며, 밀도는 단위체적당 유체의 질량으로 정의된다. 이들 값은 압력손실, 관로저항, 유압계의 동작특성, 레이놀즈수, 캐비테이션계수, 점도와 동점성계수의 환산 등에 이용된다. 보통 사용조건하에서는 유압유가 비압축성이라고 생각하지만 고압, 고온의 유압장치에 있어서는 압력에 의한 밀도의 변화를 무시할 수 없다. 또 밀도는 온도의 상승에 따라 감소한다.

압력에 의한 유체의 체적변화를 나타낼 때 **압축률**(compressibility) 또는 **체적탄성계수**(bulk modulus)를 이용한다.

압력 p [Pa]일 때 유체의 체적을 V [m³]라 하고 압력이 Δp [Pa]만큼 증가하여 체적이 ΔV [m³]만큼 감소했다고 하면, 단위체적당 압축비율은 $-\Delta V / V$이다. 따라서 $\Delta p \propto \left(-\dfrac{\Delta V}{V} \right)$이며 비례상수를 K라 하면

$$\Delta p = -K \frac{\Delta V}{V}$$

$$\therefore K = -\frac{\Delta p}{\Delta V / V} = -V \frac{\Delta p}{\Delta V} \ [\text{N/m}^2], [\text{Pa}] \tag{5.1}$$

$1/K = \beta$ 라 하면

$$\beta = \frac{1}{K} = -\frac{1}{V}\frac{\Delta V}{\Delta p} \ [\mathrm{m^2/N}] \tag{5.2}$$

K를 **체적탄성계수**($\mathrm{N/m^2}$, Pa), β를 **압축률**($\mathrm{m^2/N}$)이라 한다. 위 식들에서 $(-)$부호는 체적의 감소를 나타낸다. 작동유의 압축률과 체적탄성계수를 나타내면 표 5-1.2와 같다.

표 5-1.2 작동유의 압축률 β와 체적탄성계수 K

유압유　　　　　물성치	$\beta \times 10^{-4}$ [mm²/N]	$K \times 10^{3}$ [N/mm²]
석유계	5.32~7.35	1.36~1.88
물·글리콜계	2.96	3.38
인산 에스테르계	3.40	2.94
W/O에멀션계	4.44	2.25

1.2.2 유압유의 체적변화

유압유의 체적은 온도 t_o[℃]에서의 기름의 체적을 V_o[m³], 온도 t[℃]에서의 체적을 V[m³], 기름의 체적팽창계수를 θ[1/℃]라 할 때 다음 식으로 나타낸다.

$$V = V_o[1 + \theta(t - t_o)] \ [\mathrm{m^3}] \tag{5.3}$$

여기서, θ는 $(8.5 \sim 9.0) \times 10^{-4}$ [1/℃]의 범위이다.

1.2.3 공업점도, 점도지수

Newton의 **점성법칙**은 다음과 같다.

$$\tau = \mu\frac{dv}{dy} \ [\mathrm{N/m^2}] \tag{5.4}$$

여기서 μ는 점도 또는 **점성계수**(viscosity)라 하며 온도와 압력에 따라 변화한다. 단위는 [Pa·s] 또는 [N·s/m²]이다. 공업적으로는 점도 μ[Pa·s]를 밀도 ρ[kg/m³]로 나눈 **동점성계수**(동점도)(kinematic viscosity) ν[m²/s]를 사용한다.

$$\nu = \frac{\mu}{\rho} \ [\mathrm{m^2/s}] \tag{5.5}$$

점성계수의 단위로서 0.1 N·s/m² = 0.1 Pa·s를 1 P(Poise)라 하며 그의 1/100을

1 cP(centi Poise)라 한다. 또 동점성계수의 단위로서 1 cm²/s를 1 St(Stokes)라 하며 그의 1/100을 1 cSt라 한다.

공업적으로 점도를 취급하는 경우, 측정을 용이하게 하기 위해 각종 공업점도계가 이용되고 있으며 Saybolt Universal Second(SUS), (SSU), Redwood초, Engler초[°E] 등이 사용된다. 이들 각각의 점도초수 t[s], 상수 A, B(표 5-1.3 참조)를 이용하여 동점성계수 ν[mm²/s], [cSt]는 다음 식에 따른다.

$$\nu = At - \frac{B}{t} \quad [\text{mm}^2/\text{s}], [\text{cSt}] \tag{5.6}$$

표 5-1.3 점도환산 상수

점도 \ 상수	A	B
Saybolt Universal 초 [SUS]	0.22	180
Redwood초 [Red]	0.26	171
Engler초 [°E]	0.14	374

유압유의 동점성계수는 온도에 따라 변화한다. 온도변화에 대한 점도의 변화 정도는 수치로서 점도지수가 사용된다. **점도지수**(Viscosity Index)는 보통 VI로 표시하며, 수치가 큰 작동유가 온도변화에 대해 점도변화가 작다. 나프텐계 기름의 $VI = 0$, 파라핀계 기름의 $VI = 100$으로 정하고 있다.

먼저 98.9℃(210°F)에서 시료유의 동점성계수를 측정하고, 98.9℃(210°F)에서 시료유와 동일한 동점성계수를 갖는 $VI = 0$인 기름의 37.8℃(100°F)에서의 동점성계수를 L[cSt], [mm²/s], 98.9℃에서 시료유와 동일한 동점성계수를 갖는 $VI = 100$인 기름의

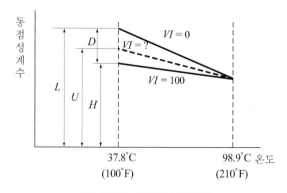

그림 5-1.2 점도지수의 개념

37.8℃에서의 동점성계수를 H [cSt], VI를 구하려 하는 시료유의 37.8℃에서의 동점성계수를 U [cSt]라 하면 점도지수는 식 (5.7)과 같이 표시하며, 그 개념도를 그림 5-1.2에 나타내었다.

$$VI = \frac{L-U}{L-H} \times 100 = \frac{L-U}{D} \times 100 \tag{5.7}$$

Saybolt Universal Second 점도에 의한 VI의 값도 위 식을 그대로 적용한다. 표 5-1.4는 Saybolt Universal Second 점도(SSU)에 의한 점도지수 환산용 L 및 D의 값을 표시한다.

표 5-1.4 Saybolt Universal Second 점도(SSU)에 의한 점도지수 환산용 L 및 D의 값

98.9℃에서의 [SUS]	L [SUS]	$D = L - H$ [SUS]
40	137.9	30.8
45	265.1	88.8
50	402.2	166.9
55	596.0	256.8
60	780.6	355.0
65	976.1	462.1
70	1182	578
75	1399	702
80	1627	836
85	1865	977
90	2115	1129
95	2375	1288
100	2646	1451

CHAPTER 02 유압펌프

유압펌프(hydraulic pump)는 모터 등의 원동기로부터 기계적 에너지를 받아 유압에너지로 변환시키는 기기로서 오일탱크 내의 작동유를 유압시스템에 송출시켜 에너지를 가해주는 역할을 한다.

2.1 유압펌프의 작동원리

산업용 유압시스템의 유압펌프에는 펌프실로 불리는 용기의 체적을 변화시킴에 따라 작동유체를 흡입하여 그 유체를 압출시키는 방식의 용적식 펌프가 사용되며, 펌프실 체적의 증가에 따른 부압을 이용하여 작동유를 흡입하고 펌프실 체적을 감소시켜(가압작용) 그 작동유를 시스템으로 송출한다. 용적형 펌프는 토출압력이 높아져도 유압유의 펌프 내 누설이 적고, 비용적형 펌프에 비해 토출압력 상승에 따르는 토출량의 저하가 작은 특징이 있다.

유압펌프의 선정에 필요한 인자는 요구되는 최대압력과 최대유량, 부하종류와 크기, 설비비, 유지비, 액추에이터의 설치장소 및 설치상태 등을 들 수 있다.

2.2 유압펌프의 종류

유압펌프에는 여러 가지 종류가 있지만 토출량의 관점에서 분류하면 정용량형 펌프와 가변 용량형 펌프로 분류되며, 전자는 펌프 1회전당 토출량이 일정한 것으로서 기어펌프, 베인펌프 등을 들 수 있고, 후자는 펌프 1회전당 토출량이 가변적이며, 피스톤펌프 등이 있다.

일반적으로 유압펌프는 3상 유도전동기로 구동되며, 펌프의 입력회전수는 거의 일정하다. **정용량형 펌프**(fixed displacement pump)에서는 입력회전수가 일정하면 펌프 토출량도 일정하여 유압유로가 차단되어도 유압유를 계속 송출하는 현상이 일어난다. 따라서 회로의 최고압력을 설정하기 위해 릴리프밸브가 필요하며, 회로 유량을 변경하는 경우에는 유량제어밸브가 필요하다.

가변용량형 펌프(variable displacement pump)의 경우는 입력회전수가 일정해도 펌프가 토출량을 자동적으로 조절하는 기능이 있으므로 회로의 유량을 변화시킬 수 있다. 또 내장되어 있는 압력보상기구에 의해 펌프의 최고 토출압력을 설정할 수 있으므로 릴리프밸브를 생략할 수 있다.

유압펌프를 구조상으로 분류하면 그림 5-2.1과 같다.

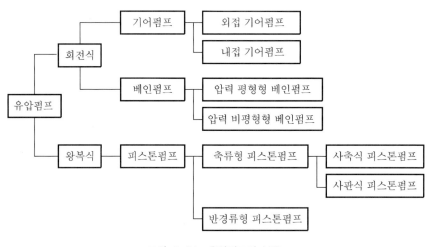

그림 5-2.1 유압펌프의 분류

2.2.1 기어펌프(gear pump)

그림 5-2.2(a)는 **외접형 기어펌프**의 단면구조이다. 2개의 기어가 외접하여 모터 등에 의해 구동되는 구동기어와 종동기어가 맞물려 회전하며, 흡입구 쪽에서는 서로 맞물린 기어가 떨어지는 작용에 의해 체적이 증가하여 부압이 됨으로써 유체를 흡입하고 토출구 쪽에서는 서로 떨어져 있던 기어가 맞물리므로 체적이 감소하여 정압 유체를 토출한다.

그림 5-2.2(b)는 **내접형 기어펌프**이며, 내측 기어가 구동기어이고 외측 기어가 종동기어이다. 구동기어에 동력이 공급되면 흡입구 쪽에서 공간이 증가하여 오일탱크로부터 유체를

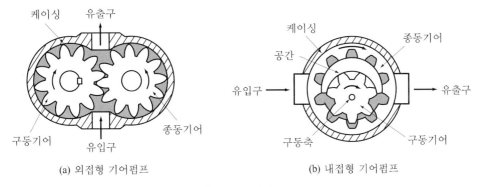

(a) 외접형 기어펌프 (b) 내접형 기어펌프

그림 5-2.2 기어펌프

흡입하고 초승달 모양인 공간의 양쪽 면 주위로 밀어낸다. 토출구 쪽에서는 기어가 다시
맞물릴 때 공간이 감소하므로 압력이 상승하여 토출된다.

2.2.2 베인펌프

그림 5-2.3은 **베인펌프**(vane pump)의 작동원리도이다. 원주형상인 로터의 원주상에 매
입되어 있는 베인은 반경 방향으로 이동할 수 있다. 로터가 원통상의 캠링 안쪽에서 회
전하면 베인은 원심력과 로터의 중심부로부터 나오는 유압력에 의해 캠링 내벽으로 압착
되며 내벽에 접촉하면서 회전한다.

그림 5-2.3(a)의 **비평형형 베인펌프**(unvalanced vane pump)에서는 원형의 캠링 내벽과
로터가 편심되어 있으며, 흡입구와 토출구가 대칭 위치이고 로터의 회전에 의해 펌프
기능을 수행한다. 즉, 로터가 회전할 때 베인과 캠링 내벽으로 둘러싸인 펌프실 체적이
증가하는 영역에서 작동유를 흡입하고, 펌프실 체적이 감소하는 영역에서 작동유를 토출

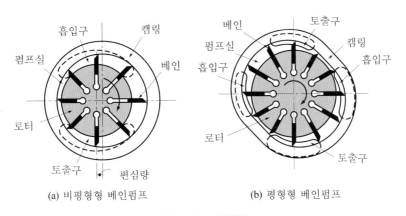

(a) 비평형형 베인펌프 (b) 평형형 베인펌프

그림 5-2.3 베인펌프

한다. 비평형 베인펌프의 경우, 토출압력에 의한 반경방향의 힘이 베어링에 작용하는데, 캠링의 편심량을 변화시키는 기구를 설치하면 가변 용량형 펌프가 된다.

평형형 베인펌프(valanced vane pump)는 그림 5-2.3(b)와 같이 긴 원형의 캠링을 사용하여 2개의 토출구를 대칭위치에 배치시킴에 따라 로터축 베어링에 작용하는 반경 방향의 힘을 서로 상쇄시킨다.

2.2.3 피스톤펌프

그림 5-2.4는 **축류형 피스톤펌프**(axial piston pump)로서 **사판식**이다. 고정된 경사판을 따라 피스톤이 실린더블록과 함께 회전하게 되면 피스톤은 왕복운동을 하고 펌프실 체적이 증대하는 반(半)회전영역에서는 펌프실이 흡입구와 접속되고, 펌프실 체적이 점점 감소하는 다른 쪽 반(半) 회전영역에서는 펌프실이 토출구와 접속하므로 구동축이 회전함에 따라 피스톤은 흡입, 토출작용을 하게 된다.

그림 5-2.5는 축류형 피스톤펌프로서 **사축식**이며 피스톤이 경사축판 및 실린더블록과 일체가 되어 회전한다. 실린더블록의 회전축과 경사축(구동축)은 20~30°의 경사각으로

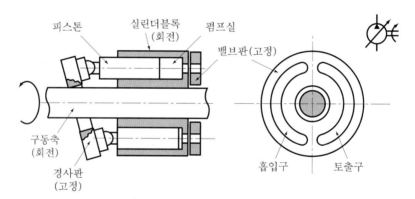

그림 5-2.4 축류형 피스톤펌프(사판식)

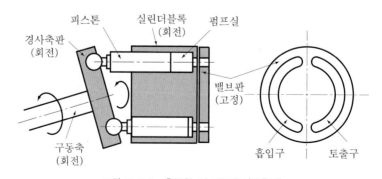

그림 5-2.5 축류형 피스톤펌프(사축식)

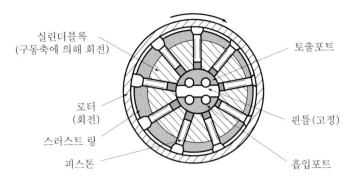

실린더블록
(구동축에 의해 회전)

토출포트

로터
(회전)

핀틀(고정)

스러스트 링

피스톤

흡입포트

그림 5-2.6 반경류형 피스톤펌프의 구조

되어 있으므로 피스톤은 왕복운동을 하며 작동유를 흡입, 토출한다. 사판식 및 사축식 피스톤펌프를 일반적으로 축류형 피스톤펌프라 한다.

그림 5-2.6은 **반경류형 피스톤펌프**(radial piston pump)의 구조도이다. 로터 내에서 피스톤이 반경 방향으로 원주상에 배열되어 로터와 피스톤과는 서로 편심인 스러스트 링 내를 회전하므로 피스톤은 회전하면서 로터 내를 반경 방향으로 왕복운동한다. 따라서 작동유를 흡입·토출하게 된다.

2.3 유압펌프의 동력 및 효율

유압펌프의 흡입압력 p_i [MPa], 토출압력 p_o [MPa], 실제 토출유량 Q_a [L/min], 단, $p = p_o - p_i \fallingdotseq p_o$ [MPa]과 같이 p_i가 p_o에 비해 작은 경우는 p_i를 생략하는 경우가 많다. 이 압력 p_o를 단순히 압력 또는 토출압력 p [MPa]이라 한다.

2.3.1 이론 토출유량(Q_{th})

펌프축 1회전당 압출체적 q [cm³/rev], [cc/rev], 입력축 회전속도 n [rpm], [min⁻¹]이라 하면 이론 토출유량은 다음과 같다.

$$Q_{th} = \frac{qn}{1000} \text{ [L/min]} \tag{5.8}$$

2.3.2 실제 토출유량(Q_a)

누출유량을 ΔQ [L/min]이라 하면 실제 토출유량은 다음 식으로 표시된다. η_v는 펌프의 체적효율[식 (5.14) 참조]이다.

$$Q_a = Q_{th} - \Delta Q = \eta_v Q_{th} \ [\text{L/min}] \tag{5.9}$$

2.3.3 입력(축)동력(L_i)

축토크 $T[\text{N·m}]$, $[\text{J}]$, 펌프의 전효율을 η[식 (5.16) 참조]라 하면

$$L_i = \frac{2\pi n T}{60 \times 1000} = \frac{pQ_a}{60\eta} \ [\text{kW}] \tag{5.10}$$

여기서, $T[\text{N·m}]$는 실제 입력(축)토크[식 (5.13) 참조]이다.

2.3.4 출력(축)동력(L_o)

$$L_o = \frac{pQ_a}{60} = L_i \cdot \eta_v \cdot \eta_m = L_i \cdot \eta \ [\text{kW}] \tag{5.11}$$

여기서, η_v는 체적효율[식 (5.14) 참조], η_m은 펌프의 기계효율[식 (5.15) 참조]이다.

2.3.5 이론 축토크(T_{th})

$$T_{th} = \frac{pq}{2\pi} \ [\text{N·m}], \ [\text{J}] \tag{5.12}$$

2.3.6 실제 입력(축)토크(T)

손실토크를 $\Delta T[\text{N·m}]$, $[\text{J}]$, 기계효율을 η_m이라 하면,

$$T = T_{th} + \Delta T = \frac{T_{th}}{\eta_m} \ [\text{N·m}], \ [\text{J}] \tag{5.13}$$

2.3.7 체적효율(η_v)

무부하(unload) 시 토출유량 $Q_o[\text{L/min}]$이라 하면

$$\eta_v = \frac{Q_a}{Q_{th}} \fallingdotseq \frac{Q_a}{Q_o} \tag{5.14}$$

2.3.8 기계효율(토크효율)(η_m)

$$\eta_m = \frac{T_{th}}{T} \tag{5.15}$$

2.3.9 전효율(η)

$$\eta = \frac{L_o}{L_i} = \eta_v \cdot \eta_m \tag{5.16}$$

2.3.10 정용량형 펌프와 가변용량형 펌프의 동력계산 예

유압실린더에 의해 공작물이 클램핑되고 있는 경우에 펌프의 토출유량을 30 L/min, 클램핑 시 압력은 7 MPa이라 한다. 유압실린더의 피스톤이 움직이고 있을 때는 유압유가 흐르고 있지만 피스톤이 전진완료(stroke end) 시에는 유압유가 차단되고 있다. 이러한 상태에서 정용량형 펌프와 가변용량형 펌프의 동력은 다음과 같이 된다.

(1) 정용량형 펌프의 경우

피스톤이 공작물을 클램핑하고 있는 상태에서는 설정압력 7 MPa까지 압력이 상승하고, 실린더 측에 유압유가 흐르지 않게 되어 펌프에서 7 MPa, 27 L/min로 토출하며 누설량을 3 L/min라 하면 그 유압유 전부가 릴리프밸브로부터 탱크로 귀환하게 된다. 따라서 동력은 다음과 같이 된다.

$$L_o = \frac{pQ_a}{60} = \frac{7 \times 27}{60} = 3.15 \text{ kW}$$

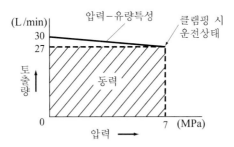

그림 5-2.7 정용량형 펌프의 압력-유량특성

(2) 가변용량형 펌프의 경우

클램핑 시에는 회로 중으로 토출하는 유압유의 양은 거의 0이 되며, 단 압력을 유지하기 위하여 펌프의 드레인 포트로부터 약간(약 1 L/min) 토출되어 탱크로 귀환한다.

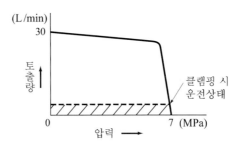

그림 5-2.8 가변용량형 펌프의 압력-유량특성

이때 동력은 다음과 같다.

$$L_o = \frac{pQ_a}{60} = \frac{7 \times 1}{60} = 0.12 \ \text{kW}$$

이와 같이 가변용량형 펌프에서는 최고압력 근처에서 유압유의 흐르는 양이 작아지므로 유체동력이 작아진다.

한편 정용량형 펌프의 경우는 피스톤이 정지상태에서도 공급되는 유량이 변하지 않고 릴리프밸브의 설정압력으로 되면 거의 모든 유압유가 릴리프밸브로부터 탱크로 귀환하게 된다. 이렇게 귀환하는 흐름을 만들기 위한 동력은 무효동력이 된다. 그만큼 가변용량형 펌프보다 큰 동력이 필요하게 되며, 이러한 유압유의 무효한 순환은 탱크의 유온상승의 원인이 된다.

CHAPTER

03 | 유압 액추에이터

3.1 | 유압실린더

유압실린더(hydraulic cylinder)는 직선 왕복운동을 하는 기기로서 기능상의 분류는
다음과 같다.

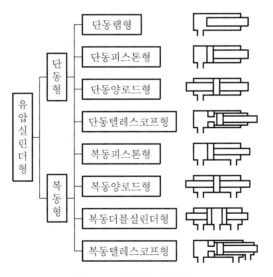

그림 5-3.1 유압실린더의 분류

3.1.1 단동실린더(single acting hydraulic cylinder)

피스톤의 한쪽만 유압을 가할 수 있으며, 피스톤형과 램형이 있다. 전진행정의 한
방향만을 유압에 의해 제어하며, 복귀행정은 자중이나 부하의 중력과 스프링력에 의해
행해진다(그림 5-3.2). 엘리베이터, 잭 등에 사용된다.

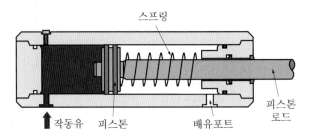

그림 5-3.2 단동실린더의 구조

3.1.2 복동실린더(double acting hydraulic cylinder)

피스톤 양쪽에 작동유를 교차하여 가할 수 있으며, 유압에 의해 제어되는 방향이 압축 (전진)과 인장(후진) 모두 행할 수 있는 일반적인 실린더이다(그림 5-3.3). 편 로드형 (single end rod type)과 양 로드형(double end rod type)이 있다.

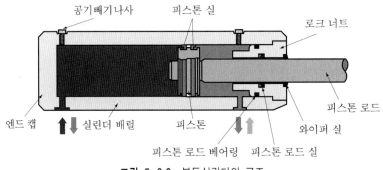

그림 5-3.3 복동실린더의 구조

3.1.3 텔레스코프형 실린더

긴 행정이 필요하지만 장착 공간에 제한이 있는 경우에 이용된다. 또 지지방법으로부 터 유압프레스와 같이 실린더 축심을 고정하여 사용하는 경우는 플랜지형이나 풋(foot)

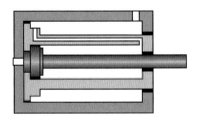

그림 5-3.4 텔레스코프형 실린더

형, 링크기구를 사용할 필요가 있는 경우는 축심이 요동하는 크레비스형, 트래니언형이
적합하다.

3.1.4 유압실린더의 선정

(1) 실린더 내경

실린더 내경을 결정하는 데는 실린더 추력이 얼마나 필요한가에 따라 결정한다. 편 로
드형 복동실린더(그림 5-3.5 참조)에 있어서 A포트의 유입압력 p_1 [MPa], B포트의 유입
압력 p_2 [MPa], A포트의 유출압력 p_1' [MPa], B포트의 유출압력(배압) p_2' [MPa], 실린더
내경 D [mm], 피스톤 로드경 d [mm], 부하율(하중압력계수) η, 피스톤 헤드 측 단면적
$A_1 = \dfrac{\pi d^2}{4}$ [mm^2], 피스톤 로드 측 단면적 $A_2 = \dfrac{\pi}{4}(D^2 - d^2)$ [mm^2]라 하면 전진행정의
추력 F_1 [N]과 후진행정의 추력 F_2 [N]은 각각 다음과 같다.

$$F_1 = (A_1 p_1 - A_2 p_2')\eta = \frac{\pi}{4}[D^2 p_1 - (D^2 - d^2)p_2']\eta \quad [\text{N}] \tag{5.17}$$

$$F_2 = (A_2 p_2 - A_1 p_1')\eta = \frac{\pi}{4}[(D^2 - d^2)p_2 - D^2 p_1']\eta \quad [\text{N}] \tag{5.18}$$

부하율 η는 실린더에 부하가 걸리는 실제 추력과 회로 설정압력으로부터 계산한 이론
실린더 추력과의 비로서 일반적으로 다음 값을 갖는다.

관성력이 작은 경우: $60\sim80\%$
관성력이 큰 경우: $25\sim35\%$

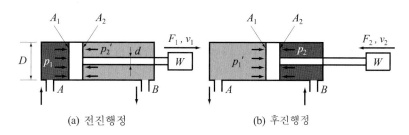

(a) 전진행정　　　　　　　　　(b) 후진행정

그림 5-3.5 복동실린더의 추력

표준 실린더의 튜브 내경과 피스톤 로드경의 기준치수는 다음 표 5-3.1과 같다.

표 5-3.1 튜브 내경과 피스톤 로드경의 기준치수(JIS B8354)

튜브 내경 (실린더경)	로드경 기호(A, B, C: 선택순위 I. X, Y: 선택순위 II)				
	A	B	C	X	Y
32(31.5)	22(22.4)	18	14	20	16
40	28	22(22.4)	18	25	20
50	36(35.5)	28	22(22.4)	32(31.5)	25
63	45	36(35.5)	28	40	32(31.5)
80	56	45	36(35.5)	50	40
100	70(71)	56	45	63	50
125	90	70(71)	56	80	63
140	100	80	63	90	70(71)
160	110(112)	90	70(71)	100	80
180	125	100	80	110(112)	90
200	140	110(112)	90	125	100
220(224)	160	125	100	140	110(112)
250	180	140	110(112)	160	125

* ( ) 안의 치수는 가능한 사용하지 않음.

(2) 실린더 출력

실린더 추력 F [N], 실린더 속도 v [mm/s]라 하면 실린더 출력 L_o [W]는

$$L_o = \frac{F \cdot v}{1000} \text{ [W]} \tag{5.19}$$

또 유압실린더의 전효율을 η라 하면 실린더 입력 L_i [W]는

$$L_i = \frac{L_o}{\eta} \text{ [W]} \tag{5.20}$$

(3) 피스톤 로드의 좌굴하중

피스톤 로드 재질의 종탄성계수 E [N/mm^2](鋼의 경우 2.06×10^5 N/mm^2), 피스톤 로드의 최소 단면2차모멘트 I [mm^4](원형단면의 경우 $I = \pi d^4/64$), 피스톤 로드경 d [mm], 로드의 최대길이 l [mm], n을 단말계수라 하면 **좌굴하중** W_k [N]은

$$W_k = \frac{n\pi^2 EI}{l^2} \tag{5.21}$$

안전율 s는 상용하중 W [N]이라 할 때 다음과 같다.

$$s = \frac{W_k}{W} \tag{5.22}$$

(4) 실린더의 선정

그림 5-3.5A와 같은 지지방법에 의한 유압실린더를 작동압력 25 MPa, 부하 50 kN, 최대 장착길이 1500 mm로 하고자 할 때 안전율 6, 피스톤 로드의 종탄성계수 2.06×10^5 [N/mm²]인 경우의 실린더를 선정해 보자.

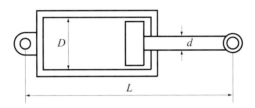

그림 5-3.5A 유압실린더의 지지방법 예

(a) 실린더의 내경 D

$$W_k = W \cdot S = 50 \times 10^3 \times 6 = 300 \times 10^3 \ [\text{N}]$$

$$W_k = p \cdot \frac{\pi D^2}{4}$$

$$\therefore \ D = \sqrt{\frac{4 W_k}{\pi p}} = \sqrt{\frac{4 \times 300 \times 10^3}{\pi \times 25}} = 123.64 \ \text{mm} \rightarrow 140 \ \text{mm}$$

(b) 피스톤 로드경 d

$n = 1$이다. 식 (5.21)로부터 $I = \frac{\pi d^4}{64}$ 이므로

$$d = \sqrt[4]{\frac{64 l^2 W_k}{n\pi^3 E}} = \sqrt[4]{\frac{64 \times 1500^2 \times 300 \times 10^3}{1 \times \pi^3 \times 2.06 \times 10^5}} = 51 \ \text{mm} \rightarrow 63 \ \text{mm}(\text{C로드})$$

(c) 좌굴길이

$$L = l = 1500 \ \text{mm}$$

(d) 최대 stroke = 최대 장착길이 l - 피스톤 로드가 완전히 후진상태에서의 장착길이 l_o

여기서 $l_o = 700 \ \text{mm}$로 하면

$$\text{최대 stroke} = l - l_o = 1500 - 700 = 800 \ \text{mm}$$

3.2 │ 유압 모터

유압모터(hydraulic motor)는 유압에너지를 받아 회전운동을 하는 것으로서, 회전력 (운동에너지)을 유압에너지로 변환하는 유압펌프와 반대의 작용을 한다. 구조는 유압펌 프와 거의 유사하며, 유압펌프에서는 축을 외부로부터 회전시키면 흡입구로부터 기름을 흡입하여 토출구로 유압유를 토출하지만 유압모터는 유압유를 받아 그 유압에너지에 의 해 축을 회전시키는 것이다.

유압모터의 종류는 구조상에서 분류하면 그림 5-3.6과 같다.

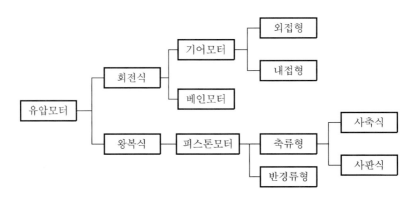

그림 5-3.6 유압모터의 분류

3.2.1 기어모터

기어모터(gear motor)의 구조는 기어펌프와 유사하며, 그림 5-3.7과 같이 좌측 포트로 부터 고압유를 유입시켜 우측 포트로 압력이 낮아진 저압유를 유출시킨다. 이때 치면 a 및 a'에 작용하는 유압에 의해 화살표 방향으로 토크가 발생하고, 치면 b와 b'에 작용하 는 유압은 화살표와 반대 방향으로 토크가 발생하지만 수압면적이 a 및 a'이 b 및 b'보다

크므로 기어는 화살표 방향으로 회전한다. 역으로 우측 포트로부터 고압유를 유입시켜 좌측 포트로 유출시키면 기어가 역방향으로 회전한다.

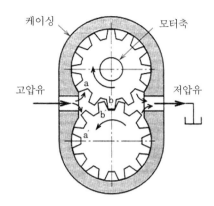

그림 5-3.7 기어모터

3.2.2 베인모터

베인모터(vane motor)는 베인펌프와 구조가 유사하며 유압유를 유입하지 않은 초기상태에서도 베인을 캠링 내면에 밀착시킬 필요가 있으므로 그림 5-3.8과 같이 코일스프링을 베인의 저부에 장착시킨다.

모터축에 대칭인 ①과 ③의 포트에 유압유를 유입시키면 로터와 베인과 캠링으로 둘러싸인 공간 내면에 기름의 압력이 균등하게 작용한다. 그러나 베인을 밀어내는 길이는

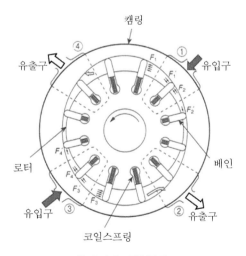

그림 5-3.8 베인모터

캠링 내측의 형상에 따라 다르며, 따라서 베인에 걸리는 힘이 달라진다. 그림에서는 $F_1 > F_1'$, $F_2 > F_2'$, $F_3 > F_3'$, $F_4 > F_4'$이며, 그 차인 $F_1 - F_1'$, $F_2 - F_2'$, $F_3 - F_3'$, $F_4 - F_4'$의 힘에 의해 모터축(로터)은 반시계 방향으로 회전한다. ②, ④포트는 기름이 배출되는 포트이며, ①, ③포트보다 저압이 된다. 모터를 역방향(시계 방향)으로 회전시키려면 ②, ④포트에 유압유를 유입시켜 ①, ③포트에서 기름을 배출시킨다.

3.2.3 피스톤모터(piston motor)

(1) 축류형 피스톤모터(axial piston motor)의 작동원리를 그림 5-3.9에서 설명한다.

그림 5-3.9에서 유압유의 압력과 공급유량이 일정한 경우, 경사판의 각도 α가 크면 F_1이 커지고 출력토크가 증가한다. 그러나 피스톤의 수평 방향(축과 평행)의 스트로크가 커져 모터를 1회전시키기 위해 필요한 유량이 증가하므로 모터 회전수는 작아진다.

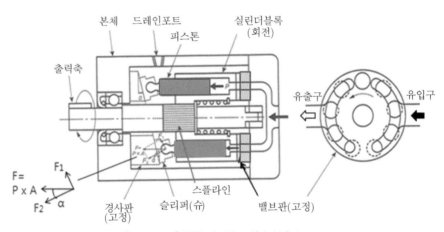

그림 5-3.9 축류형 피스톤모터(사판식)의 구조

그림 5-3.9의 사판식 피스톤모터에서 보듯이, 경사판은 모터 케이싱에 고정되어 있고 슬리퍼는 고정되지 않으므로 슬리퍼는 힘 F_1의 방향으로 경사판상을 미끄러지도록 작용하며, 이 작용을 여러 개의 피스톤이 차례로 반복하면 실린더블록에 회전토크가 발생하여 스플라인으로 연결되어 있는 출력축을 회전시킨다.

그림 5-3.10은 축류형 사축식 피스톤모터의 구조도이다.

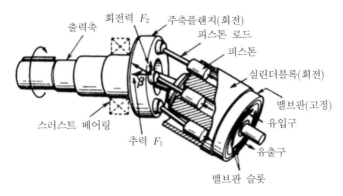

그림 5-3.10 축류형 피스톤모터(사축식)의 구조

이 모터는 실린더블록의 각도 β에 따라 배출유량을 변화시킬 수 있다. 각도가 클수록 배출유량과 토크는 증가하고 회전속도는 감소한다. 우측의 밸브판 슬롯(입구)에서 실린더 내로 기름이 유입되면 피스톤들이 작동하여 모터의 출력축은 화살표 방향으로 회전하게 된다. 유압에 의하여 피스톤을 미는 힘은 출력축 방향의 추력 F_1과 주축 플랜지 원주상의 토크성분 F_2로 나누어진다. 전자는 스러스트 베어링으로 지지되고 후자의 회전력만 출력축에 전달된다. 이것은 동력의 전동효율은 양호하지만 기구가 복잡하고 고가이다.

(2) 반경류형 피스톤모터(radial piston motor)의 구조는 그림 5-3.11과 같다.

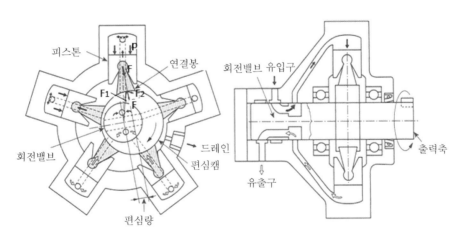

그림 5-3.11 반경류형 피스톤모터의 구조

일반적으로 5개의 피스톤을 갖는 모터가 많으며, 유입구로부터 유입한 유압유는 회전밸브를 통해 피스톤 헤드부를 압축한다. 이때 유압유의 압력을 p, 피스톤 헤드부의 단면적을 A라 하면 유압유가 피스톤 헤드부를 압축하는 힘 $F = pA$이다. 이 힘 F는 연결봉

을 통해 편심캠에 작용한다. 편심캠상에서는 F를 F_1과 F_2로 나눌 수 있으며, F_2가 편심캠(출력축)을 회전시키는 힘이 된다. 피스톤이 하강하는 행정(중심을 향하는 행정)에서는 회전밸브가 유입구와 연결되므로 유압유를 유입시켜 피스톤 헤드부를 압축한다. 역으로 피스톤이 상승하는 행정(피스톤이 외측으로 이동하는 행정)에서는 회전밸브가 유출구와 연결되므로 실린더 내의 기름은 유출구로 배출된다. 유입구와 유출구를 역으로 하면 출력축의 회전 방향은 역으로 되어 정회전, 역회전이 가능하다.

3.2.4 유압모터의 일반적인 성능 예

유압모터의 일반적인 성능은 표 5-3.2와 같다.

표 5-3.2 유압모터의 일반적인 성능

명칭 \ 항목		분류	압출용적 (cm^3/rev)	최고 압력 (MPa)	최고 회전속도 (rpm)	최고 전효율 (%)
기어모터	외접형	고정측 판형	10~500	9~14	1,200~3,000	65~85
		가동측 판형	4~220	9~21	1,800~3,500	75~85
		내접형	10~1,000	3.5~14	150~5,000	60~80
베인모터	평형형	보통 베인형	10~220	3.5~7	1,200~2,200	65~80
		특수 베인형	25~300	14~17.5	1,800~3,000	75~85
축류형 피스톤모터		사축식	10~900	21~40	1,000~4,000	88~95
		사판식	10~250	9~14	2,000~4,000	85~92
반경류형 피스톤모터		회전실린더형	6~500	14~25	1,000~1,800	80~90
		고정실린더형	125~7,000	14~25	70~400	85~92

3.3 ┃ 요동형 액추에이터

요동형 액추에이터(oscillating rotary actuator)는 **요동모터**와 **요동 실린더** 또는 **로터리 액추에이터**가 있으며 베인형과 피스톤형으로 대별된다. 유압에너지를 회전 요동운동으로 변화시키는 것으로서, 베인형은 0~280° 정도의 왕복회전, 피스톤형은 수 회전(좌회전 또는 우회전)으로 한정된 왕복회전운동을 한다.

3.3.1 베인형 요동모터

베인형 요동모터는 가동베인이 1개인 싱글 베인형, 2개인 더블 베인형, 3개인 트리플 베인형이 있다. 요동각도는 모터의 크기와 구조에 따라 다르지만 일반적으로 싱글 베인형은 280° 이내, 더블 베인형은 100° 이내, 트리플 베인형은 60° 이내이다.

그림 5-3.12에 싱글 베인형 요동모터의 구조를 나타내었다. 밀폐된 케이싱 내에 고정된 고정벽과, 가동베인과 일체로 되어 있는 출력축이 있다. 유입구로부터 유압유가 a실에 유입되면 가동베인에 압력을 가하고 유압유가 증가하는 데 반해, b실 내의 기름은 유출구를 통해 배출되므로 감소하여 출력축은 시계 방향으로 회전한다. 유입구와 유출구를 역으로 하면 출력축이 역방향으로 회전한다. 출력축은 유입량에 비례하는 각속도와 가동베인의 양측에 가해지는 압력차에 비례하는 토크가 얻어진다.

그림 5-3.13은 더블 베인형 요동모터를 나타낸다. 케이싱 내에 2개의 고정벽이 대칭으로 고정되어 있으며 출력축도 2개의 가동베인이 일체로 되어 있다. 싱글 베인형에 비해 요동각은 작지만 유압유가 유입하는 공간(a1실, a2실)이 출력축에 대해 대향이므로 출력축에 편심하중이 작용하지 않는다. 또 가동베인의 양측 압력차와 수압면적이 싱글 베인형과 같다면 유압유가 작용하는 가동베인의 면적이 2배이므로 출력축의 토크도 2배가 된다.

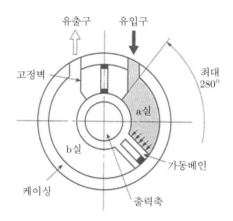

그림 5-3.12 베인형 요동모터(싱글형)

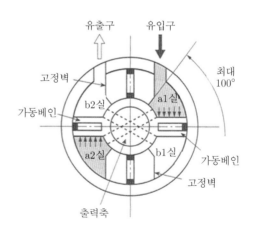

그림 5-3.13 베인형 요동모터(더블형)

3.3.2 피스톤형 요동모터

피스톤형 요동모터는 그림 5-3.14와 같이 실린더 내 랙(rack)의 양단에 각각 피스톤이 부착되어 있으며, 랙은 피니언(pinion)과 맞물려 있고, 피니언축이 출력축으로 되어 있다. 실린더의 양측에 작동유의 유입출구가 있고 어느 쪽에 유압유를 유입시키느냐에 따라 출력축을 좌, 우회전시킬 수 있다.

피스톤형은 베인형에 비하면 차지하는 공간이 긴 결점이 있지만 랙의 길이를 자유롭게 할 수 있으므로 출력축의 회전각을 수 회전까지 증가시킬 수 있는 장점이 있다.

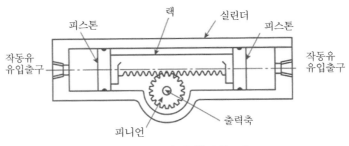

그림 5-3.14 피스톤형 요동모터

3.4 | 유압모터의 성능과 효율

3.4.1 성능 및 효율

유압모터의 입구압력 p_i [MPa], 출구압력 p_o [MPa]인 경우, 유효 압력 p [MPa]은 $p = p_i - p_o$가 된다.

(1) 이론 공급유량

모터축 1회전당 토출체적 q [cm^3/rev], 출력축의 회전속도 n [rpm]이라 하면 이론(공급)유량 Q_{th} [L/min]는 다음과 같이 표시된다.

$$Q_{th} = \frac{qn}{1000} \ [\text{L/min}] \tag{5.23}$$

(2) 실제 공급유량

누설유량을 ΔQ [L/min]라 하면, 실제(공급)유량 Q_a[L/min]는 다음과 같다. η_v는

체적효율[식 (5.29) 참조]이다.

$$Q_a = Q_{th} + \Delta Q = \frac{Q_{th}}{\eta_v} \ \ [\text{L/min}]$$ (5.24)

(3) 입력(축)동력(축입력)

$$L_i = \frac{pQ_a}{60} \ \ [\text{kW}]$$ (5.25)

(4) 출력(축)동력(축출력)

실제 축토크를 T [N·m] [식 (5.28) 참조], 모터의 전효율을 η [식 (5.31) 참조]라 하면 출력의 축동력은 다음과 같이 구할 수 있다.

$$L_o = \frac{2\pi n T}{60 \times 1000} = \frac{pQ_a}{60} \eta \ \ [\text{kW}]$$ (5.26)

(5) 이론 축토크

$$T_{th} = \frac{pq}{2\pi} \ \ [\text{N·m}], \ [\text{J}]$$ (5.27)

(6) 실제 출력(축)토크

손실토크 ΔT [N·m], 기계효율(토크효율)을 η_m[식 (5.30) 참조]이라 하면, 실제 출력 토크 T는 다음과 같다.

$$T = T_{th} - \Delta T = \eta_m \cdot T_{th} \ \ [\text{N·m}], \ [\text{J}]$$ (5.28)

(7) 체적효율

체적효율 η_v는 실제 공급유량에 대한 이론 공급유량의 비이며, 무부하 시 공급유량 Q_o [L/min]라 하면 근사적으로 실제 공급유량에 대한 무부하 시 공급유량의 비로 나타낼 수 있다.

$$\eta_v = \frac{Q_{th}}{Q_a} \fallingdotseq \frac{Q_o}{Q_a}$$ (5.29)

(8) 기계효율(토크효율)

$$\eta_m = \frac{T}{T_{th}} \tag{5.30}$$

(9) 전효율

$$\eta = \frac{L_o}{L_i} = \eta_v \cdot \eta_m \tag{5.31}$$

3.4.2 유압모터의 성능 및 효율의 계산 예

토크효율(기계효율) 90%인 유압모터에서 압력 25 MPa, 축토크 0.3 kJ, 회전속도 1500 rpm, 용적효율 90%이다.

(1) 전효율

$$\eta = \eta_v \cdot \eta_m = 0.9 \times 0.9 = 0.81 \ (81\%)$$

(2) 토출용적

$$T = \frac{pq}{2\pi} \cdot \eta_m \quad \therefore \ q = \frac{2\pi T}{p\eta_m} = \frac{2\pi \times 0.3 \times 1000}{25 \times 0.9} = 83.73 \ \text{cm}^3/\text{rev}$$

(3) 이론 공급유량

$$Q_{th} = \frac{qn}{1000} = \frac{83.73 \times 1500}{1000} = 125.6 \ \text{L/min}$$

(4) 실제 공급유량 및 누설유량

$$Q_a = \frac{Q_{th}}{\eta_v} = \frac{125.6}{0.9} = 139.6 \ \text{L/min}$$

$$\Delta Q = Q_a - Q_{th} = 139.6 - 125.6 = 14 \ \text{L/min}$$

(5) 이론 축토크

$$T_{th} = \frac{T}{\eta_m} = \frac{0.3}{0.9} = 0.333 \ \text{kJ}$$

(6) 손실토크

$$\Delta T = T_{th} - T = 0.333 - 0.3 = 0.033 \ \text{kJ}$$

(7) 축출력

$$L_o = \frac{2\pi n\,T}{60 \times 1000} = \frac{2\pi \times 1500 \times 0.3 \times 1000}{60 \times 1000} = 47.1 \ \text{kW}$$

(8) 축입력

$$L_i = \frac{L_o}{\eta} = \frac{47.1}{0.81} = 58.1 \ \text{kW}$$

CHAPTER

04 | 유압제어밸브

4.1 | 방향제어밸브

방향제어밸브(directional control valve)는 유압액추에이터(유압실린더, 유압모터 등)의 시동, 정지, 방향변환, 유압유의 유동 방향 전환, 개방, 폐쇄를 제어하는 밸브이다.

방향제어밸브는 그림 5-4.1과 같이 구조적으로는 포핏(poppet)형과 슬라이드(slide)형으로 분류된다. 또한 연결구와 제어위치에 따라서도 분류할 수 있다.

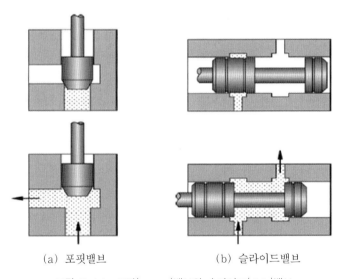

(a) 포핏밸브   (b) 슬라이드밸브

그림 5-4.1 포핏(poppet)밸브와 슬라이드(slide)밸브

4.1.1 구조적 분류

(1) 포핏밸브

포핏밸브(poppet valve)는 밸브 하우징 내에 볼(ball), 원추(cone), 디스크(disk) 등을 이용하여 밸브시트를 개방 또는 폐쇄하는 구조이다. 다음 그림 5-4.2는 각 포핏밸브의 형태이다.

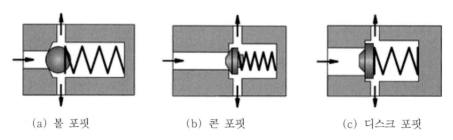

(a) 볼 포핏   (b) 콘 포핏   (c) 디스크 포핏

그림 5-4.2 볼 포핏밸브, 콘 포핏밸브, 디스크 포핏밸브

포핏을 사용하여 밸브의 개폐를 행하는 방식을 시트형식이라 한다. 이 형식은 포핏의 개폐에 유압유를 사용하므로 조작력이 크고 시트부의 형상은 누설이 생기지 않는 구조로 되어 있는 것이 특징이다.

(2) 슬라이드밸브

슬라이드밸브(slide valve)는 시트형식에서 밸브를 개폐하는 데 큰 조작력이 필요하다. 그 조작력을 작게 하기 위해 고안된 것이 그림 5-4.3과 같은 스풀(spool)방식이다.

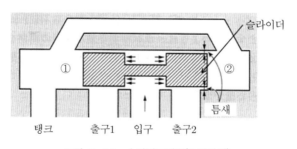

슬라이더

①   ②

틈새

탱크   출구1   입구   출구2

그림 5-4.3 슬라이드밸브(스풀방식)

입구로부터 유입되는 작동유에 의해 스풀 내측에 작용하는 힘은 그 좌측, 우측이 서로 같다. 스풀의 양단 ①, ②는 연결되고 보통 탱크라인으로 되어 있으며, 스풀에 걸리는 힘은 완전히 평형이므로 스풀을 움직이기 위해 필요한 힘은 스풀의 습동저항을 이기는 정도의 작은 값이다. 이와 같이 스풀형식에서는 밸브를 개폐하는 조작력은 작으나 스풀이

습동하기 위해 밸브 본체와 스풀 사이에 작은 틈새가 있으며, 압력차가 있으므로 그 부분으로부터 약간의 누설이 발생한다.

4.1.2 연결구 및 제어위치에 의한 분류

밸브기호의 연결구 표시는 그림 5-4.4에 나타냈으며, 방향제어밸브의 종류별 기호는 그림 5-4.5와 같다.

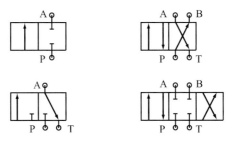

P : 공급포트(압력라인),　　T : 탱크포트(복귀라인)
A, B : 작업포트(작업라인),　L : 누유포트(누유라인)

그림 5-4.4 밸브의 연결구 표시

그림 5-4.5 방향제어밸브의 종류별 기호

(1) 2/2-way 밸브

그림 5-4.6은 2/2-way 밸브의 정상위치 닫힘형이며, (a)도는 초기상태로서 P포트와 A 포트는 차단되어 있다. 버튼을 누르면 (b)도와 같이 스풀이 우측으로 이동하여 P포트에서 A포트로 유압유가 흐르고 L포트(누유포트)를 통하여 밸브 내의 오일이 탱크로 귀환한다.

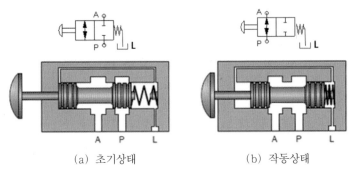

(a) 초기상태   (b) 작동상태

그림 5-4.6 2/2-way 밸브

(2) 3/2-way 밸브

그림 5-4.7은 3/2-way 밸브로서 초기상태에서는 A포트와 T포트가 연결되어 있으며, 버튼을 누르면 스풀이 우측으로 이동하여 P포트에서 A포트로 작동유가 흐른다.

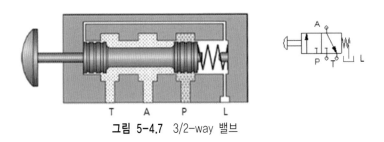

그림 5-4.7 3/2-way 밸브

(3) 4/2-way 밸브

그림 5-4.8은 4/2-way 밸브로서 초기상태에서는 P포트와 B포트, A포트와 T포트가 각각 연결되어 있으며, 버튼을 작동시키면 P포트와 A포트, B포트와 T포트가 각각 연결된다.

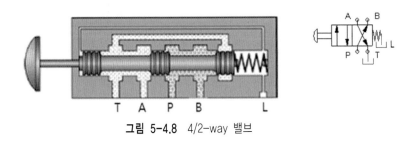

그림 5-4.8 4/2-way 밸브

(4) 4/3-way 밸브

그림 5-4.9는 클로즈드 센터형(closed center type)의 4/3-way 밸브를 나타낸다. (a)는 기호의 우측 위치, (b)는 중앙 위치, (c)는 좌측 위치이다. 레버를 당기면 (a), 중립 위치는 (b), 레버를 누르면 (c)의 위치로 변환된다. 그 외의 4/3-way 밸브의 스풀형태 및 위치는 그림 5-4.10에 나타내었다.

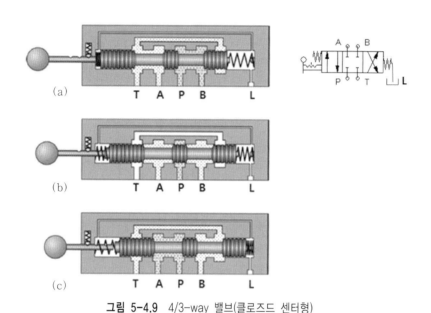

그림 5-4.9 4/3-way 밸브(클로즈드 센터형)

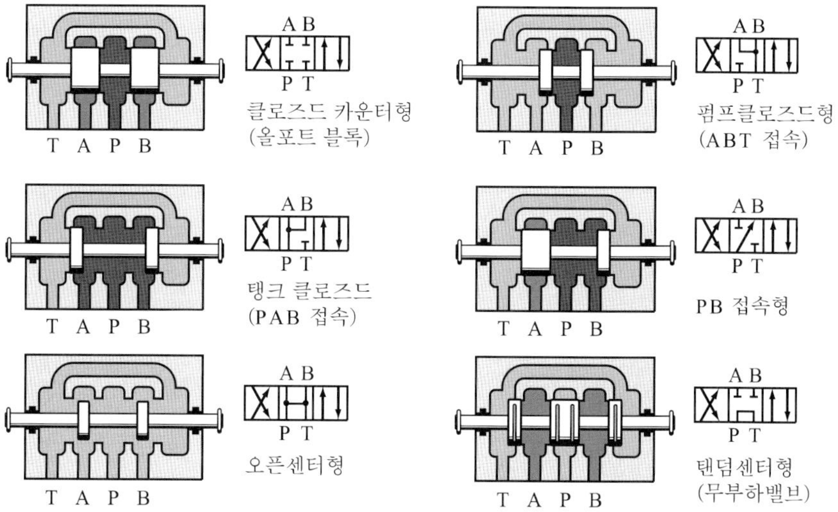

클로즈드 카운터형
(올포트 블록)

펌프클로즈드형
(ABT 접속)

탱크 클로즈드
(PAB 접속)

PB 접속형

오픈센터형

탠덤센터형
(무부하밸브)

그림 5-4.10 4/3-way 밸브의 스풀형태 및 위치

4.2 | 압력제어밸브

압력제어밸브(pressure control valve)는 유압시스템 내의 설정압력을 유지, 감압, 순서에 따라 압력을 조절하는 밸브로서 사용목적, 구조, 기능상으로 분류하면 릴리프밸브, 감압밸브, 시퀀스밸브, 카운터밸런스밸브, 언로드(무부하)밸브, 압력스위치 등이 있다.

4.2.1 릴리프밸브

릴리프밸브(relief valve)는 유압펌프로부터 토출하는 작동유가 회로 내에 유입되는 경우, 회로의 최고압력을 설정치로 유지하여 그 이상의 압력에 상당하는 펌프의 토출유량을 기름탱크로 바이패스시키는 밸브이다. 특히 정용량형 펌프와 셋시켜 사용되며 유압회로의 압력을 일정하게 유지하고 최고압력을 제한하여 과부하 압력을 방지하며 유압모터나 실린더에서 실제의 토크, 힘을 제한하는 밸브이다. 구조에 따라 회로압력이 밸브에 직접 작용하여 밸브를 열게 하는 직동형과, 파일럿밸브의 작동에 의한 파일럿 압력의 변화에 의해 메인밸브를 열게 하는 파일럿형 릴리프밸브(밸런스 피스톤형)가 있다.

직동형 릴리프밸브는 밸브가 작동할 때 회로압력의 급격한 변동을 일으키고 밸브가 밸브시트를 두드리며 진동시키는 소위 **채터링**(chattering)이 발생하기 쉽다. 채터링을 방지하기 위해 밸브의 한 끝에 댐퍼(damper)실을 설치한 피스톤식 직동형 릴리프밸브를 그림 5-4.11에 나타내었다. 라인 압력이 스프링에 의한 설정압력 이상이 되면 메인밸브를 열어 작동유를 기름 탱크로 귀환시키며 라인압력이 설정압력까지 하강하면 밸브가 닫혀 라인압력의 최고압력을 설정압력으로 유지시킨다.

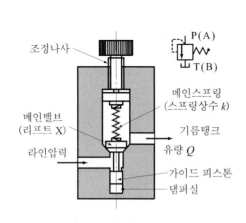

그림 5-4.11 피스톤식 직동형 릴리프밸브

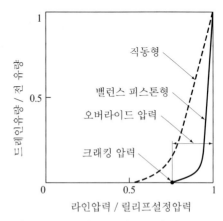

그림 5-4.12 릴리프밸브의 크래킹 압력과 오버라이드 압력

그림 5-4.12는 릴리프밸브의 특성을 나타낸 선도로서 설정압력보다 조금 낮은 압력에서 밸브가 열려 유량의 일부가 밸브 내를 흐르기 시작하고 설정압력이 되면 펌프의 전 토출유량을 탱크로 귀환시킨다. 이 밸브가 열리기 시작하는 압력을 **크래킹 압력**(cracking pressure), 설정압력과 크래킹 압력의 차를 **오버라이드 압력**(override pressure)이라 한다. 오버라이드 압력이 작을수록 유체동력의 손실이 작다. 직동형 릴리프밸브는 구조상 오버라이드 압력이 커지는 단점이 있다.

그림 5-4.13은 파일럿형 릴리프밸브(밸런스 피스톤형 릴리프밸브)의 구조이다. 이 형식의 릴리프밸브는 오버라이드 압력이 작고, 압력을 고정밀도로 설정할 수 있다. 그림에서 교축부를 통해 회로압력이 메인밸브의 상부에 작용하므로 메인밸브의 스프링력은 작아도 된다. 또 파일럿밸브의 수압면적은 메인밸브의 수압면적보다 아주 작으므로 파일럿밸브의 스프링력도 작다. 라인압력(회로압력)이 높아져 파일럿밸브가 열리면 그 기름이 탱크로 되돌아가게 되므로 메인밸브의 상부압력이 강하하여 메인밸브가 열린다. 따라서 회로의 작동유가 기름탱크로 귀환하므로 회로압력이 다시 내려간다.

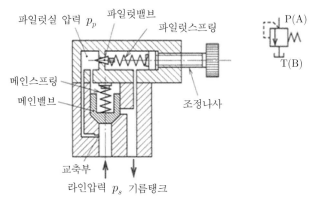

그림 5-4.13 파일럿형 릴리프밸브(밸런스 피스톤형 릴리프밸브)

4.2.2 감압밸브

감압밸브(pressure reducing valve)는 회로 내 압력의 일부를 릴리프밸브의 설정압력 이하로 감압시키고자 하는 경우에 사용된다. 이 밸브는 상시 개방상태로 되어 있어서 입구의 1차측 주 회로(고압)에서 출구의 2차측 감압회로(저압)로 유압유가 흐른다. 2차측 압력이 감압밸브의 설정치보다 높아지면 유압유의 유로가 닫히게 된다.

그림 5-4.14는 2-way 감압밸브의 작동원리를 나타낸다. 초기상태(위 그림)에서 P포트로부터 A포트로 유로가 열려 있으며 A에서의 출구압력은 제어라인 3을 통해 스풀면

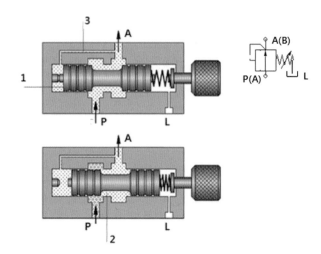

그림 5-4.14 2-way 릴리프밸브의 구조와 작동원리

1에 작용하여 스프링력과 평형을 이룬다. 출구압력이 상승하여 스풀면에 작용하는 힘이 스프링력보다 커지면 슬라이드는 우측으로 이동(아래 그림)하여 유로 입구의 일부를 막아 교축효과로 인해 압력을 강하시킨다. 출구(A)압력이 계속 증가하면 스풀이 유로를 완전히 차단한다. 그림 5-4.15는 3-way 감압밸브의 구조이며 작동원리는 2-way 감압밸브와 같다.

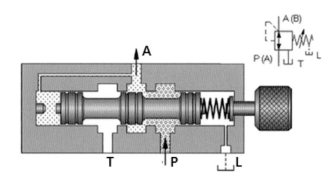

그림 5-4.15 3-way 릴리프밸브의 구조와 작동원리

그림 5-4.16은 **내부 파일럿형 감압밸브**의 구조를 나타내었다. 유압유가 입구로부터 유입되어 출구로 흐르며, 출구 쪽 압력이 설정값 이상이 되면 일부 유압유가 스풀의 하면에 작용하고 또한 일부가 구멍을 통해 파일럿 포핏밸브에 작용한다. 이때 그 작용력이 포핏밸브 스프링력보다 크면 포핏밸브가 열리고 유압유가 드레인 포트로 유출되어 A실의 압력이 강하하므로 스풀이 상승하여 출구 쪽 통로를 좁혀 출구 쪽으로 흐르는 유량을 제어하며 감압시킨다. 따라서 출구 쪽의 압력상승을 방지한다. 역방향으로 흐를 때는 체크밸브를 통해 출구 쪽으로부터 입구 쪽으로 흐른다.

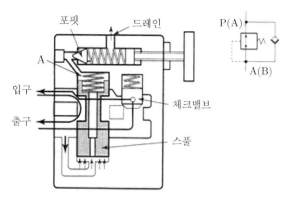

그림 5-4.16 내부 파일럿형 감압밸브

4.2.3 시퀀스밸브

시퀀스밸브(sequence valve)는 액추에이터를 일정한 순서로 작동시키는 밸브로서 상시 닫힘 상태이며 시스템 내의 압력이 설정값에 도달하면 밸브가 열려 다음 단계의 작동을 하게 한다.

그림 5-4.17은 시퀀스밸브의 구조이며, 입구 쪽 압력이 압력조정 스프링력보다 커지면 내부 파일럿통로를 통해 스풀을 밀어 올려 출구 쪽 통로를 열게 되므로 순차동작을 하게 한다. 이때 입구 쪽의 일부 유량은 드레인 포트로 흘러 탱크에 연결된다. 출구 쪽으로부터 입구 쪽으로는 유동이 허용되지 않으며 따라서 시퀀스 작동은 입구 쪽으로부터 출구 쪽으로 흐를 때만 작동이 가능하다.

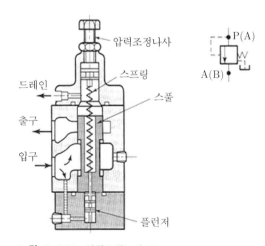

그림 5-4.17 시퀀스밸브의 구조

4.2.4 카운터밸런스밸브

카운터밸런스밸브(counterbalance valve)는 유압회로의 한 방향 흐름에 대해서는 설정된 배압을 발생시키고 다른 방향의 흐름은 자유롭게 흐르는 밸브로서 체크밸브가 내장되어 있다. 예로서 실린더가 하강할 때 중력에 의한 자유낙하를 방지하기 위해 배압을 주어 낙하속도를 제어할 수 있다.

그림 5-4.18은 카운터밸런스밸브의 구조도이며, 1차측 파일럿압력이 스프링에 의한 설정압력 이상이 되는 경우에만 스풀이 압상되어 2차측으로 통로가 열려 입구 쪽 1차측의 유압유가 2차측으로 흐른다. 2차측 유압유가 1차측으로의 역류는 설정압에 관계없이 체크밸브를 통해 흐른다(출구 쪽 유로와 체크밸브 입구와는 유로가 연결되어 있는 구조임).

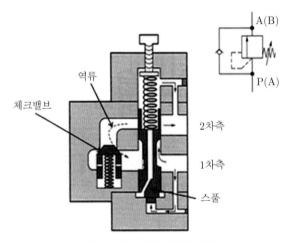

그림 5-4.18 카운터밸런스밸브

4.2.5 언로드 밸브(무부하 밸브)

그림 5-4.19는 **언로드 밸브**(unload valve)의 구조이다. 파일럿 접속포트의 압력이 스풀의 하부에 작용하여 파일럿압력이 설정값에 달하면 지금까지 닫혀 있던 포트 ①이 열려 회로 내의 유압유가 기름탱크로 귀환하며 무부하 상태로 되는 밸브이다. 이 밸브는 액추에이터가 작동 중에 펌프를 계속 가동시키면서 펌프에 부하가 걸리지 않게 함으로써 펌프동력의 낭비나 유압유의 온도상승이 일어나지 않게 하는 역할을 한다.

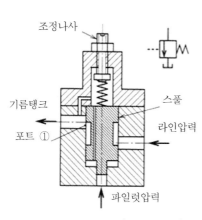

그림 5-4.19 언로드 밸브(무부하 밸브)

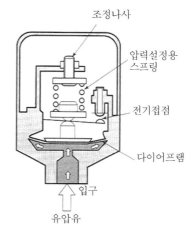

그림 5-4.20 압력스위치(다이어프램형)

4.2.6 압력스위치

압력스위치(pressure switch)는 유체압력이 규정값에 도달할 때 전기접점을 개폐하는 기기이며 일정 이상의 압력으로 상승하였을 때 다음 공정의 입력신호 발생장치로 이용된다. 압력스위치는 압력을 받는 수압부, 전기적 신호를 발생하는 접점부, 압력을 설정하는 설정부로 구성되며, 플런저형, 부르동관형, 벨로스형, 다이어프램형 등이 있다.

그림 5-4.20은 다이어프램형 압력스위치의 구조이다. 입구의 압력이 설정한 스프링력에 달하면 다이어프램에 연결되어 있는 전기접점을 밀어 올려 전기신호를 발생시킨다.

4.3 │ 유량제어밸브

유량제어밸브(flow control valve)는 유량을 설정값으로 제어하는 밸브이며, 유량제어에 의해 유압 액추에이터의 속도를 제어할 수 있다. 종류에는 교축밸브, 일방향 유량제어밸브, 압력보상형 유량제어밸브 등이 있으며, 에너지 효율의 관점에서 가변용량형 펌프에 의한 유량제어가 우수하다. 그러나 구조가 복잡하고 응답성이 양호하지 못하여 정확한 유량제어가 어려우므로 조작 사이클의 일부에서 일정 속도를 필요로 하는 유압회로에서는 압력보상형 유량제어밸브가 사용된다.

4.3.1 교축밸브

교축밸브(throttle valve)는 밸브 내에 교축부를 설치하고 외부에서 유량조절나사의 조작으로 유로의 교축면적을 변화시켜 용량을 제어한다. 역방향의 흐름을 자유롭게 하는 체크밸브붙임 교축밸브가 많이 이용된다. 그림 5-4.21은 니들형과 스풀형 교축밸브를 나타낸다.

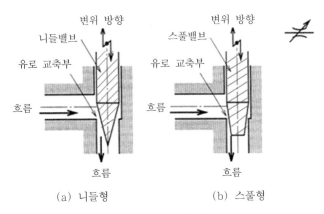

(a) 니들형   (b) 스풀형

그림 5-4.21 교축밸브

4.3.2 일방향 유량제어밸브

일방향 유량제어밸브는 한 방향 흐름의 유량만을 제어하고 역방향으로는 자유롭게 흐르도록 가변 교축부와 체크밸브를 조합한 것이다.

그림 5-4.22는 일방향 유량제어밸브의 구조도이다. 입구(IN)로부터 작동유가 유입되어 출구(OUT)로 흐를 때 유량이 조절되는 교축부는 완만한 테이퍼의 가는 V자형 홈이 있어서 미소유량의 조정이 용이하다. 역으로 출구로부터 입구 쪽으로 흐를 때는 체크밸브가

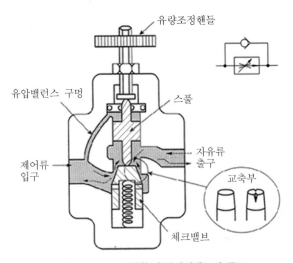

그림 5-4.22 일방향 유량제어밸브의 구조

아래 방향으로 눌려 자유롭게 흐른다. 또 핸들을 돌리기 쉽도록 유압 밸런스용 유로로부터 유압유를 스풀의 상부를 통하게 하여 스풀의 상하에 작용하는 힘의 평형이 이루어지고 있다.

4.3.3 압력보상형 유량제어밸브

그림 5-4.23에는 **압력보상형 유량제어밸브**(pressure compensared flow contol valve)의 구조를 나타내었다. 작동유가 유입구로부터 유입되어 압력보상 오리피스를 통과하고 가변교축부를 거쳐 유출구로 흐른다. 가변교축부에 유입되기 직전의 압력 p_1은 작은 구멍을 통해 압력보상 스풀의 A_2와 A_3의 수압면적에 작용한다. 가변교축부를 통과한 후의 압력 p_2는 압력보상 스풀의 A_1의 수압면적에 작용한다.

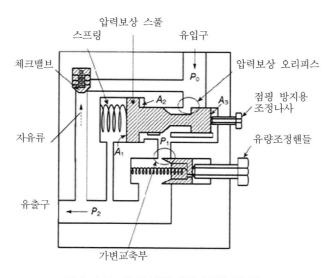

그림 5-4.23 압력보상형 유량제어밸브의 구조

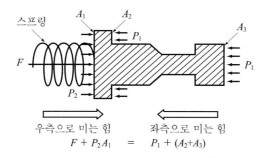

우측으로 미는 힘   좌측으로 미는 힘
$$F + P_2 A_1 = P_1 + (A_2 + A_3)$$

그림 5-4.24 압력보상 스풀에 작용하는 힘의 평형

힘의 평형을 고찰하기 위해 그림 5-4.24와 같이 스풀을 우측으로 미는 힘은 스프링력 F와 압력 p_2가 수압면적 A_1에 작용하는 힘의 합인 $F+p_2A_1$이 된다. 스풀을 좌측으로 미는 힘은 압력 p_1이 면적 A_2, A_3에 작용하는 힘 $p_1(A_2+A_3)$가 된다. 압력보상 스풀이 어느 위치에서 힘의 평형이 되려면 다음 식이 성립해야 한다.

$$F+p_2A_1 = p_1(A_2+A_3) \tag{5.32}$$

여기서 $A_1 = A_2 + A_3$가 되도록 스풀이 설계되어 있다면 $F = A_1(p_1 - p_2)$이므로

$$p_1 - p_2 = \frac{F}{A_1} \tag{5.33}$$

가 되며, 가변교축부 전후의 압력차 $p_1 - p_2$는 F/A_1가 되어 스프링력 F와 스풀의 면적 A_1만으로 결정되는 일정값이 된다. 따라서 압력보상 스풀은 보통 교축 전후의 차압이 F/A_1가 되는 위치에서 평형이 된다. F/A_1의 설정값은 기종에 따라 다르지만 $0.2\sim1.0$ MPa 정도이다. 그리고 양호한 압력보상을 얻기 위해 p_o와 p_2의 차압은 최소한 1 MPa을 넘도록 한다.

결과적으로 그림 5-4.23에서 유입 측 압력 p_o가 상승하면 p_1도 상승하며, $p_1 - p_2$가 F/A_1보다 커지면 압력보상 스풀은 좌측으로 움직이고 그 결과 압력보상 오리피스의 유로가 작아져 가변교축부의 유입량이 감소한다. 따라서 압력 p_1이 낮아지므로 $p_1 - p_2$가 F/A_1로 유지되게 한다.

역으로, 이 밸브의 유출 측 압력 p_2가 상승하여 $p_1 - p_2$가 F/A_1보다 작아지면 압력보상 스풀은 우측으로 움직이고 그 결과 압력보상 오리피스의 유로가 넓어져 가변교축부의 유입량이 증가한다. 따라서 압력 p_1이 높아지므로 $p_1 - p_2$가 F/A_1로 유지된다.

가변교축부에서 유량을 조정하여 결정하면 p_o나 p_2가 변화해도 $p_1 - p_2 = F/A_1$가 되도록 이 밸브 내에서 자동적으로 압력보상 스풀이 움직이므로 가변교축부의 차압은 항상 F/A_1로 되어 유량이 일정하게 유지된다.

또 그림 5-4.23의 체크밸브붙임 유량조절밸브에서 압력보상 오리피스의 우측에 장착되어 있는 점핑 방지용 조정나사는 실린더의 초기 급속발진을 방지하기 위한 것이다. 예를 들면 올포트블록의 변환밸브가 중앙위치에 있고 전혀 기름이 흐르지 않는 상태에서는 압력보상 스풀이 스프링력만에 의해 우측으로 밀려 있다. 이 압력보상 오리피스가 완전히 열린 상태에서 유압이 작용하는 순간에는 압력보상 스풀이 평형이 되기까지의 시간지연의 영향으로 다량의 기름이 흘러 실린더가 급발진할 위험이 있다. 따라서 미리 회로에서

사용하는 유량까지 이 나사를 죄어 압력보상 스풀을 좌측으로 이동시키고 압력보상 오리피스를 교축시킴으로써 실린더의 급발진을 방지할 수 있다.

4.4 논-리턴밸브

논-리턴밸브(non-return valve)는 어느 한 방향으로만 유체가 흐를 수 있는 밸브로서, 하류 측 압력이 제한요소에 작용하므로 밸브의 기밀효과가 양호하다. 체크밸브, 프리필밸브, 셔틀밸브, 더블 파일럿형 체크밸브 등이 있다.

4.4.1 체크밸브

체크밸브(check valve)는 한 방향으로는 흐름이 자유롭지만, 반대 방향의 흐름은 관로 내의 압력을 이용하여 저지하는 밸브이다. 그림 5-4.25(a)는 포핏형 체크밸브의 구조이며 유체압력 p_1이 스프링 압력(약한 상태임) p_F와 배압 p_2의 합보다 큰 경우에 유체가 포핏(원추)을 열어 우측으로부터 좌측으로 자유롭게 흐른다. 역방향으로는 관로 내의 상류압력(p_2)이 포핏의 배면에 작용하여 포핏이 닫히므로 흐름을 저지한다. 포핏의 종류로는 원추, 볼, 디스크, 다이어프램 등이 있다.

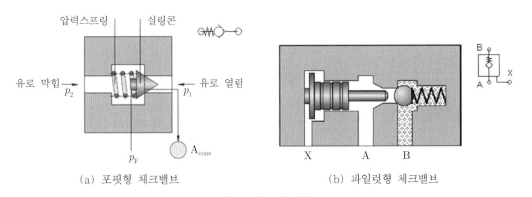

(a) 포핏형 체크밸브   (b) 파일럿형 체크밸브

그림 5-4.25 체크밸브

그림 5-4.25(b)는 파일럿형 체크밸브이다. A포트로부터 B포트로는 자유롭게 흐르지만 B포트로부터 A포트로는 포핏(볼)이 유로를 막고 있으므로 흐를 수 없다. 이때 X포트로부터 파일럿압력에 의해 피스톤이 우측으로 이동하여 포핏을 열면 B로부터 A로 유압유가 흐르게 된다. 내부 드레인형과 외부 드레인형이 있다.

4.4.2 프리필밸브(서지밸브)

이 밸브는 파일럿 작동형 체크밸브의 작동과 유사하다. 프레스에서의 램은 우선 고속 하강하고 다음에 자연이송으로 프레싱하고 그것이 끝나면 고속 상승한다. 고속 하강할 때 실린더에는 다량의 기름이 필요하며, 이 경우 프레스의 실린더와 오일탱크 사이에 프리필밸브를 설치하여 고속 하강행정에서는 오일탱크로부터 실린더로 다량의 유압유(압력이 작용할 필요가 없음)를 보충하며 가압공정의 경우 실린더로부터 탱크로의 역류를 방지한다.

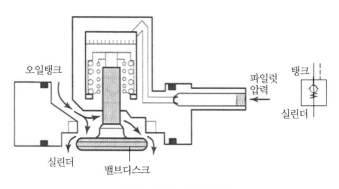

그림 5-4.26 프리필밸브

그림 5-4.26은 **프리필밸브**(prefilled valve)의 구조도이다. 파일럿 압력이 유입하여 피스톤을 하향으로 가압하면 밸브디스크가 밸브시트로부터 열려 오일탱크로부터 실린더로 대량의 유압유가 유입된다. 가압과정에서의 파일럿압력이 약해지면 프리필밸브가 닫혀 실린더로부터 탱크로의 역류를 방지하게 된다.

4.4.3 셔틀밸브

셔틀밸브(shuttle valve)는 두 회로의 압력의 크기를 비교하여 어느 한 회로를 선택하는 밸브이다. 그림 5-4.27은 고압우선형 셔틀밸브이며 압력 $p_1 < p_2$에서는 강구가 좌측으로 압송되어 저압 측 입구포트 ①을 막고 출구포트 ③은 고압 측 입구포트 ②에 접속된다. 한편, 압력 $p_1 > p_2$에서는 강구가 우측으로 압송되어 저압 측 입구포트 ②를 막고 출구포트 ③은 고압 측 입구포트 ①에 접속된다.

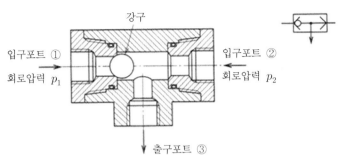

그림 5-4.27 셔틀밸브

4.4.4 더블 파일럿형 체크밸브

더블 파일럿형 체크밸브(double pilot operated check valve)는 부하의 정·역이 바뀌면서 중간 정지가 필요한 경우에 사용되는 밸브이다. 그림 5-4.28은 더블 파일럿형 체크밸브의 구조와 기호를 나타낸다. 작동유가 포트 A1에 공급되면 포트 B1으로 흐르고, 동시에 B2포트의 파일럿 피스톤에 압력이 작용하여 우측의 볼 포핏을 우측으로 민다. 따라서 B2포트로부터 A2포트로 작동유가 흐른다. A2포트에 작동유가 공급되면 반대의 작용이 일어나므로 작동유는 B2포트로 흐르며 동시에 파일럿 피스톤을 좌측으로 밀어 B1포트로부터 A1포트로 작동유가 흐르게 된다.

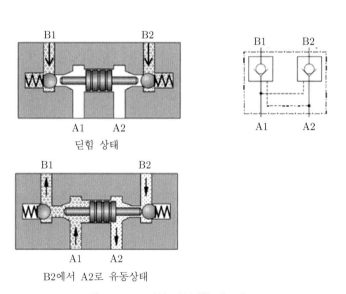

그림 5-4.28 더블 파일럿형 체크밸브

4.5 | 셧오프밸브

셧오프밸브(shut off valve)는 유압유의 흐름을 개폐하는 기능을 가지며 구조에 따라 유량제어도 할 수 있다. 구조에 따른 종류로는 글로브밸브(globe valve), 게이트밸브(gate valve), 니들밸브(needle valve), 볼밸브(ball valve) 등이 있다.

CHAPTER 05 | 유압장치의 부속기기

유압회로를 구성하는 주요 유압기기는 유압펌프, 유압액추에이터, 각종 유압제어밸브이며 유압시스템에는 기름탱크, 축압기, 유압필터, 냉각기, 배관 등의 에너지 전달기기가 이용되며 이들을 부속기기라 한다.

5.1 | 기름탱크

기름탱크(oil tank)는 동력전달에 필요한 작동유를 저장하며 작동유 내의 기포를 분리하고 이물질의 침전제거, 방열을 한다. 그 기름을 유압시스템으로 송출시키기 위한 기름을 저장하기 위해 보통 1분당 펌프 토출량 용적의 3~5배의 크기를 갖는다. 강판 용접구조의 장방형 용기 내에 귀환관과 흡입관을 격리시키는 격판이 설치되어 있고, 탱크의 밑판은 침전물을 제거하기 쉽도록 1/20~1/25의 기울기를 갖게 하며, 방열효과를 위해서 바닥

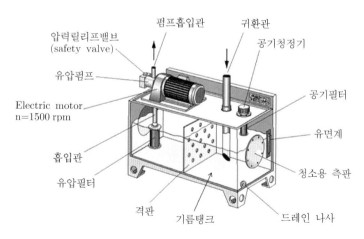

그림 5-5.1 유압 파워유닛

으로부터 150 mm 정도 떨어지게 한다. 또 기포의 혼입과 침전물의 교반을 피하기 위해서 귀환배관을 기름 속에 넣고 그 선단은 45°로 절단한다.

일반적으로 기름탱크에는 그림 5-5.1의 유압 파워유닛에서 보는 바와 같이 다른 부속 기기들이 함께 장착되어 있다. 즉 유압펌프를 비롯하여 전동기, 릴리프밸브, 공기 및 유압필터, 격판, 유면계 등이 있으며 펌프 흡입관과 귀환관 등이 있다.

5.2 | 축압기

축압기(accumulator)는 고압의 기름을 축적하여 유압유의 에너지를 일시적으로 저장하며 대량의 기름이 필요할 때 일시적으로 기름을 공급하는 보조적인 유압원 역할을 한다. 또 유압펌프의 맥동을 제거하며 유압시스템 내의 서지압력을 흡수하는 목적을 갖는다.

5.2.1 축압기의 종류와 구조

축압기는 그림 5-5.2와 같이 분류되며 중추의 중량(위치에너지)을 기름에 가하여 축압시키는 중추식, 스프링의 탄성을 이용하여 유압에너지를 축적하는 스프링식과 기체의 압축성을 이용하여 유압에너지를 축적하는 기체압축식으로 분류할 수 있으며, 블래더(bladder)형이 가장 널리 사용되고 있다. 사용기체는 안정성과 경제성을 고려하여 질소가스(N_2가스)가 이용되며 기체와 기름을 분리하기 위한 분리대(separater)를 장착하고

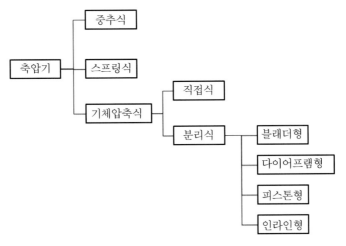

그림 5-5.2 축압기의 분류

있다. 블래더형, 다이어프램형, 인라인형은 고무를 사용하고 피스톤형은 금속제의 피스톤을 사용한다.

블래더형 축압기는 회로 내의 압력이 상승하면, 블래더(고무제)는 이 압력과 평형하기까지 압축되며 기름이 방출될 때는 봉입가스의 압력 때문에 팽창한다. 고무제는 관성이 작고 응답성이 좋으며 마찰도 작아 사용범위가 넓다. 그림 5-5.3은 블래더형 축압기와 다이어프램형 축압기를 나타낸다.

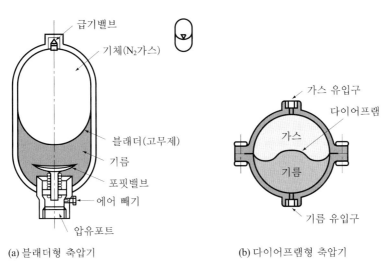

(a) 블래더형 축압기   (b) 다이어프램형 축압기

그림 5-5.3 축압기

5.2.2 축압기의 용량

에너지 축적용으로서 축압기의 용량을 구해 보기로 한다. 이때 3분 이상으로 비교적 천천히 등온변화를 한다고 가정하는 경우, 보일-샤를의 법칙을 따른다고 할 수 있다. 변화 동작이 빠르게 일어나면 폴리트로프 변화로 생각할 수 있다. 변화속도가 1분 이하인 경우는 단열변화로 한다.

초기 봉입기체압력(예압)을 p_1[MPa], 최저 작동기체압력(축압기가 작동할 수 있는 최저 필요압력)을 p_2[MPa], 최고 작동기체압력(회로 최대압력에서의 릴리프밸브 설정압력)을 p_3[MPa], p_1에서의 기체체적(축압기의 전 체적)을 V_1[L], p_2에서의 기체체적을 V_2[L], p_3에서의 기체체적을 V_3[L], p_3로부터 p_2로 압력이 저하하는 경우의 방출유량(축압기의 필요 토출유량)을 $V = V_2 - V_3$라 할 때

등온변화의 경우

$$V = \frac{p_1(p_3 - p_2)}{p_2 p_3} V_1 \ [\text{L}], \quad V_1 = \frac{p_2 p_3}{p_1(p_3 - p_2)} V \ [\text{L}] \tag{5.34}$$

폴리트로프 변화의 경우

$$V = \left(\frac{p_1}{p_3}\right)^{1/n} \left[\left(\frac{p_3}{p_2}\right)^{1/n} - 1\right] V_1 \ [\text{L}], \quad V_1 = \frac{V}{\left(\dfrac{p_1}{p_3}\right)^{1/n} \left[\left(\dfrac{p_3}{p_2}\right)^{1/n} - 1\right]} \ [\text{L}] \tag{5.35}$$

또, 초기 봉입기체 압력은 최저 작동기체 압력의 80~90%로 한다. 여기서 n은 폴리트로프 지수로서 봉입가스가 질소가스의 경우 $n = 1.66$이다.

5.3 | 유압필터

5.3.1 유압필터

유압펌프, 유압모터, 밸브 등의 기기에서 습동부의 마모, 기름의 열화, 외부로부터의 오물침입 등에 의해 작동유가 오염되며, 이와 같은 기름 속의 유해 불순물은 유압시스템에서 고장의 원인이 된다. 따라서 유압시스템 내에 **유압필터**(hydraulic filter)를 설치하여 고형 물질입자를 제거해야 한다. 유압펌프, 서보밸브 등에서는 $5 \ \mu\text{m}$ 이하의 습동틈새가 많으며, 이 틈새에 $1{\sim}5 \ \mu\text{m}$의 고형 물질입자가 침입하면 마모가 일어나므로 제거해야 한다.

유압필터는 탱크용 필터와 관로용 필터가 있으며, 탱크용 필터는 펌프의 흡입 측에서 사용하는 필터로서 원통모양으로 성형시킨 필터요소의 상부에 배관용 플랜지를 직접 부착한 것과 케이스를 부착한 것 등이 있다. 관로용 필터에는 귀환회로에 설치하는 저압관로 필터와 고압회로에 설치하는 고압관로 필터가 있다.

고형 물질입자를 여과시키는 필터요소에는 여과지, 금망, 권선, 소결금속 등이 사용되며 탱크용 필터에서는 여과도 44, 74, 105 μm, 관로용 필터에서는 여과도 1, 3, 6, 12, 25, 40 μm 정도가 많이 사용된다. 여과도란 작동유 중의 고형 물질입자가 필터에 의해 제거되는 입도의 크기(μm)를 표시하는 공칭값이다.

여과율 β_x는 일정용량의 작동유 중에 존재하는 $x \ [\mu\text{m}]$ 이상의 고형 물질입자의 수를 전자입자계수기에서 계측하여 다음 식으로 구한다.

$$\beta_x = \frac{n_1}{n_2} \tag{5.36}$$

여기서 n_1, n_2는 각각 필터 여과 전과 여과 후에 일정 용량의 기름 중에 $x\,[\mu m]$ 이상의 입자수이다. 따라서 $\beta_{12} = 100$은 $12\,\mu m$ 이상의 크기인 입자가 99% 제거됨을 의미한다.

그림 5-5.4(a)는 관로용 필터의 구조를 나타낸다. 작동유는 필터의 외부(입구)로부터 유입하여 필터를 통과한 후 2차측(출구)으로 유출하며 입구와 출구의 압력차가 생기게 되는데, 그 압력차가 과대해지면 그 힘으로 릴리프밸브의 포핏을 열어 필터 엘리먼트의 파손을 방지하는 기능을 갖는다.

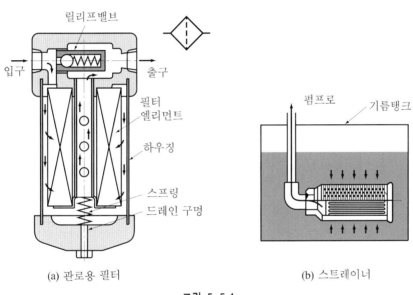

(a) 관로용 필터   (b) 스트레이너

그림 5-5.4

5.3.2 스트레이너

그림 5-5.4(b)와 같이 스트레이너(strainer)는 약 100메시 이상의 오물을 제거하기 위하여 오일필터와 조합하여 사용하며 유압펌프의 흡입 쪽에 부착한다. 스트레이너는 흡입 저항이 작아야 하며 보통 100~200메시(눈의 크기 0.15~0.07 mm)의 금망이 사용된다.

여과량은 보통 펌프 송출량의 2배 이상으로 한다. 스트레이너의 연결부는 유면보다 10~15 cm 이상의 깊이에 위치하며, 바닥으로부터 약간 상부에 설치하여 오일탱크 바닥에 침전되는 오물이 흡입되지 않게 한다.

5.4 | 오일냉각기

펌프나 액추에이터 등 운동부의 작은 틈새에 작동유의 점성마찰, 관로의 압력손실, 제어밸브에서의 교축부분의 압력손실 등, 유효하게 이용되지 못하는 유압에너지는 열에너지로 변환된다. 따라서 작동유의 온도가 상승하며 적정온도의 상한인 60~70℃를 초과하면 유압기기의 내부 누설유량이 증대하고 기기 습동부의 마모, 소착 등이 발생하는 원인이 된다. 따라서 냉각기를 사용할 필요가 있다.

오일냉각기(oil cooler)에는 여러 가지 형식이 있지만 공랭식과 수랭식의 다관식 냉각기가 주로 이용되고 있다. 공랭식 냉각기는 라디에이터 내에 기름을 유입하여 fan에 의해 공기를 라디에이터의 외측으로 흘려 작동유를 냉각시킨다.

그림 5-5.5는 수랭식의 다관식 냉각기의 구조도이다. 냉각수가 흐르는 냉각관의 외측을 작동유가 흐르게 하고, 냉각효과를 높이기 위해 격판(배플 플레이트)을 설치하여 관축에 직각 방향으로 작동유가 흐르도록 한다.

열교환을 행하는 유체(작동유와 냉각수) 사이의 평균온도차 ΔT [℃], 냉각기의 열전달면적 A [m²]라 하면 냉각기에 의해 제거되는 단위시간당 열량 Q [J/s]는 다음과 같다.

$$Q = K_h A \Delta T \quad [\text{J/s}] \tag{5.37}$$

여기서 K_h [W/m² ℃]는 열전달률이며 냉각기의 성능을 표시한다. 일반적인 작동유의 경우 $K_h \fallingdotseq 300$ [W/m² ℃] 정도이다. 일반적으로 냉각수의 유량은 냉각되는 작동유 유량의 50~100% 정도로 한다. 위식에서 평균온도차 ΔT 대신에 다음의 대수평균 온도차 $\Delta T_{\ln}$을 이용하면 정확도가 더 양호하다.

$$\Delta T_{\ln} = \frac{(T_1 - t_2) - (T_2 - t_1)}{\ln \dfrac{T_1 - t_2}{T_2 - t_1}} \quad [\text{℃}] \tag{5.38}$$

여기서 T_1, T_2는 각각 냉각기 입구 및 출구의 작동유 온도[℃], t_1, t_2는 각각 입구 및 출구의 냉각수 온도[℃]이다. 냉각기를 흐르는 유체의 밀도 ρ [kg/m³], 유량 q [m³/s], 비열 c [J/kg ℃], 첨자 w, o는 각각 냉각수, 작동유를 나타내며 유체 간의 열교환은 다음과 같다.

$$Q = \rho_o q_o c_o (T_1 - T_2) = \rho_w q_w c_w (t_2 - t_1) \quad [\text{J/s}] \tag{5.39}$$

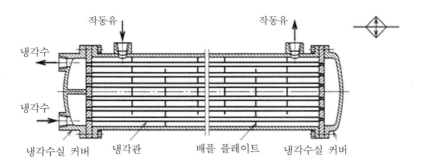

그림 5-5.5 오일 냉각기(수랭식)

5.5 | 유압배관

5.5.1 배관의 종류

유압시스템에서 **배관**은 펌프와 밸브 및 작동기기를 연결하여 유체가 흐르게 함으로써 동력전달을 하는 역할을 한다.

유압시스템의 관로에는 주로 압력배관용 탄소강 강관(STPG 370, STPG 410), 고압배관용 탄소강 강관(STS 370, STS 410, STS 480)이 이용되며, STPG, STS 다음의 숫자는 관 재질의 인장강도(N/mm^2)를 표시한다. 저압용으로서는 배관용 탄소강 강관 SGP가 있으며, SGP의 인장강도는 290 N/mm^2이다. 이들은 외경과 두께가 규격화되어 있다. 관에는 강관 이외에 동관(C102T), 배관용 스테인리스강 강관(SUS 304) 등이 있으며, 동관은 파일럿 관로, 드레인 관로 등의 저압회로에 적합하지만 석유계 작동유에는 기름의 산화를 촉진시키므로 사용하지 않는다.

표 5-5.1에는 SGP, STPG, STS의 치수, 표 5-5.2에는 관이음용 정밀탄소강 강관의 두께를 표시한다. 또한 표 5-5.3에는 유압배관의 유속 권장값을 나타내었다.

표 5-5.1 SGP, STPG, STS의 치수

관 종류			SGP (G3452)	STPG 370(JIS G 3454), STS 370(JIS G 3455)										
호칭압력(MPa)			1.6	4.0		6.3		10.0		16.0		25.0		35.5	
안전율				8 이상				6 이상		5 이상		4 이상			
호칭경 A	B	외경 (mm)	두께 (mm)	두께 (mm)	Sch NO	두께 (mm)	Sch NO	두께 (mm)	Sch NO	두께 (mm)	Sch NO	두께 (mm)	Sch NO	두께 (mm)	Sch NO
8	$\frac{1}{4}$	13.8	2.3	2.2	40	2.2	40	3.0	80			3.0	80	3.0	80
10	$\frac{3}{8}$	17.3	2.3	2.3	40	2.3	40	3.2	80			3.2	80	3.2	80
15	$\frac{1}{2}$	21.7	2.8	2.8	40	2.8	40	3.7	80	4.7	160	3.7	80	4.7	160
20	$\frac{3}{4}$	27.2	2.8	2.9	40	2.9	40	3.9	80	5.6	160	3.9	80	5.5	160
25	1	34.0	3.2	3.4	40	3.4	40	4.5	80	6.4	160	4.5	80	6.4	160
32	$1\frac{1}{4}$	42.7	3.5	3.6	40	3.6	40	4.9	80	6.4	160	6.4	160	8.0	※
40	$1\frac{1}{2}$	48.6	3.5	3.7	40	3.7	40	5.1	80	7.1	160	7.1	160	9.0	※
50	2	60.5	3.8	3.9	40	3.9	40	5.5	80	8.7	160	8.7	160	11.2	※
65	$2\frac{1}{2}$	76.3	4.2	5.2	40	5.2	40	7.0	80	9.5	160	9.5	160	14.2	※
80	3	89.1	4.2	5.5	40	5.5	40	7.6	80	11.1	160	11.1	160	16.5	※
90	$3\frac{1}{2}$	101.6	4.2	5.7	40	8.1	80	12.7	160	12.7	160	12.7	160	20.0	※
100	4	114.3	4.5	6.0	40	8.6	80	13.5	160	13.5	160	13.5	160	20.0	※
125	5	139.8	4.5	9.5	80	9.5	80	15.9	160	15.9	160	15.9	160		
150	6	165.2	5.0	11.0	80	11.0	80	18.2	160	18.2	160	18.2	160		

※ 표는 특수 두께의 동관임

표 5-5.2 관 이음용 정밀탄소강 강관의 두께 (단위: mm)

외경 \ 압력	10 Mpa	16 MPa	25 MPa	35.5 MPa
	안전율 6 이상		안전율 4 이상	
6 mm				1.5
10 mm			1.5	2.0
12 mm			2.0	2.5
16 mm	2.0		3.0	
20 mm	2.0	2.5	3.0	
25 mm	2.0		4.0	

표 5-5.3 유압배관 내 유속 권장값

흡입관		압력 측 배관		귀환관
기름 동점도 ν [mm^2/s]	평균유속 v [m/s]	압력 p [MPa]	평균유속 v [m/s]	평균유속 v [m/s]
150	0.6	2.5	2.5~3	
		5	3.5~4	
100	0.75	10	4.5~5	
50	1.2	20	5~6	1.7~4.5
		20 이상	6	
30	1.3	$30 \leq \nu \geq 150 \ \mathrm{mm^2/s}$		

5.5.2 배관의 선정

배관의 선정은 통과하는 기름의 압력과 유량으로부터 배관저항을 고려하여 결정한다. 소요 유량을 흐르게 하기 위해 필요한 관 내경을 결정하고, 그 관내경에 대하여 사용하는 압력에 견디는 관두께와 재질의 선정이 필요하다. 관내경은 석유계 작동유의 경우에는 권장범위의 점도에서 일반적으로 다음의 관내유속을 기준으로 결정할 수 있다.

흡입배관 0.6~1.3 m/s, 압력배관 2~4.5 m/s, 귀환배관 1.5~4 m/s, 평균유속 v [m/s], 유량 Q [L/min]이라 하면 관 내경 d [mm]는 다음과 같이 구할 수 있다.

$$d = \sqrt{\frac{4Q}{\pi v}} \ \ [\mathrm{mm}] \tag{5.40}$$

밸브를 변환시킬 때 서지압력이 발생하여 2~4배의 순시 내압력이 발생하는 경우가 있다. 또 열팽창이나 포트의 탄성휨의 발생도 있으며, 이들을 고려하여 배관의 안전율은 재료의 인장강도에 대하여 5~8, 재료의 항복점에 대하여 3~5의 값을 취한다.

표 5-5.4 SGP, STGP의 기계적 성질

관의 종류	재료기호	인장강도(MPa)	항복점(MPa)	허용 인장응력(MPa)
배관용 탄소강 강관	SGP	290 이상		
압력배관용 탄소강 강관	STPG 370	370 이상	215 이상	130
	STPG 410	410 이상	245 이상	147

사용압력 p [MPa], 허용응력 σ_a [N/mm^2], 인장강도의 최저값(극한강도) σ [N/mm^2], 관내경 d [mm], 안전율 S라 하면 관두께 t [mm]는

$$t = \frac{pd}{2\sigma_a} \ [\text{mm}], \quad \sigma_a = \frac{\sigma}{S} \ [\text{N/mm}^2] \tag{5.41}$$

관 재료로서 STPG, STS를 사용하는 경우는 다음의 스케줄 번호(Sch NO.)를 구해 표 5-5.1로부터 관의 호칭경을 결정한다. 관의 허용인장응력(표 5-5.4 참조) 또는 내력 (耐力, 항복점)의 60%를 σ_a [N/mm^2]라 하면 스케줄 번호는 다음과 같다.

$$\text{Sch NO.} = \frac{p}{\sigma_a} \times 1000 \tag{5.42}$$

5.6 | 관이음

관로의 접속, 분기, 방향 변화 등에 이용되는 요소를 관이음이라 한다. 관이음은 필요한 강도를 가져야 하며 진동, 충격압력에도 기름이 누설되지 않아야 한다.

5.6.1 관이음의 종류

관이음의 종류에는 그림 5-5.6(a)와 같이 나사이음, (b) 용접식 관이음, (c) 플랜지식

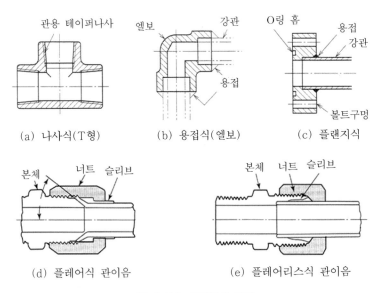

(a) 나사식(T형)　　　(b) 용접식(엘보)　　　(c) 플랜지식

(d) 플레어식 관이음　　　(e) 플레어리스식 관이음

그림 5-5.6 관이음의 종류

관이음, (d) 플레어식(flared type) 관이음, (e) 플레어리스식(flareless type) 관이음 등이 있다.

나사이음에는 관용 테이퍼나사, 관용 평행나사를 깎아 관의 선단에 낸 나사부를 끼워서 접속한다. 용접형 이음은 관을 커플링이나 유니언에 끼워 용접접속한다. 플랜지형 이음은 관단을 플랜지에 끼워 용접하고 두 개의 플랜지를 볼트로 체결한다. 플레어형 이음은 관의 선단부를 나팔형으로 넓혀 이음 본체의 원추면에 슬리브와 너트에 의해 체결한다. 플레어리스형 이음은 본체, 슬리브 및 너트의 세 부품으로 구성되며 슬리브가 끼워진 관을 본체에 밀어넣고 너트를 죄어 끝부분에 외주가 테이퍼면에 압착되는 이음이다.

5.6.2 관과 요소의 이음

관과 요소의 이음은 그림 5-5.7과 같이 축소 부싱, 축소 커플링, 직선 커플링, 캡이음, 스트릿 엘보이음, 글로브밸브 이음 등이 있다.

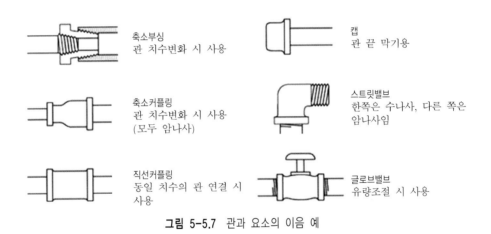

그림 5-5.7 관과 요소의 이음 예

5.7 | 실링장치

유압장치에서 압력이 작용하는 기기의 접합부 또는 이음부로부터 기름이 누설되거나 외부로부터 이물질의 침입을 방지하는 기구를 **실링장치**(sealing device)라 한다. 고정부분에 사용하는 실(seal)을 개스킷, 운동부분에 사용하는 실을 패킹이라 한다.

실은 내유성, 유연성, 내열성, 내한성, 기계적 강도가 양호해야 하고, 재료는 합성고무, 합성수지를 성형가공한 것이 주로 사용되며, 그 밖에 연강, 스테인리스강 등의 금속, 세

라믹, 카본 등이 사용된다. 실의 종류는 O링, 압축패킹, 피스톤컵 패킹, 피스톤 링, 와이퍼 링을 들 수 있다.

5.7.1 O링

O링(O ring)은 원형단면의 원환으로 성형된 합성고무이다. 그림 5-5.8과 같이 결합부위의 한쪽에 원환 홈 속에 설치되며 압축되면 반경 방향 외에도 압축 방향으로 압착되어 실의 역할을 한다. 이것은 고압에 대한 실 능력이 있지만 회전축 또는 진동이 있는 경우에는 적합하지 않다.

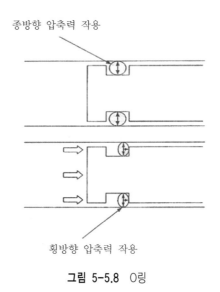

그림 5-5.8 O링

5.7.2 압축패킹

압축패킹은 합성고무 또는 합성수지 속에 포(布)를 혼합하여 V형, U형, L형, J형 등의 단면모양으로 압축성형한 것이다. V형 패킹이 가장 널리 사용되며 밸브의 스풀과 같은 저속회전 용도에 적합하고 왕복운동장치에 적용된다.

5.7.3 피스톤컵 패킹

피스톤컵 패킹(piston cup packing)은 왕복펌프, 공압실린더, 유압실린더의 피스톤용으로 사용된다. 그림 5-5.9는 복동작동을 위해 설치한 경우의 형태이다. 압력이 작용하여 피스톤컵의 립이 실린더 외주 쪽에 압착되어 실링이 이루어진다.

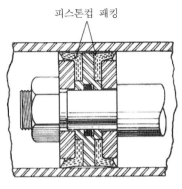

그림 5-5.9 피스톤컵 패킹

5.7.4 피스톤 링

피스톤 링(piston ring)은 그림 5-5.10에 도시한 바와 같이 실린더 피스톤에 사용되며, 금속 피스톤 링은 주철이나 강철제가 일반적이다. 이것은 합성고무 실보다 운동에 대한 저항이 적다. 고압의 경우는 그림과 같이 여러 개의 링을 사용한다.

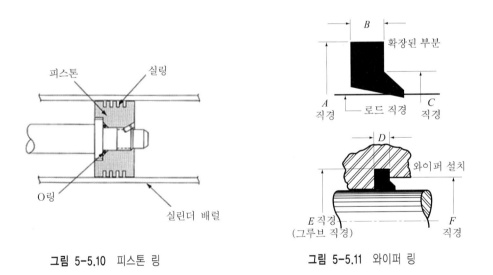

그림 5-5.10 피스톤 링

그림 5-5.11 와이퍼 링

5.7.5 와이퍼 링

와이퍼 링(wiper ring)은 외부의 마모나 부식재료가 실린더로 유입되는 것을 방지한다. 이것은 합성고무로 성형되며 설치한 모양을 그림 5-5.11에 나타내었다.

5.8 ┃ 압력계

압력은 절대압력, 게이지압력, 차압으로 나누어지며, 압력제어밸브의 압력설정, 유압실린더의 압력측정, 유압모터의 전달토크 등을 측정하기 위해 사용된다. 유압시스템에서 일반적으로 사용되는 **압력계**(pressure guage)는 부르동관 압력계와 스트레인 게이지식 압력계이다. 부르동관 압력계는 그림 5-5.12와 같이 압력입구에 압력이 작용하면 튜브가 곡률반경이 증가하는 방향으로 변형함에 따라 눈금바늘이 움직인다. 사용범위는 -760 mmHg$\sim$3,000 kgf/cm^{2}이다.

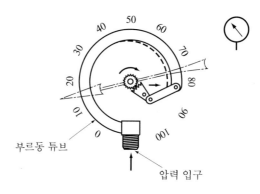

그림 5-5.12 부르동관 압력계

스트레인 게이지식 압력계는 스트레인 게이지를 이용하여 수압부가 압력을 받아 변형되면 게이지 저항이 변화하는 성질을 이용한다. 가동부가 없으며 측정 정밀도가 높다. 압력신호를 전기신호로 변환하는 것을 압력 트랜스듀서라 하며 압력의 변화를 기록하는 데 유용하다. 사용범위는 망가닌선의 경우 2,300 kgf/cm^{2}까지 가능하다.

5.9 ┃ 유량계

유량계(flow meter)는 유압시스템의 성능과 고장진단에 사용되며 펌프의 체적효율, 유압회로 내 누설검출에도 이용된다. 종류에는 면적식, 용적식, 터빈식 유량계 등이 사용된다.

면적식 유량계는 수직관로 중에 교축부(테이퍼)를 설치하여 플로트(float)가 상하운동을 하면서 유량에 의한 항력과 자중이 일치하는 위치에 정지하여 눈금이 매겨진 유량값을 읽을 수 있다. 이것을 로터미터(rotameter)라고도 하며 가변 면적식 유량계라 한다.

용적식 유량계는 어떤 단면을 통과하는 데 시간당 유체가 통과하는 전 유량의 체적을 측정하며 이것을 적산체적계라고도 한다. 그림 5-5.13은 용적식 유량계의 일례를 나타낸다. 즉 한 쌍의 타원형 기어를 이용하여 체적유량을 측정하는 것으로 유체가 화살표 방향으로 유입할 때 유입 측 압력 p_1이 유출 측 압력 p_2보다 크므로 오벌기어(oval gear)는 화살표 방향으로 회전하며 1회전 시 유출량을 알면 총 회전수에 대하여 전체 유량을 알 수 있다.

터빈식 유량계는 관로 내에 수차 또는 회전차를 설치하여 유동저항에 의해 회전차가 속도를 측정하여 관로 내 유량을 측정한다.

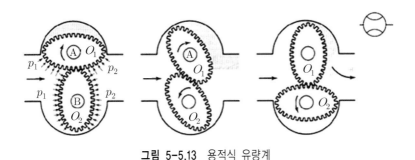

그림 5-5.13 용적식 유량계

5.10 │ 증압기

증압기(hydraulic booster)는 유압펌프부터의 저압 대용량의 작동유를 고압 소용량의 작동유로 변환시키는 기기이다. 그림 5-5.14에 증압기의 원리를 나타낸다.

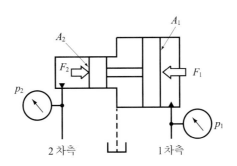

그림 5-5.14 증압기(증압 실린더)의 원리

증압기는 1차측이 큰 피스톤이며 2차측은 작은 피스톤으로 되어 있다. 1차측 피스톤의 수압면적 A_1, 압력 p_1, 2차측의 수압면적 A_2, 압력을 p_2라 하면 1차측으로부터 피스톤을 미는 힘 F_1과 2차측으로부터 피스톤을 미는 힘 F_2가 균형을 이룬다고 할 때 다음 식이 성립한다.

$$p_1 A_1 = p_2 A_2 \quad \therefore \quad p_2 = p_1 \frac{A_1}{A_2} \tag{5.43}$$

따라서 피스톤 면적의 비가 2차측의 증압능력을 나타내게 된다.

06 │ 유압회로

6.1 │ 압력설정회로

6.1.1 압력설정회로

펌프 토출유의 압력은 높지만 계의 압력은 압력 릴리프밸브에서 설정한 압력 이상으로는 되지 않는 회로를 압력설정회로라 한다. 즉 그림 5-6.1의 회로에서 유압펌프로부터 토출되는 압력은 60 bar이지만 릴리프밸브의 설정압력(30 bar) 이상의 유량은 탱크로 귀환되므로 실린더에 공급되는 유압은 릴리프밸브의 설정압력이 된다.

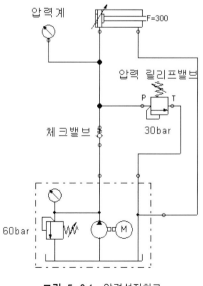

그림 5-6.1 압력설정회로

6.2 | 최대압력 제어회로

6.2.1 최대압력 제어회로

그림 5-6.2는 프레스회로의 예로서, 상승행정 시 저압 릴리프밸브를 사용하면 피스톤이 상승행정 말에서 하강하지 않으면서 동력을 절약할 수 있다. 즉 상승행정 시 실린더 하부에 공급되는 유압유가 저압 릴리프밸브의 설정압 이상의 유량은 탱크로 귀환하므로 펌프 토출유의 유압인 60 bar보다 작은 설정압(30 bar)이 계속 작용하여 하강하지 않는다. 1.1밸브를 작동시키면 하강행정에서 고압 릴리프밸브의 압력을 조절하여 피스톤의 조작력을 제어하고 있다.

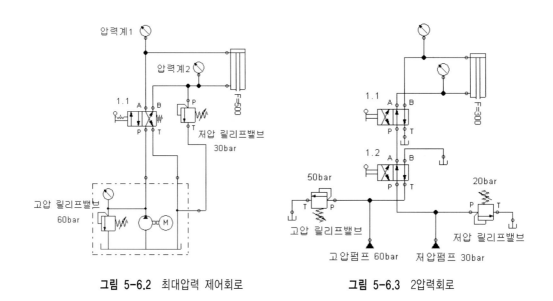

그림 5-6.2 최대압력 제어회로   그림 5-6.3 2압력회로

6.2.2 2압력회로

그림 5-6.3에서 1.1밸브만 ON시키는 경우는 유압유가 실린더 상부에 저압 릴리프밸브의 압력으로 유입되며, 1.1과 1.2밸브를 모두 ON시키면 실린더 상부에 고압 릴리프밸브의 설정압력으로 유입되고 저압펌프의 토출유는 오일탱크로 방출된다. 이와 같이 밸브조작에 의해 유압실린더의 하강행정에 두 가지의 압력을 공급할 수 있다.

한편 1.2밸브만 ON시키면 실린더 하부에 고압 릴리프밸브의 설정압력으로 유입되며, 1.1 및 1.2밸브가 모두 OFF인 상태에서는 저압 릴리프밸브의 설정압력으로 실린더 하부에 유입된다.

6.3 | 감압회로

6.3.1 감압회로(감압밸브 사용)

메인회로의 압력이 너무 높거나 부하에 의해 높아지는 경우, 감압밸브를 사용하여 회로의 일부를 1차 압력보다 낮은 압력으로 유지시키는 회로를 감압회로라 한다.

그림 5-6.4에서 1.1밸브를 ON시키면 실린더 A의 좌측에 릴리프밸브 설정압력인 50 bar의 압력으로 펌프토출유가 유입되고(유입 완료 전까지는 부하 F를 이송시킬 정도의 압력이 작용하다가 이송완료부터 압력이 상승하며 완료 후에는 50 bar가 유지됨), 2.1밸브를 ON시키면 펌프토출유가 실린더 B의 좌측에 감압밸브의 설정압력인 30 bar의 압력으로 감압되어 유입된다(30 bar 이상의 압력에 상당하는 유량은 탱크로 귀환됨). 따라서 두 개의 실린더가 서로 다른 압력으로 작동시키는 경우에 이용된다.

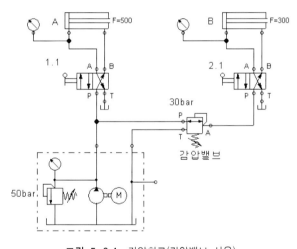

그림 5-6.4 감압회로(감압밸브 사용)

6.3.2 감압회로(2압회로)

그림 5-6.5에서 방향전환밸브 1.1의 레버에 의해 위치를 좌측으로 하면 먼저 클램핑 실린더가 전진하여 펌프의 토출 측 릴리프밸브의 설정압력(60 bar)으로 클램핑하고, 그 후 점용접 실린더는 하강하여 감압밸브의 설정압력으로 점용접을 수행한다. 1.1밸브를 중앙 위치로 하면 두 실린더가 그 상태에서 정지하고, 그 밸브의 위치를 우측으로 하면 두 실린더가 모두 복귀한다(클램핑 실린더가 먼저 후진하고, 점용접 실린더가 상승함).

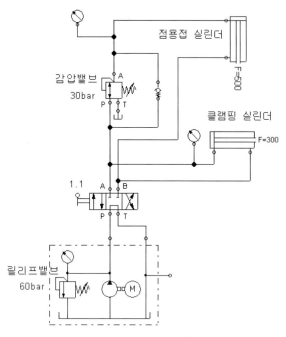

점용접 실린더

감압밸브
30bar

F=500

클램핑 실린더

F=300

1.1

릴리프밸브
60bar

그림 5-6.5 감압밸브를 사용한 2압회로

감압밸브는 회로의 특정 부분의 압력을 낮게 제한하는 경우에 사용하며, 클램핑 실린더의 클램핑력은 탱크 내 릴리프밸브의 설정압력에 의해 결정된다. 점용접 실린더의 압출력은 감압밸브의 설정압력(릴리프밸브의 압력보다 낮음)을 조정하여 적당히 제어할 수 있다. 체크밸브는 점용접 실린더가 귀환 시 유압유가 이를 통해 오일탱크로 귀환시키기 위해 사용된다. 클램핑 실린더가 전진 행정 시 펌프의 전압력으로 클램핑하고 점용접 실린더를 감압한 힘으로 압축하며 귀환행정에서는 두 실린더의 귀환 유압력을 탱크 내 릴리프밸브로 제어하게 된다.

6.3.3 감압회로 3

그림 5-6.6에서 감압원이 하나이면서 주 조작회로의 압력이 너무 높든가, 부하에 따라 변동하는 경우에 회로의 일부를 그보다 낮은 2차 압력으로 유지하는 회로이다. 1.1밸브가 현 위치에서는 실린더의 전진행정 압력은 펌프의 토출 측 릴리프밸브의 설정압력이 되지만 실린더의 우측 라인의 회로에는 감압밸브의 설정압력으로 유지된다. 1.1밸브를 작동시켜 위치가 바뀌면 실린더가 후진하며, 후진압력이 감압밸브의 설정압력으로 감압된다.

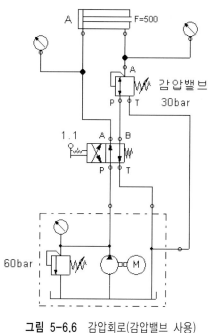

그림 5-6.6 감압회로(감압밸브 사용)

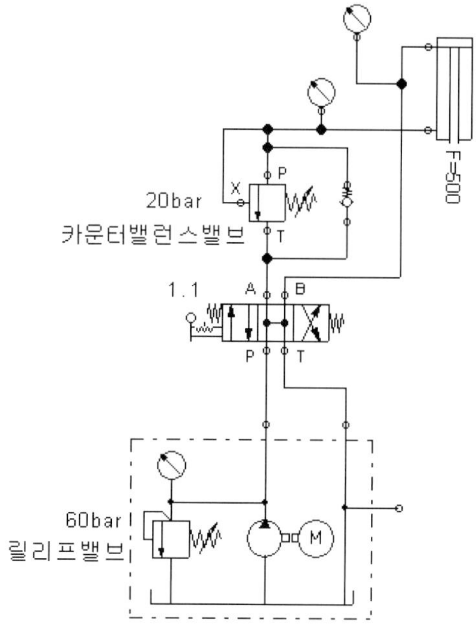

그림 5-6.7 카운터밸런스회로 1(배압회로)

6.4 | 카운터밸런스회로

수직으로 작동하는 실린더의 램 또는 플런저가 자중에 의해 급속 하강하거나 가공이 끝나서 무부하 상태 또는 부하가 급격히 감소하는 경우, 일정한 유압저항을 주어 램 또는 플런저가 급진(급속 하강)하지 않게 제어하는 회로를 카운터밸런스(counter balance)회로라 한다.

6.4.1 카운터밸런스회로 1(배압회로)

그림 5-6.7에서 1.1밸브의 레버를 작동시켜 좌측 위치로 하면 탱크 내 릴리프밸브의 설정압력으로 피스톤이 상승하며, 중앙 위치로 하면 실린더 하부의 배압이 카운터밸런스 설정압력으로 되어 하강하지 않는다. 1.1밸브의 위치를 우측으로 하면 실린더는 탱크 내 릴리프밸브의 설정압력으로 실린더 상부에 유입되어 피스톤이 하강하며 실린더 하부에는 카운터밸런스밸브의 설정압력이 배압으로 작용하여 급속하강을 방지할 수 있다.

이 회로는 회로의 일부에 배압을 발생시키는 회로이며, 수직 방향으로 작동하는 프레스가 자중에 의해 낙하하는 것을 방지 또는 드릴이 관통하는 순간 부하가 급격히 감소하여 드릴이 뚫고 나오는 것을 완화시킬 수 있다. 카운터밸런스밸브의 설정압력을 조정하였을 때 밸브의 설정압 이상이 되지 않으면 그 밸브가 작동하지 않고 실린더의 하부는 항상 배압을 갖는다. 그 설정압을 자중에 의해 발생하는 배압보다 높게 설정하면 피스톤이 배압으로 인하여 임의 위치에 정지하고 변환밸브를 변환해도 자중에 의한 낙하는 일어나지 않는다.

6.4.2 카운터밸런스회로 2

그림 5-6.8에서 피스톤이 하강할 때 하강속도를 느리게 해야 하는 경우 카운터밸런스밸브에 의해 피스톤에 배압을 주어 하강에 저항하게 한다. 1.1밸브를 좌측 위치로 하면 작동유가 펌프토출유의 릴리프밸브 설정압으로 실린더 하부 측에 유입하여 상승하고, 중앙 위치로 하면 카운터밸런스밸브의 설정압으로 상승 위치를 유지한다. 1.1밸브를 우측 위치로 하면 실린더 상부는 탱크 내 릴리프밸브의 설정압, 하부는 카운터밸런스 밸브의 설정압으로 하강하여 배압이 작용하므로 실린더의 급속하강을 막을 수 있다. 이때 실린더 하부 측의 기름은 실린더 상부의 파일럿 압력에 의해 파일럿형 체크밸브를 열고 카운터밸런스밸브를 거쳐 탱크로 귀환하게 된다.

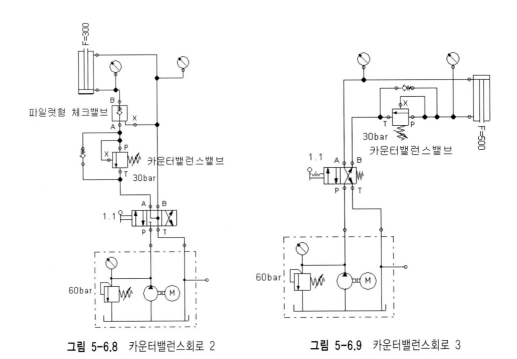

그림 5-6.8 카운터밸런스회로 2   **그림 5-6.9** 카운터밸런스회로 3

6.4.3 카운터밸런스회로 3

그림 5-6.9에서 1.1밸브를 작동시키면 실린더가 하강한다. 이때 실린더 하부에는 카운터밸런스밸브에 설정된 배압이 작용하여 급속하강이 일어나지 않는다. 1.1밸브를 OFF 시키면 탱크 내 릴리프밸브의 설정압으로 실린더가 상승한다.

6.5 | 언로드 회로(무부하 회로)

반복작업 중에 일을 하지 않는 동안에는 펌프의 토출량을 저압으로 오일탱크에 귀환시켜 펌프를 무부하 운전시키는 회로를 언로드(unload) 회로라 하고, 이렇게 하면 동력비를 절약하고, 작동유 및 장치의 가열을 방지하며 유압펌프의 수명을 연장시키고, 효율의 향상, 조작의 안전성 등이 향상된다.

6.5.1 언로드 회로(무부하 회로)

그림 5-6.10에서 1.1밸브의 위치를 좌측으로 하면 실린더가 탱크 내 릴리프밸브의 설정압력으로 전진하고, 그 후 중앙 위치로 하면 전진상태에서 유압펌프는 저압상태로 무부하 운전이 된다(이때 실린더에는 릴리프밸브의 설정압력이 그대로 작용한다.). 1.1밸브의 위치를 우측으로 하면 탱크 내 릴리프밸브의 설정압으로 실린더가 후진한다. 그 후 중앙 위치로 하면 그 상태에서 펌프가 역시 저압상태로 무부하 운전된다.

6.5.2 언로드 회로(언로드 밸브 사용)

그림 5-6.11에서 현 상태에서는 언로드 밸브의 설정압력(50 bar)으로 실린더 상부에 펌프 토출유가 유입하여 실린더가 하강한다. 실린더의 하강상태를 장시간 유지하는 경우, 축압기의 밸브 위치를 좌측 위치로 하면 축압기에서 축압기의 설정압까지 축압한 후 언로드 밸브를 통해 펌프가 무부하 운전이 된다. 회로 중의 누설에 의해 압력이 내려가면 언로드 밸브가 닫혀 다시 축압된다. 1.1밸브를 ON시키면 펌프 측 릴리프밸브의 설정압으로 실린더 하부에 기름이 유입하여 실린더가 상승하고, 축압기의 밸브가 좌측 위치 상태라면 축압기의 기름도 모두 탱크로 귀환한다. 축압기의 기름이 탱크로 귀환하지 않게 하려면 축압기의 밸브를 중앙 위치로 하고, 또한 축압기의 기름을 모두 빼려면 축압기의 밸브 위치를 우측으로 한다.

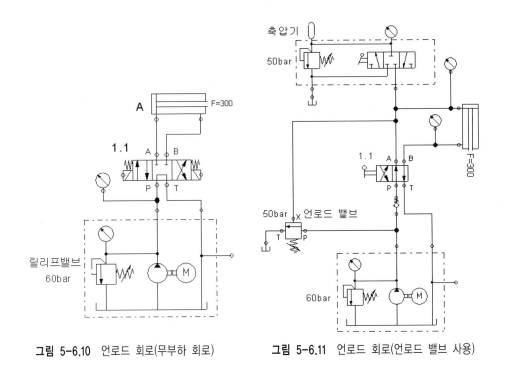

그림 5-6.10 언로드 회로(무부하 회로)　　　그림 5-6.11 언로드 회로(언로드 밸브 사용)

6.5.3 단동실린더의 무부하 회로

그림 5-6.12에서 현 상태에서는 펌프 토출유가 릴리프밸브의 설정압(30 bar)으로 실린더

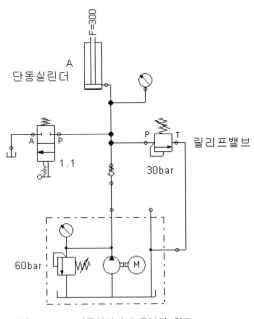

그림 5-6.12 단동실린더의 무부하 회로

에 공급되어 상승한다. 1.1밸브를 작동시키면 실린더가 하강하고 난 후 무부하 운전상태로 된다.

6.5.4 hi-lo회로(고압전진, 급속귀환 회로)

그림 5-6.13에서 최초에 시스템을 가동시키면 저압 대용량 펌프는 무부하 운전상태이며, 1.1밸브를 좌측 위치로 작동시키면 고압 소용량 펌프로부터 토출된 유압유가 고압 릴리프밸브의 설정압(고압)으로 실린더 좌측에 유입되어 전진한다. 전진 완료 후에도 저압 대용량 펌프는 저압 릴리프밸브가 설정압력 이상의 압력에 의해 열리므로 무부하 운전상태가 된다. 1.1밸브의 위치를 우측으로 변환시키면 실린더 우측의 압력이 낮으므로 그 라인계의 압력이 전체적으로 낮아서 저압 대용량 펌프의 토출유가 고압 소용량 펌프의 토출유와 합류하여 대유량으로 실린더 우측에 유입하여 후진속도는 빨라진다. 후진이 완료되면 저압 대용량 펌프는 무부하 운전상태가 된다.

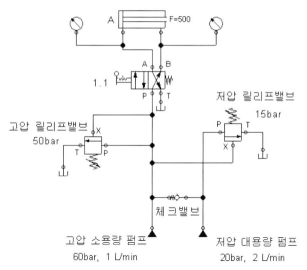

그림 5-6.13 hi-lo회로(고압전진, 급속귀환 회로)

6.6 │ 시퀀스회로

유압에 의해 여러 액추에이터의 동작이 순차적으로 이루어지는 회로를 시퀀스(sequence) 회로라 한다.

6.6.1 시퀀스회로 [A + B + 동시(A− B−)]

(1) 그림 5-6.14에서 3위치 밸브 1.1을 좌측 위치로 작동시키면 실린더 A가 전진하고 2위치 리밋밸브 1.2를 작동시켜 파일럿 압력이 파일럿 체크밸브를 열어 유로가 열리므로 실린더 B가 전진한다. 1.1밸브를 중앙 위치로 하면 그 상태에서 무부하 운전이 되며, 우측 위치로 하면 실린더 A와 B가 동시에 귀환한다. [A + B + 동시(A− B−)]

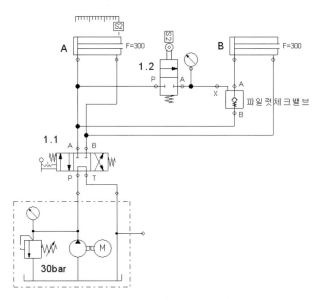

그림 5-6.14 시퀀스회로[A + B + 동시(A−, B−)]

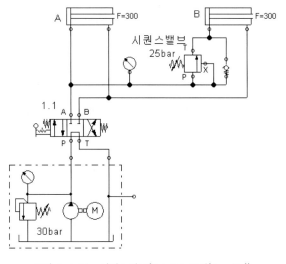

그림 5-6.15 시퀀스회로(A + B + 동시(A−, B−))

(2) 그림 5-6.15에서 3위치 밸브 1.1을 좌측 위치로 작동시키면 실린더 A가 전진 완료 (전진 완료 전까지는 25 bar 미만의 압력으로 전진함) 후 실린더 B가 전진한다. 왜냐하면 실린더 A가 전진 완료 직전에 회로압력이 25 bar에 달하기 때문이다. 1.1밸브의 중앙위치로 하면 그 상태에서 펌프가 무부하운전이 되며, 1.1밸브를 우측 위치로 변환시키면 두 실린더가 동시에 후진한다. [A + B + 동시(A− B−)]

(3) 그림 5-6.16에서 4/2-way 밸브 1.1의 레버를 작동시키면 실린더 A가 전진 완료 후 시퀀스밸브의 설정압이 되면 실린더 B가 전진한다. 1.1밸브 레버의 위치를 복귀하면 두 실린더가 동시에 후진한다. [A + B + 동시(A− B−)]

(4) 그림 5-6.17에서 1.1밸브를 작동시키면 실린더 A가 상승하며 캠조작밸브 0.1이 작동하여 0.1밸브의 위치가 변환되므로 실린더 B가 전진한다. 1.1밸브의 우측 위치로 복귀시키면 실린더 A가 하강하고 동시에 0.1밸브의 위치가 복귀되어 실린더 B가 후진한다. [A + B + 동시(A− B−)]

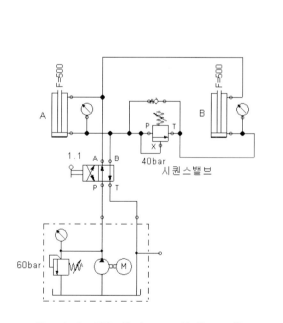
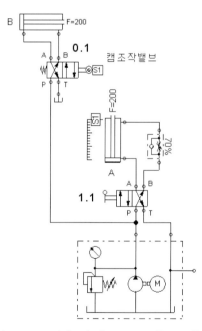

그림 5-6.16 시퀀스회로[A + B + 동시(A− B−)]   **그림 5-6.17** 시퀀스회로[A + B + 동시(A− B−)]

6.6.2 시퀀스회로(A + B + B − A −)

(1) 그림 5-6.18에서 실린더 A와 B에 각각 걸리는 부하가 다른 경우, 1.1밸브를 ON시

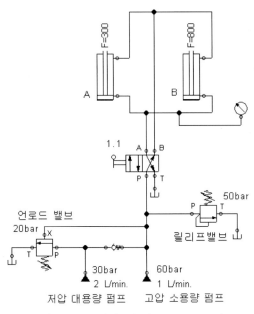

그림 5-6.18 시퀀스회로(A＋B＋B－A－)

키면 부하가 작은 실린더 A가 먼저 상승하고 B가 그 다음에 상승한다. 이때 실린더 A의 부하가 언로드 밸브의 설정압 이하의 경우는 고·저압 두 펌프의 토출유가 합류하여 공급되고, 설정압 이상의 경우에는 고압펌프 토출유만 공급된다(이 경우 저압펌프는 무부하 운전상태가 됨). 실린더 B의 경우도 마찬가지다(이 경우, 실린더 A의 경우는 고·저압 펌프의 토출유가 합류하여 상승하며, 실린더 B의 경우는 고압펌프 토출유만 공급되므로 상승속도가 느림). 1.1밸브를 OFF하면 펌프토출유가 각 실린더의 상부에 유입되어 부하하중이 큰 실린더 B부터 하강하고 난 후 실린더 A가 하강한다. 이때 두 펌프의 유량이 합류하여 실린더에 유입되므로 급속 하강한다.

(2) 그림 5-6.19에서 3위치 밸브 1.1을 좌측 위치로 하여 작동시키면 실린더 A가 전진하고 리밋밸브 0.1이 작동되어 우측의 외부 파일럿형 시퀀스밸브 1.3의 통로를 열어 실린더 B가 전진한다. 그러면 리밋밸브 0.2는 OFF상태가 된다. 1.1밸브를 중앙 위치로 하면 그 상태에서 무부하 운전을 하며, 1.1밸브를 우측 위치로 변환하면 펌프 토출유는 실린더 B의 우측에 유입하여 실린더 B가 먼저 후진하고 후진이 완료되면 그 토출유가 리밋밸브 0.2를 통해 그 파일럿 압력이 실린더 A측의 시퀀스밸브 1.2의 유로를 열어 실린더 A의 우측으로 유입되므로 실린더 A가 후진한다. [A＋B＋B－A－]

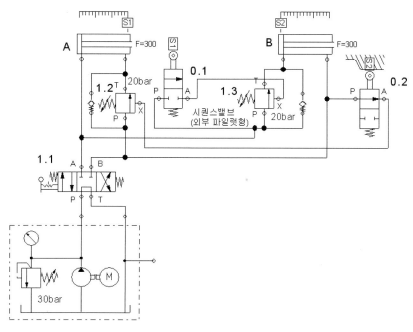

그림 5-6.19 시퀀스회로(A + B + B - A -)

6.6.3 시퀀스회로(A + B + A - B -)

그림 5-6.20에서 4포트 2위치 밸브 1.1을 좌측 위치로 작동시키면 실린더 A가 전진한 후 시퀀스밸브 2의 유로를 열어 실린더 B에 작동유가 공급되므로 실린더 B가 전진한

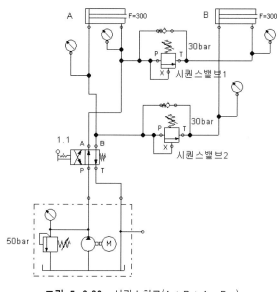

그림 5-6.20 시퀀스회로(A + B + A - B -)

다. 밸브 위치를 우측으로 하면 A가 후진한 후 시퀀스 밸브 1의 유로를 열어 실린더 B의 우측에 작동유가 공급되므로 B가 후진한다. [A + B + A − B −]

6.6.4 시퀀스회로(A + 유지, B + B − 반복, A −)

그림 5-6.21에서 위치변환밸브 1을 좌측 위치로 하면 실린더 A가 전진하여 가공물을 클램핑한다. 이때 클램핑 유압은 릴리프밸브의 설정압력 50 bar로 유지하기 위해 밸브1의 중립 위치로 하면 풀어질 염려가 없다. 그 후 가공은 위치변환밸브 2의 레버를 이용하여 ON/OFF시킴에 따라 실린더 B가 전진(실린더 A가 전진상태에서는 시퀀스밸브의 설정압력이 30 bar를 상회하므로 유로가 열려 실린더 B에 유압유가 공급됨), 후진하면서 가공한다. 가공 완료 후(실린더 B가 후진상태)에 위치변환밸브 1을 우측 위치로 하면 실린더 A가 후진한다.

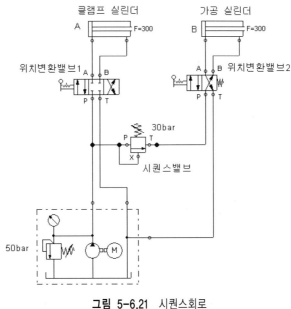

그림 5-6.21 시퀀스회로

6.6.5 시퀀스회로

그림 5-6.22에서 각 실린더에 장착된 4포트 2위치 밸브 레버의 작동으로 각 실린더별로 전진시킬 수 있다. 이때 어떤 피스톤로드가 작동하는 동안에 다른 유압실린더는 압력 강하의 영향을 받지만 시퀀스밸브를 설치하여 그것을 방지하였다.

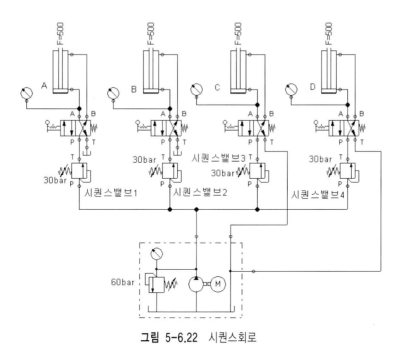

그림 5-6.22 시퀀스회로

6.6.6 자동왕복회로

그림 5-6.23에서 수동조작 개폐밸브 1.2를 ON시키면 펌프토출유가 실린더 좌측에 유입되어 전진하고 리밋밸브 0.1은 OFF되어 방향제어밸브의 우측에 유압이 작용하지만 그 밸브는 이미 좌측에 유압이 작용하고 있으므로 위치변환이 되지 않으며 실린더가

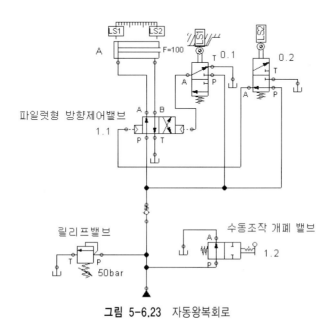

그림 5-6.23 자동왕복회로

전진을 완료하여 리밋밸브 0.2가 작동하면 1.1밸브의 좌측에 작용하던 파일럿압은 제거되어 펌프토출유가 1.1밸브의 우측에 작용하므로 방향제어밸브의 위치가 변환되어 실린더가 후진한다. 이때도 리밋밸브 0.2가 OFF되어 방향제어밸브의 좌측에 유압이 작용하지만 이미 우측에 유압이 작용하고 있으므로 실린더가 후진을 완료할 때까지 방향제어밸브의 위치가 변환되지 않고 후진을 완료하면 리밋밸브 0.1이 ON되어 방향제어밸브의 위치가 변환되므로 초기상태로 되돌아가 왕복운동을 반복한다. 그 운동은 1.2밸브를 OFF시킬 때까지 계속된다.

6.7 | 속도제어회로

유압실린더의 전후진 속도, 유압모터의 회전속도를 무단계로 제어하는 회로를 속도제어회로라 하며, 일반적으로 유입유량이나 유출유량을 변화시켜서 제어한다.

6.7.1 속도제어회로-미터인(meter-in) 회로

(1) 그림 5-6.24에서 2위치밸브 1.1을 작동시키면 유량조절밸브에서 유량이 조절되어 실린더에 유입되므로 그에 상당하는 속도로 피스톤이 전진한다. 즉, 유입되는 유량을 제어하여 속도를 제어하며 이러한 회로를 **미터인 회로**라 한다. 1.1밸브를 OFF하면 실린더가 빠른 속도로 후진한다. 실린더에는 항상 일정량의 유량을 공급하므로 정방향 부하가 약간의 변화가 있어도 이송속도를 일정하게 유지할 수 있다. 그러나 유출유량은 그대로 탱크로 귀환하므로 배압이 작용하지 않게 되어 부하의 급속 감소의 경우에는 급격한 속도변화가 발생하는 단점이 있다.

부하에 대하여 정의 방향으로 작용하는 연삭기의 테이블 급송, 호닝기의 항상 안정한 정부하에 이용된다. 이 회로에서는 펌프가 계속 실린더의 소요유량 이상의 오일을 토출해야 하며 유량조정밸브로 제어된 여분의 기름은 펌프 릴리프밸브를 거쳐 탱크로 돌아가지만 이때 오일이 갖는 에너지가 열로 변하여 유온이 상승한다. 토출압을 유지하고 펌프의 동력손실을 최소로 하기 위해 릴리프밸브의 설정압력은 부하압력보다 약간 크게 한다.

주의할 점은 유량조절밸브는 액추에이터에 가까운 곳에 설치한다.

(2) 미터인 회로(응용)

그림 5-6.25에서 1.1밸브를 작동시키면 실린더 A의 좌측에 유압유가 유입되어 전진하며,

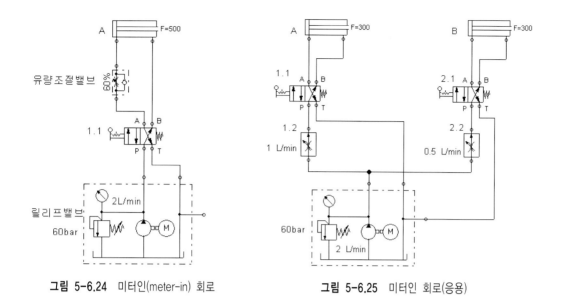

그림 5-6.24 미터인(meter-in) 회로   **그림 5-6.25** 미터인 회로(응용)

그 속도는 유량조절밸브 1.2에서 설정된 유입유량에 따라 정해진다. 2.1밸브를 작동시키면 실린더 B에도 동일한 방법으로 작동이 일어나며, 1.2밸브와 2.2밸브의 설정 유량에 따라 A와 B의 전진속도가 달라진다. 1.1밸브를 OFF시키면 실린더 A가 후진하며 후진 속도도 유량조절밸브 1.2의 설정 유량에 따라 그 속도가 변화하며, 실린더 B도 동일한 원리가 적용된다.

6.7.2 속도제어회로-미터아웃(meter-out) 회로

(1) 그림 5-6.26에서 2위치밸브 1.1을 작동시키면 펌프에서 토출하는 전 유량이 실린더에 유입되지만 실린더에서 유출하는 유량은 유출 측에 설치한 유량조절밸브에서 조절되어 그에 상당하는 속도로 피스톤이 전진한다. 즉 유출유량을 조절하여 속도를 변화시키며, 이러한 회로를 **미터아웃 회로**라 한다. 1.1밸브를 OFF시키면 실린더는 **빠른** 속도로 후진한다. 이 회로는 실린더에 배압이 걸리는 것을 이용하여 피스톤이 전진할 때 폭주를 막고, 인장 방향의 급격한 부하변동이 있어도 피스톤이 일정한 속도가 필요한 경우, 즉 드릴, 리머, 선반의 커터대 등의 유압회로에 응용된다. 이 회로도 미터인 회로와 마찬가지로 여분의 기름이 릴리프밸브를 통해 탱크로 돌아가므로 동력 손실과 유온 상승이 따른다.

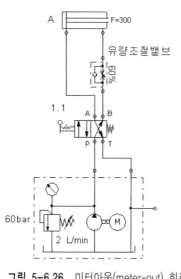

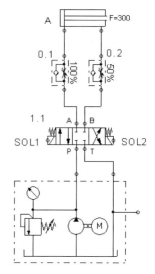

그림 5-6.26 미터아웃(meter-out) 회로　　　**그림 5-6.27** 미터아웃 회로(응용)

(2) 미터아웃 회로(응용)

　그림 5-6.27에서 1.1밸브의 좌측 솔레노이드 SOL1을 작동시키면 펌프 토출유의 전 유량이 실린더 좌측에 유입되어 실린더가 전진하며, 그 속도는 교축 유량조절밸브 0.2의 교축량에 따라 정해진다. 1.1밸브의 우측 솔레노이드 SOL2를 작동시키면 펌프 토출유의 전량이 실린더 우측에 유입되어 후진하며, 그 속도는 0.1밸브의 교축량에 따라 정해진다. 즉 실린더의 전후진 모두 미터아웃 회로의 특성을 이용한 회로이다.

6.7.3 속도제어회로-블리드 오프(bleed-off) 회로

(1) 그림 5-6.28에서 유압펌프로부터 토출유의 일부를 바이패스시켜 오일탱크로 되돌리고 그 귀환유량을 제어하는 방법으로서 유압실린더의 속도조절범위가 좁은 경우(바이패스 유량이 실린더 유입유량에 비해 적어도 되는 경우), 부하가 정방향으로 작용하는 경우에 적합하다. 여분의 기름은 릴리프밸브를 거치지 않고 압력 보상형 유량조절밸브에서 탱크로 귀환하므로 동력손실이나 열의 발생도 적다. 그러나 펌프 토출량이 부하압력에 의해 영향을 받아 부하변동이 심한 경우는 정확한 유량제어가 곤란하므로 비교적 변동이 적은 브로치 머신, 호닝머신 등의 회로나 제어의 정확도가 그다지 요구되지 않는 윈치 등에 이용된다. 회로효과는 좋지만 펌프 토출량의 대부분이 액추에이터로 보내지는 경우에만 유효하다.

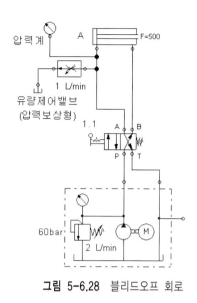

그림 5-6.28 블리드오프 회로

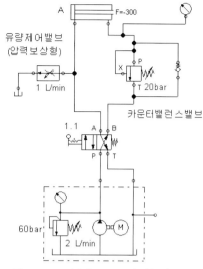

그림 5-6.29 블리드오프 회로(응용)

(2) 속도제어회로-블리드오프 회로(응용)

그림 5-6.29에서 피스톤 로드에 인장하중이 걸리는 경우나 진행 중 부하가 변동하는 경우 실린더의 속도제어를 할 때 카운터밸런스밸브로 배압을 걸어 피스톤의 급속전진을 방지하는 회로이다.

6.8 | 축압기 회로

축압기를 이용하여 유압회로를 구성하면 회로의 압력유지, 서지압력의 흡수, 동력을 절약할 수 있다.

6.8.1 축압기 회로(압력유지회로)

그림 5-6.30에서 유압유가 실린더에 유입되면 피스톤이 전진하여 공작물을 클램핑한다. 이때 축압기의 3/3-way 밸브의 위치를 좌측으로 하면 실린더 내의 압력이 점차 증가하여 축압기에 유압유를 축압시킬 수 있다. 회로 내의 압력이 설정압력에 달하면 압력스위치가 OFF되어 펌프의 전동기를 정지시킨다. 변환밸브나 유압실린더의 누설이 발생하여 축압기 내의 압력이 설정압력 이하로 내려가면 압력스위치가 ON되어 전동기를 가동시킨다.

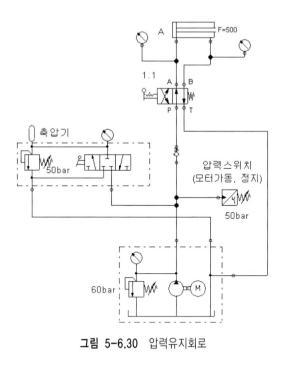

그림 5-6.30 압력유지회로

실린더의 헤드 쪽과 로드 쪽의 수압면적을 이용하여 실린더의 전진행정에 펌프의 토출량과 로드 쪽 토출량을 합류시켜 피스톤의 전진속도를 증대시키는 회로를 차동회로라 한다.

6.9.1 차동회로(재생회로; regenerative circuit)

그림 5-6.31에서 1.1밸브를 작동시켜 피스톤이 전진행정을 할 때 유압펌프의 토출유와 실린더에서 배출하는 오일이 합류하여 실린더 좌측에 유입되므로 전진속도를 빠르게 한다. 이 속도는 양쪽의 수압면적의 비율에 따라 정해진다. 만일 그 비가 2 : 1이면 전진속도는 보통 회로의 2배로 빨라진다. 반면 작용력은 작아진다. 소형 프레스 등에 이용된다.

6.9.2 차동회로(체크밸브 이용)

그림 5-6.32에서 1.1밸브의 좌측 솔레노이드를 여자시키면 펌프 토출유가 실린더 좌측에 공급되고 피스톤 로드 측의 배출유는 펌프 토출유와 합류하여 실린더 좌측에 다시 공급되므로 실린더의 전진속도가 빨라진다. 1.1밸브를 중앙 위치로 하면 전 단계의 상태를

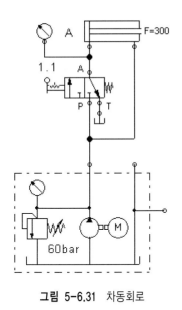

그림 5-6.31 차동회로

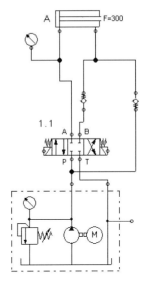

그림 5-6.32 차동회로(체크밸브 이용)

유지한다. 1.1밸브의 우측 솔레노이드를 여자시키면 펌프토출유가 실린더 우측에 공급되어 후진한다.

6.9.3 차동회로(방향변환밸브 이용)

그림 5-6.33에서 1.1밸브의 좌측 솔레노이드 Y1을 여자시키면 펌프 토출유가 실린더 좌측에 유입되고, 실린더 로드 측 유압유는 배출되어 좌측에 유입되는 펌프토출유와 합류

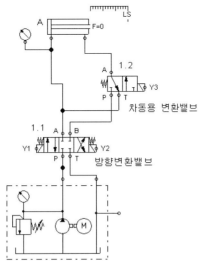

그림 5-6.33 차동회로(변환밸브 이용)

하여 실린더 좌측에 공급되므로 피스톤의 전진속도는 빨라진다. 전진 완료 후 리밋스위치 LS가 작동하여 1.1밸브의 우측 솔레노이드 Y2와 1.2밸브의 솔레노이드 Y3가 여자되면 펌프 토출유는 실린더 우측에 공급되어 후진한다. 이때 실린더 좌측에 있던 작동유는 탱크로 귀환한다. 따라서 후진 시에는 실린더의 좌측으로부터의 토출유가 합류하지 못하므로 속도는 증가하지 못한다.

6.10 │ 감속회로

6.10.1 감속회로 1(캠조작 밸브 이용)

그림 5-6.34에서 1.1밸브를 작동시키면 피스톤 캠이 1.2밸브를 작동시켜 실린더가 전속도로 전진하며, 캠이 없는 위치에서부터 1.2밸브의 위치가 변환하므로 유로가 닫혀 유량조절밸브에서 교축상태에 따라 배출되는 유량이 조정되어 전진속도가 감속된다.

피스톤이 공작물 근처까지 급속 전진하다가 공작물에 근접한 거리부터는 저속이 필요한 경우에 이용할 수 있다(피스톤로드에는 우측 끝 부분이 캠으로 되어 있음). 1.1밸브의 위치를 복귀시켜 실린더 후진 시는 펌프의 전 토출유량에 상당하는 속도로 급속귀환된다.

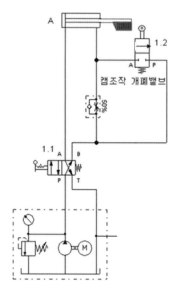

그림 5-6.34 감속회로 1(캠조작 밸브 사용)

6.11 | 충격방지회로

그림 5-6.35와 같은 회로의 경우에 전진행정 중 전반에는 부하가 피스톤의 전진을 방해하는 방향(피스톤의 후진 방향), 후반에는 인장하중(피스톤의 전진 방향)이 작용하는 경우, 체크밸브 붙임 시퀀스밸브 2개를 사용하여 감속한다. 실린더 출구 쪽에 교축이 있는 것은 행정 후반의 역부하 시 심한 압력진동이 일어나는 것을 방지하기 위함이다.

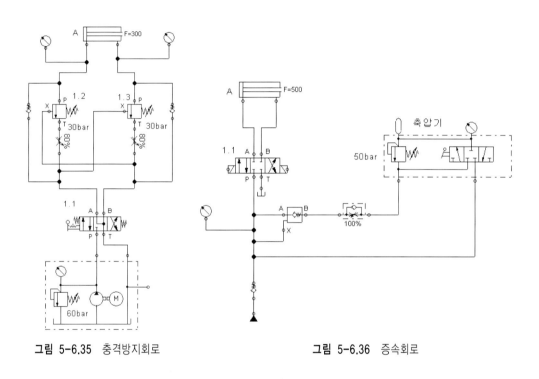

그림 5-6.35 충격방지회로   그림 5-6.36 증속회로

6.12 | 증속회로

6.12.1 증속회로(펌프 1개 사용)

그림 5-6.36에서 1.1밸브의 중립 위치에서 펌프를 가동시킬 때 축압기의 3위치밸브의 레버를 눌러 좌측 위치로 하면 축압기는 릴리프밸브의 설정압력까지 축압되며, 1.1밸브의 좌측 솔레노이드를 여자시키면 펌프 토출유와 축압기로부터의 토출유와 합류하여 실린더에 유입되므로 전진속도가 증속된다. 1.1밸브의 우측 솔레노이드를 여자시키면 같은 방법으로 후진속도도 증속된다.

6.12.2 증속회로(펌프 2개 사용)

그림 5-6.37에서 펌프를 가동시킨 상태에서 1.1밸브의 위치가 중앙에 있을 때 펌프 토출유는 축압기의 3위치 밸브의 레버를 눌러서 축압시킨다. 그 후 1.1밸브의 좌측 솔레노이드를 여자시키면 고압펌프에 의한 토출유와 저압펌프의 토출유가 함께 실린더 좌측에 유입되어 피스톤의 전진속도가 증속된다(이 경우 실린더에 부하가 너무 큰 경우, 즉 축압기 설정압력 이상의 힘이 필요한 경우는 축압기로부터 펌프 토출유에 합류하지 못함). 피스톤 로드가 공작물에 접촉하여 가압이 시작되는 위치에서는 압력이 증가하여 고압펌프의 토출유만 실린더 좌측에 공급되어 가압하고, 그 동안에 저압펌프는 축압기에 토출유를 보내 유압에너지를 축적시킨다. 1.1밸브의 우측 솔레노이드를 여자시키면 고저압펌프가 토출하고 축압기에 축적되어 있는 유압유가 실린더 우측에 공급되므로 피스톤의 후진속도가 증가한다.

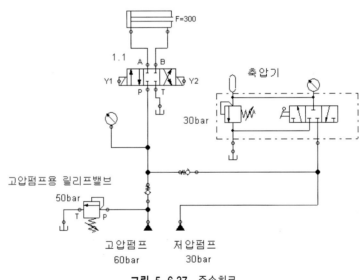

그림 5-6.37 증속회로

6.13 │ 로킹회로

실린더의 전진 또는 후진행정에서 임의 위치나 행정단에서 피스톤을 고정시킬 수 있는 회로를 로킹(locking)회로라 한다.

6.13.1 로킹회로

그림 5-6.38에서 SOL_A를 작동시키면 실린더가 전진하고 SOL_B를 작동시키면 후진하며, 중립위치로 하면 실린더가 작동 중의 그 위치에서 정지한다. 중립위치에서는 펌프가 무부하 운전상태로 된다.

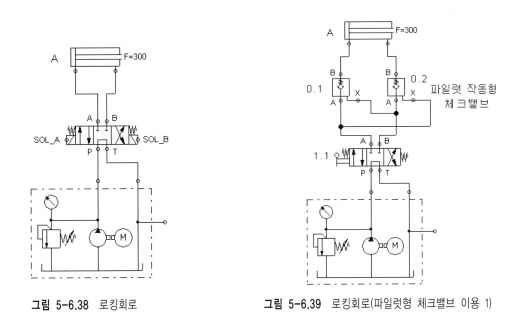

그림 5-6.38 로킹회로

그림 5-6.39 로킹회로(파일럿형 체크밸브 이용 1)

6.13.2 로킹회로(파일럿형 체크밸브 이용 2)

그림 5-6.39에서 1.1밸브를 좌측 위치로 하면 실린더가 전진하며, 도중에 1.1밸브를 중앙 위치로 하면 그 위치에서 실린더가 정지하고, 펌프는 무부하 운전상태로 된다. 1.1 밸브의 우측 위치로 하면 실린더가 후진하며, 도중에 중앙 위치로 하면 역시 그 위치에서 정지한다. 전진 또는 후진은 파일럿압에 의해 체크밸브가 열려 배출이 가능하기 때문이다.

그림 5-6.40은 그림 5-6.39와 같으나 유량과 유압을 제한하는 회로이다. 즉 실린더의 전진속도는 0.4밸브의 교축률을 조절하여 제어하고, 후진속도는 0.3밸브의 교축률을 조절하여 제어한다. 유압제어는 실린더 좌측의 유압은 0.5밸브, 우측의 유압은 0.6밸브의 설정압력에 의해 제어한다.

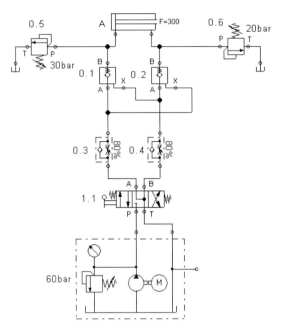

그림 5-6.40 로킹회로(파일럿형 체크밸브 이용 2)

6.14 │ 동기회로

동일한 크기의 유압실린더 두 개에 동일한 양의 유압유를 공급하면 동시에 동일한 속도로 운동하는 회로를 동기회로라 한다. 그러나 실제로 실린더의 치수, 배관 길이, 누설, 마찰 등으로 동기회로의 실현은 쉽지 않다. 그러나 근사한 회로를 소개한다.

6.14.1 동기회로

그림 5-6.41에서 1.1밸브를 작동하면 펌프 토출 유압유는 실린더 A와 B로 나뉘어 유입되어 동시에 동일한 속도로 전진한다(A와 B에 걸리는 부하가 다른 경우는 작은 부하 쪽의 실린더가 먼저 전진함). 전진속도는 0.1밸브와 0.2밸브의 교축률에 따라 배출량이 달라지며 그것을 동일하게 할 때 동일 속도가 되지만 만일 교축률이 다르면 전진속도가 달라진다(미터아웃 방식에 의함). 1.1밸브를 OFF시키면 펌프 토출유가 실린더 A와 B의 각각 우측에 나뉘어 공급되어 부하가 큰 실린더가 먼저 후진하며, 동일한 부하의 경우는 동시에 후진한다. 이것은 정밀한 동기운동이 되기 어렵다.

6.14.2 동기운동회로(응용)

그림 5-6.42에서 1.1밸브를 좌측 위치로 ON하면, 실린더 C가 전진 완료한 후 체크밸브붙임 시퀀스밸브 0.3에서 설정한 압력이 되면 실린더 A와 B에 유량이 나뉘어 유입되므로 동시에 동일 속도로 하강(전진)한다. 1.1밸브의 중앙 위치에서는 현재의 상태를 유지하면서 펌프는 무부하 운전상태가 된다. 1.1밸브를 우측의 위치로 변환하면 역시 펌프 토출유가 실린더 A와 B에 나뉘어 피스톤 로드 측에 유입되어 동일 속도로 상승(후진)한다. 그 후 시퀀스밸브 0.4의 설정압력이 되면 실린더 C가 후진한다.

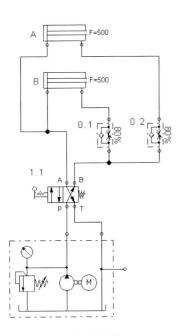

그림 5-6.41 동기운동회로

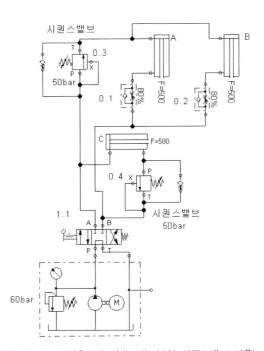

그림 5-6.42 동기운동회로(체크밸브붙임 시퀀스밸브 이용)

6.14.3 동기운동회로(모터 이용 1)

그림 5-6.43에서 1.1밸브의 좌측 솔레노이드 SOL1을 ON시키면 펌프 토출유를 모터 1은 실린더 A로, 모터 2는 실린더 B로 유입시켜 동시에 동일 속도로 상승시키고, 우측 솔레노이드 SOL2를 ON시키면 펌프 토출유를 각 실린더의 로드 측으로 공급시키므로 동시에 동일한 속도로 하강한다. 이때도 실린더의 배출유는 모터를 구동시켜 배출시킨다. 1.1밸브의 위치가 중앙인 경우는 현재의 상태를 그대로 유지한다.

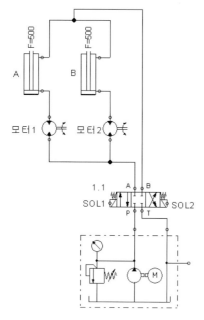

그림 5-6.43 동기운동회로(모터 이용 1)

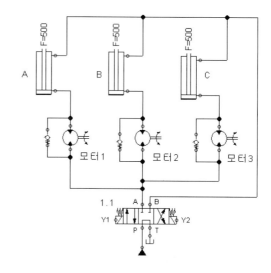

그림 5-6.44 동기운동회로(모터 이용 2)

6.14.4 동기운동회로(모터 이용 2)

그림 5-6.44에서 1.1밸브의 솔레노이드 Y1을 여자시키면 펌프 토출유를 3개의 모터들이 각각 구동하여 각 실린더로 동일한 유량을 유입시켜 동시에 3개의 피스톤이 동일 속도로 상승하며, 솔레노이드를 소자시켜 1.1밸브의 위치를 중앙 위치로 하면 실린더가 상승한 위치에서 유지되며(피스톤이 작동 중에 1.1밸브를 중앙 위치로 하면 그 상태에서 정지) 펌프는 무부하 운전상태가 된다. 1.1밸브의 솔레노이드 Y2를 여자시키면 1.1밸브의 위치가 변환되므로 펌프 토출유가 실린더의 상부 쪽에 각각 나뉘어 유입되어 3개의 피스톤이 동일 속도로 하강한다.

6.15 | 모터의 정토크 구동회로

유압모터의 제어회로에서는 공급압력의 제어에 의해 출력 토크를 제어할 수 있으며, 공급유량의 제어에 의해 유압모터의 회전속도를 제어할 수 있다. 가변 용량형 펌프의 토출압력을 일정하게 하고 정변위 유압모터(1회전당 배제용적이 일정한 모터)를 사용하면 정토크 구동이 얻어지며, 이러한 회로를 정토크 구동회로라 한다.

6.15.1 모터의 정토크 구동회로 1

그림 5-6.45에서 가변토출펌프의 토출압을 일정하게 하고 정용량의 유압모터를 구동하면 정토크구동을 시킬 수 있다. 이때 토크는 공급압력에 따라 정해진다. 공급유량이 일정한 경우, 압력이 일정하면 토크도 일정하므로 토크의 조절은 릴리프밸브의 공급압력을 변화시킴으로써 행할 수 있다. 이 회로는 정토크 회로이며 변환밸브 1.1에 의해 모터의 정·역회전을 하며, 블리드오프 회로에서 유량조절밸브의 배출유량을 조절하여 회전속도를 제어할 수 있다.

1.1밸브를 좌측 위치로 작동시키면 펌프 토출유 중 유량조절밸브에서 일부 유량을 배출시킨 것을 제외한 유량이 모터를 정회전시킨다. 1.1밸브의 중앙 위치에서는 모터가 정지상태이며, 1.1밸브의 우측 위치로 하면 모터가 역회전한다.

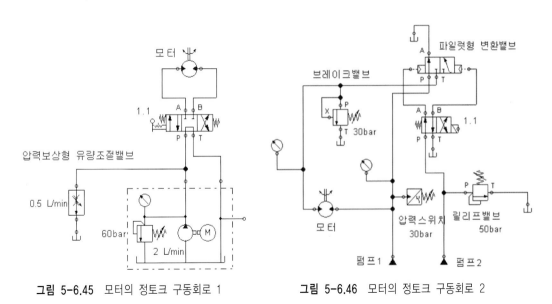

그림 5-6.45 모터의 정토크 구동회로 1 **그림 5-6.46** 모터의 정토크 구동회로 2

6.15.2 모터의 정토크 구동회로 2

가변용량펌프의 송출압력을 일정하게 하고 일정한 유량으로 정용량 유압모터를 구동하면 정토크 구동이 된다. 그림 5-6.46에서 펌프 1, 2를 가동시키면 펌프 2는 파일럿형 변환밸브의 위치를 좌측으로 작동시켜, 펌프 1에서의 토출유가 탱크로 귀환하여 무부하 운전상태가 된다. 1.1 밸브를 작동시키면 펌프 2의 토출유가 파일럿형 변환밸브의 위치를 변경하여 펌프 1의 토출유는 모터를 구동시킨 후 탱크로 귀환한다. 유압모터의 부하가 과대해지면 압력이 상승하여 브레이크밸브를 작동시켜 설정압 초과의 유압유를 탱크로 귀환시킨다. 또 압력스위치가 설정압 이상이 되면 작동하여 1.1밸브의 솔레노이드를 OFF시켜 왼쪽 가변펌프 1의 토출유를 탱크에 보내 무부하운전이 된다. 동시에 유압모터는 브레이크밸브에 의해 제동, 정지된다. 이 회로는 유압모터축의 최대 토크를 전 속도 범위에 걸쳐 일정하게 할 수 있으므로 인쇄기계, 제지기계 등의 구동에 적합하다.

6.15.3 모터의 정토크 구동회로 3

그림 5-6.47에서 이 회로는 유량조절밸브를 이용하여 블리드오프 회로로 이용하였으며, 정용량형 펌프, 정변위 유압모터를 갖는 정토크 구동회로이다. 이 회로는 시멘트 교반기 구동용 회로로서 동력은 트럭의 엔진을 이용한다. 유압펌프의 속도가 일정한 경우, 유압모터의 속도를 변화시키려면 유량조절밸브의 조정에 의한다.

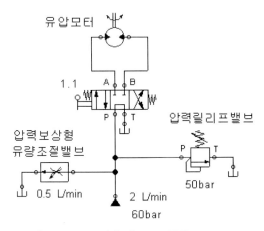

그림 5-6.47 모터의 정토크 구동회로 3

6.16 │ 모터의 정마력 구동회로

유압펌프의 토출압력과 토출유량을 일정하게 하고 가변위 유압모터의 토출량을 변화시켜 유압모터의 속도를 변하게 하면 정마력 구동을 얻을 수 있으며, 이러한 회로를 정마력 구동회로라 하며, 그림 5-6.48은 그 예이다. 이 회로는 정용량펌프와 가변위 유압모터의 조합으로 이루어진 회로이며, 제동·정지시키기 위해 브레이크밸브와 솔레노이드 변환밸브를 갖추고 있다.

이 회로는 주로 종이나 전선을 감는 구동장치에 응용되며, 롤러의 직경이 점차 증가하게 되는데 장력을 일정하게 해야 하므로 회전속도는 반비례적으로 감소시켜야 한다. 이 회로는 그 역할을 하여 유압모터의 속도를 제어하는 역할을 한다.

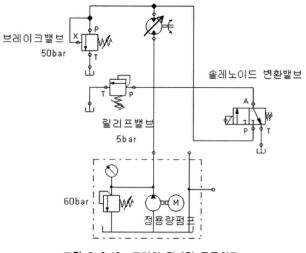

그림 5-6.48 모터의 정마력 구동회로

6.17 | 모터의 직렬배치회로

6.17.1 모터의 직렬배치회로 1

그림 5-6.49에서 1.1밸브를 우측 위치로 작동시키면 4개의 모터가 우회전한다. 1.1밸브

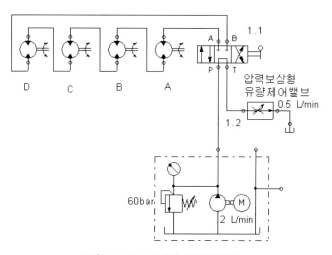

그림 5-6.49 모터의 직렬배치회로

의 위치를 좌측으로 변환시키면 모터들이 좌회전한다. 회전속도는 유량조절밸브 1.2를
조절하여 변환한다. 이 회로는 모터들을 독립적으로 운전, 정지시킬 수 없지만 운전 중
각 유압모터의 회전수는 부하토크의 차가 있어도 변동하지 않는 장점이 있다. 펌프 토출
유량이 일정한 경우 각 모터의 회전속도는 유량조절밸브 1.2의 배출유량이 많을수록 높
다. 이 회로는 고속, 저토크 부하에 적합하다.

6.18 │ 모터의 병렬배치회로

6.18.1 모터의 병렬배치회로(미터인 회로)

그림 5-6.50에서 이 회로는 모터를 독립적으로 회전, 정지, 속도조정이 가능하다. 속도
는 미터인 회로에서 제어하며(유량조절밸브의 설정유량에 따라 회전속도 조정), 부하에
차가 있으면 부하가 작은 쪽으로 유압유가 흐르게 되므로 압력보상형 유량제어밸브를 사
용해야 한다. 회전 방향은 실린더별로 1.1 및 2.1밸브의 위치를 좌측 또는 우측으로 변환
함에 따라 좌회전, 우회전으로 변환되며, 중앙 위치에서는 모터가 회전하지 않는다. 각각

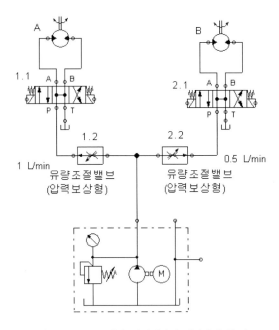

그림 5-6.50 모터의 병렬배치회로(미터인 회로)

에 걸리는 부하가 같은 경우에 적합하다. 이 경우 펌프 토출압력은 비교적 낮아도 무방하다. 병렬배치회로는 관련 펌프의 압력이 높으면 모터의 구동토크를 증대시킬 수 있다. 또 미터인 회로는 유압모터가 정지, 회전속도가 변해도 다른 모터의 속도에 영향을 주지 않는다.

6.18.2 모터의 병렬배치회로(미터아웃 회로)

그림 5-6.51에서 병렬배치회로는 계의 압력을 높이면 유압모터의 구동토크를 증대시킬 수 있다. 펌프는 저압으로 충분하고 저속의 부하에 적합하다. 이 회로는 유압모터의 회전속도를 미터아웃 회로로 제어하며(각각의 압력보상형 유량조절밸브의 조정에 의함) 유압모터의 부하 변동에 따라 다른 유압모터의 회전속도에 영향을 주기 쉽다. 각 모터의 회전 방향과 정지는 각각 1.1, 2.1, 3.1의 방향변환밸브의 위치에 따라 좌측 위치에서는 좌회전, 중앙 위치에서는 정지, 우측 위치에서는 우회전이 된다.

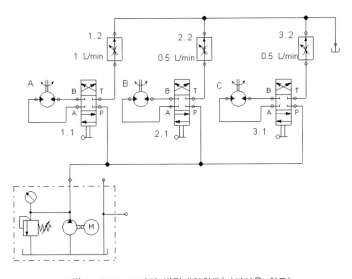

그림 5-6.51 모터의 병렬배치회로(미터아웃 회로)

6.19   모터의 탠덤형 배치회로

6.19.1 모터의 탠덤형 배치회로

그림 5-6.52의 회로도와 같이 유압모터를 직렬로 연결하면 병렬회로와 같이 모터를 독립적으로 운전, 정지, 방향변환이 가능하다. 2개 이상의 모터를 운전할 때 회전속도를 동

일하게 할 수 있다. 각 유압모터의 압력 강하의 합이 유압펌프의 토출압력이 되므로 고압 구동이 곤란하다. 즉, 저속, 저토크 구동에 적합하다.

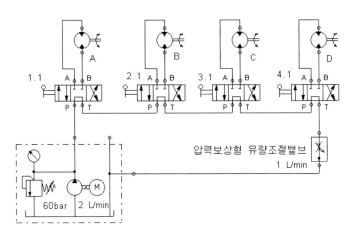

그림 5-6.52 모터의 탠덤형 배치회로

6.20 | 모터의 브레이크회로

6.20.1 모터의 브레이크회로(릴리프밸브 이용)

그림 5-6.53에서 1.1밸브의 위치를 좌측으로 하면 펌프의 토출유에 의해 모터가 회전

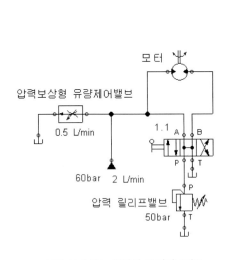

그림 5-6.53 모터의 브레이크회로

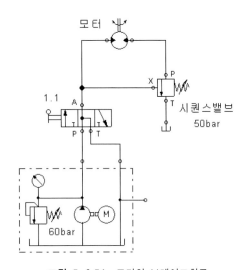

그림 5-6.54 모터의 브레이크회로

한다. 회전속도는 유량제어밸브를 조정하여 조절하며 배출유량이 많을수록 모터에 공급유량이 감소하므로 회전속도가 저하한다. 1.1밸브의 중앙 위치로 하면 모터가 서서히 감속되며, 1.1밸브의 위치를 우측으로 하면 릴리프밸브에 의해 배압이 걸리므로 모터가 급속히 정지한다.

6.20.2 모터의 브레이크회로(시퀀스밸브 이용)

그림 5-6.54에서 1.1밸브의 위치를 좌측으로 하면 모터가 회전한다. 1.1밸브의 중앙 위치에서는 모터가 정지하며 펌프가 언로드되고, 우측 위치에서는 계의 모든 작동유가 탱크로 귀환하고 시퀀스밸브에 설정한 배압에 의해 모터가 정지한다.

6.20.3 모터의 타성정지와 브레이크회로

그림 5-6.55에서 1.1밸브를 좌측 위치로 하면 모터가 회전하며, 그 속도는 유량제어밸브로 조정할 수 있다. 1.1밸브의 중앙 위치로 하면 유압모터의 입구, 출구 모두 대기압으로 되며 유압모터는 자신과 부하와의 타성에 의해 회전하면서 서서히 정지한다. 1.1밸브를 우측 위치로 하면 무부하로 되어 유압모터의 토출유는 릴리프밸브에 의해 제동되면서 정지한다.

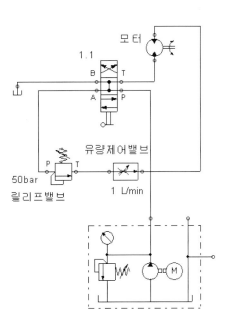

그림 5-6.55 모터의 타성정지와 브레이크회로

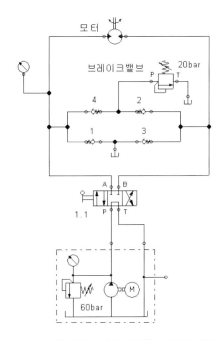

그림 5-6.56 모터의 기름 보충을 조합한 브레이크회로

6.20.4 모터의 기름 보충을 조합한 브레이크회로

그림 5-6.56에서 1.1밸브를 좌측 위치로 ON시키면 모터가 좌회전하고, 중앙 위치로 하면 유압펌프로부터의 토출유는 끊어지나 자신과 부하와의 관계에 의해 회전을 계속하려고 체크밸브 1을 통해 오일을 흡입한다. 모터에서의 토출유는 체크밸브 2, 브레이크밸브를 경유하여 오일탱크로 귀환하고 체크밸브 2와 브레이크밸브의 제동압력에 의해 모터가 정지하며 유압펌프는 무부하 운전상태로 된다. 1.1밸브를 우측 위치로 하면 모터가 우회전하여 회전 방향이 변하고 중앙 위치로 하면 유압펌프로부터의 토출유는 끊어지나 자신과 부하와의 관계에 의해 회전을 계속하려고 체크밸브 3을 통해 오일을 흡입한다. 모터의 토출유는 체크밸브 4, 브레이크밸브를 경유하여 오일탱크로 흐르고 체크밸브 4와 브레이크밸브의 제동압력에 의해 모터가 정지하며 유압펌프는 무부하 운전상태로 된다.

CHAPTER

07 | 전기유압회로

전기유압회로의 구성은 전기공압회로의 구성방법과 동일하다. 그 내용은 PART4에서 기술하였으며, 단지 작동유체가 공기가 아닌 기름이다. 그리고 제어요소에 전자밸브(솔레노이드 밸브)를 사용하며 릴레이, 리밋스위치, 각종 센서 등의 전기적인 요소를 이용하는 시스템이다.

이 장에서는 전기유압의 기본회로, 시간제어, 계수제어, 압력제어, 위치제어, 속도제어, 차동제어, 시퀀스제어, 스테퍼제어, 캐스케이드제어에 관련되는 전기유압회로를 기술하기로 한다.

전기유압회로는 유압부와 전기부로 분리하여 작성하며, 유압과 전기요소간에 인터페이스는 유압부와 전기부에 공통적으로 표시한다.

유압회로는 위쪽에, 전기회로는 아래쪽에 배치하거나, 유압회로는 좌측에, 전기회로는 우측에 배치한다.

7.1 | 전기유압 기본회로

7.1.1 단동 실린더의 전후진 제어

단동 실린더의 동작제어는 전진과 후진을 제어한다. 제어를 위한 밸브는 3/2way 편 솔레노이드 밸브를 사용한다.

그림 5-7.1은 단동 실린더의 전진과 후진을 위한 전기유압회로도이다. 좌측의 회로도는 유압회로도이며, 우측의 회로도는 전기회로도로써 이 두 회로를 일컬어 전기유압회로라 한다.

이 회로는 간접회로이며 푸시버튼 PB1을 누르면 릴레이 코일 K1이 여자되고, K1의

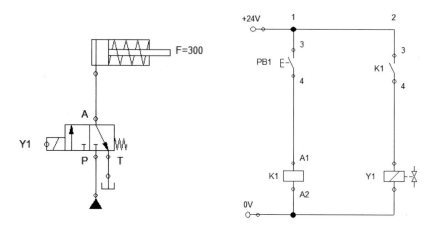

그림 5-7.1 단동 실린더의 전후진 제어

a접점이 ON되므로 솔레노이드 Y1이 작동하여 3/2way밸브의 위치를 변환시켜 실린더가 전진한다.

PB1을 OFF시키면 K1도 OFF되며 솔레노이드 Y1이 OFF되어 밸브의 위치가 복귀되므로 실린더는 후진한다.

7.1.2 복동 실린더의 전후진 제어

복동 실린더의 전진 및 후진의 제어를 위해서는 4/2way 편 솔레노이드 밸브를 사용한다. 푸시버튼 PB1을 터치하면 피스톤이 전진하고 푸시버튼 PB2를 터치하면 피스톤이

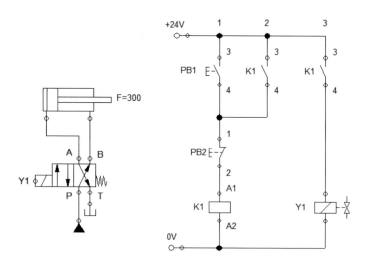

그림 5-7.2 복동 실린더의 전후진 제어

후진한다.

그림 5-7.2는 이 제어를 위한 전기유압회로로써 푸시버튼 PB1(상시 열림형)을 터치하면 릴레이 K1이 여자되어 자기유지되며, K1의 a접점이 ON되어 솔레노이드 Y1이 작동하므로 실린더가 전진한다. 이때 푸시버튼 PB2(상시 닫힘형)를 터치하면 릴레이 K1이 소자되며, K1의 a접점이 OFF됨에 따라 Y1이 OFF되므로 실린더는 후진한다.

7.1.3 복동 실린더의 1회 왕복회로(1) (리밋스위치 이용)

복동 실린더의 1회 왕복운동을 위해 4/3way all port block밸브를 사용하고, 푸시버튼 PB1을 터치하면 1회 왕복운동을 해야 한다. 단, 실린더의 전진 단 및 후진 단에 리밋스위치(S2와 S1)를 장착시킨다.

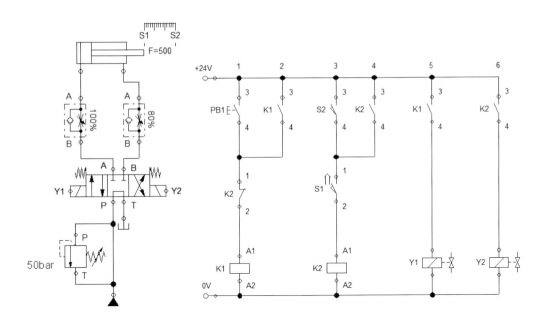

그림 5-7.3 복동 실린더의 1회 왕복회로(1)

이 제어를 위한 전기유압회로도는 그림 5-7.3에 도시하였다.

이 회로도에서 푸시버튼 PB1을 터치하면 릴레이 K1이 여자되어 자기유지되며, K1의 a접점이 ON되어 솔레노이드 Y1이 작동하므로 실린더가 전진한다. 전진완료 후 리밋스위치 S2가 작동하면 릴레이 K2가 여자되고, 따라서 솔레노이드 Y2가 작동하여 실린더가 후진한다(이때 릴레이 K1은 소자상태로 됨).

7.1.4 복동 실린더의 1회 왕복회로(2) (압력스위치 이용)

여기서는 복동 실린더의 1회 왕복운동을 위하여 리밋스위치를 사용하지 않고 압력스위치를 이용한다. 이 시스템에서 푸시버튼을 누르면 실린더가 전진하고 실린더 내 압력이 설정압력으로 되었을 때 후진해야 한다.

이 회로도를 그림 5-7.4에 제시하였다. 이 회로도에서 푸시버튼 PB1을 터치하면 릴레이 K1이 여자되어 자기유지되며, K1의 a접점이 ON되어 솔레노이드 Y1이 작동하므로 실린더가 전진한다.

실린더 내 압력이 설정압력(40bar)이 되면 압력스위치 PS가 작동하여 릴레이 K2가 여자되며, 따라서 K2의 b접점(1행)이 열려 릴레이 K1이 소자되므로 솔레노이드 Y1이 OFF되어 실린더가 후진한다.

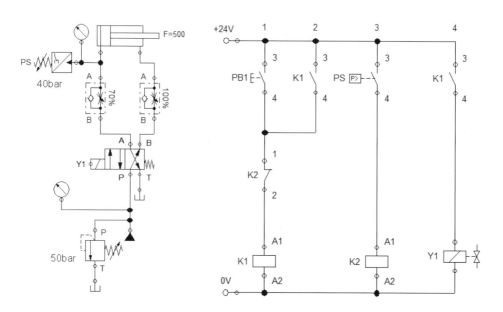

그림 5-7.4 복동 실린더의 1회 왕복회로(2)

7.1.5 연속 왕복회로

(1) 편 솔레노이드 밸브를 사용하는 경우

PB1(유지형 버튼)을 누르면 4/2way 편 솔레노이드 밸브를 사용하는 실린더가 연속 왕복운동을 한다. 실린더의 전·후진 단에는 각각 리밋스위치(LS2와 LS1)가 장착되어 있으며, 동작을 멈추려면 PB1을 OFF시킨다.

이를 위한 전기유압회로도는 그림 5-7.5에 표시하였다.

이 회로도에서 유지형푸시버튼 PB1을 ON시키면 릴레이 K1이 여자되어 자기유지되며, K1의 a접점이 ON되어 솔레노이드 Y1이 작동하므로 실린더가 전진한다. 전진 완료 후 리밋스위치 LS2가 ON되어 LS2의 b접점(1행)이 열리므로 K1이 소자된다. 따라서 Y1이 OFF되므로 실린더가 후진한다.

실린더가 후진 완료 후 LS1은 ON, LS2는 OFF되어 다시 K1이 여자되므로 새로운 사이클이 시작되어 연속 왕복운동을 한다.

PB1을 OFF시키면 그 사이클이 종료된 후 실린더가 초기상태로 되어 정지된다.

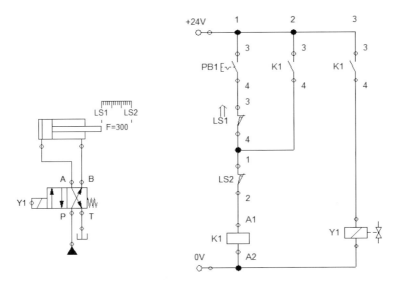

그림 5-7.5 연속 왕복회로(1)

(2) 양 솔레노이드 밸브를 사용하는 경우

양 솔레노이드 밸브를 사용하는 실린더가 연속 왕복운동을 해야 한다. 실린더의 전진 단 및 후진 단에 리밋스위치(S2와 S1)를 장착시킨 상태에서 start버튼(유지형)을 ON시키면 실린더가 연속적으로 왕복운동을 하는 전기유압회로도는 그림 5-7.6에 제시하였다.

이 회로도에서 start버튼을 누르면 릴레이 K1이 여자되어 솔레노이드 Y1이 작동하므로 실린더가 전진한다. 전진 완료 후 리밋스위치 S2가 작동하면 릴레이 K2가 여자되어 솔레노이드 Y2가 작동하므로 실린더가 후진한다. 후진 완료하면 리밋스위치 S1이 작동하여 K1이 여자되므로 또 다시 사이클이 시작되며 따라서 연속 왕복운동을 한다.

　start스위치를 OFF시키면 그 사이클이 종료된 후 실린더는 초기 위치로 돌아와 정지한다.

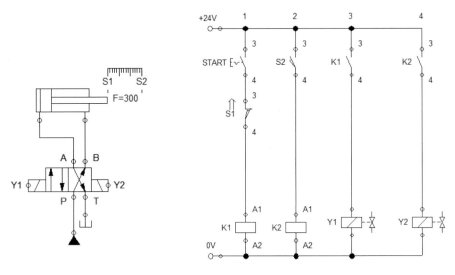

그림 5-7.6　연속 왕복회로(2)

7.1.6　양 솔레노이드 밸브를 사용한 단속/연속작동 선택회로

　양 솔레노이드 밸브를 사용하는 실린더(전·후진 단에 각각 리밋스위치 S2와 S1 장착)에서 단속스위치를 선택하면 실린더가 1회 왕복운동을 해야 하고, 연속스위치를 선택하면 연속적으로 왕복운동을 해야 한다. 정지스위치를 누르면 그 사이클이 종료되었을 때 시스템이 정지해야 한다.

　이를 위한 전기유압회로도는 그림 5-7.7과 같다.

　이 회로도에서 단속스위치를 터치하면 릴레이 K1이 여자되어 솔레노이드 Y1이 작동하므로 실린더가 전진하고 전진 단의 리밋스위치 S2가 ON되면 릴레이 K2가 여자되어 (이때 릴레이 K1은 소자됨) 솔레노이드 Y2가 작동하므로 실린더가 후진하여 1회 왕복운동을 한다.

　연속스위치를 터치하면 위의 과정이 수행되고 릴레이 K3가 ON상태로(정지스위치를 ON시킬 때까지) 자기유지되며, 리밋스위치 S1이 ON되면 다시 릴레이 K1이 여자되어 새로운 사이클이 수행된다. 이러한 과정은 정지스위치를 누를 때까지 계속된다.

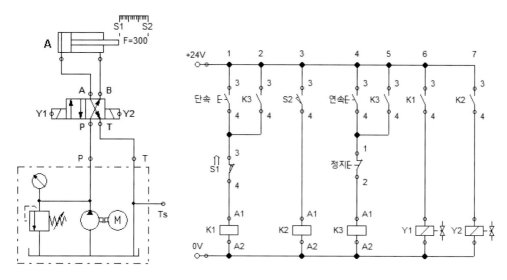

그림 5-7.7 단속/연속작동 선택회로(1)

7.1.7 편 솔레노이드 밸브를 사용한 단속/연속작동 선택회로

편 솔레노이드 밸브를 사용하는 실린더(전·후진 단에 각각 S2, S1의 리밋스위치 장착)에서 단속스위치에 의해서는 실린더가 1회 왕복운동을 해야 하고, 연속스위치에 의해

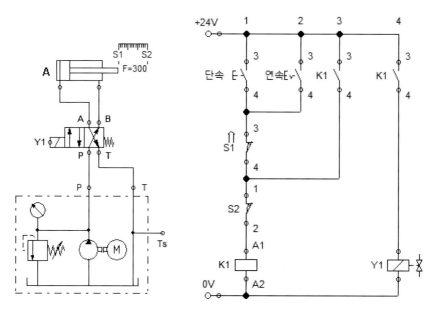

그림 5-7.8 단속/연속작동 선택회로(2)

서는 연속적으로 왕복운동을 해야 한다.

이 회로는 그림 5-7.8에 제시하였다. 작동원리는 다음과 같다.

단속스위치를 터치하면 릴레이 K1이 여자되어 자기유지되며 솔레노이드 Y1이 작동하므로 실린더가 전진하고, 전진 단의 리밋스위치 S2가 ON되면 릴레이 K1이 소자되어 Y1이 OFF되므로 실린더가 후진하여 1회의 왕복운동을 수행한 후 정지한다.

연속스위치(유지형)를 누르면 위와 같은 동작이 수행되고 나서 다시 릴레이 K1이 여자되어 새로운 사이클이 수행되며, 이러한 연속적인 왕복운동은 연속스위치를 OFF시킬 때까지 계속된다. 연속스위치를 OFF시키면 수행 중인 사이클이 종료된 후 정지한다.

7.1.8 가공물의 세척

그림 5-7.9와 같이 가공물을 세척조에 담가 세척하고자 한다. start버튼을 누르고 있으면 양 솔레노이드 밸브를 사용하는 실린더(전·후진 단에 각각 S2, S1의 리밋스위치 장착)가 연속 왕복운동하여 가공물이 세척조에 잠겼다가 나오기를 반복하게 되며, stopt버튼을 터치하면 후진한 상태(세척조에서 나온 상태)에서 멈추어야 한다.

이와 같은 제어조건을 수행하는 전기유압회로는 그림 5-7.10에 나타내었다.

이 회로에서, start스위치를 터치하면 릴레이 K1이 여자되고, 이어서 릴레이 K2가 여자되므로 솔레노이드 Y1이 작동한다. 따라서 4/2way밸브의 위치가 변환되어 피스톤이 전진한다. 전진 완료 후 리밋스위치 S2가 ON되어 릴레이 K3가 여자되므로 솔레노이드 Y2가 작동하여 4/2way밸브의 위치가 복귀되므로 피스톤이 후진함으로서 1회의 왕복운동이 수행되는 것이다. 그러면 리밋스위치 S2가 OFF되어 릴레이 K3가 OFF되며 동시에 리밋스위치 S1이 ON되므로 다시 릴레이 K2가 여자되어 사이클이 다시 시작된다.

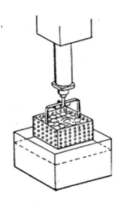

그림 5-7.9 세척조

이러한 왕복운동은 stop스위치를 터치할 때까지 계속된다. 이 작동은 피스톤로드 쪽에 유량제어 밸브를 설치하여 미터아웃 방식의 제어를 통해 전진행정(작업과정)에서는 서서히 전진하고 후진행정에서는 빠른 속도로 후진하게 할 수 있다. stop스위치를 누르면 실린더의 위치가 초기상태로 돌아가 정지한다.

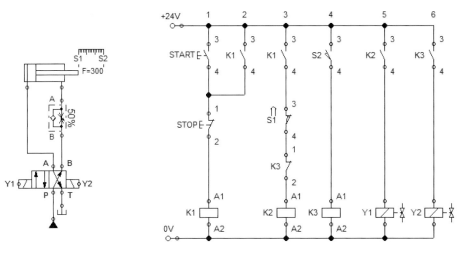

그림 5-7.10 가공물의 세척회로

7.1.9 스탬핑 머신(Stamping Machine)

저 유량 펌프의 유압에 의해 스탬핑 머신(그림 5-7.11 참조)의 작동을 제어하고자 한

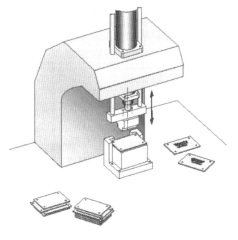

그림 5-7.11 스탬핑 머신

다. 이 시스템에서는 편 솔레노이드 밸브를 사용하며, 전진용 스위치(PB1)와 후진용 스위치(PB2)가 있다. 공작물은 수동으로 장착하며, 전진행정속도를 제어할 수 있어야 한다. 이 제어를 위한 전기유압회로도는 그림 5-7.12에 표시하였다.

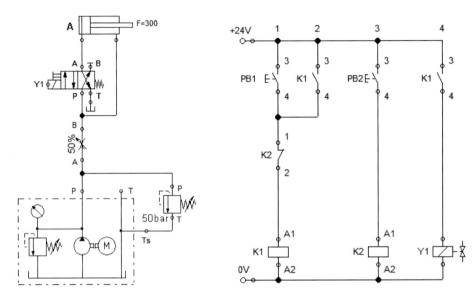

그림 5-7.12 스탬핑 작업회로

전진용 스위치 PB1을 누르면 릴레이 코일 K1이 여자되어 자기유지된다. K1의 a접점이 닫혀 솔레노이드 Y1을 작동시키므로 4/2way밸브의 위치가 전환되어 피스톤이 전진한다. 이때 공작물에 스탬핑 작업이 수행된다. 이 행정에서 유량제어 밸브를 조절하여 피스톤의 전진속도를 제어할 수 있다.

후진용 스위치 PB2를 누르면 자기유지된 K1을 OFF시키며, 따라서 솔레노이드 Y1이 소자되므로 4/2way밸브의 위치가 변환되어 피스톤이 후진하게 된다. 즉 피스톤이 전진하여 PB2를 누를 때까지 **스탬핑 작업**이 이루어지게 된다.

7.2 | 시간제어 회로

7.2.1 Cementing Press

그림 5-7.13에 표시하듯이 유압 실린더를 이용하여 두 개의 판을 압착시킨다. start스위치를 누르면 실린더(전·후진 단에 각각 리밋스위치 장착)가 전진하고 5초 후에 후진해

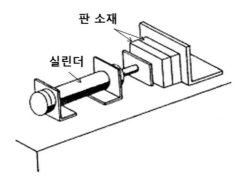

그림 5-7.13 cementing press

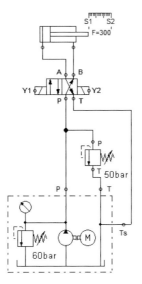

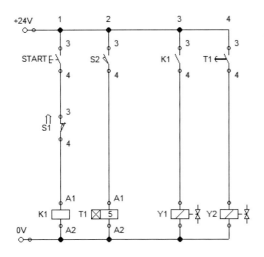

그림 5-7.14a cementing press회로(1)

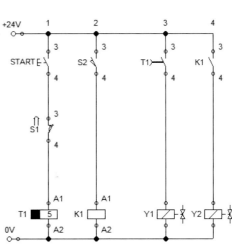

그림 5-7.14b cementing press회로(2)

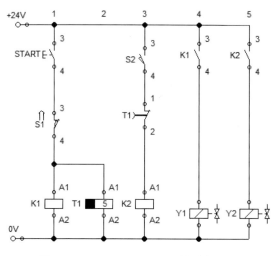

그림 5-7.14c cementing press회로(3)

야 한다. start스위치가 계속 ON상태를 유지하면 이 과정을 연속적으로 수행한다.

이 제어를 위한 회로도를 그림 5-7.14a, 5-7.14b, 5-7.14c의 3개를 제시하였다.

각 회로도의 작동원리를 다음과 같이 설명할 수 있다.

그림 5-7.14a에서, start버튼을 누르면 릴레이 K1이 여자되며, K1의 a접점이 ON되어 솔레노이드 Y1이 작동하므로 실린더가 전진하고, 전진 완료 후 리밋스위치 S2가 ON되면 ON delay timer T1이 5초 후에 작동하여 솔레노이드 Y2가 작동하므로 실린더가 후진한다.

그림 5-7.14b에서, start버튼을 누르면 OFF delay timer T1이 작동하여 솔레노이드 Y1이 여자되므로 실린더가 전진하고, 전진이 시작됨과 동시에 리밋스위치 S1이 OFF되므로 그로부터 5초 후에 T1이 OFF되어 Y1이 OFF되고, 실린더가 이미 전진하여 리밋스위치 S2가 작동하고 있으므로 릴레이 K1이 여자되며 K1의 a접점이 닫혀 솔레노이드 Y2가 작동하므로 실린더가 후진한다.

그림 5-7.14c에서, start버튼을 누르면 릴레이 K1과 OFF delay timer T1이 작동하여 솔레노이드 Y1이 작동함으로써 실린더가 전진하고, 리밋스위치 S1이 OFF되고 나서 5초 후에 T1이 OFF되고 리밋스위치 S2는 작동하고 있으므로 릴레이 K2가 여자되며 K2의 a접점이 닫혀 솔레노이드 Y2가 작동하므로 실린더가 후진한다.

7.2.2 유압모터 제어 회로

양방향 회전형의 유압모터가 정회전_PB를 누르면 3초간 정회전하고, 역회전_PB를 누르면 3초간 역회전해야 하는 경우의 회로도는 그림 5-7.15에 제시하였다. 이때 사용하는 밸브는 크로즈드 센터형(closed center type)의 4/3way 밸브이다.

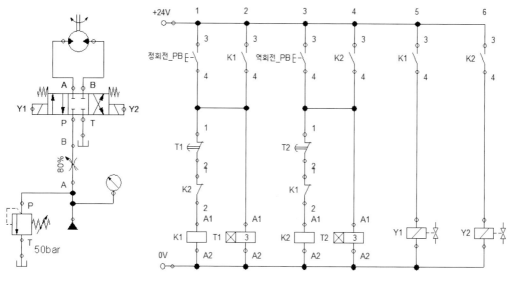

그림 5-7.15 유압모터 제어 회로

작동원리는 다음과 같이 설명된다.

정회전_PB를 터치하면 릴레이 K1이 여자되어 자기유지되며, 따라서 솔레노이드 Y1이 작동하므로 모터가 정회전한다. 그로부터 3초가 지나면 ON delay timer T1이 작동하여 릴레이 K1이 소자되므로 모터의 정회전이 정지한다.

역회전_PB를 터치하면 릴레이 K2가 여자되어 자기유지되며, 따라서 솔레노이드 Y2가 작동하므로 모터가 역회전한다. 그로부터 3초가 지나면 ON delay timer T2가 작동하여 릴레이 K2가 소자되므로 모터의 역회전이 정지한다.

이 회로는 인터록회로로써 정회전_PB를 눌러 모터가 정회전 중에 역회전_PB를 눌러도 정회전이 계속되며, 역회전 중에 정회전_PB를 눌러도 역회전이 계속되어 어느 쪽이든 먼저 입력된 신호만 유효하다. 모터의 속도는 유량조절 밸브에 의해 조정되고 압력은 릴리프 밸브에 의해 조정된다.

7.3.1 Counter Relay 회로

양 솔레노이드 밸브를 사용하는 실린더(전·후진 단에 각각 리밋스위치 장착)를 제어한다. start버튼을 터치하면 연속적으로 실린더가 5회 왕복운동을 한 후 정지되어야 한다. 도중에 stop버튼을 누르면 그 사이클을 완료한 후 정지해야 한다.

이 조건을 수행하는 회로도는 그림 5-7.16에 나타내었다.

이 회로도에서, start버튼을 터치하면 릴레이 K0가 여자되어 자기유지되고, K0의 a접점이 ON되어 릴레이 K1이 여자되며, 따라서 솔레노이드 Y1이 작동하므로 실린더가 전진한다. 전진이 완료되면 리밋스위치 S2가 ON되어 릴레이 K2가 여자되므로 K2의 a접점(5행 및 9행)이 ON되어 카운터 C1의 계수가 1회 계수(count)되고, 동시에 솔레노이드 Y2가 작동하여 실린더가 후진한다.

이와 같이 실린더가 1회 왕복운동이 끝나면 다시 리밋스위치 S1이 ON되어 위와 같은 사이클이 수행하며, 이러한 왕복운동이 5회 수행된다.

그러면 카운터 C1이 작동하여 C1의 b접점(1행)이 열려 K0가 소자되므로 초기상태에서 정지한다.

이때 Reset스위치를 누르면 카운터가 초기화되어 또 다시 연속 왕복운동이 수행된다. 도중에 stop버튼을 누르면 그 사이클이 완료된 후 정지한다.

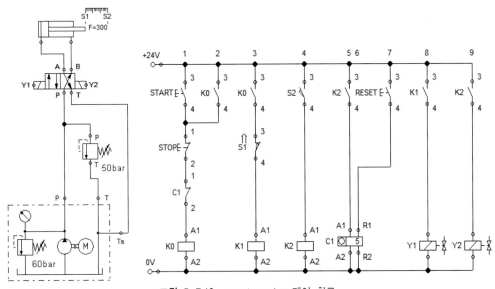

그림 5-7.16 counter relay 제어 회로

7.4 | 압력제어 회로

7.4.1 프레스 압입장치(Press fitting device)

그림 5-7.17에 나타낸 **프레스 압입장치**에서 공작물을 조립한다. 실린더가 전진하여 정확히 프레스 압입 작동 후 압력스위치의 압력이 50bar에 도달하면 후진이 시작되어야 한다. 일방향 유량제어 밸브를 실린더의 공급포트 쪽에 설치하며, 편 솔레노이드 밸브를 사용한다.

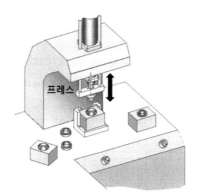

그림 5-7.17 프레스 압입장치

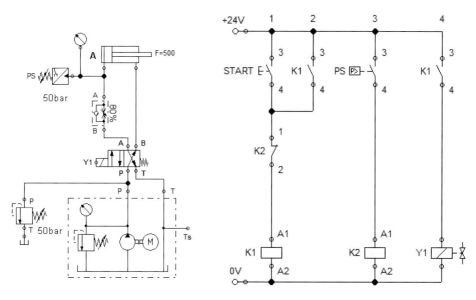

그림 5-7.18 프레스 압입회로

이 작동을 위한 제어 회로도는 그림 5-7.18과 같다.

회로도에서, start스위치를 터치하면 릴레이 K1이 여자되어 자기유지되며, K1의 a접점이 ON되어 솔레노이드 Y1이 작동하므로 실린더가 전진하고, 실린더 내의 압력이 설정압력 50bar가 되면 압력스위치 PS가 ON되어 릴레이 K2가 여자되므로 K2의 b접점이 열려 릴레이 K1이 소자된다. 따라서 솔레노이드 Y1이 OFF되어 실린더가 후진한다.

7.5 │ 위치제어 회로

7.5.1 문 개폐(Door control) 제어

그림 5-7.19에서 보듯이 실린더를 이용하여 용광로의 문을 개폐한다. 원하는 위치로 문의 개폐위치가 제어될 수 있어야 하며, 4/2way 편 솔레노이드 밸브와 4/3way 크로즈드 센터형 밸브(all block밸브)를 사용한다.

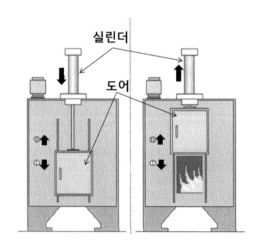

그림 5-7.19 용광로

이 제어를 위한 회로도는 그림 5-7.20에 나타내었으며, 작동원리는 다음과 같다.

문 닫힘 버튼 PB1을 누르면 누르는 동안만 릴레이 K1이 여자되어 솔레노이드 Y1과 Y3가 작동하므로 4/3way밸브와 4/2way밸브가 위치 변환되어 피스톤이 전진하며, 따라서 문이 닫힌다. 파일럿 체크밸브는 피스톤이 인장하중이 작용할 때 끌려감을 방지하기 위해 사용되었다.

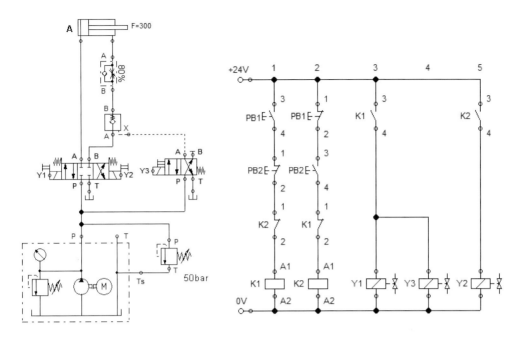

그림 5-7.20 문 개폐회로

PB1을 OFF하면 릴레이 K1이 소자되므로 4/3way밸브와 4/2way밸브가 복귀하여 4/3way밸브는 중앙위치로 복귀하며, 파일럿 체크밸브는 닫혀 피스톤이 그 위치에 정지한다. PB1을 다시 누르면 피스톤은 또 전진한다.

문 열림 버튼 PB2를 누르면 누르는 동안만 피스톤이 후진하여 문이 열리며, PB2를 OFF하면 피스톤이 그 위치에 정지한다. 두 스위치는 서로 인터록되어 있다.

7.6 │ 속도제어 회로

7.6.1 절단기 작동

절단기(그림 5-7.21 참조)의 작업 제어조건은 푸시버튼 PB1을 터치하면 실린더(전진 단, 중간 위치, 후진 단에 각각 리밋스위치 장착)가 빠른 속도로 전진해야 하며(이송), 중간 위치에 장착된 리밋스위치 S2의 위치부터 서서히 전진(절단)해야 한다.

절단작업(전진행정) 중 느린 이송을 위한 펌프(저압 대용량)는 무부하 상태로 운전되어야 하며, 후진(귀환행정)은 급속으로 수행되어야 한다.

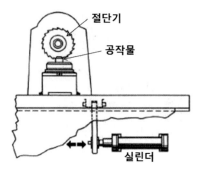

그림 5-7.21 절단기

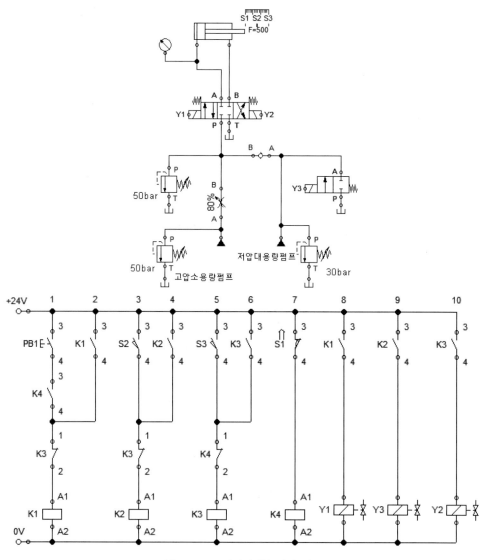

그림 5-7.22 절단기작업 제어 회로

제어 회로도는 그림 5-7.22에 제시하였다. 그 작동원리를 다음과 같이 정리하였다.

PB1을 터치하면 릴레이 K1이 여자되어 자기유지되며, 따라서 솔레노이드 Y1이 작동하여 실린더가 전진한다. 이 과정에서는 저압 대용량 펌프로부터 토출된 압유가 고압 소용량 펌프의 토출유량에 합류하여 실린더의 전진속도는 빠르다.

전진 중 리밋스위치 S2가 ON되면 릴레이 K2가 여자되어 자기유지되며, 따라서 솔레노이드 Y3가 작동하여 저압 대용량 펌프의 토출유량이 2/2way밸브를 통해 탱크로 귀환하므로 대용량 펌프는 무부하 운전이 되며, 실린더에 유입하는 유압유는 고압 소용량 펌프의 토출유량만으로 서서히 전진하는 절삭작업을 하는 과정이 된다.

전진이 완료되어 리밋스위치 S3가 ON되면 릴레이 K3가 여자되어 자기유지되며, 따라서 솔레노이드 Y2가 작동하고 릴레이 K1과 K2는 소자되어 솔레노이드 Y1과 Y3는 OFF되어 실린더가 후진하는데, 이때 2/2way밸브의 유로가 막혀 대용량 펌프의 유량이 다시 고압 소용량 펌프의 토출유에 합류하게 되므로 후진은 빠르게 진행된다.

7.6.2 드릴머신작업

그림 5-7.23의 드릴머신에서 보는 바와 같이 실린더(전진 단, 드릴작업 개시 직전 위치, 후진 단에 각각 리밋스위치 장착)를 이용한 **드릴작업**에서 공작물의 근처(드릴작업 개시 직전 위치)까지 드릴이 빠른 속도로 하강(전진)하며, 공작물의 드릴링작업을 위한 전진속도는 느린 속도로 하강(전진)하면서 드릴작업이 이루어진다.

드릴작업이 완료되는 전진 단까지 드릴링이 수행되고 복귀(후진)행정은 빠른 속도로

빠른 이송

작업 이송

복귀행정

그림 5-7.23 드릴머신

이루어져야 한다.

이 제어를 위한 회로도는 그림 5-7.24에 제시하였다.

이 회로도에서 start버튼을 터치하면 릴레이 K1이 여자되어 자기유지되며, K1의 a접점이 ON되어 솔레노이드 Y1 및 Y3가 작동하므로 4/2way밸브와 2/2way밸브가 위치변환되어 실린더가 리밋스위치 S2의 위치까지 빠른 속도로 전진한다.

실린더가 전진 중에 리밋스위치 S2가 작동되면 릴레이 K1이 OFF되어 K1의 a접점이 열리므로 솔레노이드 Y1과 Y3가 소자되고 실린더로 유입되는 유압유를 유량조절 밸브에서 저유량으로 조정하여 공급하면 서행전진을 하게 된다.

전진 완료 후 리밋스위치 S3가 ON되면 릴레이 K2가 여자되어 솔레노이드 Y2가 작동하므로 4/2way밸브의 위치가 복귀되어 실린더는 빠른 속도로 후진하게 된다.

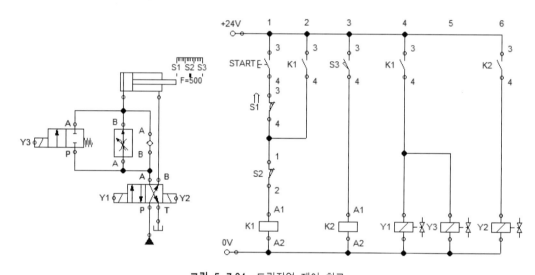

그림 5-7.24 드릴작업 제어 회로

7.6.3 유압실린더를 이용한 유동 파이프 개폐제어

그림 5-7.25에서 표시하는 바와 같이 유압실린더를 이용하여 파이프를 개폐한다. 센서가 S1, S2, S3의 3개가 있으며 start버튼을 누르면 초기에 빠른 속도로 밸브를 열다가 중간위치(S2의 센서가 감지하는 위치)부터 느린 속도로 열어야 한다. 밸브의 전진 단 위치에서는 유압유가 바이패스 된다. 밸브를 닫을 때는 stop버튼을 눌러 빠른 속도로 닫는다.

이를 위한 제어 회로도는 5-7.26에 나타내었다.

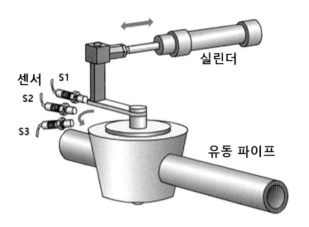

그림 5-7.25 파이프 개폐장치

이 회로에 전원이 연결되면 센서 S1이 작동(램프 H1이 점등)하며, 이때 start버튼을 터치하면 릴레이 K1이 여자되어 자기유지되며, 따라서 솔레노이드 Y1이 작동하므로 실린더가 전진한다. 동시에 솔레노이드 Y3와 Y4도 작동하므로 유압펌프에서 토출하는 유압유가 실린더에 전액 공급되어 빠른 속도로 전진한다.

실린더가 센서 S2가 작동하는 위치까지 전진하면 릴레이 K3가 여자되어 Y4가 OFF 되므로 실린더에 공급되는 유압유는 유량제어 밸브에서 감량 조정되어 전진속도를 감소시킬 수 있으므로 서서히 전진한다.

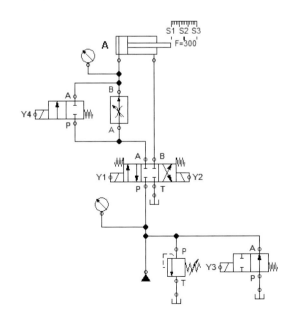

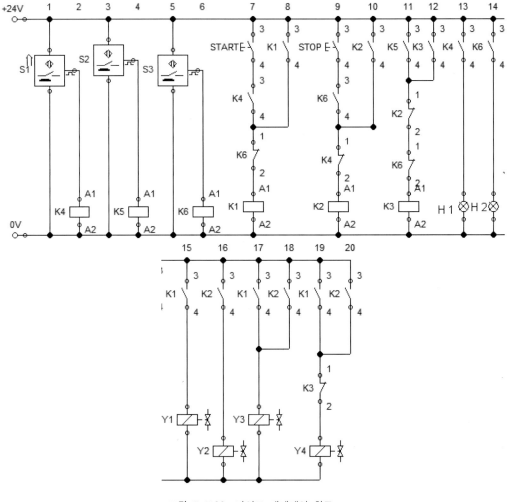

그림 5-7.26 파이프 개폐제어 회로

    실린더가 전진이 완료되면 센서 S3가 작동하며 릴레이 K1과 K3가 소자되어 솔레노이드 Y1, Y3, Y4가 모두 OFF되므로 실린더는 정지상태가 된다(램프 H2가 점등).

    이때 stop버튼을 터치하면 릴레이 K2가 여자되고 솔레노이드 Y2가 작동하여 실린더가 후진한다. 동시에 Y3가 작동하며 릴레이 K3는 소자되므로 솔레노이드 Y4가 작동하여 실린더로부터 유압유가 빠른 속도로 탱크에 귀환할 수 있게 되어 후진속도는 빠르게 수행된다.

7.7.1 모 따기 가공

공작물의 **모 따기 가공**을 제어한다. 클램핑 장치에 최대 5개의 공작물을 클램핑하여 동시 가공이 가능하며(그림 5-7.27 참조) 이송속도는 차동회로를 이용하여 증가시킬 수 있다.

만일 5개 미만의 공작물을 클램핑하는 경우는 실린더의 후진행정의 시작위치에 위치 조정이 가능한 리밋스위치를 사용하며(실린더의 후진 단 및 후진행정의 시작위치에 각각 리밋스위치 장착), 그 작업을 위한 밸브는 편 솔레노이드 밸브를 사용한다.

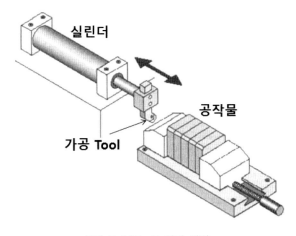

그림 5-7.27 모 따기 장치

이 제어를 위한 회로도는 그림 5-7.28에 제시하였다.

이 회로에서 start버튼을 터치하면 릴레이 K1이 여자되어 자기유지되며, 따라서 솔레노이드 Y1이 작동하여 pump closed형 4/3way밸브의 위치가 변환되므로 피스톤이 전진한다. 이때 펌프의 공급유체에 피스톤 로드 측 유체가 추가되어 공급되며, 전진속도는 유량제어 밸브에서 조정할 수 있다.

피스톤이 리밋스위치 S2에 도달하면 릴레이 K3가 여자되어 자기유지되며, 솔레노이드 Y2와 Y3가 작동하므로 4/3way밸브와 4/2way밸브의 위치가 변환되어 피스톤이 후진하고, 그것이 리밋스위치 S1에 도달하면 릴레이 K3가 소자되어 Y2와 Y3가 OFF되므로 4/2way밸브가 초기위치로 복귀하고, 4/3way밸브도 중앙위치로 복귀하여 초기화가 된다.

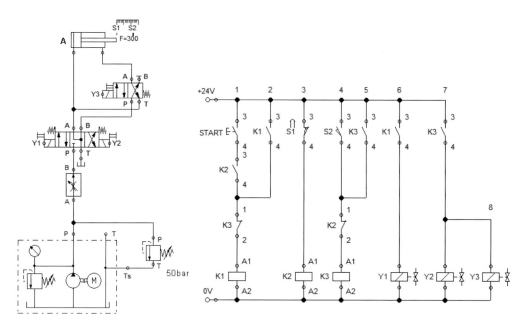

그림 5-7.28 모 따기 가공회로

다시 start버튼을 터치하면 새로운 사이클이 시작된다.

이 회로에서 유량제어 밸브는 차동회로의 효과를 명확히 보여주기 위해 펌프의 공급 유량만을 제한하는데 사용된다.

7.8 │ 시퀀스제어 회로

7.8.1 벤딩 프레스 작업

그림 5-7.29와 같이 2개의 유압실린더를 사용하는 벤딩 프레스의 제어로서, 2개의 실린더가 동일한 속도로 작동해야 한다. **벤딩작업**과 복귀를 위한 푸시버튼을 그 행정의 완료 시까지 지속적으로 눌러야 하며, 비상 정지 시 현 위치에서 즉시 정지해야 한다.

이 제어를 위한 회로도를 그림 5-7.30에 제시하였다.

회로에 전원을 인가하면 릴레이 K1이 여자되는 상태에서 K1의 a접점(2행)이 ON상태 이다. 이때 푸시버튼 PB1을 누르고 있으면 릴레이 K2가 여자되며, 따라서 솔레노이드 Y1이 작동하므로 실린더 A와 B가 동시에 전진한다.

두 실린더가 전진 완료 후 푸시버튼 PB2를 누르면 릴레이 K3가 여자되고(이때 릴레

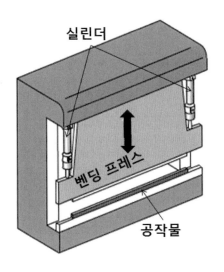

그림 5-7.29 벤딩머신

이 K2는 소자됨), 따라서 솔레노이드 Y2가 작동하여 두 실린더는 동시에 후진한다.

전진 중 PB1을 OFF시키고 PB2를 누르면 후진하고, 후진 중 PB2를 OFF시키고 PB1을 누르면 전진하며, 비상스위치를 누르면 모든 실린더는 그 위치에서 정지한다.

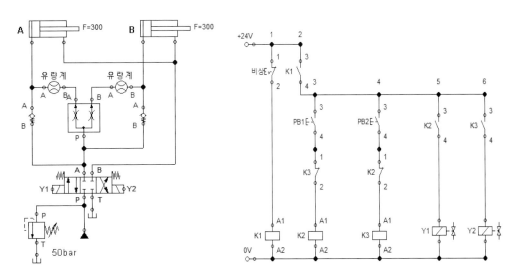

그림 5-7.30 벤딩프레스 제어 회로

7.8.2 상자 이송장치(A+B+A−B−)

그림 5-7.31에 나타낸 상자 이송장치에서 A, B 두 개의 복동 실린더(전·후진 단에 각각 리밋스위치 장착)가 각각 4/3way all port block밸브와 4/2way 편 솔레노이드 밸브를 사용한다. 푸시버튼을 터치하면 A+B+A−B−의 시퀀스로 작동해야 한다.

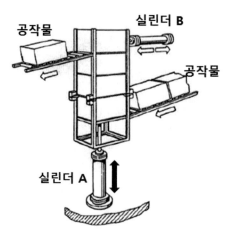

그림 5-7.31 상자 이송장치

이 제어를 위한 회로도는 그림 5-7.32에 나타내었다.

이 회로도에서 푸시버튼 PB를 터치하면 릴레이 K1이 여자되어 자기유지되고, K1의 a접점이 ON되어 솔레노이드 Y1이 작동하며 실린더 A가 전진한다.

실린더 A가 전진 완료 후 리밋스위치 S2가 작동하면 릴레이 K2가 여자되어 자기유지되며, K2의 a접점이 ON되어 솔레노이드 Y3가 작동하므로 실린더 B가 전진한다.

실린더 B가 전진 완료 후 리밋스위치 S4가 작동하면 릴레이 K3가 여자되어 자기유지되며, 그로 인해 릴레이 K1이 소자되고 따라서 Y1이 OFF되며 K3의 a접점이 ON되어 솔레노이드 Y2가 작동함으로써 실린더 A가 후진한다.

실린더 A가 후진을 완료하면 리밋스위치 S1이 작동하여 릴레이 K4가 여자되고 릴레이 K2는 소자되어 솔레노이드 Y3가 OFF되므로 실린더 B가 후진하여 한 사이클이 완료된다. 동시에 릴레이 K4가 작동하면 릴레이 K3도 OFF되어 Y2가 OFF되므로 4/3way all port block밸브는 중앙위치로 복귀한다.

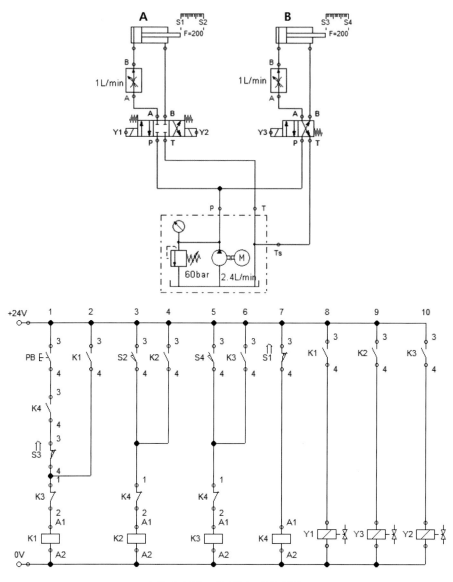

그림 5-7.32 상자이송 제어 회로

7.8.3 조립장치 제어[A+B+동시(A−, B−)]

그림 5-7.33에 나타낸 **조립장치**에서 A, B 두 개의 실린더가 A+B+동시(A−, B−)의 시퀀스로 작동해야 한다. 실린더 B는 실린더 A의 압력이 설정치로 된 후에 작동해야 한다. 실린더 A의 전진 단에는 리미트스위치가 장착되어 있으며, 두 실린더의 작업속도는 조절할 수 있어야 한다. PB1은 start버튼이고, PB2는 수동으로 두 실린더의 귀환을 위한 버튼이다.

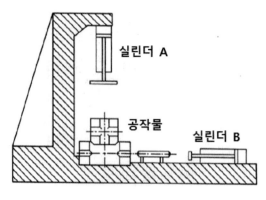

그림 5-7.33 조립장치

이러한 제어조건을 만족하는 회로도를 그림 5-7.34에 제시하였으며, 작동원리는 다음과 같다.

start버튼 PB1을 터치하면 릴레이 K1이 여자되어 자기유지되고 K1의 a접점이 ON되어 솔레노이드 Y1이 작동하므로 실린더 A가 전진한다. 실린더 A가 전진 완료 후(리밋 스위치 LS작동) 그 실린더의 압력이 설정압력으로 되어 압력스위치 PS가 작동하면 릴레이 K3가 여자되어 자기유지되며, K3의 a접점이 닫혀 솔레노이드 Y3가 작동하므로 실린더 B가 전진한다.

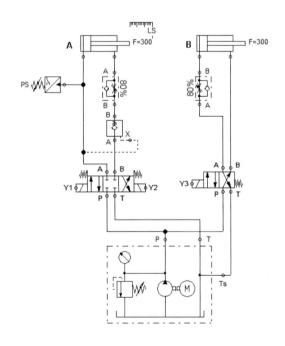

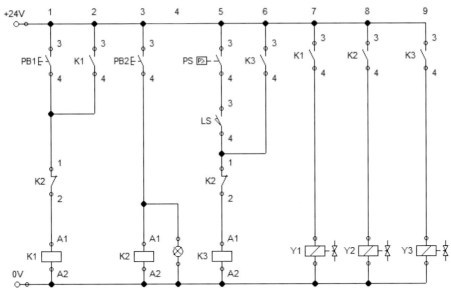

그림 5-7.34 조립장치 제어 회로

두 개의 실린더를 후진시키기 위해 버튼 PB2를 누르고 있으면 릴레이 K2가 여자되어 K2의 b접점(1행 및 5행)이 열려 릴레이 K1 및 K3가 소자되므로 Y1과 Y3가 OFF되고, 동시에 K2의 a접점이 ON되어 솔레노이드 Y2가 작동하므로 실린더 A와 B가 동시에 후진한다.

7.8.4 두 실린더의 시퀀스제어(A+B+B-A-)

4/3way all port block밸브를 사용하는 실린더 A와 4/2way 편 솔레노이드 밸브를 사용하는 실린더 B의 시퀀스가 A+B+B−A−로 작동하는 전기유압회로를 작성한다. 두 실린더는 전·후진 단에 각각 리밋스위치가 장착되어 있다.

이를 위한 회로도는 그림 5-7.35에 제시하였으며, 작동원리는 다음과 같이 설명할 수 있다.

푸시버튼 PB1을 터치하면 릴레이 K1이 여자되어 자기유지되고 K1의 a접점이 ON되어 솔레노이드 Y1이 작동하므로 실린더 A가 전진한다.

실린더 A가 전진 완료 후 리밋스위치 LS2가 ON되고, 따라서 릴레이 K2가 여자되어 자기유지되고 K2의 a접점이 ON되어 솔레노이드 Y3가 작동하므로 실린더 B가 전진하고 K2의 b접점은 릴레이 K1을 소자시켜 솔레노이드 Y1이 OFF된다.

실린더 B가 전진 완료 후 리밋스위치 LS4가 ON되어 릴레이 K3가 ON되므로 릴레이

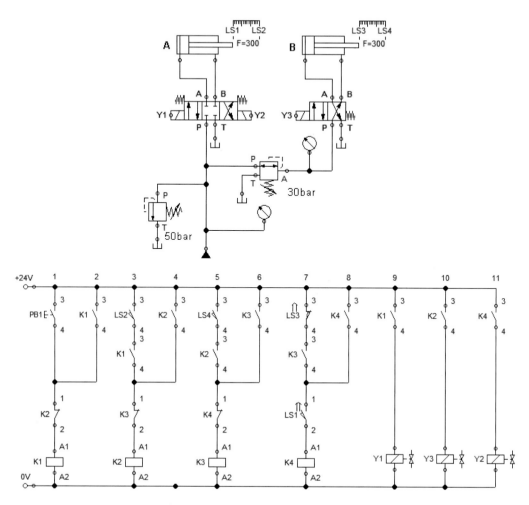

그림 5-7.35 실린더의 시퀀스제어(A+B+B−A−)

K2를 소자시킨다. 따라서 Y3가 OFF되어 실린더 B가 후진한다. 따라서 리밋스위치 LS3
가 ON되며 릴레이 K4가 여자되어 자기유지되고 K4의 a접점이 ON되어 솔레노이드 Y2
가 작동하므로 실린더 A가 후진함으로써 한 사이클이 완료된다.

7.8.5 압력스위치를 이용한 시퀀스제어(A+B+A−B−)

A, B 두 개의 실린더(각 실린더의 전·후진 단에는 각각 리밋스위치가 장착되어 있
음)에서 A가 전진하고 실린더 A의 압력이 40bar가 되면 실린더 B가 전진하고, 그 후 A
후진, B후진의 순서로 작동해야 한다(A+B+A−B−).

이 제어조건을 만족하는 회로도는 그림 5-7.36에 나타내었으며, 작동원리는 다음과 같다.

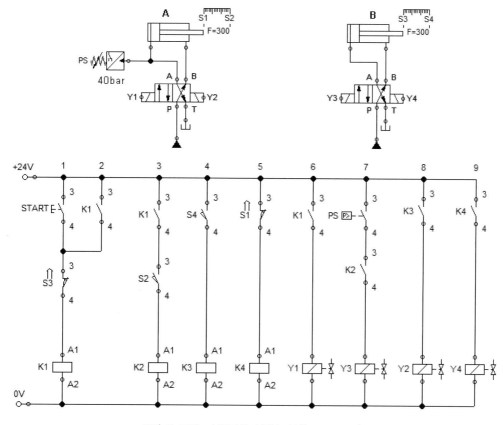

그림 5-7.36 실린더의 시퀀스제어(A+B+A-B-)

start스위치를 터치하면 릴레이 K1이 여자되어 자기유지되며 솔레노이드 Y1이 작동하므로 실린더 A가 전진한다.

A가 전진을 완료하면 리밋스위치 S2가 작동하여 릴레이 K2가 여자되고 실린더 A의 압력이 40bar가 되면 압력스위치 PS가 ON되어 솔레노이드 Y3가 작동하므로 실린더 B가 전진한다. 그 후 리밋스위치 S4가 작동하면 릴레이 K3가 여자되어 솔레노이드 Y2가 작동하므로 실린더 A가 후진한다(이때 S3가 OFF상태이므로 K1이 소자되어 Y1이 OFF상태임).

실린더 A가 후진을 완료하면 S1이 작동하여 릴레이 K4가 여자되며, 따라서 솔레노이드 Y4가 작동하므로 실린더 B가 후진하여 한 사이클이 완료된다(이때 실린더 A가 후진상태에 있으므로 S2가 OFF이고 따라서 K2가 소자상태이므로 Y3는 OFF상태임). 즉, A+B+A-B-의 시퀀스로 작동한다.

7.8.6 밀링머신 제어

그림 5-7.37에 나타낸 밀링머신에서 공작물을 가공한다. 실린더 A는 클램핑용, 실린더 B는 feed실린더로써 클램핑이 완전히 되지 않은 상태에서는 작동하지 않아야 한다. feed 실린더는 연속으로 두 번 왕복운동하며, 속도조절이 가능해야 한다.

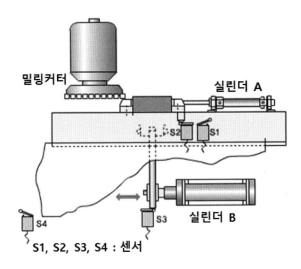

그림 5-7.37 밀링머신

클램핑 후 밀링머신의 feed실린더가 동작되면 램프1이 켜진다. feed실린더가 첫 동작 후 램프2가 켜진다. 두 실린더의 전·후진 단에 각각 리밋스위치가 장착되어 있다.

이 제어조건을 위한 회로도는 그림 5-7.38이다.

이 회로에서 start버튼을 터치하면 릴레이 K1이 여자되어 솔레노이드 Y1이 작동하므로 실린더 A가 전진한다(클램핑).

실린더 A가 전진이 완료되어 전진단의 리밋스위치 S2가 작동하고 실린더 A내의 압력이 설정압력으로 되면 압력스위치 PS가 ON되어 램프1(H1)이 켜지며 동시에 릴레이 K2가 여자되어 솔레노이드 Y3가 작동하므로 실린더 B가 전진하고, 리밋스위치 S4가 작동하면 릴레이 K3가 여자되어 Y3가 OFF됨으로써 실린더 B가 후진하며, 카운터 C1을 1회 계수한다.

실린더 B가 후진하여 리밋스위치 S3가 작동하면 램프2(H2)가 켜지며 동시에 릴레이 K4가 여자되어 Y3가 작동함으로써 실린더 B가 다시 전진하고 리밋스위치 S4가 작동하여 릴레이 K4는 OFF되고 K3가 ON되므로 Y3가 OFF되어 실린더 B가 후진한다. 결국 실린더 B는 2회 왕복운동을 하는 것이다.

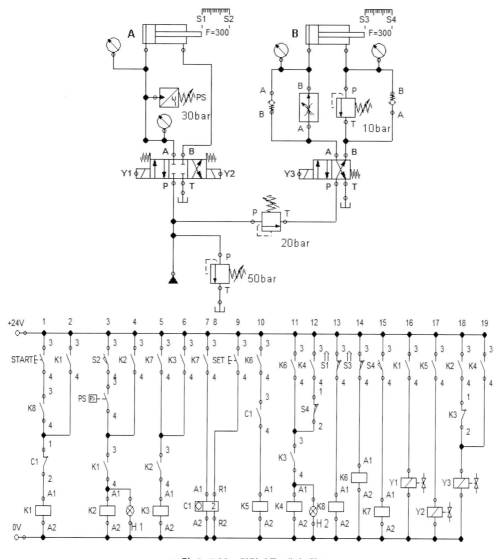

그림 5-7.38 밀링가공 제어 회로

    그러면 카운터 C1이 ON되어 릴레이 K1이 소자되고 릴레이 K5가 여자되어 솔레노이드 Y2가 작동하므로 실린더 A가 후진한다.

    즉, A＋B＋(램프1 ON) B－B＋(램프2 ON) B－A－의 시퀀스로 작동한다.

7.8.7 조립장치

    그림 5-7.39의 **조립장치**에서 플라스틱 부시를 금속 공작물에 압입하려 한다. 스크류는 연결구를 만들기 위해 삽입한다.

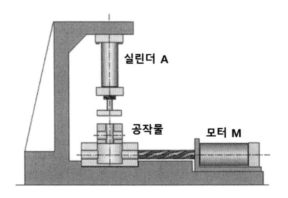

그림 5-7.39 조립장치

start버튼을 터치하면 실린더 A가 전진하여 플라스틱 부시를 금속 공작물에 압입하며 피스톤측 압력이 45bar가 되면 모터 M이 작동하여 피치나사로 공작물을 죈다. stop버튼을 누르면 실린더 A가 후진하고 동시에 모터 M은 정지해야 한다.

이 제어를 위한 회로도는 그림 5-7.40에 나타내었다.

이 회로에서 start스위치를 터치하면 릴레이 K1이 여자되어 자기유지되며 K1의 a접점이 ON되어 솔레노이드 Y1이 작동하므로 실린더가 전진하여 부시를 공작물에 압입한다. 압입압력이 45bar에 이르면 압력스위치 PS가 작동하고 릴레이 K3가 여자되어 자기유지되며, K3의 a접점이 ON되어 솔레노이드 Y3가 작동하므로 모터가 회전하여 피치나사로 공작물을 죈다.

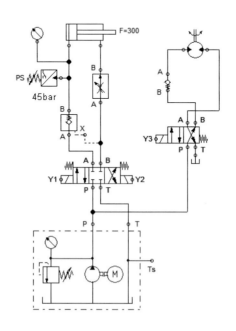

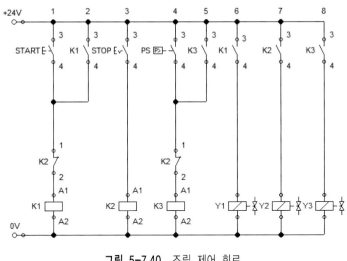

그림 5-7.40 조립 제어 회로

stop스위치(유지형)를 ON하면 릴레이 K2가 여자되어 K2의 b접점이 열려 릴레이 K1이 OFF되며, 따라서 솔레노이드 Y1이 OFF되면서 솔레노이드 Y2가 작동하므로 실린더는 후진한다. 동시에 릴레이 K3가 소자되어 솔레노이드 Y3가 OFF되므로 모터가 정지한다.

7.9 | 스테퍼 제어회로

7.9.1 3개 실린더의 스테퍼 제어회로(편 솔레노이드 밸브 이용, A+B+B-C+C-A-)

편 솔레노이드 밸브를 사용하는 3개의 실린더(각 실린더의 전·후진 단에는 각각 리밋스위치가 장착)가 A+B+B−C+C−A−의 시퀀스로 작동하는 **스테퍼 제어회로**를 설계하면 그림 5-7.41과 같이 작성할 수 있다.

이 회로에서 start스위치를 터치하면 다음과 같이 작동한다.

릴레이 K1이 여자 상태로 자기유지 → 솔레노이드 Y1작동 → 실린더 A전진 → 리밋스위치 S2 ON → 릴레이 K2가 여자 상태로 자기유지 → 솔레노이드 Y2작동 → 실린더 B전진 → 리밋스위치 S4 ON → 릴레이 K3가 여자 상태로 자기유지 → 솔레노이드 Y2의 OFF → 실린더 B후진 → 리밋스위치 S3 ON → 릴레이 K4가 여자 상태로 자기유지 → 솔레노이드 Y3의 ON → 실린더 C전진 → 리밋스위치 S6 ON → 릴레이 K5가 여자

상태로 자기유지 → 솔레노이드 Y3의 OFF → 실린더 C후진 → 리밋스위치 S5 ON → 릴레이 K6이 여자 상태로 자기유지 → 릴레이 K1의 소자 → 실린더 A후진(한 사이클의 종료)

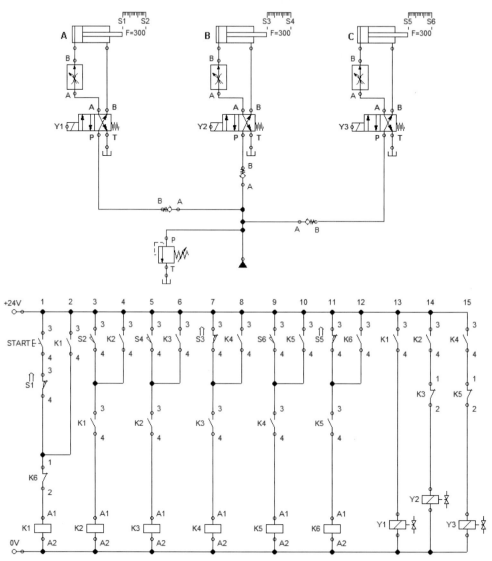

그림 5-7.41 스테퍼 시퀀스제어 회로(편 솔 밸브, A+B+B-C+C-A-)

7.9.2 3개 실린더의 스테퍼 제어회로(양 솔레노이드 밸브와 편 솔레노이드 밸브 혼용, A+B+B-C+C-A-)

실린더 A는 양 솔레노이드 밸브, 실린더 B 및 C는 편 솔레노이드 밸브를 사용하는 시스템에서 start스위치를 ON하면 A+B+B-C+C-A-의 시퀀스로 작동해야 한다. 각 실린더의 전·후진 단에는 리밋스위치를 각각 설치한다. 이 제어조건을 만족하는 스테퍼 제어회로는 그림 5-7.42에 나타내었다. 그 작동원리는 다음과 같이 정리된다.

start스위치 ON → 릴레이 K1의 여자 상태로 자기유지 → 솔레노이드 Y1작동 → 실린더 A전진 → 리밋스위치 S2 ON → 릴레이 K2의 여자 상태로 자기유지 → 솔레노이드 Y3작동 → 실린더 B전진 → 리밋스위치 S4 ON → 릴레이 K3의 여자 상태로 자기유

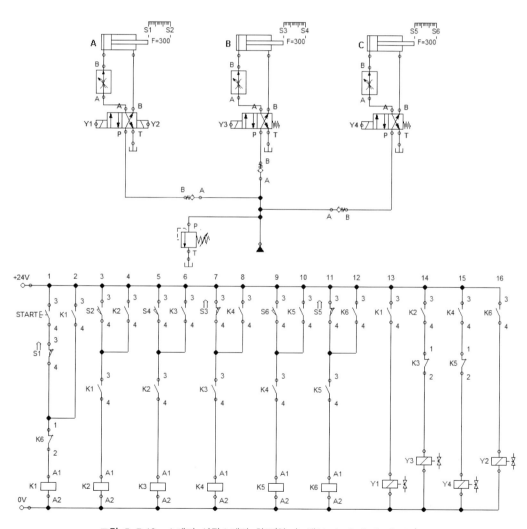

그림 5-7.42 스테퍼 시퀀스제어 회로(양 솔 밸브, A+B+B-C+C-A-)

지 → 솔레노이드 Y3의 OFF → 실린더 B후진 → 리밋스위치 S3 ON → 릴레이 K4의
여자 상태로 자기유지 → 솔레노이드 Y4의 ON → 실린더 C전진 → 리밋스위치 S6 ON
→ 릴레이 K5의 여자 상태로 자기유지 → 솔레노이드 Y4의 OFF → 실린더 C후진 →
리밋스위치 S5 ON → 릴레이 K6의 여자 상태로 자기유지 → 릴레이 K1의 소자 → 솔
레노이드 Y1의 OFF, 동시에 솔레노이드 Y2의 ON → 실린더 A후진(한 사이클의 종료)

7.10 | 캐스케이드 제어회로

7.10.1 3개 실린더의 캐스케이드 제어회로(A+B+B-C+C-A-)

양 솔레노이드 밸브를 사용하는 3개의 실린더(A, B, C) 각각의 전진 단 및 후진 단에
리밋스위치를 설치한 시스템에서 start스위치를 터치하면 A+B+B−C+C−A−의 시퀀
스로 작동해야 한다.

이 시퀀스의 제어를 위한 캐스케이드 제어 회로도는 그림 5-7.43과 같다.

먼저 SET스위치를 터치한 후 start스위치를 터치하면 릴레이 K1이 여자되며, 따라서
솔레노이드 Y1이 작동하여 실린더 A가 전진하고, 실린더 A가 전진 완료 후 리밋스위
치 S2가 ON되면 솔레노이드 Y3가 작동하여 실린더 B가 전진하고 리밋스위치 S4가
ON된다.

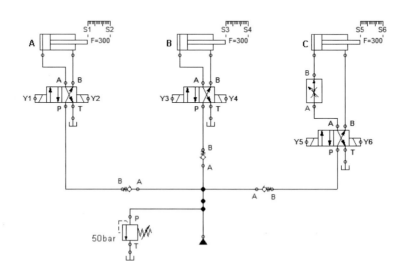

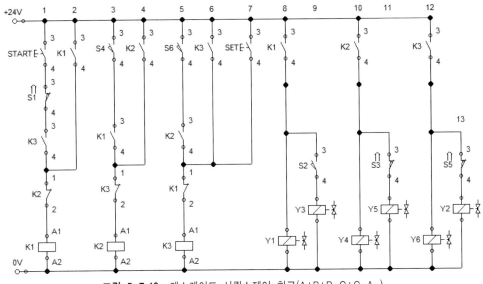

그림 5-7.43 캐스케이드 시퀀스제어 회로(A+B+B-C+C-A-)

그러면 릴레이 K2가 여자되며(릴레이 K1은 소자됨) 솔레노이드 Y4의 작동에 의해 실린더 B가 후진하여 리밋스위치 S3가 ON됨으로써 솔레노이드 Y5가 작동하므로 실린더 C가 전진한다.

실린더 C가 전진 완료 후 리밋스위치 S6가 ON되면 릴레이 K3가 여자되어(릴레이 K2는 소자됨) 솔레노이드 Y6가 작동하므로 실린더 C가 후진하고 리밋스위치 S5가 ON되며, 따라서 솔레노이드 Y2가 작동함으로써 실린더 A가 후진한다.

1. 그림과 같이 실린더 양측에 압력유가 작용하는 경우, 피스톤 로드는 어느 쪽으로 움직이는가?

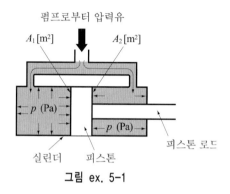

펌프로부터 압력유

$A_1[\text{m}^2]$ $A_2[\text{m}^2]$

p (Pa) p (Pa)

피스톤 로드

실린더   피스톤

그림 ex. 5-1

2. 대기압하에서 체적이 200 L인 작동유의 압력이 10 MPa로 되었을 때 체적 감소량은 얼마인가? 단, 작동유의 압축률은 6.1×10^{-4} mm^2/N이다.

3. 기름온도 37.8℃에서 206.8 Saybolt Universal초(206.8 SSU)의 점도를 표시하는 작동유의 동점성계수는 얼마인가?

4. 어느 유압작동유가 37.8℃(100°F)와 98.9℃(210°F)에서의 Saybolt Universal 점도는 각각 350과 55라 한다. 이 작동유의 점도지수를 구하라.

5. 외경 75 mm, 내경 50 mm, 폭 20 mm인 기어펌프의 체적효율이 90%이고 펌프의 회전속도가 800 rpm일 때 토출유량을 구하라.

6. 펌프 1회전당 압출체적 12 cc/rev에서 입력축 회전속도 1,200 rpm, 유효 압력 10 MPa로 운전될 때 누설량이 0.8 L/min이면 다음 값을 구하라. (1) 이론 토출유량, (2) 축출력, (3) 체적효율, (4) 이론토크

7. 토출압력 14 MPa, 유량 15 L/min, 전효율 82%인 유압펌프의 축입력과 축출력을 각각 구하라.

8. 압출체적 40 cc/rev, 토출압력 20 MPa, 기계효율 90%인 유압펌프가 있다. 회전속도 1200 rpm일 때, (1) 이론 축토크, (2) 실제 축토크, (3) 이론 토출유량, (4) 입력동력, (5) 출력동력, (6) 체적효율을 각각 구하라. 단, 전효율은 82%이다.

9. 다음 그림에서 피스톤 로드 측에 유량조절밸브 C를 장착했다고 하면 압력 p_2는 얼마가 되는가? 단, 실린더경 $D = 50$ mm, 피스톤 로드경 $d = 25$ mm, A_1은 실린더의 피스톤 헤드 측 단면적, A_2는 피스톤 로드 측 단면적, $p_1 = 30$ bar이다.

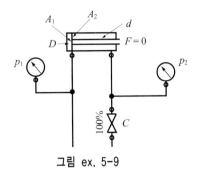

그림 ex. 5-9

10. 내경 100 mm인 유압실린더의 설정압력 8 MPa로 사용하는 경우, 압축행정, 인장행정의 실린더 추력은 각각 얼마인가? 단, 피스톤 로드경 56 mm, 배압 0.15 MPa, 부하율은 80%이다.

11. 실린더 내경 160 mm, 실린더 추력 55 kN, 실린더 속도 3.5 m/min로 작동하는 유압실린더의 다음 값을 구하라. 단, 실린더의 전효율은 80%이다. (1) 필요한 최소압력, (2) 1분당 필요한 유량, (3) 배관 내 유속, (4) 실린더 출력, (5) 실린더 입력

12. 아래 그림과 같이 실린더에서 $D = 140$ mm, $d = 50$ mm, 스트로크 $S = 700$ mm, 부하 시의 피스톤 속도 $v_1 = 50$ mm/s, 작동압력 $p = 100$ bar로 하고 마찰 및 기타 손실은 없다고 할 때 다음을 구하라. v_2는 무부하 복귀속도이다. (1) 부하 시 필요유량, (2) 소요펌프동력(펌프의 전효율 90%), (3) 실린더 1사이클 소요시간(사이클 타임), (4) 차동회로로서 작동시킬 때의 사이클 타임

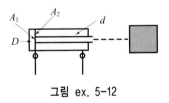

그림 ex. 5-12

13. 그림과 같은 지지방법의 유압실린더를 작동압력 20 MPa, 수직 정하중 45 kN, 최대 지지길이 1500 mm로 사용하고자 한다. 안전율 6, 피스톤 로드재료의 종탄성계수 2.06×10^5 N/mm²인 경우, 다음 값을 구하라. (1) 실린더 내경, (2) 피스톤 로드경, (3) 좌굴길이

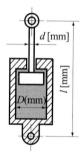

그림 ex. 5-13

14. 싱글 베인모터에서 배제체적은 베인의 외경과 로터(출력축)의 외경 사이의 공간과 같다. 베인의 외경 8 cm, 로터의 외경 2.5 cm, 베인의 폭 2 cm이다. 부하토크 300 N · m를 이기기 위해서는 얼마의 압력이 필요한가? 토크효율(기계효율)은 90%이다.

15. 80 cm^3/rev의 토출체적을 갖는 유압모터가 있다. 모터의 정격압력은 60 bar이고 이론유량이 30 L/min인 펌프로부터 기름을 공급 받을 때 (1) 모터의 회전속도, (2) 모터의 이론토크, (3) 모터의 이론동력을 각각 구하라.

16. 압출체적 80 cm^3/rev인 모터를 사용압력 25 MPa, 회전속도 1000 rpm으로 회전시킬 때 다음 값을 구하라. 단, 체적효율은 90%이다. (1) 이론 공급유량, (2) 실제 공급유량, (3) 이론 출력축 토크, (4) 입력동력

17. 기계효율(토크효율) 90%인 유압모터에서 압력 20 MPa, 축토크 0.25 kJ인 경우, 회전속도 1450 rpm, 체적효율 90%일 때 다음을 구하라. (1) 전효율, (2) 회전당 압축체적, (3) 이론 공급유량, (4) 실제 공급유량과 누설유량, (5) 이론토크, (6) 손실토크, (7) 축출력, (8) 축입력

18. 실린더의 피스톤 직경 80 mm, 피스톤로드 직경 40 mm, 행정 250 mm에서 추력 10 kN을 얻고자 한다. 또 실린더의 전진에 3초, 후진에 2초의 작동을 하고자 할 때 (1) 펌프압력, (2) 유압유 유량, (3) 모터의 축동력(kW)을 각각 구하라. 단, 펌프의 효율 $\eta = 0.8$이다.

19. 축압기에서 봉입기체압력 3.5 MPa, 최고 작동기체압력 8 MPa, 최저 작동기체압력 4 MPa로 하여 용적 10 L인 경우, 방출되는 유량을 등온변화와 등엔트로피 변화($n = 1.3$)일 때 각각 구하라.

20. 압력 릴리프밸브는 40 bar로 압력이 설정되어 있다. 0.2 L/min의 유량이 펌프로부터 탱크로 되돌아간다면 이 밸브를 통한 동력손실은 얼마인가? 이 기름의 밀도는 0.85이다.

21. 토출압력 10 MPa, 토출유량 55 L/min인 작동유를 유속 3 m/s로 수송시키려 한다. 적합한 관을 설정하여라. 단, 관은 압력배관용 탄소강 강관 STPG370(허용인장응력 130 N/mm^2)으로 한다.

22. 그림 5-5.14와 같은 면적비 3 : 1인 증압기 1차측에 50 bar, 2 L/min의 기름이 유입된다. 토출압력과 토출유량을 각각 구하라.

23. 차동회로(그림 5-6.33 참조)에서 실린더의 전진속도가 실린더 양쪽의 수압면적의 비율에 따라 정해진다. 그것을 밝혀라.

PART **6**

부록_유공압 기호

명칭	기호	명칭	기호
인력조작: 일반		직접 파일럿 조작	
누름버튼			
당김버튼		내부 파일럿	
누름-당김버튼		외부 파일럿	
레버		간접 파일럿 조작 공기압 파일럿	
페달		유압 파일럿	
2방향 페달		유압 2단 파일럿	
기계조작 플런저		공압·유압 파일럿	
가변행정제한기구		전자·공압 파일럿	
스프링		전자·유압 파일럿	
롤러		압력을 빼내어 조작하는 방식 유압파일럿	
편측 작동롤러			
직선형 전기 액추에이터 단동 솔레노이드		전자·유압파일럿	
복동 솔레노이드		파일럿 작동형 압력제어밸브	
단동 가변식 전자 액추에이터		파일럿 작동형 비례전자식 압력제어밸브	
복동 가변식 전자 액추에이터			
회전형 전기 액추에이터			

좌측 구분: 인력조작 / 기계조작 / 전기조작 · 우측 구분: 파일럿 조작

A.2 | 펌프 및 모터

명 칭	기 호	비 고
펌프 및 모터 진공펌프	유압 펌프　공기압 모터	· 일반기호
유압펌프		· 1방향 유동 · 정용량형 · 1방향 회전형
유압모터		· 1방향 유동 · 가변용량형 · 조작기구를 특별히 지정하는 경우 · 외부 드레인 · 1방향 회전형 · 양축형
공압모터		· 2방향 유동 · 정용량형 · 2방향 회전형
정용량형 펌프·모터		· 1방향 유동 · 정용량형 · 1방향 회전형
가변용량형 펌프·모터 (인력조작)		· 2방향 유동 · 가변용량형 · 외부 드레인 · 2방향 회전형
요동형 액추에이터		· 공기압 · 정각도 · 2방향 요동형 · 축의 회전 방향과 유동 방향과의 관계를 　나타내는 화살표 기입은 임의(부속서 참조)
유압전동장치		· 1방향 회전형 · 가변용량형 펌프 · 일체형
가변 용량형 펌프 (압력보상 제어)	M O	· 1방향 유동 · 압력조정 가능 · 외부 드레인(부속서 참조)
가변 용량형 펌프·모터 (파일럿 조작)	M M O N N n m	· 2방향 유동 · 2방향 회전형 · 스프링 힘에 의하여 중앙위치(배제용적 　0)로 되돌아오는 방식 · 파일럿 조작 · 외부 드레인 · 신호 m은 M방향으로 변위를 발생시험 　(부속서 참조)

A.3 | 실린더

명 칭	기 호	비 고
단동실린더	상세 기호　　간략 기호	· 공기압 · 압출형 · 편로드형 · 대기 중의 배기(유압의 경우는 드레인)
단동실린더 (스프링 붙이)	(1) (2)	· 유압 · 편로드형 · 드레인 측은 유압유 탱크에 개방 　(1) 스프링 힘으로 로드 압출 　(2) 스프링 힘으로 로드 흡인
복동실린더	(1) (2)	(1) · 편로드 · 공기압 (2) · 양로드 · 공압
복동실린더 (쿠션붙이)	2 : 1　　　　2 : 1	· 유압 · 편로드형 · 양쿠션, 조정형 · 피스톤 면적비 2 : 1
단동 텔레스코프형 실린더	※	· 공기압
복동 텔레스코프형 실린더	※	· 유압
램형 실린더		· 수압 부분의 바깥지름이 로드의 바깥지름 　과 같은 단동실린더를 램형 또는 플랜저 　형 실린더라고 한다. · 기호 중앙의 ㄷ이 로드를 표시한다.
다이어프램형 실린더		

명 칭	기 호	비 고
공기유압 변환기	단동형 ※ 연속형	· 입력 쪽 공압과 동일 압력의 출력 쪽 유압을 내보내는 기기를 표시한다.
증압기	단동형 ※ 연속형	· 압력비 1 : 2 · 2종 유체용

명 칭	기 호	비 고
어큐뮬레이터		· 일반기호 · 항상 세로형으로 표시 · 부하의 종류를 지시하지는 않는 경우
어큐뮬레이터	기체식　중량식　스프링식	· 부하의 종류를 지시하는 경우
보조 가스용기		· 항상 세로형으로 표시 · 어큐뮬레이터와 조합하여 사용하는 보급용 가스용기
공기 탱크		

A.6 | 동력원

명 칭	기 호	비 고
유압(동력)원	▶━	· 일반기호
공기압(동력)원	▷━	· 일반기호
전동기	Ⓜ⊏	
원동기	[M]⊏	(전동기를 제외)

A.7 | 전환밸브

명 칭	기 호	비 고
2포트 수동 전환밸브		· 2위치
		· 폐지 밸브 1. 기본 표시에 기호를 붙인 것이 전환 기호로 된다. 2. 정사각형(직사각형)의 상·하변의 바깥쪽에 접촉하고 있는 실선을 관로로 나타낸다. 3. 관로는 원칙적으로 밸브의 정상 위치 또는 중립 위치로 나타내는 정사각형(직사각형)에 접속한다. 4. 연속한 정사각형(직사각형)의 수는 밸브의 전환 위치의 수를 나타낸다. 5. 각 정사각형(직사각형)에 기입한 화살표는 하나의 전환 위치에서의 흐름 방향을 나타낸다. 6. ⊥, T는 밸브 내의 통로가 닫혀 있음을 나타낸다. 7. 제어 동작에 대응하여 흐름의 전환을 연속적으로 할 경우에는 직사각형의 바깥쪽에 평행선을 기입한다.
		· 2위치 인력방식
		· 스프링 옵셋 파일럿 방식
3포트 전자 전환밸브		· 2위치 · 1과도 위치 · 전자조작 스프링 리턴 · 외부 파일럿 방식
		· 3위치 · 스프링 설정 방식

명 칭	기 호	비 고
5포트 파일럿 전환밸브		· 2위치 · 2방향 파일럿 조작 · 3위치
4포트 전자 파일럿 전환밸브	상세 기호	· 4/3way 방향 전환밸브의 중립 위치에서의 흐름 모양은 원칙적으로 밸브 내의 통로가 접속되어 있는 구멍의 명칭을 연결하여 나타낸다. · 주 밸브 3위치 스프링 센터 내부 파일럿 · 파일럿밸브 4포트 3위치 스프링 센터 전자조작(단동 솔레노이드)
4포트 전자 파일럿 전환밸브	간략 기호	수동 오버라이드 조작 붙이 외부 드레인
4포트 전자 파일럿 전환밸브	상세 기호 간략 기호	· 주 밸브 3위치 프레셔센터(스프링 센터 겸용) · 파일럿밸브 4포트 3위치 스프링센터 전자조작(복동 솔레노이드) 수동 오버라이드 조작 붙이 외부 파일럿 내부 드레인 · 2위치 · 스프링 옵셋 솔레노이드 내부 파일럿 방식
4포트 교축 전환밸브	중앙위치 언더랩 중앙위치 오버랩	· 3위치 · 스프링센터 · 무단계 중간 위치
서보밸브		· 대표 보기

A.8 ｜ 체크밸브, 셔틀밸브, 배기밸브

명 칭	기 호	비 고
체크밸브	상세 기호　　간략 기호 (1) (2)	(1) 스프링 없음 (2) 스프링붙이
파일럿 조작 체크밸브	상세 기호　　간략 기호 (1) (2)	(1) · 파일럿 조작에 의하여 밸브 폐쇄 · 스프링 없음 (2) · 파일럿 조작에 의하여 밸브 열림 · 스프링붙이
고압우선형 셔틀밸브	상세 기호　　간략 기호	· 고압 측의 입구가 출구에 접속되고, 저압 측에 입구가 폐쇄된다.
저압우선형 셔틀밸브	상세 기호　　간략 기호	· 저압 측의 입구가 출구에 접속되고, 고압 측에 입구가 폐쇄된다.
급속배기밸브	상세 기호　　간략 기호	

명 칭	기 호	비 고
릴리프밸브		· 작동형 또는 일반기호
파일럿 작동형 릴리프밸브	상세 기호 간략 기호	· 원격조작형 벤트포트붙이
전자밸브 장착 (파일럿 작동형) 릴리프밸브		· 전자밸브의 조작에 의하여 밸브 포트가 열 무부하로 된다.
비례전자식 릴리프밸브 (파일럿 작동형)		· 대표 보기
감압밸브		· 작동형 또는 일반기호
파일럿 작동형 감압밸브		· 외부 드레인
릴리프 붙이 감압밸브		· 공압용
비례전자식 릴리프 감압밸브 (파일럿 작동형)		· 유압용 · 대표 보기
일정비율 감압밸브	3	· 감압비: 1/3

명　칭	기　호	비　고
시퀀스밸브		· 작동형 또는 일반기호 · 외부 파일럿 · 외부 드레인
시퀀스밸브 (보조 조작장치)		· 작동형 · 내부 파일럿 또는 외부 파일럿 조작에 　의하여 밸브가 작동됨 · 파일럿압의 수압 면적비가 1 : 8인 경우 · 외부 드레인
파일럿 작동형 시퀀스밸브		· 내부 드레인 · 외부 드레인
무부하 밸브		· 작동형 또는 일반기호 · 내부 드레인
카운터 밸런스 밸브		
무부하 릴리프밸브		
양방향 릴리프밸브		· 작동형 · 외부 드레인
브레이크밸브		· 대표 보기

명　칭	기　호	비　고
교축밸브 가변 교축밸브	상세 기호　　간략 기호	· 간략기호에서는 조작방법 및 밸브의 상 　태가 표시되어 있지 않음.
스톱밸브	※	· 통상 완전히 닫혀진 상태는 없음.
감압밸브 (기계조작 가변 교축밸브)		· 롤러에 의한 기계조작 · 스프링 부하
1방향 교축밸브 속도제어밸브 (공기압)		· 가변교축 장착 · 1방향으로 자유유동, 반대 방향으로는 　제어유동
유량조정밸브 직렬형 유량조정밸브	상세 기호　　간략 기호	· 간략기호에서 유로의 화살표는 압력의 　보상을 나타낸다.
직렬형 유량조정밸브 (온도보상붙이)	상세 기호　　간략 기호	· 온도보상은 2～3.4에 표시한다. · 간략기호에서 유로의 화살표는 압력의 　보상을 나타낸다.
바이패스형 유량조정밸브	상세 기호　　간략 기호	· 간략기호에서 유로의 화살표는 압력의 　보상을 나타낸다.
체크밸브붙이 유량조정밸브 (직렬형)	상세 기호　　간략 기호	· 간략기호에서 유로의 화살표는 압력의 　보상을 나타낸다.
분류 밸브		· 화살표는 압력보상을 나타낸다.
집류밸브		· 화살표는 압력보상을 나타낸다.

A.11 | 기름탱크

명 칭	기 호	비 고
기름탱크 (통기식)	(1) (2) (3) (4)	(1) 관 끝을 액체 속에 넣지 않는 경우 (2) 관 끝을 액체 속에 넣는 경우 · 통기용 필터(17-1)가 있는 경우 (3) 관 끝을 밑바닥에 접속하는 경우 (4) 국소 표시기호
기름탱크 (밀폐식)		· 3관로의 경우 · 가압 또는 밀폐된 것 · 각관 끝을 액체 속에 집어넣는다. · 관로는 탱크의 긴 벽에 수직

A.12 | 유체조정기기

명 칭	기 호	비 고
필터	(1) (2) ※ (3)	(1) 일반기호 (2) 자석붙이 (3) 눈막힘 표시기붙이 · 원칙적으로 정방향을 45° 기울인 것으로 한다.
드레인 배출기	(1) ※ (2) ※	(1) 수동배출 (2) 자동배출
드레인 배출기붙이필터	(1) (2)	(1) 수동배출 (2) 자동배출
기름분무 분리기	(1) ※ (2) ※	(1) 수동배출 (2) 자동배출
에어드라이어	※	
루브리케이터	※	
공기압 조정유닛	상세 기호 간략 기호 ※	· 조립 유닛의 도형은 수 개의 요소(기기)가 하나의 유닛으로 조립되어 하나의 완성된 기능을 가지는 경우에 필요에 따라 사용한다. · 수직 화살표는 배출기를 나타낸다.
열교환기 냉각기	(1) (2)	(1) 냉각액용 관로를 표시하지 않는 경우 (2) 냉각액용 관로를 표시하는 경우
가열기		
온도조절기		* 가열 및 냉각

명 칭	기 호	비 고
압력계측기 압력표시기	※ ⊗ ○	· 계측기의 간이 표시 · 계측은 되지 않고 단지 지시만 하는 표시기 접점붙이 압력계
압력계	※	* 평행선은 수평으로 표시
차압계	※	
유면계	※	
온도계		
유량계측계 검류계	※	
유량계	※	
적산유량계	※	
회전속도계	·※	
토크계	※	

명 칭	기 호	비 고
압력스위치	※	· 오해의 염려가 없는 경우에는 다음과 같이 표시하여도 좋다.
리밋 스위치		· 오해의 염려가 없는 경우에는 다음과 같이 표시하여도 좋다.
아날로그 변환기	※	· 공기압
소음기	※	· 공기압
경음기	※	· 공기압용
마크넷 세퍼레이터	※	

찾아보기

제2판
공유압의 제어

2013년 02월 25일 제1판 1쇄 펴냄 | 2017년 07월 30일 제2판 1쇄 펴냄
지은이 엄기찬 · 민경성 · 황재문 | 펴낸이 류원식 | 펴낸곳 **청문각출판**

편집부장 김경수 | 본문편집 홍익 m&b | 표지디자인 유선영
제작 김선형 | 홍보 김은주 | 영업 함승형 · 박현수 · 이훈섭
주소 (10881) 경기도 파주시 문발로 116(문발동 536-2) | 전화 1644-0965(대표)
팩스 070-8650-0965 | 등록 2015. 01. 08. 제406-2015-000005호
홈페이지 www.cmgpg.co.kr | E-mail cmg@cmgpg.co.kr
ISBN 978-89-6364-325-0 (93550) | 값 28,500원